Helmut Bäumler (Hrsg.)

E-Privacy

DuD-Fachbeiträge

herausgegeben von Andreas Pfitzmann, Helmut Reimer, Karl Rihaczek und Alexander Roßnagel

Die Buchreihe DuD-Fachbeiträge ergänzt die Zeitschrift DuD – Datenschutz und Datensicherheit in einem aktuellen und zukunftsträchtigen Gebiet, das für Wirtschaft, öffentliche Verwaltung und Hochschulen gleichermaßen wichtig ist. Die Thematik verbindet Informatik, Rechts-, Kommunikations- und Wirtschaftswissenschaften.
Den Lesern werden nicht nur fachlich ausgewiesene Beiträge der eigenen Disziplin geboten, sondern auch immer wieder Gelegenheit, Blicke über den fachlichen Zaun zu werfen. So steht die Buchreihe im Dienst eines interdisziplinären Dialogs, der die Kompetenz hinsichtlich eines sicheren und verantwortungsvollen Umgangs mit der Informationstechnik fördern möge.

Unter anderem sind erschienen:

Hans-Jürgen Seelos
Informationssysteme und Datenschutz im Krankenhaus

Heinrich Rust
Zuverlässigkeit und Verantwortung

Joachim Rieß
Regulierung und Datenschutz im europäischen Telekommunikationsrecht

Ulrich Seidel
Das Recht des elektronischen Geschäftsverkehrs

Rolf Oppliger
IT-Sicherheit

Günter Müller, Kai Rannenberg, Manfred Reitenspieß, Helmut Stiegler
Verläßliche IT-Systeme

Kai Rannenberg
Zertifizierung mehrseitiger IT-Sicherheit

Hannes Federrath
Sicherheit mobiler Kommunikation

Volker Hammer
Die 2. Dimension der IT-Sicherheit

Michael Sobirey
Datenschutzorientiertes Intrusion Detection

Alexander Röhm, Dirk Fox, Rüdiger Grimm und Detlef Schoder (Hrsg.)
Sicherheit und Electronic Commerce

Dogan Kesdogan
Privacy im Internet

Kai Martius
Sicherheitsmanagement in TCP/IP-Netzen

Alexander Roßnagel
Datenschutzaudit

Patrick Horster (Hrsg.)
Systemsicherheit

Gunter Lepschies
E-Commerce und Hackerschutz

Andreas Pfitzmann, Alexander Schill, Andreas Westfeld, Gritta Wolf
Mehrseitige Sicherheit in offenen Netzen

Helmut Bäumler (Hrsg.)
E-Privacy

Helmut Bäumler (Hrsg.)

E-Privacy

Datenschutz im Internet

vieweg

Die Deutsche Bibliothek – CIP-Einheitsaufnahme
Ein Titeldatensatz für diese Publikation ist bei
Der Deutschen Bibliothek erhältlich.

ISBN 978-3-528-03921-9 **ISBN 978-3-322-89183-9 (eBook)**
DOI 10.1007/ 978-3-322-89183-9

1. Auflage August 2000

Der Verlag Vieweg ist ein Unternehmen der Fachverlagsgruppe BertelsmannSpringer.

www.vieweg.de

Vorwort

Von den modernen Informations- und Kommunikationstechnologien gehen nachhaltige gesellschaftliche, gesamtwirtschaftliche und beschäftigungspolitische Impulse aus. Die weltweite, ortsunabhängige und unmittelbare Verfügbarkeit von Inhalten hat ebenso wie die Fähigkeit zum raschen Austausch von Informationen und zur Erneuerung von Wissen existenzielle Bedeutung für Beschäftigung und Wachstum erhalten. Wir erleben die Entwicklung einer neuen Ökonomie – der Internet-Wirtschaft.

Damit eröffnen sich neue Chancen in allen Lebensbereichen. Wir müssen die Voraussetzungen dafür schaffen, damit diese Chancen auch genutzt werden. Die positiven Auswirkungen des Internets werden nur zum Tragen kommen, wenn alle Teilnehmer fair miteinander umgehen und rechtzeitig geeignete Maßnahmen hierfür ergriffen werden. Dem Schutz der personenbezogenen Daten kommt dabei grundlegende Bedeutung zu. In einer vernetzten Welt entstehen enorme Datenberge in privater Hand. Persönliche Daten sind ein Wirtschaftsgut, und die Sensibilität der Nutzer hinsichtlich des Umgangs mit ihren Daten ist sehr hoch. Damit ist Datenschutz für jedes Unternehmen ein wesentlicher Wirtschaftsfaktor. In der Informationsgesellschaft geht es darum, den Selbstschutz der Nutzer, Selbstkontrollinitiativen der Wirtschaft und – last but not least – notwendige staatliche Regulierung des Schutzes personenbezogener Daten sinnvoll zu vereinen.

Dies ist eine nationale Aufgabe, aber noch mehr eine internationale, denn das Internet ist ein globales Medium. Gesetzliche Regelungen zum Datenschutz sind in Deutschland vor dem Hintergrund des grundgesetzlich garantierten Rechts auf informationelle Selbstbestimmung unverzichtbar. Zudem ist das Datenschutzrecht in Europa aufgrund bestehender EG-Richtlinien harmonisiert. Außerhalb der Europäischen Union sieht das anders aus. Hier muss im Wege der internationalen Zusammenarbeit auf ein weltweit angemessenes Datenschutzniveau hingewirkt werden. Dies geschieht auf der Ebene der Organisation für wirtschaftliche Zusammenarbeit und Entwicklung (OECD) sowie durch bilaterale Verhandlungen. Erst kürzlich haben die Europäische Kommission und die Regierung der USA ein Einvernehmen über ein angemessenes Datenschutzniveau für den transatlantischen Datenverkehr erzielt. Die Vereinbarung von so genannten „Safe Harbor-Principles", d. h. Grundsätze, die US-Unternehmen im Umgang mit personenbezogenen Daten gewährleisten müssen, ist als großer Erfolg zu werten.

In Deutschland gelten nach dem Teledienstedatenschutzgesetz (TDDSG) und dem Mediendienste-Staatsvertrag der Länder besondere Grundsätze, Verpflichtungen und Erlaubnistatbestände für Anbieter von Informations- und Kommunikationsdiensten. Zu nennen sind die Einführung des Systemdatenschutzes, von Grundsätzen zur Datenvermeidung und -sparsamkeit sowie zur Anonymität und Pseudonymität. Darüber hinaus können Nutzer auf elektronischem Wege in eine über die gesetzlichen Erlaubnistatbestände hinausgehende Nutzung ihrer Daten einwilligen.

Seit dem In-Kraft-Treten dieser Bestimmungen hat sich die Informationsgesellschaft technisch und wirtschaftlich fortentwickelt. Eine Vielzahl von Erfahrungen wurde seither gemacht. Diese zeigen, dass im Bereich des Datenschutzes in den Netzen weiterhin Handlungsbedarf besteht. Die Bundesregierung hat hierüber dem Bundestag berichtet und Vorschläge zur stufenweisen Novellierung des Datenschutzrechts in ihr Aktionsprogramm „Innovation und Arbeitsplätze in der Informationsgesellschaft des 21. Jahrhunderts" aufgenommen. Dabei geht es zunächst um die transparentere Gestaltung und Harmonisierung der Regeln des allgemeinen und des bereichsspezifischen Datenschutzrechts. Darüber hinaus ist das Gesetz mit Blick auf die Bedürfnisse sowohl der Nutzer als auch der Anbieter sowie die tatsächliche Entwicklung im Bereich des elektronischen Rechts- und Geschäftsverkehrs zu optimieren.

Neben Gesetzesvorhaben sind eigene Maßnahmen der Wirtschaft ein wichtiger Bestandteil des Datenschutzes. In diesen Kontext gehört die Regelung eines freiwilligen Datenschutzaudits, das sich die Bundesregierung zum Ziel gesetzt hat. Darüber hinaus gibt es bereits Erfolg versprechende Ansätze, die darauf abzielen, das Vertrauen der Nutzer in einen korrekten Umgang mit ihren persönlichen Daten zu stärken. Die Entwicklung von selbst kontrollierten Gütesiegeln ist u. a. Gegenstand der D21-Initiative, bei der die Bundesregierung mit der Wirtschaft zusammenarbeitet.

Vor dem Hintergrund der derzeitigen Fortentwicklung des Datenschutzrechts sowie der laufenden und kommenden Diskussionen im nationalen und internationalen Bereich zur Schaffung von Datenschutzregeln, die von allen Beteiligten akzeptiert werden, ist das Thema „E-Privacy – Datenschutz im Internet" der Sommerakademie 2000 der DATENSCHUTZAKADEMIE SCHLESWIG-HOLSTEIN besonders zu begrüßen. Die Beiträge hoch rangiger und hoch qualifizierter Datenschutzexperten leisten einen wichtigen Beitrag für die Weiterentwicklung des Datenschutzes innerhalb einer weltweiten Informationsgesellschaft.

Dr. Werner Müller
Bundesminister für Wirtschaft und Technologie

Inhaltsverzeichnis

VI. Perspektiven

VII. Szenarien

I. Einleitung

Datenschutz im Internet

Dr. Helmut Bäumler

1 Gesetz und Realität

Stellt euch vor, es gibt ein gutes Datenschutzgesetz, aber kaum einer hält sich daran. So oder so ähnlich lässt sich die Situation um das deutsche Datenschutzrecht im Bereich der Tele- und Mediendienste durchaus zutreffend beschreiben. Das Teledienstedatenschutzgesetz und – fast gleich lautend – der Mediendienste-Staatsvertrag regeln den Datenschutz der Nutzer des Internets geradezu vorbildlich.

Von vornherein haben Diensteanbieter strikt die Prinzipien von Datenvermeidung und Datensparsamkeit zu beachten (§ 3 Abs. 4 TDDSG, § 12 Abs. 5 MDStV), die Inanspruchnahme von Diensten und ihre Bezahlung sind anonym oder unter Pseudonym zu ermöglichen, soweit dies technisch möglich und zumutbar ist (§ 4 Abs. 1 TDDSG, § 13 Abs. 1 MDStV). Werden personenbezogene Daten doch einmal (ausnahmsweise) benötigt, so muss der Nutzer vor der Erhebung über Art, Umfang, Ort und Zweck der Erhebung, Verarbeitung und Nutzung der Daten unterrichtet werden (§ 3 Abs. 4 TDDSG, § 12 Abs. 6 MDStV). Eine Einwilligung darf nicht erzwungen werden (§ 3 Abs. 3 TDDSG, § 12 Abs. 4 MDStV). Soweit personenbezogene Daten anfallen, sind sie durch technische und organisatorische Vorkehrungen gegen Missbrauch zu sichern (§ 4 Abs. 2 TDDSG, § 13 Abs. 2 MDStV), ihre Verarbeitung ist präzise geregelt (§§ 5, 6 TDDSG, §§ 14, 15 MDStV). Die Verwendung der Daten für andere Zwecke, etwa für Werbung und Direktmarketing, ist nur mit Einwilligung zulässig (§ 3 Abs. 2 TDDSG, § 12 Abs. 3 MDStV). Die Nutzer können jederzeit Auskunft über die zu ihrer Person unmittelbar oder über Pseudonym gespeicherten Daten verlangen (§ 7 TDDSG, § 16 MDStV). Die Diensteanbieter müssen die Nutzer sogar gegen die Kenntnisnahme Dritter, etwa von Hackern oder anderen neugierigen Stellen, durch technische und organisatorische Maßnahmen aktiv schützen (§ 4 Abs. 2 Nr. 3 TDDSG, § 13 Abs. 2 Nr. 3 MDStV).

Alles in allem sind TDDSG und MDStV eine Zusammenstellung von Schutznormen, wie man sie sich umfassender kaum vorstellen kann, ein „Rundum-Sorglos-Paket" gewissermaßen, das keine Wünsche offen lässt.

Indes – wie sieht die Praxis aus? Untersuchungen von Datenschutzbeauftragten und von Verbraucherschutzorganisationen zeigen, dass von den Gesetzen bislang nur wenig Realität geworden ist.[1] Die Nutzer des Internets hinterlassen überall Datenspuren, und es gibt viele Firmen, die geradezu darauf spezialisiert sind, diese Informationen zusammenzuführen, zu verdichten und – wann immer sich eine Gelegenheit ergibt – weiter zu ergänzen und möglichst zu vervollständigen.[2] Eine magere Bilanz, wenn man bedenkt, dass die Gesetze nunmehr seit drei Jahren in Kraft sind. Sucht man nach den Gründen, so wird häufig gesagt: Viele Nutzer kennen offenbar bis heute noch gar nicht ihre umfassenden Rechte, umgekehrt scheint vielen Diensteanbietern nicht klar zu sein, was das Gesetz von ihnen verlangt. Die Kontrolle der Einhaltung des Gesetzes steht allem Anschein nach auf tönernen Füßen. Sie ist organisatorisch zersplittert, uneinheitlich geregelt, und den Kontrollinstanzen mangelt es an Technik, Personal, Kompetenz und schließlich an Durchsetzungsmöglichkeiten.[3] Die Nutzer, die sich in Umfragen immer wieder über fehlenden Datenschutz im Internet beklagen, sehen offenbar wenig Chancen, ihre Rechte durchzusetzen. An wen sollen sie sich auch halten? Die Anbieterkennzeichnung (§ 6 TDDSG, § 6 MDStV) besteht in vielen Fällen nur auf dem Papier. Wenn man den Anbieter ermitteln kann und obendrein das Glück hat, dass er seinen Sitz in Deutschland hat, also dem Gesetz unterliegt, lässt sich dies unter Umständen schnell ändern.

Summa summarum erscheint das deutsche Tele- und Mediendienstedatenschutzrecht geradezu als ein Paradebeispiel für die begrenzte Wirksamkeit von Gesetzen im Internet.[4] Seine inhaltliche Qualität steht in krassem Gegensatz zu den Realitäten seiner praktischen Anwendung. Die Rechte der Nutzer stehen offenbar in weiten Teilen nur auf dem Papier.[5]

2 Die Technik

Während Gesetze immer einen territorialen Bezug haben, der, auch wenn er noch so weit gesteckt ist, prinzipiell eine Begrenzung darstellt, ist die Technik universell. Die Frage, welche technischen Optionen die führenden Browser wie Netscape und Internet Explorer bieten, stellt sich überall auf der Erde gleich. Untersuchungen zeigen, dass die Marktführer bislang keineswegs Vorbilder sind, wenn es um die Frage geht, welche individuellen Einstellungen im Browser für mehr Schutz der Privatsphäre möglich sind. Ob und wie bequem Cookies verhindert oder in ihre Schranken verwiesen werden können, kann aber von herausragender Bedeutung

---

1 S. dazu Gundermann, 58, und Brönneke/Bobrowski, 141, in diesem Buch.

2 S. dazu die anschaulichen Beiträge von Wiese, 9, Schulzki-Haddouti, 20, Roessler, 205, und Weichert, 158, in diesem Buch.

3 S. dazu Schaar, 69, sowie Borking, 280, in diesem Buch.

4 S. dazu Lutterbeck, 47, in diesem Buch.

5 S. dazu den Beitrag von Grimm/Löhndorf/Roßnagel in diesem Buch, 133, sowie Roessler, 205, und Borking, 280.

z. B. für die Sicherung des Rechts auf anonyme oder pseudonyme Nutzung von Diensten sein. Eine minimale Veränderung der technischen Parameter könnte manchmal für den Schutz der Privatsphäre ebenso wichtig sein wie ein mühsam im Parlament errungener Gesetzgebungserfolg.[6] Die Architektur der Informationstechnik präjudiziert ihre Kompatibilität mit den datenschutzrechtlichen Anforderungen.[7] Wer Datenschutz im Internet erreichen möchte, muss mehr als sonst auf Technik setzen, eben auch weil die Technik im Gegensatz zu den Gesetzen grenzüberschreitend wirksam wird.[8]

Bislang sieht das Angebot an datenschutzfreundlicher Technik noch nicht besonders ermutigend aus. Vergleiche zeigen, dass vor allem die großen Anbieter diesen „Markt“ noch nicht entdeckt haben. Für die Nutzer stellt sich überdies die Frage, welchen der vielen Angebote an Gütesiegeln pp. sie trauen können. Kaum jemand kann die vielfältigen Produkte selbst testen, und niemand wäre gut beraten, blind den Herstellerangaben zu vertrauen.[9] Es fehlt so etwas wie die „Stiftung Datenschutztest“, die seriös und objektiv Hard- und Software der Informationstechnik evaluiert und den Verbrauchern verlässliche Informationen über die angebotenen Produkte bietet.[10]

Bei der Frage der Technikgestaltung im Internet kommt als besondere Schwierigkeit hinzu, dass es aus der Sicht der Grundrechtssicherung Anforderungen in mehrere Richtungen gibt. Es sind unterschiedliche Interessen zu berücksichtigen. Ein typisches Beispiel sind digitale Signaturen. Sie sind, wenn rechtsverbindliche Erklärungen von Gewicht über das Netz ausgetauscht werden sollen, unverzichtbar. Auch für das Recht auf informationelle Selbstbestimmung sind sie bedeutsam, da mit ihrer Hilfe sicher festgestellt werden kann, von wem eine Information stammt und ob sie unterwegs verändert worden ist. Andererseits stellt sich natürlich die Frage, wie vermieden werden kann, dass mithilfe digitaler Signaturen Informationen aus unterschiedlichen Zusammenhängen einer Person zugeordnet und zu einem Persönlichkeitsbild zusammengefügt werden können. Deshalb ist die digitale Signatur aus datenschutzrechtlicher Sicht nur dann akzeptabel, wenn sie bequem und diskriminierungsfrei auch die Benutzung von Pseudonymen ermöglicht, die, solange Rechtsbeziehungen korrekt abgewickelt werden, Anonymität gegenüber dem Netz- und dem Dienstebetreiber und gegenseitige Anonymität zur Folge hat.[11]

---

6 S. dazu Dix, 93, in diesem Buch.
7 S. dazu den Beitrag von Lutterbeck, 47, in diesem Buch.
8 S. dazu die Beiträge von Wiese, 9, sowie von Lutterbeck, 47, in diesem Buch.
9 S. dazu auch Schulzki-Haddouti, 20, sowie Cranor, 107, in diesem Buch.
10 Vgl. dazu den Beitrag von Hoeren, 263, in diesem Buch.
11 S. dazu den Beitrag von Kubicek, 250, in diesem Buch.

Ob sich die Technik des Internets eher in eine Richtung entwickelt, in der das Recht auf anonyme oder pseudonyme Nutzung ermöglicht und unterstützt wird, oder ob im Gegenteil eher an technischen Lösungen zur Identifizierung von Kommunikationsteilnehmern gearbeitet wird, erscheint derzeit noch offen. Zu diametral rasen, ungebremsten Zügen gleich, die Anforderungen auf Realisierung von Anonymität oder zumindest Pseudonymität im Netz einerseits sowie der Strafverfolgung mit ihren Identifizierungs- und der Anbieter mit ihren Kommerzialisierungsinteressen andererseits aufeinander zu.[12]

Während in Deutschland das Recht auf anonymen oder pseudonymen Netzzugang zumindest auf dem Papier des Gesetzblattes steht und in Modellprojekten an seiner tatsächlichen Realisierung gearbeitet wird,[13] diskutieren andere Länder gerade das Verbot der anonymen Netznutzung.[14] Die Technik ist bislang ambivalent. Die dynamische Vergabe von IP-Nummern gibt so lange ein gewisses Maß an Schutz der Anonymität, bis tatsächlich im Rahmen von E-Commerce Geschäfte mit Angabe von Rechnungs- und Lieferadresse getätigt werden oder Cookies heimlich Nutzerprofile mit dem Risiko der Identifizierung erstellen. Versuche, Anonymität im Netz durch Technikgestaltung zu verhindern, etwa durch Seriennummern im Pentium III oder durch Einführung von Globally Unique Identifier (GUID), konnten von der Netzcommunity mit Unterstützung der Datenschutzbeauftragten bisher mit mehr oder weniger Erfolg abgewehrt werden.[15] Aber die Auseinandersetzung um Anonymität oder Zwangsidentifizierung im Internet wogt hin und her, der Ausgang ist offen.[16] Jeder spektakuläre Virenangriff, jedes mithilfe des Internets begangene Verbrechen kann wohlfeile Argumente zur Einschränkung des Rechts auf Anonymität liefern.

3 Welche Interessen setzen sich durch?

Es stellt sich nun die Frage, wie das Internet bezüglich der Privatsphäre seiner Nutzer in Zukunft tatsächlich gestaltet sein wird und welche Kräfte dafür letztlich ausschlaggebend sein werden. Von der Schwäche der Gesetzgebung war bereits die Rede. Das beste Gesetz nutzt im Internet nicht viel, weil es allenfalls örtlich begrenzt wirkt, während das Netz weltumspannend ist.[17] Daraus folgt aber auch, dass generell, über die Gesetzgebung hinaus, die Bedeutung des Staates im Internet abnimmt. Mag sein, dass totalitäre Staaten ihr Territorium eine Zeit lang gegen die

[12] S. dazu Rötzer, 27, Schuster, 77, und Schulzki-Haddouti, 20, in diesem Buch.
[13] S. dazu den Beitrag von Grimm/Löhndorf/Roßnagel, 133, in diesem Buch.
[14] S. dazu den Beitrag von Rötzer, 27, und Schulzki-Haddouti, 20, in diesem Buch.
[15] S. dazu Wiese, 9, und Schulzki-Haddouti, 20, in diesem Buch.
[16] S. dazu den Beitrag von Rötzer, 27, sowie von Schuster, 77, in diesem Buch.
[17] S. dazu Dix, 93, in diesem Buch.

Verlockungen des Netzes abschirmen können, auf Dauer jedoch erweist sich der Cyberspace als grenzüberschreitend, die Struktur von Einzelstaaten überwindend.[18] Verliert der Staat generell an Wirkungsmöglichkeiten, so gilt dies auch für seine einzelnen Agenturen. Die Strafverfolgungsbehörden beklagen sich darüber ebenso wie die traditionellen Datenschutzbehörden, beide in dieser Frage gewissermaßen in einer unfreiwilligen „Koalition“ vereint.[19] Der einzelne Staat kann seine Bürger im Internet nur noch begrenzt (sic!) vor Straftaten oder Bedrohungen ihrer Privatsphäre schützen.[20]

Welche Kräfte wirken stattdessen? Im ewigen Dualismus der bürgerlichen Gesellschaft Markt/Staat kommt damit der anderen Seite der Medaille, den Marktkräften, eine höhere Bedeutung zu. Soeben haben die Europäer im Dialog mit den USA über die Gewährleistung eines angemessenen Datenschutzniveaus in den USA lernen müssen, dass man dort weniger an staatliche Gesetze als an die Selbstregulierung der Wirtschaft glaubt. Die „Safe Harbor-Principles“ setzen auf die Selbstorganisation des Datenschutzes in den einzelnen Unternehmen. Man mag berechtigte Zweifel daran haben, ob dies tatsächlich ohne Kontrollen funktioniert (wobei die USA nicht ganz Unrecht mit ihrer Gegenfrage nach der tatsächlichen Wirksamkeit der europäischen Kontrollbehörden haben), aber die „Safe Harbor-Principles“ haben zumindest den nützlichen Nebeneffekt, dass die datenschutzrechtlichen Hauptanliegen anschaulich auf sieben Punkte konzentriert wurden. Dies steht in einem auffälligen Gegensatz zur gelegentlich geradezu barocken deutschen Datenschutzgesetzgebung.[21] Andererseits mehren sich die Anzeichen, dass man auch in den USA erkennt, dass man ohne staatliche Datenschutzgesetzgebung nicht auskommt. Vermutlich werden sich der europäische und der amerikanische Weg am Ende annähern.[22]

Auf Dauer funktionieren marktorientierte Lösungen aber nur bei entsprechender Nachfrage. Hier kommt es unweigerlich zum Schwur. Wenn die Menschen effektiven Datenschutz wollen, wie es die professionellen Datenschützer immer behaupten und Umfragen tatsächlich belegen, dann werden sie, wenn die übrigen Bedingungen gleich sind, im Zweifel das datenschutzfreundlichste Angebot wählen.[23] Indes wäre es naiv zu glauben, dass die Masse der Internet-Nutzer ohne weiteres in der Lage ist, solche Entscheidungen zu treffen.[24] Längst ist das Internet nicht mehr nur die Domäne ausgebuffter Freaks, sondern es verdankt seine rasanten Zuwachsraten vor allem dem Hinzukommen der Durchschnittsbürger, die von den technischen

[18] S. dazu Lutterbeck, 47, in diesem Buch.
[19] S. dazu Schuster, 77, in diesem Buch.
[20] S. dazu Schaar, 69, in diesem Buch.
[21] S. dazu Lutterbeck, 47, in diesem Buch.
[22] S. dazu den Beitrag von Schneider, 153, in diesem Buch.
[23] S. dazu Weichert, 158, in diesem Buch.
[24] S. dazu Dix, 93, in diesem Buch.

Einzelheiten des Netzes kaum Ahnung haben und sich im Zweifel dafür auch nicht interessieren. Ihnen stehen auf der anderen Seite zunehmend Anbieter gegenüber, die nicht, wie in den Gründerzeiten des Internets, etwa den wissenschaftlichen universitären Dialog pflegen wollen, sondern gewinnorientierte Firmen sind. Ahnungslose Internet-Surfer können so zur leichten Beute von Datenhaien im Netz werden. Die Verbraucher und Nutzer haben nur dann eine Chance, ihre Interessen durchzusetzen und damit durch Nachfrage Marktmacht für die Wahrung ihrer Privatsphäre auszuüben, wenn sie fair informiert und unterstützt werden.[25]

Hier liegen in Zukunft die entscheidenden Aufgaben für den Staat und damit auch für den „staatlichen" Datenschutz. Auch wenn Kontrollbefugnisse und ihre Anwendung unabdingbar bleiben, um rücksichtslose und uneinsichtige Diensteanbieter in die Schranken zu verweisen, so gewinnen Beratung und Service immer mehr an Bedeutung. Dabei kommt den Datenschutzbeauftragten kein Monopol zu, sondern sie müssen mit der vielfach in der Netzgemeinde vorhandenen Sachkompetenz kooperieren, vielleicht auch konkurrieren.[26] Auf diesem Weg können sie dazu beitragen, dass die Nutzer des Internets tatsächlich Marktmacht entwickeln und ihre Interessen durchsetzen können. Nur wenn dies gewährleistet ist, kann das „Marktmodell" im Datenschutz tatsächlich einen Beitrag zum aktiven Grundrechtsschutz leisten.

Die Chancen dafür stehen womöglich besser, als viele vermuten. Aus Umfragen wissen wir, dass es bei der Mehrheit der Bürgerinnen und Bürger eine stabile Nachfrage nach dem Schutz ihrer Privatsphäre auf hohem Niveau gibt. Da sich die Preise für den Zugang zum Internet eher nach unten nivellieren (Stichwort: „flatrate"), werden bei den Kunden in Zukunft zunehmend andere Gesichtspunkte den Ausschlag geben. Ein qualitativ gutes, überzeugendes Datenschutzangebot kann folglich durchaus Marktvorteile verschaffen.[27] Mag sein, dass „Billiganbieter" von den Bahamas ohne lästiges Datenschutzrecht locken, auf Dauer könnte sich jedoch bei vielen Kunden Qualität durchsetzen. Der gute deutsche Gesetzgebungsstandard, so wie er eingangs am Beispiel des TDDSG und des MDStV dargestellt wurde, hat mehr Realisierungschancen, wenn deutsche oder andere Anbieter den Kunden technische Produkte auf diesem Niveau anbieten und offensiv dafür werben, als wenn man mühsam versuchen würde, zunächst unsere europäischen Nachbarn, dann die Amerikaner usw. von den Vorzügen unserer Gesetzgebung zu überzeugen. Der lange Marsch durch die Gesetzgebung und durch internationale Abkommen wird deshalb nicht überflüssig. Aber in der hektischen Eile der Cyberwelt braucht man daneben auch die schnelle, unmittelbar wirksame, weil direkt an der Technik ansetzende Intervention.

---

[25] S. dazu Brönneke/Bobrowski, 141, und Weichert, 158, in diesem Buch.
[26] S. dazu Ruhmann, 120, in diesem Buch.
[27] S. dazu Grimm/Löhndorf/Roßnagel, 133, in diesem Buch.

4 Der Mix

Wenn man in das Thema „Datenschutz im Internet" einsteigt, gerät man schnell in eine Tour d'Horizon durch die ganze Datenschutzwelt. Welche Gesichtspunkte werden nun am Ende ausschlaggebend sein? Ein Königsweg ist nicht in Sicht, vielmehr ist auf absehbare Zeit ein intelligenter Mix der Methoden unabdingbar:[28]

1. Wir brauchen auch in Zukunft gesetzliche Garantien für den Datenschutz, denn woraus sonst sollten die Bürgerinnen und Bürger ihre Rechte ableiten und woran sonst sollten sich Technik und Industrie orientieren?[29] Ohne die Europäische Datenschutzrichtlinie hätte es vermutlich nie den transatlantischen Dialog mit der Entwicklung wenigstens der „Safe Harbor-Principles" gegeben. Das Datenschutzrecht mit seinen grund- und menschenrechtlichen Wurzeln behält deshalb auch in Zukunft seine zentrale steuernde Funktion.

2. Ohne technische Verankerung hat der Datenschutz im Internet aber keine Chance, denn die reale Datenverarbeitung wird von technischen Standards mindestens ebenso sehr bestimmt wie von rechtlichen Vorgaben. Die z. B. im Rahmen der P3P-Diskussion bislang erarbeiteten Standards[30] mögen noch so bescheiden sein. Sie haben jedoch den deutlichen Vorteil, eines Tages überall auf der Welt den gleichen Schutz zu geben. Dies könnte der Anfang vom Ende der Flucht aus dem Geltungsbereich unbequemer Datenschutzgesetze sein. Intelligente technische Lösungen, wie z. B. der persönliche Identitätsmanager, könnten sich zu einem mächtigen Instrument zur Realisierung des Rechts auf informationelle Selbstbestimmung in der Hand jedes Einzelnen entwickeln.

3. Die Bedeutung der staatlichen Datenschutzkontrolle nimmt im Vergleich zum Selbstschutz der Internet-Nutzer ab.[31] Sie wird aber weder obsolet, noch kann sich der Staat aus der Mitverantwortung für den Schutz der Privatsphäre seiner Bürgerinnen und Bürger stehlen. Er muss seine Schutzpflichten zukünftig mehr und mehr in Form von Service und Beratung zum Selbstschutz erfüllen. Hierbei bietet sich eine Zusammenarbeit mit Verbraucherschutz und anderen Selbstschutzorganisationen an. Gerade sind verschiedene Datenschutzbeauftragte dabei, in Gestalt des virtuellen Datenschutzbüros neue Formen der technikadäquaten und grenzüberschreitenden Zusammenarbeit im Internet zu erproben.[32]

---

[28] S. dazu Dix, 93, in diesem Buch.
[29] S. dazu Catlett, 185, Borking, 280, und Simitis, 305, in diesem Buch.
[30] S. dazu Cranor, 107, und Grimm/Löhndorf/Roßnagel, 133, in diesem Buch.
[31] S. dazu den Beitrag von Federrath/Berthold, 189, in diesem Buch.
[32] S. dazu die Beiträge von Borking, 280, und Köhntopp, 291, in diesem Buch.

4. Das Datenschutzrecht muss um Marktmechanismen ergänzt werden. Die „Safe Harbor-Principles“ sind erst der Einstieg in eine Unternehmenskultur, in der ein überzeugendes Angebot zum Schutz der Privatsphäre selbstverständlich zur Produktpalette gehört.[33] Marktmechanismen können aber nur dann etwas zum Schutz der Interessen der Bürgerinnen und Bürger bewirken, wenn die Kunden durch Informationen und Beratung eine faire Chance haben, tatsächlich Marktmacht zu entwickeln. Deshalb muss die Datenschutzpraxis verstärkt darauf ausgerichtet werden, die Nachfrage nach Datenschutz zu kanalisieren und zu verstärken.

Wer sich mit dem Datenschutz im Internet befasst, wird also schnell merken, dass es keine Patentlösung gibt. Für diejenigen, die wie die Datenschutzbeauftragten von Berufs wegen für den Schutz der Nutzerinnen und Nutzer des Internets sorgen sollen, folgt daraus die Anforderung, offen zu sein für eine ständige Diskussion und Verfeinerung der Methoden und Instrumente. Vor allem aber ist die Bereitschaft unabdingbar, mit anderen zusammenzuarbeiten.[34] Denn das Internet ist zwar voller Bedrohungen für die Privatsphäre, es bringt aber zugleich eine kompetente, aktive und engagierte Community hervor, die dem Schutz der Privatsphäre neuen Schwung verleiht.[35] E-Privacy wird als staatliche Garantieleistung allein nicht gelingen. Aber der Staat und der staatliche Datenschutz bleiben wichtige Eckpfeiler in der Gesamtarchitektur des Schutzes der Privatsphäre im Cyberspace. E-Privacy wird sich vermutlich in manchem von unserem herkömmlichen Bild der Privatsphäre unterscheiden. Obsolet wird der Schutz der Privatsphäre damit keineswegs, im Gegenteil, er wird eine der spannendsten Zukunftsaufgaben in der Informationsgesellschaft.

---

[33] S. dazu den Beitrag von Schneider, 153, in diesem Buch.
[34] S. dazu den Beitrag von Köhntopp, 291, in diesem Buch.
[35] S. dazu Ruhmann, 120, und Köhntopp, 291, in diesem Buch.

II. Die verlorene Privatsphäre

Unfreiwillige Spuren im Netz

Markus Wiese

Spaziert man über eine schneebedeckte Wiese, ist man sich der Spuren, die man dabei hinterlässt, ebenso bewusst wie der Tatsache, dass es kaum Möglichkeiten gibt, diese zu vermeiden. Nur wenige Menschen sind sich jedoch darüber im Klaren, dass auch bei einem virtuellen Spaziergang im Internet Spuren zurückbleiben und dass es eifrige Datenjäger gibt, die nichts Besseres zu tun haben, als diese Spuren Stück für Stück zu sammeln, um daraus ein Profil zusammenzusetzen.

Denn mit personenbezogenen Daten kann heutzutage eine Menge Geld verdient werden. Je detaillierter das Datenprofil einer Person ist, desto höherwertig wird es angesehen.

Neben den persönlichen Informationen, die man freiwillig im Netz bereitstellt (z. B. auf der eigenen Homepage), gibt es auch solche, die unfreiwillig oder zumindest unbewusst preisgegeben werden. Dies kommt nicht nur durch das normale Abrufen von HTML-Seiten mit einem Browser zustande, auch Software, von der man es nicht unbedingt erwartet, nutzt eine vorhandene Netzanbindung, um Nutzerdaten an einen Server im Internet zu übermitteln, wo diese gesammelt und ausgewertet werden. Nicht immer sind diese Vorgänge den Nutzern[1] transparent, und nur selten sind solche Übermittlungsvorgänge von diesen abstellbar[2].

1 ... drin!

Sobald man vom heimischen Rechner aus eine Netzwerkverbindung zu seinem Provider aufgebaut hat, um sich im Internet umzuschauen, wird dem eigenen Rechner eine so genannte IP-Adresse zugeteilt. Dabei handelt es sich um eine zu diesem Zeitpunkt weltweit eindeutige Zahlenkennung, die es ermöglicht, die jeweils verschickten Datenpakete auch dem richtigen Empfänger zuzuordnen. Bei der derzeit

---

1 Trotz durchgängiger Verwendung der männlichen Formen zugunsten der besseren Lesbarkeit des Artikels sind natürlich auch die jeweils weiblichen Counterparts gemeint und angesprochen!

2 Neben den Daten, die durch die Nutzung des Netzes auf fremden Rechnern anfallen, gibt es auch Daten, die auf dem eigenen Rechner entstehen, sowie Daten, die aufgrund eines Vertrages bei den Erbringern von Telekommunikationsdienstleistungen (Internet-Service-Provider, Telefongesellschaft, usw.) anfallen. Auf diese wird im vorliegenden Artikel jedoch nicht eingegangen. Vgl. auch den Beitrag von Schulzki-Haddouti, 20, in diesem Buch.

eingesetzten Version IPv4 des Internet-Protokolls sehen diese IP-Adressen z. B. so aus: 192.168.200.202 – jeweils vier durch einen Punkt getrennte Zahlen zwischen 0 und 255, d. h., dass insgesamt ein Adressraum von 32 Bit zur Verfügung steht.[3]

Dieser Adressraum ist längst nicht mehr ausreichend, um alle am Internet angeschlossenen Rechner mit einer eigenen IP-Adresse zu versorgen. Um dieses Problem zu umgehen, werden die IP-Adressen von vielen Providern daher nicht mehr statisch, sondern dynamisch vergeben, d. h., wenn man sich mit seinem Rechner einwählt, bekommt man nicht mehr jedes Mal die gleiche IP-Adresse zugewiesen, sondern eine zu diesem Zeitpunkt freie aus einem Pool.

Statische IP-Adressen bezeichnen also immer den gleichen Rechner und damit auch oft die gleiche Person, was gesammelte Daten einfacher zusammenführen lässt, während dynamisch zugewiesene IP-Adressen nicht so einfach bzw. nur von der zuweisenden Stelle einer Person zugeordnet werden können und daher als datenschutzfreundlicher angesehen werden können.

Eine weitere Methode, der Knappheit von IP-Adressen zu entgehen, ist der Einsatz von so genannten Proxy-Rechnern. Dabei handelt es sich um einen Rechner, der stellvertretend für einen oder mehrere andere Rechner die Daten aus dem Internet abruft. Bei lokalen Netzwerken benötigt so nur der Proxy-Rechner eine IP-Adresse im Internet. Gleichzeitig können abgerufene Seiten in einem Zwischenspeicher kurzzeitig abgelegt werden, um bei erneutem Abruf der gleichen Information diese schneller bereitzustellen. Gerne wird im Zusammenhang mit einem Proxy-Rechner ein lokales Netz auch durch einen Firewall-Rechner gegen Angriffe von außen abgesichert.[4]

Da sich kaum ein Mensch alle diese IP-Adressen merken kann, wurde der Domain Name Service (DNS) eingerichtet. So genannte DNS-Server können von den Network Information Centern[5], die auch für die Vergabe von IP-Adressen zuständig sind, gegen Entgelt vergebene Namen in die entsprechenden IP-Adressen auflösen.

Wenn nun beispielsweise ein Browser[6] eine Seite mit der Adresse www.eff.org abrufen will, wird diese von einem DNS-Server in die IP-Adresse 204.253.162.11

---

3 In der Version IPv6 des Internet-Protokolls, das die Version IPv4 ablösen soll, wird ein Adressraum von 128 Bit genutzt. Dadurch lassen sich dann 2^{96} unterschiedliche Adressen vergeben.

4 Die Benutzung eines Proxy-Rechners ist jedoch keine Absicherung dagegen, dass die eigene IP-Adresse nach außen gelangt, da einige Varianten solcher Proxy-Rechner diese bei Abrufen von Informationen im Internet mit übermitteln.

5 In Deutschland die DENIC eG (http://www.denic.de/).

6 Programm zur Darstellung von Inhalten im World Wide Web, vgl. http://datenschutz.inside.tm/safer/browser/.

aufgelöst[7], sodass dann eine Verbindung zu dem entsprechenden Rechner aufgebaut werden kann.

2 Dem Surfer auf der Spur

Da es sich beim Surfen im Netz um das Anfordern von Daten handelt, wird bei jeder Anforderung des Browsers an einen Webserver auch die eigene Adresse mit übermittelt, an die die Antworten gesendet werden sollen.

Der Webserver speichert die Anfrage zusammen mit weiteren Daten in einer Logdatei im Common Logfile Format (CLF)[8], welches folgende Angaben vorsieht:

- Adresse des anfragenden Rechners[9],
- Logname des Benutzers[10] (sofern bei diesem aktiviert),
- Username des Benutzers bei aktivierter Authentisierung (z. B. per Passwort),
- Anfrage des Browsers an den Webserver in Volltext,
- Status der Anfrage, die dem Browser vom Server übermittelt wird,
- Länge der übertragenen Webseite in Byte.

Üblich sind auch erweiterte Logdateien, die über die bereits genannten Daten hinaus noch weitere Angaben speichern, z. B. die URL der Webseite, von der aus das abgerufene Dokument per Link erreicht wurde (so genannte Referer), sowie Browserversion und Angaben zu Sprache und Betriebssystem. Des Weiteren können auch Angaben über die Konfiguration des Rechners, etwa bezüglich der Akzeptanz von Cookies oder der Zulassung aktiver Inhalte, gespeichert werden.

Die Angabe des Referers wird von einigen Servern benutzt, um so genannte Deep Links[11] oder Links von bestimmten Servern abzulehnen. Dies hat in einigen Fällen auch schon zu ernsthaften Streitereien und Aufrufen zum Boykott des blockierenden Servers geführt.[12]

---

[7] Während ein Name immer nur zu jeweils einer IP-Adresse aufgelöst wird, kann eine IP-Adresse mehrere solcher Namen zugeordnet haben. So werden z. B. datenschutz.inside.tm, www.koehntopp.de, 123.org und www.aiki.de zu der gleichen IP-Adresse aufgelöst. Der dortige Server wertet dann die Anfrage des Browsers entsprechend aus, um die richtigen Daten als Antwort zu übermitteln.

[8] S. Dokumentation des World Wide Web Consortiums, http://www.w3.org/Daemon/User/Config/Logging.html#common-logfile-format.

[9] Sofern die IP-Adresse nicht per DNS-Abfrage in eine Namensadresse aufgelöst werden kann oder dies deaktiviert ist, wird nur die IP-Adresse gespeichert.

[10] Entsprechend RFC 931, nachzulesen z. B. bei http://sunsite.auc.dk/RFC/rfc/rfc931.html.

[11] Deep Links sind Verweise, die auf Seiten „tief" innerhalb der Struktur einer Webpräsentation zeigen und nicht auf die jeweilige Startseite.

[12] Vgl. http://www.heise.de/tp/deutsch/inhalt/te/5454/1.html.

Durch Auswertung des Referer-Feldes der Logdatei kann aber nicht nur ein Überblick darüber verschafft werden, welche Webseiten auf die jeweilige eigene Seite verweisen, sondern es kann auch verfolgt werden, welche Seiten von einem bestimmten Benutzer in welcher Reihenfolge abgerufen werden (so genannter Clickstream). Dadurch lassen sich Informationen über Interessen und Nutzungsverhalten sammeln und zu einem Profil des Surfers zusammenführen.

Da einer IP-Adresse mehrere Namen zugeordnet werden können, können auf einem einzelnen Rechner mehrere Webpräsenzen bereitgehalten werden, die dem Anschein nach (URL) zunächst nicht miteinander in Verbindung stehen.[13] Theoretisch ist es jedoch denkbar, die Logdateien mehrerer Webserver gegeneinander abzugleichen, um ein detaillierteres Nutzerprofil zu erhalten, was im Falle der sich auf einem Rechner befindlichen virtuellen Server sehr einfach zu realisieren ist.

Mit dem Referer können noch weitere Informationen übertragen werden, die ebenfalls zur Detaillierung eines Nutzerprofils beitragen können. Findet man eine Seite mit einer Suchmaschine und folgt dem von dieser ausgegebenen Link, so wird auch die genaue Suchanfrage per Referer mit übermittelt und im Logfile gespeichert.

Das Gleiche gilt für alle anderen Informationen, die in der URL einer Seite enthalten sein können, etwa die Kreditkarten- oder Bankdaten bei einer Online-Bestellung und gegebenenfalls sogar Benutzername und Passwort eines zugangsbeschränkten Angebots. Soll die Existenz einer Seite eigentlich geheim bleiben, so hat es auch damit schnell ein Ende, wenn von dort auf andere Seiten verwiesen wird.

Leider lässt sich bei den gängigen Browsern über die Konfigurationsdialoge die Übermittlung des Referers nicht abstellen.[14] Mit zusätzlicher Filtersoftware wie etwa dem Internet Junkbuster[15] oder dem WebWasher[16] lassen sich jedoch die Referer-Angaben herausfiltern.

---

[13] So gibt es z. B. auf einer Seite der Webpräsentation www.koehntopp.de einen Link zu www.aiki.de. Diese URLs scheinen zunächst in keinerlei Zusammenhang zu stehen (unterschiedliche Thematik), werden jedoch auf dem gleichen Rechner bereitgehalten, wodurch ein Datenabgleich theoretisch sehr einfach wäre. Im Beispielsfall wird von dieser Möglichkeit jedoch kein Gebrauch gemacht.

[14] Bei den Browsern der Firma Netscape lassen sich einige Einstellungen vornehmen, die der Konfigurationsdialog nicht vorsieht. Dazu gehört auch das Deaktivieren der Übermittlung des Referers. Hierzu ist die Datei „prefs.js" um den Eintrag „user_pref(„network.sendRefererHeader", false);" zu erweitern. Eine englischsprachige Anleitung und eine Auflistung der weiteren auf diesem Weg beeinflussbaren Optionen findet man bei „The Unofficial Netscape FAQ" unter http://www.inmind.com/people/phrank/commonly/userprefs.html.

[15] http://www.junkbusters.com/; ausführliche Informationen und sogar eine eingedeutschte Version hält Kai Raven unter http://home.kamp.net/home/kai.raven/misc/ravensjunkbuster.html bereit.

[16] http://www.webwasher.de/

3 Kekse und andere Parasiten

Um aus dem Verhalten des Nutzers noch mehr Informationen über diesen gewinnen zu können, besteht eine beliebte Taktik darin, diesen so zu markieren, dass er jederzeit wieder identifiziert werden kann. Technisch lässt sich dies über verschiedene Mechanismen erreichen:

3.1 Cookies

Cookies sind kleine Datenmengen, die vom Betreiber einer Internet-Präsentation auf dem Rechner des Nutzers gespeichert werden. Dadurch wird im einfachsten Fall ein wiederholter Zugriff eines bestimmten Benutzers (genauer: des Browsers auf dem Computer, den er verwendet) auf das Internet-Angebot erkennbar, doch die Anwendungsmöglichkeiten gehen weit über diese Feststellung hinaus.

Typischerweise werden Cookies eingesetzt, damit der Nutzer das Angebot des gewählten Webservers auf seine persönlichen Belange hin abstimmen kann bzw. um dem Webserver zu ermöglichen, sich auf die (vermuteten) Bedürfnisse des Benutzers einzustellen. Ursprünglich sollten Cookies das elektronische Einkaufen erleichtern: Ein Benutzer wählt in einem Angebot Waren aus, die er kaufen möchte. Der Server speichert die Kennungen dieser Produkte beim Nutzer und kann auf der Bestellseite diese Informationen wieder abrufen, um die Bestellung automatisch – bequem für den Käufer – auszufüllen.

Ein Betreiber von WWW-Diensten kann einen Nutzer mithilfe von Cookies aber auch beim Betreten der Startseite eindeutig markieren und ihm seine Zugriffe auf Folgeseiten zuordnen. So ist es möglich, aus geeignet gewählten und eingerichteten Cookies ein Nutzungsprofil zu erstellen, das vielfältige Auskunft über den Benutzer gibt und ihn so als Zielperson z. B. für Werbebotschaften identifiziert, die in WWW-Seiten eingeblendet werden. Wenn sich der Benutzer im Rahmen einer Bestellung irgendwann einmal identifiziert, kann dem Abrufprofil ein Name zugeordnet werden. Eine Manipulation des Computers über die Speicherung und Abfrage der Cookie-Dateien hinaus ist mit dem Cookie-Mechanismus selber nicht möglich. Da die Cookie-Informationen, die auch benutzerbezogene Passwörter für Webseiten umfassen können, jedoch in einer Datei im Dateisystem auf dem Rechner gespeichert werden[17], kann ein Unberechtigter beispielsweise mithilfe von ActiveX-Controls darauf zugreifen, wenn sich der Nutzer nicht dagegen schützt.

Cookies können vom Server eine Art Haltbarkeitsdatum mitgegeben werden. Man unterscheidet Session-Cookies, die nur kurzzeitig bis zum Beenden der Surfsession

[17] Datei „cookies.txt" im Netscape-Programmverzeichnis bei Netscape Navigator/Communicator bzw. Verzeichnis „cookies" im Windows-Verzeichnis beim Microsoft Internet Explorer.

im Arbeitsspeicher gespeichert werden, und permanente Cookies, die auch auf der Festplatte des Nutzers verbleiben und bei der nächsten Session dem Server wieder zur Verfügung stehen.

Eine solche Cookie-Datei kann z. B. wie folgt aussehen:[18]

Datei "cookies.txt" (Netscape):

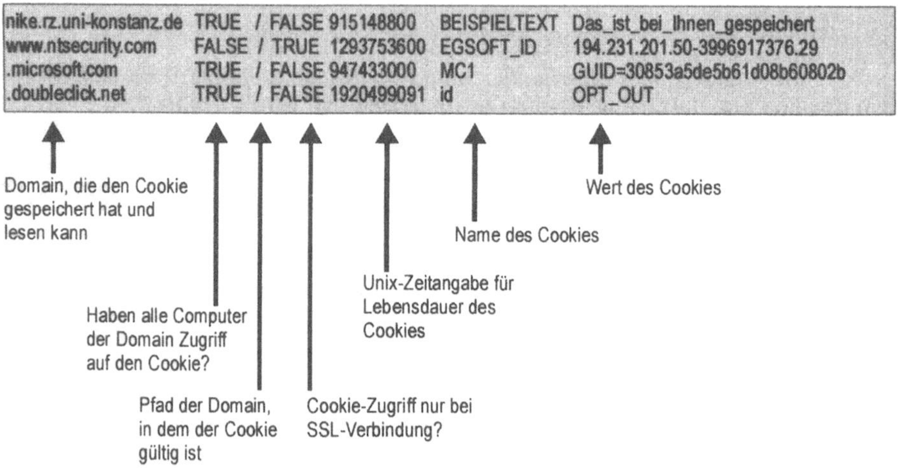

Während bei der Auswertung des Referers aufgrund der häufig verwandten dynamischen IP-Adressen die Verfolgung des Benutzers auf jeweils eine Session beschränkt ist, erlauben permanente Cookies dies über mehrere Sessions hinweg.

3.2 Session-IDs[19]

Session-IDs sind Identifikatoren, meist in Form einer Nummer, die der URL einer Seite hinzugefügt werden. Diese Identifikatoren werden beim Verfolgen von Links innerhalb einer Webpräsenz mitgeführt und auch in der Adressanzeige des Browsers dargestellt.

Legt man für eine Seite, deren URL eine solche Session-ID enthält, ein Lesezeichen an, so besteht die Möglichkeit, auch bei späteren Sessions wieder identifiziert zu werden, obwohl die Gültigkeit der Session-IDs zeitlich begrenzt ist, da bei der Generation ein Zeitstempel einfließt. Der Einsatz einer Hash-Funktion mit einer Zufallszahl soll zudem das Raten einer Session-ID verhindern.

[18] Quelle der Übersichtsgrafik: http://datenschutz.inside.tm/safer/browser/cookies/cookies.htm.

[19] Vgl. http://www.w3.org/TR/WD-session-id.html, Working Draft des World Wide Web Consortiums.

3.3 Webbugs und Bannerwerbung

Mit Webbugs[20] oder Clear GIFs werden transparente GIF-Bilder bezeichnet, die in den meisten Fällen 1x1 Pixel groß sind und ebenso wie viele Werbebanner nicht vom eigentlich angewählten Server, sondern von einem dritten Server aus abgerufen werden und lediglich in den HTML-Quelltext des angeforderten Dokuments eingebunden sind.

Große Werbeagenturen wie z. B. DoubleClick haben ihre Banner auf vielen Seiten im Netz platziert. Da die Banner jedoch nicht vom eigentlich angewählten Server kommen, sondern vom Werbeserver abgerufen werden, fallen auch in der Logdatei des Werbeservers die erwähnten Daten an. Außerdem kann der Werbeserver zusammen mit der Übertragung der Datei Cookies setzen.

Da diese Cookies ihren Ursprung auf dem Werbeserver haben, können sie mit jeder weiteren Werbeeinblendung der gleichen Agentur ausgewertet werden, was mit der Zeit ein sehr detailliertes Personenprofil ergibt. Da HTML inzwischen auch in den Diensten Mail und News Verwendung findet, kann diese Methode auch auf diesem Weg benutzt werden.

Die erwähnte Agentur DoubleClick hat angekündigt, mit der Agentur Abacus Direct, dem größten Anbieter von Kundendaten für Direktvermarktung in den USA, fusionieren zu wollen.[21] DoubleClick kann über die Cookies Informationen über das Verhalten im Netz liefern, während Abacus Direct diese mit Namen und Adressen verknüpfen könnte.

DoubleClick hatte aufgrund vermehrter Proteste erst kürzlich ein Opt-out-Programm[22] gestartet, mit dem Nutzer auf ihrem Rechner einen Cookie speichern können, an dem DoubleClick erkennt, dass diese mit der Erfassung ihrer Nutzungsdaten nicht einverstanden sind, woraufhin dies dann auch nicht mehr erfolgen soll.

4 It's not a bug, it's a feature!

Neben den konzeptionell bedingt anfallenden Daten gibt es auch viele Softwareprodukte, die als zusätzliches „Feature" für den Nutzer zusätzliches Datensammeln ermöglichen, von denen einige kurz vorgestellt werden sollen.

---

[20] Vgl. http://www.heise.de/tp/deutsch/inhalt/te/5482/1.html.

[21] Vgl. http://www.heise.de/tp/deutsch/inhalt/te/2974/1.html.

[22] Während bei Opt out Nutzer zunächst ungefragt mit Werbung versorgt oder in ihren Gewohnheiten beobachtet und ausgewertet werden und dann die Möglichkeit bekommen, dagegen Widerspruch zu erheben, funktioniert das bei weitem datenschutzfreundlichere Opt-in-Prinzip genau andersherum: Es werden so lange keine Werbesendungen verschickt bzw. keine Daten gespeichert, bis der Nutzer dies ausdrücklich verlangt oder zumindest klar sein Einverständnis gegeben hat. Die Informationen zum Opt-out-Programm von DoubleClick sind zu finden unter http://www.doubleclick.com/privacy_policy/privacy.htm.

4.1 Favoriten beim Microsoft Internet Explorer

Wer eine Seite im Netz so interessant findet, dass er sie beim nächsten Mal leicht wieder finden will, legt dafür in der Regel ein Lesezeichen in seinem Browser an. Beim Internet Explorer von Microsoft heißen diese Lesezeichen Favoriten. Wer eine Seitenadresse zur Liste seiner Favoriten hinzufügen möchte, veranlasst den Internet Explorer (ab Version 5.0), die Datei „favicon.ico" vom jeweiligen Server abzurufen, um sie als kleines Bildsymbol ebenfalls in der Favoritenliste anzuzeigen. Dieser Datenabruf wird nun in der Logdatei des Servers verzeichnet, sodass zu den bereits aufgezählten Informationen noch die hinzukommt, welche Seite auf besonderes Interesse beim Nutzer stieß.[23]

4.2 Smart Browsing beim Netscape Navigator/Communicator

Beim Aktivieren der Funktion „Smart Browsing" durch Auswahl der Schaltfläche „Verwandte Objekte" bzw. „What's related?" wird die URL der aktuellen Webseite an einen Server der Firma Netscape übermittelt. Als Reaktion erhält man eine Liste themenverwandter Seiten. Auch die danach betrachteten Seiten werden an den Server übermittelt, man surft mit einem „Schatten".[24] Auch Cookies kommen zum Einsatz, weshalb empfohlen wird, diese „Funktionalität" zu deaktivieren.[25]

4.3 Aktive Inhalte

Die Grundeinstellung eines Browsers im Auslieferungszustand erlaubt meist die Ausführung von unbekannten Programmen, die in die Informationsangebote der Serverbetreiber eingebunden sind. Derartige Programme werden als „Active Content", als aktive Inhalte, bezeichnet und wurden meist mit den Programmiersprachen Java, JavaScript oder gar ActiveX[26] erstellt.

Insbesondere die Gefährdung durch ActiveX ist dabei immens, denn ActiveX-Controls laufen direkt auf dem Rechner ab und haben mit den gleichen Rechten wie der aktuelle Benutzer Zugriff auf Betriebssystem und Hardware, sodass neugierige Serverbetreiber jegliche Daten aus dem Rechner auf den eigenen Server übertragen können.

---

23 Zwar wird die Datei „favicon.ico" zunächst im aktuellen und dann im Hauptverzeichnis gesucht, sodass theoretisch mehrere Seiten als Auslöser in Verdacht kämen, jedoch wird durch den Referer-Eintrag kenntlich, welche Seite zu den Favoriten hinzugefügt wurde.

24 Vgl. http://www.heise.de/tp/deutsch/inhalt/te/1611/1.html.

25 Eine Anleitung dazu gibt es unter http://datenschutz.inside.tm/safer/browser/netscape/smrtbrws.htm.

26 Informationen zu den einzelnen Sprachen sowie Anleitungen zum Deaktivieren aktiver Inhalte bei den Browsern von Netscape und Microsoft gibt es unter http://datenschutz.inside.tm/safer/browser/actcntnt/. Eine Studie zu den Risiken ausführbarer Inhalte, die vom Bundesamt für Sicherheit in der Informationstechnik erstellt wurde, gibt es unter http://www.bsi.de/aktuell/ococat.htm.

4.4 Automatische Update-Funktionen & „Spyware"

Immer mehr Programme versuchen, sobald sie eine Netzwerkverbindung bemerken, eine Verbindung zum Server ihres Herstellers aufzubauen, um nach neuesten Updates zu suchen, z. B. Anti-Viren-Software oder der Microsoft MediaPlayer. Da die Nutzer dabei keine Kontrolle darüber haben, welche Daten dabei an den Server übermittelt werden, ist dies aus Sicht von Datenschutz und Datensicherheit prinzipiell problematisch einzuschätzen.

Ein neues Schlagwort im Internet ist „Spyware"[27]. Damit sind Programme gemeint, die meist in einer Testversion kostenlos aus dem Internet auf den eigenen Rechner übertragen werden können. Um auch aus dieser Testnutzung Profit zu schlagen, werden, solange das Produkt noch nicht käuflich erworben wurde, Werbebanner eingeblendet (wie z. B. bei den Testversionen der beliebten Windows-Programme CuteFTP und Go!zilla).

Bei einer derartigen Einblendung sind solche Produkte jedoch nicht an die Einschränkungen bezüglich der Datenübermittlung gebunden wie Browser, die sich mit Cookies und aktiven Inhalten begnügen müssen, sondern haben meist die gleichen Berechtigungen im System wie der jeweilige Nutzer.

Als Gegenmaßnahme bietet sich der Einsatz einer Firewall in Form eines eigenständigen Rechners z. B. unter Benutzung frei verfügbarer Open-Source-Software an. Wem eine PC-Firewall[28] reicht, die unter Windows einstellen lässt, welche Programme eine Netzwerkverbindung aufbauen dürfen und welche nicht, findet auch hier eine kostenlose Lösung[29]. In beiden Fällen dürften sich die unfreiwillig hinterlassenen Spuren deutlich reduzieren, da einige Firewalllösungen auch das Filtern der von Browsern kommunizierten Daten (z. B. Cookies) erlauben.

4.5 Globally Unique Identifier (GUID)

Unter einem Globally Unique Identifier (weltweit eindeutiger Identifikator) versteht man Kennungen, die in Hardware oder Software integriert sind und die eine weltweit eindeutige Zuordnung von Daten zu einem Rechner (und damit meist zu einem bestimmten Nutzer) ermöglichen.

Bekannt wurde diese Praxis in erster Linie durch die in den Pentium-III-Prozessoren der Firma Intel enthaltene Processor Serial Number (PSN), die sich per Software

---

[27] Informationen zu „Spyware" sowie ein Programm für Windows zum Feststellen derartiger Software auf dem eigenen System findet man im Internet unter http://grc.com/optout.htm.

[28] Unter http://grc.com/su-firewalls.htm werden einige PC-Firewallprodukte vorgestellt; auch das Prinzip dieser Software wird ausgiebig erläutert.

[29] Z. B. ZoneAlarm von http://www.zonelabs.com/.

abfragen lässt,[30] die von Microsoft bei der Online-Registrierung von z. B. Windows98 vergebene GUID, die die eindeutige Media-Access-Control-Adresse (MAC-Adresse) der Netzwerkkarte enthielt und in der Systemregistrierung ebenso gespeichert wurde wie in Dokumenten, die mit dem Microsoft-Office-Produktpaket erstellt wurden,[31] und durch die GUID, die zusammen mit Daten über die Konfiguration des Rechners bei der Installation des Real Players übermittelt wurde.[32]

Das eingangs erwähnte kommende Internet-Protokoll IPv6 sieht im jetzigen Planungsstand vor, dass in allen Datenpaketen Informationen über die eindeutigen MAC-Adressen der Netzwerkkarten enthalten sind, sodass dann alle Nutzer eindeutige Spuren bei jeder Datentransaktion mit übermitteln werden[33].

5 Rundumschau und Ausblick

Auch bei Nutzung anderer Internet-Dienste fallen haufenweise Spuren an. Solange Mails unverschlüsselt über das Netz verschickt werden, können sie auf jedem Rechner entlang der auf der Datenautobahn zurückgelegten Strecke eingesehen und sogar unbemerkt manipuliert werden,[34] einmal verschickte News-Beiträge können auch Jahre später noch über zum Teil auch öffentlich zugängliche Datenbanken recherchiert werden.

Die kommende Generation des Internet-Protokolls IPv6 lässt den Nutzern kaum noch Chancen, sofern sie nach dem derzeitigen Planungsstand realisiert wird (s. oben). Es wurde sogar durch die Internet Engineering Task Force[35] diskutiert, ob man zusätzlich auch Abhörstandards in das Protokoll integrieren sollte, was den

---

[30] Als Intel bemerkte, dass man sich mit diesem „Feature" bei den Kunden nicht gerade beliebt machte, wurde ein Workaround veröffentlicht, der das Auslesen der Kennung verhindern sollte, jedoch in kürzester Zeit geknackt wurde.

[31] Sogar in einigen E-Mails, die mit dem Microsoft Mail-Client Outlook verschickt wurden, tauchte die GUID auf. Vgl. http://www.heise.de/ct/99/06/016/.

[32] In den neueren Versionen des Real Players sind die GUID-Funktion und die Übermittlung der Konfiguration deaktivierbar. Die GUID ist standardmäßig deaktiviert, die Datenübermittlung jedoch nicht, sodass uninformierte Nutzer aus Datenschutzsicht benachteiligt sind.
Aufgrund der Proteste ist in der aktuellen Version Microsoft Office 2000 die Datenübertragung nach derzeitigem Kenntnisstand nicht mehr implementiert, was sich jedoch mangels offen gelegtem Quellcode nicht überprüfen lässt. Für Microsoft Office 97 müssen beide Service-Packs und ein zusätzliches Update eingespielt werden, um die Funktion zu deaktivieren.

[33] Vgl. M. Köhntopp, K. Köhntopp, Datenspuren im Netz, CR 4/2000. Dieser Artikel befasst sich ausgiebig mit der gesamten Bandbreite der bei der Kommunikation per Internet anfallenden Spuren und sei jedem interessierten Leser empfohlen. Obwohl nicht jedes Mal gesondert vermerkt, basiert der vorliegende Beitrag zu großen Teilen auf den dort gefundenen Informationen. S. auch http://www.koehntopp.de/.

[34] Hinweise zur Verschlüsselung von E-Mails gibt es unter http://datenschutz.inside.tm/pgp/.

[35] Die IETF ist das internationale Gremium für Internet-Standards.

Interessen des Datenschutzes, bei dem es sich zumindest in der Bundesrepublik Deutschland um ein Grundrecht handelt, klar entgegensteht.

Eine gute Chance darauf, auch bei diesen massiven Versuchen der Grundrechtsbeschneidung durch Technik die eigene Privatsphäre zu bewahren, hat derjenige, der rechtzeitig beginnt, diese mit gleichen Mitteln zu schützen. Haben Sie schon einen PGP-Schlüssel?

Unsichtbar und raffiniert – die verdeckten Ermittlungen der kleinen Schwestern

Christiane Schulzki-Haddouti

In der vernetzten Welt des elektronischen Handels gibt es keinen „Großen Bruder", der über die Aktivitäten seiner Untertanen wacht. Auf dem elektronischen Marktplatz tummeln sich allerdings viele kleine Schwestern, die mit raffinierten und nahezu unsichtbaren Methoden persönliche Daten sammeln. Europäische Bürger sind dabei vor den rücksichtslosen Sammelmethoden trotz Datenschutzrichtlinie unzureichend geschützt.

Suchmaschinen sind die meistbesuchten Websites. Für Marketingleute sind sie aber nicht nur aufgrund ihrer Größe besonders interessant, sondern auch aufgrund ihrer vielfältigen Inhalte, denn sie lassen genaue Aufschlüsse über die Interessen eines Besuchers zu. Inzwischen sind vor allem Altavista und Yahoo in einem großen Werbenetz eingebunden.

Mit immer ausgefeilteren Tricks versuchen Werbefirmen an aussagekräftige Daten heranzukommen. Ziel ist das so genannte Eins-zu-Eins-Marketing, die direkte Kundenansprache. In der Regel informieren die Firmen die Nutzer jedoch nicht über ihre Praktiken. Aufmerksame Daten- und Verbraucherschützer deckten in den vergangenen Jahren auf, wie dieses Eins-zu-Eins-Marketing tatsächlich funktioniert, und sorgten für mehr Transparenz:

1 Persönliche Identifizierung

Der Mauszeiger „Comet-Cursor" z. B. meldete die Besuche seiner 32 Millionen Nutzer auf rund 60 000 Webseiten, die die Technologie der New Yorker Firma Comet-Systems (http://www.cometsystems.com/) unterstützen. Dabei sandte der Mauszeiger auch die Seriennummer, die so genannte „Globally Unique Identifier" (GUID), an den Hersteller. Die GUID ist die Nummer, mit der jede Netzwerkkarte identifiziert werden kann. Damit lässt sich ein Rechner genau wieder erkennen. Die GUID erlaubt damit auch Rückschlüsse auf seinen Nutzer.

Der US-Sicherheitsexperte Richard Smith entdeckte, dass „die Daten an die Computer des Unternehmens weitergeleitet werden und anzeigen, wenn sich eine Person mit einer bestimmten Seriennummer gerade auf einer bestimmten Webseite aufhält" (http://www.tiac.net/users/smiths/privacy/comet.htm). Zu den Websites gehören die der Suchmaschinen Altavista und Yahoo. Nutzer können inzwischen ihre GUID aus den Comet-Datenbanken löschen lassen. Auch gibt es eine „Spezialversion", die ohne GUID funktioniert und zusammen mit dem RealPlayer 7 arbeitet.

Richard Smith deckte auch versteckte GUID-Übertragungen bei der Realjukebox auf (http://www.tiac.net/users/smiths/privacy/realjb.htm). Das Programm überträgt beim Start eines mit dem Internet verknüpften Computers automatisch mit der GUID zahlreiche Informationen. Dazu gehören die Anzahl und die Formate der Musiktitel, die auf dem Rechner gespeichert sind. Selbst die Typenbezeichnung eines portablen Musik-Players, der an den PC angeschlossen ist, wandert in die Datenbanken von Real-Network (http://www.real.com). Smiths Enthüllung zeigte auch hier Erfolg: In einer neuen Version bietet Real-Network inzwischen den Austausch der persönlichen GUID gegen eine anonyme an.

Auch Microsoft sammelte GUIDs und Personendaten. In allen mit Word und Excel erstellten Dokumenten entdeckte Smith versteckte Nummern. Die Computerzeitschrift *c't* warnte davor, dass damit die Firma in der Lage sei, die Herkunft jeder markierten Datei zu ermitteln. So lasse sich auch herausfinden, welcher registrierte Windows-Anwender mit nicht registrierten Microsoft-Programmen arbeite.

Weder Comet-System noch Microsoft noch Real-Network haben ihre Kunden über ihre GUID-Sammelpraxis informiert. Auch Chiphersteller Intel verschwieg, eine eindeutige Seriennummer in den Pentium-III-Prozessor eingebaut zu haben.

2 Ausspähen der Klickwege[1]

Zuletzt sorgte die weltweit führende Internet-Marketingfirma DoubleClick (http://www.doubleclick.net) für Aufsehen. Die US-Firma wollte die Daten von Werbebannern mit gekauften Adressensätzen verbinden. In den USA kaufte DoubleClick die Firma Abacus und verfügte damit über die Daten von 88 Millionen US-Haushalten. Die eigenen Nutzungsdaten will DoubleClick nun mit den personenbezogenen Daten von Abacus verknüpfen. Aufgrund der Proteste von Verbraucherschützern legte DoubleClick das Projekt jedoch auf Eis, „bis sich die Rahmenbedingungen dafür gebildet haben", so Arndt Groth, Vizepräsident von DoubleClick in Nordeuropa, gegenüber der Zeitschrift *Net-Investor*[2]. Denn anders als in den USA sorgen in Deutschland Datenschutzgesetze dafür, dass sich die Bürger für eine solche Verknüpfung bewusst durch ein aktives Opt in entscheiden müssen. Ähnliche Vorhaben gab es in den USA, als der Internet-Katalogdienst Yahoo die Online-Community von Geocities übernahm und die Mitgliederprofile verwenden wollte.

[1] Vgl. auch Wiese, 9, in diesem Buch.
[2] Walpurga Strohmeier, Verbraucherprotest, Interview mit Arndt Groth, DoubleClick, Net-Investor 5/2000, 50.

3 Verdeckte Webkäfer und Cookies

Die Daten von Internet-Nutzern sind heiß begehrt. Fast jede Website und jede Internet-Werbeagentur verwendet so genannte Cookies, um Surfer und potenzielle Kunden zu identifizieren. Nutzer können dies jedoch über die Sicherheitseinstellungen ihrer Browser verhindern. Das lässt sich nun mit einem neuen Verfahren möglicherweise umgehen. Als unsichtbare Cookie-Nachfolger werden die so genannten Webkäfer bzw. „Webbugs“ oder „Clear-GIFs“ gehandelt.

Die US-amerikanische Bundeshandelskommission FTC lässt die kleinen Webkäfer nun von Richard Smith untersuchen (http://www.tiac.net/users/smiths/privacy/wbfaq.htm). Webkäfer sind kleine Bilder mit der Größe von 1 × 1 Pixel, die auch in anderen Grafiken versteckt werden können. Der Webkäfer sendet die IP-Adresse, die Internet-Adresse der besuchten Webseite, die Internet-Adresse des Webkäfers, den Zeitpunkt, an dem der Webkäfer angeschaut wurde, den Browsertyp sowie die Informationen eines zuvor gesetzten Cookies an einen Server. Damit liefern die kleinen Käfer zusätzliche Informationen über die, die bereits mit einem Cookie erfasst wurden. Arbeiten unterschiedliche Websites innerhalb eines Werbenetzes zusammen, können zusammen mit den Cookies genaue statistische Informationen über die Nutzer erfasst werden.

Cookies können nur die IP-Adressen der Nutzer identifizieren. Geben die Nutzer über Formulare persönliche Angaben an, kann die Identifikationsnummer des Cookies bzw. des Webkäfers mit diesen Informationen verbunden werden. So lässt sich ein persönliches Profil erstellen.

Schon heute können Anzeigen gezielt geschaltet werden, indem der Klickweg des Nutzers verfolgt wird. Zusätzlich kann dieser Klickweg mit den Nutzerdaten verknüpft werden. Groth: „Darauf zielen alle Marktteilnehmer, jeder Anbieter im Internet fokussiert auf Eins-zu-Eins-Marketing.“[3] DoubleClick und andere Online-Agenturen tauschen deshalb untereinander Informationen über den Nutzer aus. Innerhalb des so genannten Network-Advertising.org werden die Informationen zusammengeführt, um jedem einzelnen Internet-Nutzer das passende Werbebanner zu präsentieren. Internet-Nutzer können sich allerdings auch aus dem Verbund austragen (Opt out). Zusätzlich kann der Nutzer, wenn die Cookie-Datei beispielsweise eine Zeile „`ad.doubleclick.net FALSE / FALSE 942195440 IAA d2bbd5`“ enthält, diese Zeile per Hand löschen oder gleich die ganze Cookie-Datei.

Mit DoubleClick kooperieren inzwischen über neuntausend Websites, darunter auch, wie bereits bei Comet-Cursor, die Suchmaschinen Altavista und Yahoo. Nutzer erfahren dies meist im Kleingedruckten. So steht bei den Informationen über den

---

[3] A.a.O.

Datenschutz auf der Yahoo-Website (http://de.docs.yahoo.com/info/mail/datenschutz.html) ein Satz wie „Yahoo sammelt Informationen auf verschiedene Art und Weise und von verschiedenen Teilen unseres Netzwerks von Websites".

Zahlreiche DoubleClick-Kunden wie die Suchmaschine Excite Europe oder der Mediendienst NBC haben die entsprechende DART-Technologie von DoubleClick in Lizenz übernommen. Laut einer Studie von Media-Metrix von 1999 erreicht DoubleClick inzwischen 50,4 % aller Nutzer in den USA.

Zu den an DoubleClick übermittelten Informationen gehören laut Richard Smith (http://www.tiac.net/users/smiths/privacy/banads.htm) die E-Mail-Adresse, der Name, die Postanschrift und Telefonnummer. Ebenso wurden an die Marketingfirma Transaktionsdaten geschickt, darunter die Namen von VHS-Videos, Details einer Flugroute, die bei einer Suchmaschine benutzten Suchbegriffe sowie Gesundheitsdaten. Dabei musste Smith nicht einmal auf die Bannerwerbung klicken. Übermittelt wurden die Daten durch die Internet-Adressen der Werbebanner. Daten wurden auch in die Internet-Adresse der Webpage integriert.

Webkäfer können auch in Werbe-E-Mails eingesetzt werden. Smith weiß, dass Barnes & Nobels, Etoys, Cooking.com oder Microsoft sie bereits verwendet haben. Dabei wird in die Internet-Adresse des Webkäfers auch die Mail-Adresse eingefügt. Die Käfer lassen ihre Auftraggeber wissen, ob der Nutzer eine E-Mail geöffnet hat. Voraussetzung ist, dass die E-Mail-Programme HTML-E-Mails anzeigen können, in denen die Webkäferbilder integriert werden können.

Sie können auch den Cookie mithilfe des Webkäfers mit einer bestimmten Mail-Adresse verknüpfen, sodass der Besucher bereits bekannt ist, wenn er später die Website besucht, z. B. so: <img src="http://www.mybannerads.com/sync.gif?email=john@doe.com">. Wenn Nutzer das E-Mail-Programm Outlook Express oder Netscape-Messenger benutzen, um Mitteilungen in einer Newsgroup zu lesen, dann lassen sich auch diese Leser identifizieren. Möglich ist dies aufgrund einer Sicherheitslücke (http://www.tiac.net/users/smiths/privacy/cookleak.htm). Smith geht davon aus, dass auch Polizei und Geheimdienste Webkäfer einsetzen, um den Handel mit Kinderpornografie oder mit Raubkopien zu verfolgen.

Weigern sich Nutzer, Cookies setzen zu lassen, werden sie bereits häufig von einigen Möglichkeiten ausgeschlossen. So bei Yahoo!, wo dann eine Teilnahme bei Yahoo-Mail, Mein-Yahoo!, dem Kalender, Chat, Messageboards und das Erstellen eines Portfolios in Yahoo!-Finanzen nicht mehr möglich sind.

4 Datenhandel ist das Nonplusultra-Internet-Geschäft

Im Eins-zu-Eins-Marketing sehen die einen Werber die ultimative nächste Stufe der Netzentwicklung. Andere wie die Experten der US-amerikanischen Marketingfirma Webcmo mahnen zur Vorsicht – doch nur unter dem Vorzeichen des Erfolgs: Bevor Unternehmen personalisierte Kundenbeziehungen auf die Agenda setzen, sollten sie sich zunächst wichtigeren Aufgaben wie Inhalt und elektronischem Handel widmen. Denn die Kosten für Technik und Personal bewegen sich im sechsstelligen Bereich. Frank-Michael Welsch-Lehmann, Geschäftsleiter der Intouch GmbH, rechnet im Konsumentenbereich erst dann mit Erfolgen, „wenn die kritische Masse erreicht ist". 20 % der Bundesbevölkerung müssten dann online sein.

Besonders im Versandhandel, Banken-, Telekommunikations- und Automobilsektor lohnen sich individuelle Ansprachen. Die Deutsche Bundespost plant bereits, die Besucher ihrer Website „Evita" ganz persönlich anzusprechen. Bis jetzt gibt es Softwarelösungen für Content-Management, Relationship-Management, Design und Data Mining. Die Webangebote werden dabei nach Anforderung der Anwender, ihren Präferenzen, der Demographie, Psychogramm oder anderen Kriterien zugeschnitten. Experten rechnen damit, dass bereits im nächsten Jahr die Personalisierung zum Fixpunkt der Internet-Strategien in großen Unternehmen geworden ist.

5 Datenhandel auf freiwilliger Basis

Daten müssen jedoch nicht versteckt erhoben, sondern können auch mit Erfolg ganz offen gesammelt werden. In den letzten Monaten entwickelten einige Firmen bereits gesetzeskonforme Dienstleistungen. So stellt beispielsweise der Webdienst Firefly Internet-Nutzern inzwischen einen virtuellen Pass aus: Spitzname, E-Mail-Adresse oder Geburtsdatum. Mehr Daten werden nicht verlangt. Websites wie Yahoo begrüßen dann den Internet-Surfer mit Namen und erkundigen sich nach bevorzugten Netzangeboten. So will der Online-Buchversand Barnes & Nobels wissen, welche Bücher der Nutzer am liebsten liest. Wer antwortet, erhält dann persönliche Vorschläge.

Firefly verbindet das Angebot mit einem strikten Datenschutz: „Denn wenn die Verbraucher sich nicht absolut sicher sind, dass mit ihren Daten kein Missbrauch getrieben wird, dann werden sie solche Angebote auf Dauer nicht annehmen", sagt Saul Klein von Firefly. Firefly kommt ohne Cookies aus. Der Webdienst verpflichtet sich, die Interessenprofile seiner Kunden nicht an Dritte zu verkaufen. Zweimal im Jahr lässt sich Firefly von den Wirtschaftsprüfern Coopers & Lybrand überprüfen. Die Nutzer selbst können ihren Pass ändern oder sogar wieder löschen.

Gemeinsam mit Netscape, Verisign, IBM, Oracle und Microsoft regte Firefly im Verbund mit 100 anderen Unternehmen die Entwicklung des so genannten Open-Profiling-Standard (OPS) an. Demnach dürfen Online-Dienste keine persönlichen Daten sammeln, wenn der Betroffene nicht vorher zugestimmt hat und vollständig darüber aufgeklärt worden ist, wie sie verwendet werden. Teilweise floss OPS in ein Projekt ein, das vom World Wide Web Consortium (W3C) bis Mai dieses Jahres erarbeitet wurde: die Platform for Privacy Preferences (P3P – http://www.w3.org/P3P/). Sie ermöglicht feste Datenschutzeinstellungen in der Browsersoftware und mehr Transparenz bei der Datenschutzpolitik einzelner Anbieter. P3P ist jedoch keine Garantie dafür, dass die Firmen ihre Politik auch tatsächlich befolgen.

Schon jetzt funktionieren Internet-Geschäftsmodelle nach dem Prinzip: Je mehr Daten der Nutzer preisgibt, desto mehr Dienste kann er kostenlos in Anspruch nehmen. Das deutsche Unternehmen Cocus AG beispielsweise ermöglicht den Nutzern, mit ihren persönlichen Daten selbst zu handeln. Dabei bestimmen die Verbraucher selbst, welche Eigenschaften ihres Profils gekauft werden können. Interessierte Unternehmen registrieren sich beim Verbraucherzentrum von Cocus und erklären ihre Kaufabsicht.

Zu dem Cocus-Verbraucherzentrum im Internet haben nur Unternehmen und Verbraucher Zutritt, deren Daten gehandelt werden. Dabei können die Verbraucher verfolgen, wer ihre Daten zu welchem Preis erwirbt. Davon erhalten sie dann 40 %, den Rest streicht Cocus als Maklergebühr ein.

6 Weitere Unsicherheit im transatlantischen Datenverkehr

Werbenetzwerke sind heute längst in der Lage, über Suchmaschinen persönliche Informationen zu sammeln und in Datenbanken zu verarbeiten. Das Ausmaß dieser Praxis kennen die Kunden in der Regel nicht. Wenige Angebote setzen bereits auf die explizite Zustimmung des Nutzers – nicht zuletzt aufgrund der strengen Europäischen Datenschutzrichtlinie. Die im März vorgestellte Vereinbarung zwischen den USA und der Europäischen Union stellt jedoch einen Rückschritt dar und droht diese positive Entwicklung zu behindern:

So verpflichten sich US-Unternehmen nur freiwillig, im Rahmen eines so genannten „Sicheren Hafens“ bestimmten Datenschutzregeln zu gehorchen, die von privaten Organisationen wie TRUSTe oder BBBOnline aufgestellt werden können. Falls sie dies tun, dürfen sie auch Daten von EU-Bürgern verarbeiten. Eine Überprüfung der Einhaltung der Datenschutzregeln kann vom Unternehmen selbst durchgeführt werden.

Eine Opt-in-Regelung ist nicht zwingend vorgesehen. Ungeklärt ist, wie EU-Bürger wirklich ihre gesammelten Daten einsehen, korrigieren und löschen lassen können. Der Gerichtsstand für amerikanische Firmen liegt in den USA. Die Firmen müssen sich beim amerikanischen Handelsministerium anmelden, eine Überprüfung ist allerdings nicht vorgesehen. Missachten die Firmen die selbst gesetzten Datenschutzregeln, kann die Bundeshandelskommission (FTC) wegen Betrugs einschreiten. Doch sie ist nicht verpflichtet, den Klagen von einzelnen Personen nachzugehen.

Nicht zuletzt Marc Rotenberg, Direktor der Washingtoner Cyber-Rights-Lobby „Electronic Privacy Information Center“ (EPIC), wies auf den jüngsten Fall von Datenmissbrauch durch DoubleClick hin. Die Firma sei ein Beispiel dafür, dass die Selbstkontrolle nicht funktioniere. Rotenberg: „So mancher sichere Hafen wird sich als übles Piratennest herausstellen, wenn es keine gesetzliche Kontrolle gibt.“

Zu den größten Lücken gehört aber nach Ansicht des „Transatlantic Consumer Dialogue“ (TACD), einer amerikanisch-europäischen Vereinigung von Verbraucherverbänden, dass gesammelte Daten anderen Unternehmen auch dann zur Verfügung gestellt werden können, wenn diese sich nicht den Prinzipien des „Sicheren Hafens“ unterworfen haben. Es genügt nämlich allein eine schriftliche Erklärung, dass die Daten geschützt werden. Auch dürfen laut Abkommen Dienste verweigert werden, wenn die Kunden keine Informationen über sich herausgeben wollen.

7 Resümee

Letztlich werden die Verbraucher selbst entscheiden, welchem Anbieter mit welchem Datenschutzkonzept sie vertrauen. Die P3P-Spezifikationen werden diese Unterscheidung unterstützen. Ein ungelöstes Problem bleiben Internet-Angebote, die die Eingabe von Nutzerdaten zwingend voraussetzen. Ebenso problematisch wird auch die Überwachung der Werbenetzwerke sein, die auch Suchmaschinen erfassen. Aufgrund des fragwürdigen Kompromisses zwischen der EU und den USA werden europäische Verbraucher hauptsächlich auf die Selbstregulierungsmechanismen des Marktes setzen können. Nicht zuletzt die Transparenz der Angebote, aber auch ihr eigenes Verhalten wird dabei über den Erfolg der eingesetzten Instrumente entscheiden.

Das Recht auf Anonymität

Florian Rötzer

Eine der Formen des Privatseins ist Anonymität, also ganz einfach unbekannt zu bleiben, selbst wenn man in aller Öffentlichkeit etwas in einem Laden kauft und mit Bargeld bezahlt, welche Zeitungen und welche Artikel man liest oder wann, wo oder mit wem man in ein Restaurant oder in ein Museum geht. Vermutlich war und ist diese Anonymität eine der großen, bislang eher kritisierten „Kulturleistungen" der Städte und Großstädte, die wesentlich für ihre Dynamik war, aber natürlich auch stets ihre Schattenseiten hatte. Politische und geistige Freiheit kann sich vielleicht ein gutes Stück nur dann entwickeln, wenn Anonymität gegeben ist und man nicht bei jedem Schritt kenntlich ist.

Das Internet hat mit seiner zunehmenden Kommerzialisierung jedoch gezeigt, dass die Gefahr der permanenten Identifizierung und Verfolgung jeder Handlung, die man im Datennetz unternimmt, nicht nur vom jeweiligen Großen Bruder, sondern auch von den vielen kleinen Brüdern ausgeht.[1] Und je mehr wir uns aus der vertrauten materiellen Welt entfernen und in die digitale Welt eintauchen, desto kenntlicher werden wir, paradoxerweise eben auch in unseren privaten Räumen, in denen wir im vernetzten Zeitalter stärker an der Öffentlichkeit teilnehmen und in ihr sind, als wenn wir uns in die „alten" öffentlichen Räume begeben.

Die Menschen scheint die zunehmende Veröffentlichung des Privatlebens allerdings bislang noch wenig zu stören, zumindest ist nirgendwo eine große Protestbewegung zu bemerken. Man könnte auch sagen, viele Menschen versuchen sogar individuell sich den wandelnden Strukturen des Verhältnisses von Privatheit und Öffentlichkeit anzupassen, indem sie sich freiwillig über Webcams oder über die neuen Real-TV-Sendungen wie „Big Brother" pausenlos der (Medien)Öffentlichkeit präsentieren, als würden sie damit experimentieren, wie es sich unter den Bedingungen totaler Überwachung leben lässt. Die durch die Medien und vor allem das Internet geförderte Ökonomie der Aufmerksamkeit mit dem Kult der Prominenz fördert diese Entgrenzung des bislang Privaten sicherlich. Wenn man schon die Veröffentlichung eines möglichst interessant inszenierten Lebens nicht direkt in Geld umsetzen kann, so doch wenigstens in Prominenz, und sei sie noch so lokal.

Aber natürlich ist es auch anstrengend – wenn man dies will –, seine Anonymität im Internet zu wahren, auch wenn dies so lange noch möglich ist, bis ID-Verfahren wie SmartCards, digitale Signaturen, biometrische ID-Verfahren oder andere Identifizie-

[1] S. dazu die Beiträge von Wiese, 9, und Schulzki-Haddouti, 20, in diesem Buch.

rungsmechanismen den Zugang zum Internet regeln werden. Und gerade auch, weil anonymes Geld noch immer nicht vorhanden ist, wird die Überwachungsmaschinerie zum angeblich Besten der Internet-Kunden noch perfekter werden. Schließlich rückt die Technik den permanent vernetzten Menschen immer mehr auf und unter die Haut. *Affective computing*, also das Erfassen möglichst vieler Körperdaten, wäre neben dem Anbringen oder gar Implantieren von Chips der bislang am weitest gehende Schritt, der eine ganze Menge von neuen Daten erzeugt, während *mobile computing* oder auch nur die Benutzung von Handys die Menschen bereits zu permanent überwachten „Mäusen" macht, deren Aufenthaltsort bekannt ist.

Eigentlich ist die Sache ja ganz einfach: Wo die Mittel fehlen oder einfach zu kostspielig wären, jeden Bürger bei jedem seiner Schritte zu verfolgen, gibt es schlicht Löcher im universellen Anspruch der kleinen und Großen Brüder, jederzeit über alles informiert zu sein. Wo die Mittel aber vorhanden sind, werden sie auch eingesetzt, wobei zur Legitimation alle möglichen Gründe herangezogen werden – von der Bekämpfung der Organisierten Kriminalität oder des Terrorismus über die Verfolgung von Kinderpornografie oder Verleumdung bis hin zur Notwendigkeit, sich bei Transaktionen authentifizieren zu müssen oder nur eine „Personalisierung" irgendwelcher Angebote, seien es Informationen oder Werbung, anbieten zu können. Daher die Begehrlichkeit, möglichst alles an persönlichen Daten der Menschen zu sammeln oder zumindest sammeln zu können, wenn dies erforderlich ist oder man dies wünscht.

Ganz ähnlich wie beim Sammeln von Informationen im Internet lässt sich die fast schon automatische Ausdehnung des „Öffentlichen" auch bei den genetischen Daten feststellen. Noch werden nur bestimmte Straftäter zwangsweise einem Gentest unterzogen und manchmal zur Identifizierung eines Täters Massengentests durchgeführt, aber langfristig werden unsere genetischen Identitäten in den Datenbanken der Polizei, der Versicherungen, der Arbeitgeber oder auch nur des Gesundheitssystems landen und so für jede Begehrlichkeit prinzipiell verfügbar sein.

Wie man es auch immer drehen und wenden will, unser Zeitalter ist bislang unübertroffen in dem Aspekt, was das Sammeln und Erheben, Verarbeiten und Speichern von Daten aller Art angeht. Je mehr Informationen digitalisiert werden können, desto leichter stehen sie als verwertbare und speicherbare Daten zur Verfügung, natürlich auch mit der Möglichkeit, sie leichter als jemals zuvor zusammenführen, auswerten und durchsuchen zu können. Und mit den wachsenden Möglichkeiten, immer mehr Daten aller Art speichern, aufbereiten und durchsuchen zu können, wachsen auch die Begehrlichkeiten, sie weitest gehend auszunutzen und sich die Daten anzueignen, egal ob es dabei um wissenschaftliche Forschung, Verbrechensbekämpfung, Authentifizierung, Wirtschaftsspionage, Überwachung der Bürger und

Angestellten, Verkehrsmanagement, medizinische Versorgung, Risikoplanung, Werbung und Marketing oder was auch immer geht.

Wissens- oder Informationsgesellschaft heißt eigentlich in jeder Hinsicht, die sich steigernde Datenflut zu bewältigen, zu kanalisieren, auszunutzen oder eben auch einzudämmen. Wir stehen sicher nicht vor dem Ende des Privaten, wie das manchmal beschworen wird, wohl aber vor gewaltigen Veränderungen im Verhältnis von dem, was privat und öffentlich sein soll. Dabei sollte man nicht nur auf die persönlichen Daten von Bürgern sehen, die, angefangen von ihren Genen bis hin zu ihrem Kauf- oder Suchverhalten im Internet, gesammelt werden können, sondern auch mit berücksichtigen, dass in einer digitalen und vernetzten Gesellschaft das Ausmaß des privaten Eigentums an Daten und dessen Sicherung auch wirtschaftlich von hoher Bedeutsamkeit sind. Die Kämpfe um die technische und juristische Sicherung von Daten etwa auf dem Hintergrund des Patent- oder Urheberrechts haben erst begonnen, aber auch sie schlagen ganz unmittelbar auf den Datenschutz im traditionellen Sinn durch, da die Sicherung und Verwaltung von Eigentumsrechten etwa im Netz stets an ein Ende der Anonymität gebunden sein werden.

Kann man sich jetzt noch mit Bargeld weitgehend anonym in einem Geschäft etwa eine CD kaufen, sie auf einem gleichfalls mit Bargeld anonym erworbenen Player beliebig oft anhören und sie eventuell kopieren, um sie einem Freund zum privaten Gebrauch zu schenken, so könnten diese ganz legalen Aktivitäten bald nicht mehr möglich sein. Nach dem Vorgang der Registrierung, bei der bereits persönliche Daten erhoben werden, wählen wir uns durch ein Kennwort, eine Chipkarte oder die Eingabe eines biometrischen Identitätsnachweises authentifiziert auf eine kommerzielle Website ein, suchen uns, verfolgt durch Cookies oder andere Überwachungstechnologien, die unsere Spur durch das Angebot aufzeichnen, ein Musikstück aus, das wir mit Kreditkarte, E-Cash oder durch Abbuchung auf unserer Telefonrechnung bezahlen und dann unter genau vorgegebenen technisch realisierten Bedingungen herunterladen können. So könnte das Musikstück gegen Kopieren geschützt sein und nur auf einem Gerät abgespielt und/oder nur beispielsweise fünfmal abgehört werden.

Der Traum der Unternehmen ist jedoch, alles über das Internet einmalig on demand zu liefern, wodurch eine permanente Kontrolle – und natürlich ein steter Fluss an Gebühren – gewährleistet wäre. Das WIPO-Urheberrecht, bislang nur in den USA umgesetzt, aber vermutlich bald auch in Europa gültig, sieht vor, dass jede Umgehung der technischen Sicherungen des Urheberrechts, aber auch schon jeder Versuch, Techniken zur Umgehung zu entwickeln, strafbar ist. Hier finden bereits die ersten Konflikte in den USA statt, in denen geklärt werden muss, inwieweit ein solcher pauschaler Schutz technischer Sicherungen nicht eine rechtliche Regelung des Urheberrechts aushebeln könnte, das ja nicht nur dem Profit der Erzeuger und

Anbieter, sondern auch der Allgemeinheit durch einen Kompromiss zwischen privater Aneignung und Zirkulation als öffentlichem Gut dienen soll. Die Frage jedoch, ob es nicht auch ein Recht auf Anonymität beim virtuellen Einkauf geben sollte und müsste, wird dabei bislang völlig außer Acht gelassen. Mehr und mehr wird Anonymität nicht nur in totalitären Staaten als unerwünscht betrachtet. Und auch wenn Überwachung in demokratischen Rechtsstaaten tatsächlich nur unter strengen Auflagen möglich sein sollte, so könnten alle Möglichkeiten, die dazu einmal eingerichtet wurden und realistischerweise kaum jemals wieder rückgängig gemacht werden, eines Tages einem anderen Regime in die Hände fallen, das sich an die Gesetze nicht hält. Das sollte man bei aller Diskussion über Strafverfolgung, die angeblich Überwachung erforderlich macht, nicht vergessen. Wenn so verlangt wird, dass jede Kommunikation im Prinzip überwacht werden können muss, indem Provider die entsprechenden Schnittstellen einbauen, dann wäre dies damit vergleichbar, dass wir gezwungen würden, jederzeit für die befugten Sicherheitskräfte gut sichtbar unsere persönlichen Daten an unserem Körper anzubringen, da wir ja prinzipiell einmal irgendeinen Diebstahl oder eine andere Straftat begehen könnten.

Auch wenn die meisten Menschen womöglich noch immer den Eindruck haben, sie würden sich anonym im Netz bewegen, wenn sie zu Hause vor ihrem Computer sitzen, so ist natürlich genau das Gegenteil wahr. Anonymität im Internet verlangt nicht nur einen technischen hohen Aufwand, den der Nutzer selbst zu leisten hat, der sich, sobald er sich einloggt, im Sperrfeuer von Überwachungs- und Verfolgungsmöglichkeiten und -zwängen unterschiedlichster Parteien befindet. Man sollte sich, um die neue Situation wirklich in ihren Dimensionen vorstellbar zu machen, gelegentlich daran erinnern, was in der wirklichen, nicht vernetzten Welt durchaus noch möglich ist, selbst wenn hier durch immer „intelligentere" Überwachungskameras, immer höher auflösende Satellitenkameras, Geldkarten oder anderen Notwendigkeiten, seine Identität nachzuweisen, allmählich auch der öffentliche Raum zu einem Panoptikum wird, bei dem der Identitätsnachweis ständig geführt werden muss.

Mit der zunehmenden Verdichtung der Überwachung der Menschen, die sich mit *mobile computing*, Vernetzung aller möglichen Geräte oder ganzer Häuser und SmartCards, intelligenten Verkehrssystemen, flächendeckenden Überwachungssystemen, ID-Chips mit GPS-Anbindung oder biometrischen Identifizierungsmethoden noch weiter ausbauen wird, wird die Frage, ob es ein Grundrecht auf Anonymität gibt und in welchen Bereichen es gewahrt sein muss, immer drängender. Bereiche, in denen Anonymität gesetzlich gesichert werden könnten – was natürlich sofort wieder beim Internet auf das Problem der grenzüberschreitenden Datenflüsse verweist, die von einem Staat nicht reguliert werden können –, wären solche realen oder virtuellen Räume, in denen ohne vorhergehende explizite Zustimmung der Betroffenen keine Daten erhoben, gesammelt und verwertet werden dürfen. Es müssten auch die technischen Bedingungen dafür eingeführt werden, um eine solche Anonymität zu gewährleisten, ohne den Menschen große Eigenleistungen abzuverlangen, die sie möglicherweise wieder verdächtig machen können. Dabei entstünde natürlich auch die Frage, ob dazu nicht auch Bereiche gehören, die bislang nicht gerade durch hohen Datenschutz gesichert sind, beispielsweise an Arbeitsplätzen oder auch in halb-öffentlichen Räumen wie E-Commerce-Shops, virtuellen Portalen, Kaufhäusern usw. Was bislang kein Problem war und nicht eigens definiert werden musste, weil zur Dauerüberwachung einfach nicht die Möglichkeiten zur Verfügung standen, verlangt heute eine neue Klärung. Sie ist umso dringender, weil sich allerorten Bestrebungen sehen lassen, die noch im Internet bestehenden Möglichkeiten der Anonymität im Interesse der Sicherheitspolitik, aber auch zum Schutz des geistigen Eigentums immer weiter zurückzudrängen.

Was das Internet – und jedes digitale Netzwerk – auch immer sein mag, so ist es jedenfalls auch eine Datenerhebungsmaschine von bislang unvorstellbarem Ausmaß. Jede Art von Aktivität, die über das Internet ausgeführt wird, kann verfolgt und belauscht werden. Je mehr Alltagsaktivitäten über das Internet ausgeführt oder mit der Hilfe von Netzwerken überwacht werden, desto genauer kann auch die Spur unserer Aktivitäten aufgezeichnet werden und desto eher werden sich die Menschen überlegen, was sie in diesem neuen öffentlichen Raum machen sollen oder wollen.

Die DDoS-Angriffe auf einige kommerzielle Websites zu Beginn des Jahres wurden in vielen Ländern geradezu willkommen geheißen, um eine Atmosphäre der Unsicherheit erzeugen und dadurch schärfere Gesetze und stärkere Sicherheitsmaßnahmen legitimieren zu können. Wer immer diese Angriffe auch durchgeführt haben mag, wird auch ein Auslöser für eine Entwicklung sein, die nicht nur erfreulich ist, auch wenn sie dem E-Commerce dienen mag. Vertrauen, sagt man, basiert auf Sicherheit, die wiederum die Freiheit und vor allem die Anonymität reduziert. Wenn beispielsweise das Bundeskriminalamt wenige Tage nach den an sich harmlosen Vorfällen die Gefahr beschwörte, die von der Anonymität im Netz ausgeht, und forderte, dass man diese im Dienste der Strafverfolgung möglichst abbauen muss, dann klingt dies vielleicht auf den ersten Blick einleuchtend, würde aber gleichzeitig eine der großen Möglichkeiten verspielen, die das Internet für die freie Meinungsäußerung oder die politische Opposition in autoritären Ländern mit sich bringt.

Aufgrund einer Studie zur Internet-Kriminalität, die das BKA in Zusammenarbeit mit Providern, Banken und E-Commerce-Firmen erstellt hat, sei man zum Schluss gekommen, dass die Konstruktion des weltweiten Computernetzes einige Faktoren beinhalte, die Kriminalität begünstigten, beispielsweise frei zugängliche Hackerprogramme und die hohe Anonymität im Internet. Daher müsse die Verbreitung von Hackerprogrammen eingeschränkt und die Anonymität beim E-Commerce reduziert werden, außerdem sollten Zulassungskriterien für die Internet-Provider entwickelt werden. Vielleicht wird man auch bald fordern, dass jeder Internet-Nutzer sich registrieren muss und eine feste IP-Nummer erhält, mit der er jederzeit kenntlich wäre. Diese Art von Einseitigkeit, mit der zurzeit das Thema Sicherheit im Internet aus dem Blickwinkel nur des E-Commerce oder der Dot.com-Welt und der Sicherheit diskutiert wird, macht blind gegenüber den demokratischen und emanzipatorischen Potenzialen des Internets. Wer immer nur argumentiert, wie es mittlerweile viele Politiker und Regierungen geradezu zwanghaft machen, dass aus Gründen der vornehmlich wirtschaftlichen Standorterhaltung möglichst schnell alles ans Internet angeschlossen und gleichzeitig vor Risiken gesichert werden muss, um ja nicht zurückzufallen, ist in Gefahr, einer kopflosen Torschlusspanik zu verfallen.

Die Forderung nach einem Ende der Anonymität etwa würde es mit sich bringen, dass jeder gewissermaßen permanent seinen Ausweis nicht nur mit sich tragen muss, um ihn auf Aufforderung vorzuzeigen, sondern ihn auch gut sichtbar anbringen müsste. Bislang gibt es diesen Zwang zur Identifizierung nur in bestimmten Bereichen wie in manchen Behörden oder Unternehmen, ansonsten fallen einem dazu eher Maßnahmen von totalitären Staaten ein, im Hitler-Deutschland beispielsweise die Judensterne und die Tätowierung der ID-Nummern von KZ-Häftlingen auf die Haut.

Will man jetzt also das Leben im Cyberspace aus der Perspektive der Überwachung „besser" und sicherer machen als das Leben in der wirklichen Welt, in der das Vorhandensein von Kriminalität oder Vandalismus auch nicht ohne weiteres in einem Rechtsstaat dazu herhalten kann, dass jedermann genötigt ist, zu jeder Zeit und an jedem Ort seine Identität preiszugeben, und dass die Voraussetzung gegeben sein muss, dass Sicherheitskräfte jeden Schritt, den jemand gemacht hat, zurückverfolgen können müssen? Wir zahlen für eine offene Gesellschaft den Preis, dass sie auch unsicher ist und manches ermöglicht, was man natürlich bekämpfen muss oder verhindern sollte. Eine wirklich sichere Gesellschaft aber wäre eine Art Gefängnis.

Und wenn Computerkriminalität nicht zum Ruf nach Ausbau der Internet-Polizei und der Kontrollmöglichkeiten reicht, so dient der allseits beschworene Cyberterrorismus im Verein mit dem Schutz der nationalen Infrastruktur für einen weiteren Anschlag auf die cyberbürgerliche Freiheit und damit auch den Cracks im Dienste des Staates.

In Frankreich droht Internet-Providern, Content-Anbietern und Internet-Benutzern, aber auch der Meinungsfreiheit neues Ungemach. Um die Verantwortlichkeit von Veröffentlichungen im Internet juristisch zu regeln, sieht ein Gesetz vor, das am 22. März bereits in zweiter Lesung vom französischen Parlament behandelt wurde, dass Internet-Provider bei jeder Veröffentlichung, die nicht eine private Mitteilung ist, dazu verpflichtet sein sollen, für eine korrekte Identifizierung des dafür Verantwortlichen zu sorgen. Verlangt werden der Name, der Vorname sowie der Wohnort desjenigen, der etwas veröffentlicht, oder der Name des Verantwortlichen für eine Publikation, die einen anderen Autor besitzt. Veröffentlichung ist alles, was nicht strikt private Kommunikation ist. Zwar darf die Veröffentlichung selbst unter einem Pseudonym geschehen, doch der Internet-Provider oder Content-Anbieter, der die Veröffentlichung ermöglicht, muss die richtige Identität des Autors kennen. Ansonsten droht eine Gefängnisstrafe bis zu sechs Monaten und 50 000 Francs. Sollte ein Internet-Provider nicht in der Lage sein, den Verantwortlichen für eine Publikation auf einer Website nennen zu können, so kann er strafrechtlich für illegale Inhalte verantwortlich gemacht werden. Wenn jemand eine falsche Identität angibt, so kann auch er mit derselben Strafe belangt werden.

In der EU sollen Provider, angeblich nur, um besser gegen Kinderpornografie vorgehen zu können, die Identifikation von E-Mail-Benutzern ermöglichen. „Die Möglichkeit des Sendens von anonymer E-Mail, die auch von den Behörden nicht zu ihrem Ursprung zurückverfolgt werden können, macht Strafverfolgung praktisch unmöglich", heißt es in einem Bericht. Provider müssen Verbindungsdaten in Übereinstimmung mit dem Ratsbeschluss vom 17. Januar 1995 über das gesetzliche Abhören von Telekommunikation drei Monate speichern. Die Verbindungsdaten sollen „den Strafverfolgungsbehörden zur weiteren Untersuchung zugänglich gemacht werden". Eine Mindestspeicherungsdauer sei für die Strafverfolgung nötig.

Wie prekär die Situation ist, kann man gegenwärtig in Großbritannien sehen. Weil ein Internet-Provider durch eine Verleumdungsklage für Äußerungen eines anonymen Kunden verantwortlich gemacht wurde und sich außergerichtlich auf eine nicht unbeträchtliche Schadensersatzzahlung geeinigt hatte, werden Provider immer vorsichtiger, überhaupt noch kritische Äußerungen zuzulassen, weil sie Angst vor Strafen haben. Auch wenn die daraus entspringende interne Zensur zunächst nur dazu führen mag, dass Provider ihre Server außerhalb des Landes verlegen, so wäre der Schaden für die demokratische Kultur schwerwiegend.

Wie viel Staat das Internet im Hinblick auf den Datenschutz benötigt, ist also eine schwierige und äußerst komplexe Frage nicht nur, weil staatliche Organe selbst viele unterschiedliche Daten ihrer Bürger erheben und immer mehr erheben wollen, sondern vor allem, weil sie nur eine Instanz auf dem Markt der umkämpften Daten darstellen, deren Interessen sich natürlich keineswegs mit denen der anderen Mitspieler decken müssen. Doch die Diskussion dieser Konfliktlage würde hier zu weit gehen.

Demokratische Regierungen aber sollten, gerade weil durch die digitalen Technologien und vor allem durch die Computernetze das Erheben, Zusammenführen, Auswerten und Speichern von Daten immer leichter wird und die Menschen schon allein aus ökonomischen Zwängen der Standortsicherung immer weiter in ihren gesamten Aktivitäten vernetzt werden sollen, nicht wesentlich aus wirtschaftlichen und neoliberalistischen Gründen sich möglichst aus der Kontrolle über den Datenfluss zurückhalten, sondern auch aus dem Grund, weil Demokratien nicht so naiv sein sollten, ihre Existenz auf ewig fortzuschreiben. Auf der anderen Seite sind sie dazu aufgefordert, einen rechtlichen Rahmen für die Sicherstellung von Räumen und von Kommunikationen zu schaffen, in denen Anonymität gewährleistet ist und bleibt, selbst wenn dies manche für verbrecherische Zwecke ausnutzen.

Tolle Überwachung!
Videoeinsatz als gefährlicher Aktionismus angesichts gesellschaftlicher Divergenz

Frank Möller

There's definitely no logic
To human behaviour
But yet so irresistible

Björk[1]

Sie als Leser. Wo befinden Sie sich gerade? Sind Sie in Ihrer Wohnung oder im Büro? Sitzen Sie in der Wartezone des Flughafens oder im Zugabteil? Vielleicht stehen Sie auf einem Bahnsteig und sind beim Warten auf diesen Zeilen gestrandet. Werden Sie gerade beobachtet? Schauen Sie sich jetzt nicht um. Sie würden die Kamera ohnehin nicht entdecken, sich mit Ihrem Verhalten aber verdächtig machen. Und es wäre unschön, wenn Sie noch den Zug verpassen würden, weil Sie den Wachleuten nur seltsame Ausreden anbieten könnten, während die automatische Gesichtserkennung Sie mit 80 % Wahrscheinlichkeit als weltweit zur Fahndung ausgeschriebenen Computerhacker identifiziert hat. Das ist keine Zukunftsmusik, sondern heute technisch umsetzbar.[2]

Die Kamera irgendwo hinter Ihnen hat die Größe einer Rolle Kartoffelchips und ist praktisch unsichtbar unter einer halbkugelförmigen Glashaube verborgen.[3] Selbst wenn die Kamera ein ganzes Stück entfernt angebracht sein sollte, lässt[4] sich der Buchtitel lesen, es sei denn, Sie stehen ungünstig oder die Lichtverhältnisse sind gerade nicht so gut.[5] Der Operator hatte Sie übrigens schon vorhin auf dem Schirm, als Sie sich auf dem verlassenen Bahnsteig unbeobachtet fühlten und in der Nase gebohrt haben.[6] Optisch war er nur eine Armlänge entfernt. Das sollte Ihnen aber nicht peinlich sein, denn Ihr Beobachter weidet sich im Lauf seines Fernsehalltags

---

1 Debut, Human Behaviour (written by Gudmundsdottir/Hooper), Polygram Music Publishing Ltd., (London) 1993.

2 Ergebnisse eines Pilotversuchs mit dem System „Mandrake" der englischen Firma „Software and Systems International Ltd." (vgl. C. Schulzki-Haddouti, Watching you, Spähangriff auf den Bürger, c't Magazin für Computertechnik 24/1998, 87).

3 So genannte Dome-Camera, Abbildung z. B. in Der Spiegel 27/1999, 118.

4 Der Verfasser ist mit der neuen Rechtschreibung nicht einverstanden.

5 Inzwischen ist auch die Restlichtverstärkung selbstverständlich (vgl. M. Waitschies, Man kann sogar „ranzoomen", Hamburger Abendblatt, 19.1.1999).

6 Vgl. F. Möller, „Videoüberwachung in Laeipzisch", de/org/ccc, 25.3.2000.

an weit eindrucksvolleren Dingen wie z. B. an Drogenabhängigen, die sich die Nadel gegenseitig in die Halsvenen stechen[7].

Die Beobachtungstechnik der vergangenen vierzig Jahre war eine analoge[8], d. h. das Bildsignal wurde auf eine Trägerfrequenz moduliert und entsprechend an Monitore weitergeleitet. Die Verarbeitungsmöglichkeiten waren begrenzt. Derzeit vollzieht sich ein Wandel. Die Computer haben Geschwindigkeiten und Speicherkapazitäten erreicht, die Bildverarbeitung mittels digitaler Codierung in immer besserer Qualität ermöglichen.[9] Außerdem wurde in den vergangenen Jahren ein großer Aufwand betrieben, mathematische Kompressionsverfahren zu entwickeln, um die Bildverarbeitung auch seitens der Software voranzubringen. Kurzum, man muss „Video" heute als gleichbedeutend mit computerisierter Verarbeitung sehen.[10]

Weil es in Zukunft praktisch keinen Computer geben wird, der nicht mit dem Internet verbunden ist, gilt die unmittelbare Verkettung Video – Computer – Internet. Die weit reichende Konsequenz liegt auf der Hand. Denn da die Geräte keinen nennenswerten Kostenfaktor mehr bedeuten, werden Beobachtungen beliebig kombinierbar. Vom pensionierten Hausmeister bis zum weltumspannenden Sicherheitskonzern könnte es so zu einem regen Austausch kommen.[11] Das Bild vom Großen Bruder ist obsolet, stattdessen behalten uns die vielen kleinen Schwestern[12] im Auge.

1 Die Beobachtung der neuen Offenheit

Die technischen Möglichkeiten stoßen auf eine in Veränderung befindliche Kultur. Weil die Gesellschaft vermeintlich oder tatsächlich in vielerlei Hinsicht toleranter geworden ist[13], werden Handlungsweisen zur Normalität, die vormals als „grober Unfug" oder als „Erregung öffentlichen Ärgernisses" empfunden und verfolgt wor-

[7] Wurde unlängst als Beispiel in einem Fernsehmagazinbeitrag gezeigt.

[8] In Deutschland wurden die ersten Verkehrsüberwachungskameras im Jahre 1958 in München installiert (vgl. T. Weichert, Öffentliche Audio- und Videoüberwachung, DANA 22(1999)1, 4).

[9] Vgl. A. Kunze, Digitales Daumenkino, Know-how zu Streaming-Video-Servern, iX Magazin für professionelle Informationstechnik 10/1997, 142-148.

[10] Vgl. z. B. J. Seeger, Totale Kontrolle, GNT Smart-Cam als Internet-Videostation, iX Magazin für professionelle Informationstechnik 4/1998, 94 f.

[11] Es gibt rechtliche Einschränkungen, über die Kamerafreunde sich rechtzeitig informieren sollten, z. B. bei F. Möller, Zwischen Überwachung und elektronischer Demokratie, DANA 22(1999)1, 11-22.

[12] In spitzbübischer Einhaltung der politischen Korrektheit so formuliert von H. Bäumler, Intelligenter Staub hört sogar Gespräche ab, Beilage zur Rheinischen Post, 19.1.2000.

[13] Vgl. G. Nunner-Winkler, Moralische Integration, in: J. Friedrichs/W. Jagodzinski (Hrsg.), Soziale Integration, Kölner Zeitschrift für Soziologie und Sozialpsychologie, Sonderheft 39, 293-319.

den wären.[14] Menschen statten die eigene Wohnung mit Kameras aus und senden die Bilder automatisiert ins Internet. Dabei sind keinerlei Lebensäußerungen ausgeschlossen.[15] Der ganz normale Exhibitionismus kennt keine Schamgrenzen. Wer früher öffentliche Selbstgespräche führte und uns Geschichten erzählte, war ein Verrückter. Heute sollen wir diesen Menschen unterstellen, dass sie ganz besonders erfolgreich durchs Leben gehen.[16] Offenheit zahlt sich aus. So gewinnen z. B. unter Politikern diejenigen an öffentlicher Resonanz und an Profil, die ihr gesamtes Privatleben nach außen kehren und vermarkten.[17]

Zunächst fällt Offenheit nicht schwer, zumal das alltägliche Leben ziemlich banal ist. Gerade dies zeigt uns die zur Drucklegung dieses Buches zweifellos schon vergessene, derzeit jedoch viel diskutierte „Big-Brother-Show" im RTL-Fernsehen[18]. Zum wirklichen Leben besteht jedoch ein wichtiger Unterschied. Die Show ist von Anfang an zeitlich befristet, und die Kandidaten werden gut bezahlt. Fordert erst der Alltag die ständige und fast bedingungslose Offenheit, und zwar Tag für Tag, jahrein, jahraus, dann taucht früher oder später die Frage auf, wie lange das auszuhalten ist. Viele Menschen wissen das. Aus der verbreiteten neuen Offenheit lässt sich also keinesfalls schließen, dass das Bedürfnis nach Zurückgezogenheit und Privatleben ebenfalls zurückgeht. Ganz im Gegenteil wird dessen Bedeutung immer deutlicher bewusst.

Auch wissen die Menschen der übermäßig neugierigen Sorte nach wie vor genau, dass ihre Gelüste die Grenze zum moralisch Verwerflichen überschreiten. Die heiklen Zusammenhänge kommen schnell ans Tageslicht, wenn es um die Frage geht, ob Kameraüberwachung offen sichtbar oder heimlich erfolgt. Wenn öffentliche Videobeobachtung Verbrechen vorbeugen soll, dann muss sie deutlich erkennbar sein, d. h. die Kameras müssen sichtbar sein. Denn nur, wenn jeder sofort weiß, dass er beobachtet wird, wird er jedes unerwünschte Verhalten vermeiden (sofern er weiß, was alles darunter fällt). So war das mit den Kameras, die man in den Siebzigerjahren in vielen Kaufhäusern sehen konnte. Sie waren sogar mit Aufmerksamkeit erregenden Blinklampen ausgestattet. Heute sind sie verschwunden, weil man offenbar bald erkannte, wie sehr auch die Kauflust der Menschen abnimmt, wenn sie sich beobachtet fühlen.

---

[14] „Grober Unfug" vormals strafbar nach § 360 Abs. 1 Nr. 11 StGB, nunmehr als „Belästigung der Allgemeinheit" geregelt im § 118 OWiG; „Erregung öffentlichen Ärgernisses" steht nach § 183a StGB unter Strafandrohung.

[15] Klassiker ist die Jenni-Cam (vgl. D. Weber, In Jennis Schlafzimmer, Neue Züricher Zeitung – Folio, Juli 1998, 34).

[16] Heute halten sie sich ein schwarzes Kästchen ans Ohr.

[17] Vgl. K. Adam, Autisten unter sich, Was Joschka Fischer und Jörg Haider gemeinsam haben, FAZ, 10.3.2000.

[18] O. Gehrs/T. Tuma, „Richtig ausquetschen", Das mit viel Vorschusshysterie gestartete Spannerspektakel „Big Brother" erweist sich als Langweiler, Der Spiegel 11/2000, 132-134.

Die psychologische Strategie hat sich inzwischen verfeinert. In den Massenmedien führt man die Beobachtungseinrichtungen gerne vor, z. B. mit Echtbildern von spektakulären Ereignissen. Das Publikum wird sich so bewusst, dass es an allgemein zugänglichen Orten überwacht wird. Im Alltag ist das dann längst vergessen. Die Unbefangenheit scheint einem nicht genommen zu sein. Erst in zufälligen Momenten kommt der Gedanke an die Kameras. Vielleicht wirkt diese Strategie der halben Heimlichkeit auf potenziell kriminelle Menschen abschreckend, vielleicht auch nicht.[19] Unter unerwünschten Personen spricht sich ohnehin schnell herum, an welchen Orten mit den Videoanlagen auch Konsequenzen verbunden sind. Im Bereich der von Kameras abgedeckten Fläche geht die Kriminalität zurück.[20] Übrig bleiben die Gelegenheitstäter, mit denen man immer wieder den öffentlichkeitswirksamen wie zweifelhaften Beweis liefern kann, wie erfolgreich Kameraüberwachung ist.

Die Strategie des Verheimlichens beinhaltet in jedem Fall eine unerträgliche Niederträchtigkeit. Wenn man den Menschen als würdiges und autonomes Wesen anerkennt[21], dann muss man ihm zugestehen, aus eigener Kraft zu erkennen und zu entscheiden, welche Handlungen er begeht und welche er lässt. Will man aus gegebenem Anlass dennoch auf sein Gewissen einwirken, dann muss dies auf einen unmittelbaren Zusammenhang beschränkt bleiben. Keinesfalls dürfen Einwirkungen dazu führen, dass die harmlosen alltäglichen Kontexte aus dem Gefüge geraten. Wenn Menschen sich nicht mehr in der Nase bohren, weil sie nicht feststellen können, ob sie an einem Ort gerade unbeobachtet sind, dann ist es prinzipiell schon zu spät. Das Schnäuzen der Nase oder das Küssen der Freundin auf dem Bahnsteig gerät zur Handlung mit demonstrativem Charakter. Die Wirkungen und Folgewirkungen sind unübersichtlicher, als man das zunächst annimmt, und so wird aus einer freiheitlichen Gesellschaft schnell eine verbogene Gesellschaft.

Bei manchen Menschen setzt schon jetzt der Verstand aus: „*Just because people can see me doesn't mean it affects me – I'm still alone in my room*", sagt Jennifer Ringley, jene junge Washingtoner Webdesignerin, die als eine der Ersten ihre Wohnung rund um die Uhr den Blicken des gesamten Internets öffnete.[22] Die zahllosen Zuschauer stören nicht, denn es ist ja niemand von ihnen da.

Der Irrsinn lässt sich auch umkehren: Auf die Frage, was sie von der Überwachung halte, antwortete eine Leipziger Passantin: „Es ist eigentlich besser so, denn ist man

[19] Vgl. die Zusammenfassung von empirischen Befunden durch F. Sack/D. Nogala/M. Lindenberg, Social Control Technologies, Typoskript, Version 1.0, Hamburg 1997, 316 f.
[20] Manchmal auch nicht (vgl. ebd.).
[21] Und wer wollte das für sich nicht in Anspruch nehmen?!
[22] JenniCam Frequently Asked Questions, www.jennicam.org/faq/general.htm (gesehen am 14.12.1998); D. Weber (Fn. 15); L. Siegele, Das Ende des Privaten, Die Zeit 1/1999, 2.

sicherer. Man weiß, dass man ja nicht alleine ist.“[23] Nicht alleine? Aber es ist niemand da außer dem toten Glasauge! Helfen können in einem entscheidenden Moment immer nur anwesende Passanten. Gerade diese verlassen sich jetzt jedoch auf die installierten Kameras, und so geht die Zahl der Anzeigen zurück, weil Menschen „offenbar glauben, dass sie Vorfälle nunmehr der Polizei nicht mehr selbst melden müssen“[24].

Kameraüberwachung bringt die schnelle Hilfe nicht. Das lässt sich auch aus Aussagen der Polizei schließen. Wenn die Ordnungshüter erst durch den Anruf eines Passanten auf eine schwere Schlägerei aufmerksam gemacht werden müssen, heißt das nichts anderes, als dass den Kameras bzw. den Beobachtern an den Monitoren eine Menge entgeht. Weil die Kameras aber nun mal vorhanden sind, werden sie erst mal auf den vom Anrufer beschriebenen Ort geschwenkt, um nachzuprüfen, ob die Aussage auch zutrifft.[25] Wertvolle Zeit vergeht.

Aus England wurde vom Fall einer Frau berichtet, die vermutlich von professionellen Killern erschossen wurde. Weil die englische Polizei grenzenlos Aufzeichnungsgeräte mitlaufen lässt, konnte die letzte Stunde des Opfers rekonstruiert werden, d. h. wo die Frau gewesen war und was sie eingekauft hatte.[26] Die Mörder dagegen waren selbstverständlich weit und breit nicht zu sehen. Tolle Überwachung! Über das Opfer weiß man am Ende alles, von den Tätern keine Spur.

Fernsehmagazine haben uns in der jüngeren Vergangenheit mehrfach nachgewiesen, wie problemlos man heute Verbrechen unter den Augen der Bevölkerung begehen kann. Hilfsbereite Passanten helfen sogar, die gerade von einem parkenden Auto abgeschraubten Räder im Kofferraum des Fluchtwagens zu verstauen.[27] Man wird uns auch nachweisen, wie einfach sich Taten unter den Augen der Überwachungskameras begehen lassen. Warum gibt es noch immer Banküberfälle und Ladendiebstähle, obwohl entsprechende Kameras seit Jahrzehnten vorhanden sind? Selbst bei einer vordergründigen Abwägung müsste man eigentlich zu dem Schluss kommen, dass Videoüberwachung Blödsinn ist.[28]

---

[23] Wochenendjournal des Deutschlandfunks vom 25.3.2000.

[24] Sack/Nogala/Lindenberg (Fn. 19), 318 f.

[25] Frontal-Magazin im ZDF, 28.3.2000.

[26] Ebd.

[27] Wir Menschen tun, was man uns sagt. Es sei erinnert an S. Milgram, Das Milgram-Experiment, Zur Gehorsamsbereitschaft gegenüber Autorität, dt. Reinbek b. Hamburg 1974.

[28] Vgl. Die Zeit vom 16.3.2000.

2 Das Ende jeglicher Risikobereitschaft: die Hochsicherheitsstadt

Noch vor 15 Jahren hatten wir Angst vor dem Atomkrieg, vor radioaktiver Verseuchung und Umweltzerstörung. An den Umständen hat sich wenig geändert, nur in unseren Köpfen ist kaum etwas davon übrig geblieben.[29] Wie real sind die Gefahren, denen heute so große Aufmerksamkeit gewidmet wird? Die Kriminalität jedenfalls ist eher rückläufig.[30] Dennoch herrscht allerorten Umtriebigkeit. Zukunftsprojekte versprechen die Sicherheit, nach der sich die Menschen sehnen. Da sind Eltern von Ängsten gequält, wenn sie ihre Kinder auf den gefährlichen Schulweg schicken. Über ein flächendeckendes Netz öffentlicher Kameras könnten sie den Weg ihres Kindes in Zukunft verfolgen, und zwar auf dem Computerbildschirm zu Hause oder im Büro.[31] Wenn das Kind allerdings überfahren wird, dann ist es trotz der Kamera tot. Darüber wurde offenbar gar nicht nachgedacht.[32]

Warum besteht der Wunsch, Säuglingsstationen in Krankenhäusern mit Kameras auszustatten? Ist niemand mehr da für den Nachwuchs? Es wird diskutiert, Schulhöfe mit Kameras zu überwachen.[33] Ist es den Lehrern im Winter zu kalt, draußen Aufsicht zu führen? Wie weit muss man sich inzwischen menschlich voneinander entfernt haben, wenn solche Vorhaben überhaupt angedacht werden? Diese und andere Beispiele belegen, wie sehr sich ein Denken verfestigt, das keinerlei Risiken mehr akzeptieren will. Ob technisch möglich oder bloße Gewissensberuhigung: Für alle Lebensbereiche soll ein Höchstmaß an tatsächlicher oder wenigstens subjektiver Sicherheit geschaffen werden. Die Erwartungen sind hoch, und niemand will ohne Nachweis dastehen, wenn die Frage gestellt wird, was er denn getan habe, um die Risiken zu minimieren.

Am Ende steht die Hochsicherheitsstadt, in der die Videobewachung nur eine Komponente eines umfassenden Sicherheitssystems darstellt. Der reibungslose Betriebsablauf zahlloser Funktionsbereiche wird gewährleistet durch Zugangskontrollen, Sensoren für unterschiedlichste Störungen, Lenkungstechniken für Personen-

[29] Umsichtige Autoren waren dieser Entwicklung längst auf der Spur: N. Luhmann, Soziologie des Risikos, Berlin 1991; V. v. Prittwitz, Das Katastrophen-Paradox, Opladen 1990.

[30] „Polizeiliche Kriminalstatistik 1998“, Pressemitteilung der Innenminister und -senatoren des Bundes und der Länder vom 25.5.1999, www.bmi.bund.de/aktuelles (gesehen am 10.4.2000).

[31] Z. B. das Projekt „Helsinki Arena 2000“ (vgl. H. Hansen, Vision der Vernetzung, Kieler Nachrichten, 12.12.1998).

[32] Jeder Verschwörungstheoretiker würde an dieser Stelle weitergehen und entgegnen, dass doch nachgedacht wurde und es sich um einen Vorwand handele, um die flächendeckende Überwachung psychologisch vorzubereiten.

[33] Beispiele aus dem Tätigkeitsbericht des Berliner Datenschutzbeauftragten 1999, 32. Die ersten Kameras in Schulen wurden bereits wieder abgebaut, z. B. in Rott am Lech (C. Deussing, Das Auge des großen Rektors weilt überall, SZ, 14./15.2.1998).

bzw. Verkehrsströme usw.[34] Dabei muss man nicht nur an große und mächtige Institutionen denken. Vielmehr wird die Kontrolle auch die kleinsten sozialen Zusammenhänge bestimmen.[35] Vermutlich werden sich die Spielräume vieler Menschen in den kommenden Jahren verringern, wenn sich immer handlichere Überwachungsgeräte unterschiedlichster Art wie „intelligenter Staub" über das Land legen.[36] Es bleibt kaum noch die Freiheit für kleine Übertretungen, z. B. für die Alltagslügen, mit denen das Leben erst gestaltungsfähig wird.[37]

Die Sicherheits- und Wachtechnik gibt die einzuschlagenden Wege geistig wie räumlich genau vor. Funktionalisierung und mangelnde Risikobereitschaft führen so zu Vorsortierungen und vielerlei Spaltungen der Gesellschaft. Es könnte sich ein Zustand einstellen, wo jeder in sein Getto gehört und dort bleiben soll, damit kein Streit entsteht.[38] Ein überzeugendes Leitbild ist die Hochsicherheitsstadt jedenfalls nicht, denn sie schottet Einzelwelten mit Sicherheitstechnik voneinander ab und vertieft somit ohnehin vorhandene Gräben. Das Ergebnis ist die Verhinderung öffentlicher Auseinandersetzung, demokratischer Entscheidungsfindung und schließlich der Verlust jeglicher Innovationsfähigkeit.[39]

3 Kameras als Mittel symbolischer Politik

Die Polizisten stürmen heran, die jugendlichen afrikanischen Drogendealer spucken die Kokskügelchen unauffällig ins Gebüsch und haben somit gar nichts mehr bei sich außer ihrem breiten Grinsen. Die Beamten müssen sie sogleich freilassen, und zwei Ecken weiter geht der Handel munter weiter. Durch polizeiliche Repression ist bestimmten Formen der Kriminalität im Rechtsstaat praktisch nicht beizukommen. Auch alternative Mittel der Bekämpfung scheinen keine signifikanten Veränderun-

34 Einen kleinen Eindruck vermittelt S. Schmidt, Wo nur noch die Flexiblen gewinnen, Beilage zur Rheinischen Post, 19.1.2000.

35 Das ist durch die Mobiltelefone längst der Fall. Weshalb wohl sollten sich auch zum vergangenen Weihnachtsfest Tausende von Ehefrauen über die kleinen Funkapparate freuen?

36 Die Forschung (z. B. an der University of California) strebt derzeit Geräte von der Größe eines Fingernagels, idealerweise eines Sandkorns an, die mit Funksensoren ausgerüstet auf unterschiedlichsten Gegenständen angebracht werden können (vgl. J. Schönstein, Forscher entwickelt intelligenten Staub, Hamburger Abendblatt, 15.11.1999).

37 Vgl. W. Schmidbauer, Wer liebt, muss lügen, Interview, Die Zeit 40/1999, 40 f.

38 In Frankfurt am Main wurden im 18. Jahrhundert die Tore des Judenviertels bei Sonnenaufgang geöffnet und bei Sonnenuntergang geschlossen. An Sonntagen und christlichen Feiertagen blieben sie verriegelt (vgl. W. Jasper, Keinem Vaterland geboren, Ludwig Börne, Eine Biographie, Hamburg 1989, 36).

39 Die Sicherheitsstadt bedeutet im Grunde kaum etwas anderes als eine Stände- und Kastengesellschaft, wie K. R. Popper sie bei Plato kritisierte (Die offene Gesellschaft und ihre Feinde I, dt. Tübingen 1957).

gen zu bewirken.[40] Nun können Politiker es sich jedoch kaum leisten, die Grenzen der Möglichkeiten öffentlich einzugestehen. Auch ist es einfach, sich Rezepten von klarer Einprägsamkeit zu bedienen: Wenn wir Kameras aufstellen, dann gibt es kein Verbrechen mehr. Diese Logik ist derzeit „in". Doch weil sich die Kameras praktisch nicht mal zur Vertreibung von Punkies eignen[41], wird die kostenintensive Maschinerie zum Symbol der Berührungsangst mit den Problemen. Aktivität und Folgenlosigkeit sind „fast schon ursächlich aufeinander bezogen"[42].

Was vor eineinhalb Jahrzehnten in Bezug auf die unkalkulierbaren Gefahren der Atomenergie und anderer Großtechnologien festgestellt wurde[43], dass nämlich die Politik machtlos ist im Umgang mit möglichen Folgewirkungen und sich auf lediglich symbolische Taten zurückziehen muss, bewahrheitet sich offenbar schon für qualitativ geringfügigere Alltagsprobleme[44]. Am Ende sind diejenigen an der Kriminalität schuld, die nicht bereit sind, mit dem unverhältnismäßigen Mittel der Videoüberwachung das zarte Pflänzchen Demokratie zu gefährden.[45]

Warum haben wir das nötig? Warum werden wir immer dünnhäutiger gegenüber unschönen Begleiterscheinungen des Alltags? Es ist kaum noch zu leugnen, dass sich die Atmosphäre des öffentlichen Lebens zunehmend vergiftet. Dafür gibt es mehrere Ursachen. Da ist die zunehmende soziale Ungleichverteilung. Die damit verbundene Unzufriedenheit vieler Menschen führt zu einer latenten Aggressivität. Schon am Publikum auf den Bahnsteigen lässt sich erkennen, welche S- oder U-Bahnlinien in die „verlorenen Stadtteile" fahren[46].

Zur allgemeinen Verunsicherung trägt weiterhin die zunehmende Zerfaserung der Gesellschaft in zahllose Kulturen und individuelle Lebensstile bei. Die uns umgebenden Menschen sind immer schwerer einzuschätzen. An vielen Orten versteht man nicht mehr, was sie sagen. Die gewachsene Toleranz und Großzügigkeit wird täglich auf eine harte Probe gestellt, denn es liegen nicht nur die Nerven der neuen Armen oder der benachteiligten ausländischen Jugendlichen blank, sondern auch die

---

[40] Vgl. K.-H. Reuband, Drogenkonsum und Drogenpolitik in Westeuropa, Aus Politik und Zeitgeschichte, B9/1995, 22-31.

[41] In der steril erneuerten Glasbrücke zwischen der Kieler Einkaufsmeile „Sophienhof" und dem Hauptbahnhof muss jetzt regelmäßig ein Wachmann stehen, damit kein buntes Treiben die Hygiene gefährdet.

[42] U. Beck, Gegengifte, Die organisierte Unverantwortlichkeit, Frankfurt am Main 1988, 270.

[43] Ebd.

[44] Es macht, um das nochmals zu bekräftigen, einen gewaltigen Unterschied, ob einige Prestigeautos gestohlen werden, einer alten Dame die Handtasche, in der sie fahrlässigerweise mehrere tausend Mark Bargeld mit sich herumträgt, oder ob etwa das Kernkraftwerk Stade in die Luft fliegt und Millionen Hamburgern für das restliche Leben nur noch ein Tal der Tränen bleibt!

[45] Der Logik folgend von U. Beck (Fn. 42), 270 f.

[46] Zum Zusammenhang von Armut und Stadtentwicklungspolitik J. S. Dangschat, „Stadt" als Ort und als Ursache von Armut und sozialer Ausgrenzung, Aus Politik und Zeitgeschichte, B31-32/1995, 50-62.

vieler Angehöriger des Mittelstandes, die in diesen Jahren damit rechnen dürfen, dass ihre beruflichen Qualifikationen möglicherweise bald schon für ein bruchloses Berufsleben nicht mehr ausreichen. Und so belauern sich die Menschen über Gräben aus Nichtverstehen, Mutmaßungen, persönlicher Verunsicherung und anderem mehr.

4 Heimatlosigkeit in der vielkulturellen Gesellschaft

Welche Gesellschaft wollen wir? Als der Politologe Winfried Steffani diese Frage vor mehr als zwei Jahrzehnten stellte[47], kam er zu einer Antwort, die manchen aufgeklärten und fortschrittsorientierten Gesellschaftsforscher verblüfft haben dürfte. Die Erfahrung von Heimat sei, so Steffani, die Grundlage einer wünschenswerten Gesellschaft. Dabei wäre allerdings der Gedanke an eine „an glorifizierter Vergangenheit orientierte konservativ-romantische Gesellschafts-Idylle“ unergiebig.[48] Es gehe durchaus um unser Zeitalter großflächiger moderner Industriestaaten mit ihren expandierenden Technologien sowie zunehmender internationaler Verflechtung und Mobilität.[49]

Man kann Steffani unschwer folgen, wenn er feststellt, dass Heimat eben nicht nur aus der räumlich-landschaftlichen Dimension gebildet wird, sondern ebenso aus einer geistig-kulturellen und einer politisch-sozialen. Sich zu Hause fühlen und ein zufriedenes Leben führen können wird derjenige, der sich mit seinem aus den genannten Komponenten gebildeten Umfeld im Einklang weiß. Dort erfährt er Gemeinschaft und Solidarität.[50]

So gesehen wird verständlich, weshalb viele Menschen in unserer Zeit ein wachsendes Unbehagen spüren. Sie sind im angedeuteten Sinne heimatlos. Selbst begabte Menschen sehen sich inzwischen mit einer Menge von Informationen und Phänomenen konfrontiert, die ihre Kräfte zum ständigen Einordnen und Beurteilen überfordern.

Sogar der Griff zur psychischen Prothese, also z. B. der Kamera, die die Ordnung wiederherstellen soll, läuft ins Leere. Denn können Kameras – besonders dann, wenn sie z. B. durch das Internet ermöglicht einer immer größeren Variationsbreite verschiedener Interessen dienen – überhaupt irgendeine Definitionsmacht bezüglich einer einheitlichen „Ordnung“ entwickeln? In der vielkulturellen Gesellschaft[51] gibt

---

[47] W. Steffani, Pluralistische Demokratie, Studien zur Theorie und Praxis, Opladen 1980.
[48] Ebd., 199.
[49] Ebd., 203 f.
[50] Ebd., 200 f.
[51] Der Begriff „multikulturell“ muss hier umschifft werden, weil er sich verkürzend, nämlich beschränkt auf den multiethnischen (also den völkerkundlichen) Teilaspekt, längst verfestigt hat.

es zwar viele, die sich durch Kameras belästigt, genervt und bevormundet fühlen, sich ihre Lebensweise jedoch nicht werden nehmen lassen. Und so sitzen die Überwacher mit entzündeten Augen in ihren tageslichtlosen Bunkern vor Wänden aus Monitoren und fragen sich angesichts lauter beobachteten Alltagsnonsens, ob sie noch Teil der Gesellschaft sind[52].

Vielleicht sind die Trennungen zwischen den Kulturen heute schon zu groß, um sie noch zu überbrücken.[53] Möglicherweise muss auch die Abkoppelung vieler Bevölkerungsteile in Kauf genommen werden. Für das hier behandelte Thema ist festzuhalten, dass gerade eine unübersichtliche Gesellschaft, wie wir sie heute vorfinden, auf eines nicht verzichten darf, wenn sie nicht zur Ansammlung von Überwachungs- und Sicherheitsmoduln verkommen will: Sie braucht den offenen Austausch zwischen allen Strömungen und Interessen. Ein gutes Stück Heimat für alle wird nur als „Ergebnis eines komplizierten Diskussions-, Wertfindungs- und Entscheidungsprozesses" möglich sein.[54] Dieser darf nicht durch ein besonders auch von staatlicher Seite gefördertes Klima des Misstrauens und der Überwachung vereitelt werden. Schon aufgrund ihres Symbolgehalts sind öffentliche Vorhaben zur Etablierung einer Kameraüberwachung folglich abzulehnen.

Wenn der Staat überwacht, dann werden es die Privaten umso intensiver betreiben wollen. Kontrollierbar ist das dann kaum noch angesichts des angedeuteten Zusammenhangs zwischen kostengünstiger Kameratechnik und dem allgegenwärtigen Internet. Die derzeitigen Pilotprojekte sind zudem delikat, weil die in solchen Fällen doch hohen Anschaffungskosten der Gerätschaften zu einer Eigendynamik führen. Was einmal mit großem Aufwand aufgebaut wurde, möchte man lieber weiter ausbauen, als es mit fast ebenso großem Aufwand wieder abzumontieren. Genau dies aber wäre geboten, nämlich einen Einsatz von Kameraüberwachung von Anfang an zeitlich zu befristen. Wenn die These zutrifft, wonach die Kriminalität in überwachten Bereichen zurückgeht, dann spricht nichts dagegen, die Fernbeäugung einzustellen, wenn sich die Lage stabilisiert hat.

Es stellt sich gerade auch wegen der Verbreitung von Videobildern über das Internet die Frage nach einer geeigneten demokratischen Kontrolle. Hier wird es die Aufgabe der sich belästigt fühlenden Menschen sein, für Ausgleich zu sorgen. Der Weg zum Gericht ist wegen der vielen kleinen Vorkommnisse unpraktikabel. Ebenso erscheint

---

52 Man sollte davon ausgehen, dass Polizeibeamte, die vom Streifendienst in die Monitorzentrale abkommandiert werden, nicht besonders glücklich sind, denn sie wissen, dass sie vor Ort gebraucht werden, wo man sie kennt und ihnen deshalb vertraut.

53 Nunner-Winkler (Fn. 13) sieht derzeit keinen Grund zum Pessimismus und stellt einen stark vorhandenen basalen Wertkonsens fest.

54 Steffani (Fn. 47), 207.

Hilfe durch die Aufsichtsbehörden wenig Erfolg versprechend. Insofern bleibt nur die Selbsthilfe.[55]

Professor Steve Mann von der Universität Toronto ist durchaus nicht verrückt, wenn er die beobachteten Menschen zum *shooting back* auffordert. So zeigt seine in eine Sonnenbrille eingebaute Kamera den Geschäftsführer eines Supermarktes, der zu erklären versucht, weshalb seine Überwachungskamera den Hochschullehrer filmen darf, dieser aber nicht die Überwachungsanlage.[56] Solche Aktionen könnten im Zusammenwirken mit der Presse oder anderen Verbreitungsformen ein Gegengewicht bilden.

Die Fernsehsendung, bei der die Kandidaten zur Belustigung des Publikums für eine Zeit eingesperrt und den Blicken der Öffentlichkeit preisgegeben wurden, zeigt weit verbreitete zweifelhafte Gelüste auf. Besonders auch junge Menschen scheinen kaum ein Gespür für menschliche Autonomie und entsprechende Defizite zu entwickeln. Überhaupt scheint sich vielerorts ein Mangel an Humanität breit zu machen, der gegen intellektuelle Predigten praktisch immun ist.

Man darf jedoch nicht daran zweifeln, dass es Sinn macht, Grundwissen über die geistesgeschichtliche wie die politische Geschichte der Menschenrechte bzw. des Selbstbestimmungsrechts zu fördern[57]. Nur wenn diese Ideen wach gehalten werden, besteht die Chance einer Fortentwicklung.[58] Nun gibt es zweifellos unterschiedliche Auffassungen, wie man Persönlichkeitsrechte im Alltag sehen kann, aber bei jeder Abwägung muss man den Menschen sehen, dessen Freiheit es zu beschützen gilt, so wie man selbst den Anspruch haben sollte, ein freier Mensch zu sein. Das erfüllt sich nur, wenn man den Menschen als Zweck und „niemals bloß als Mittel" ansieht.[59]

Wie wäre die Fernsehsendung „Big Brother" also zu sehen? Es kann kein Zweifel darüber bestehen, dass viele Menschen darüber nachgedacht haben, auch solche, die sonst wenige Gedanken an solche Dinge verschwenden. Hier beginnt das Nachdenken über kulturelle oder sonstige Grenzen hinweg, weil man in einem leichten Anflug vielleicht erkennt, wie stark doch die Bande zwischen Menschen als Men-

---

[55] Vgl. F. Möller (Fn. 11), 12, 14 f., 21 f.

[56] L. Siegele (Fn. 22), 2.

[57] Auf dem Rücken seines 17. Tätigkeitsberichts (1998/1999) druckte der Hamburgische Datenschutzbeauftragte einen Auszug aus der Brockhaus-Enzyklopädie zum Thema „Selbstbestimmungsrecht" ab.

[58] Wie weit ist es mit der Zivilisation? Vgl. Encyclopaedia Britannica zum Thema „Human Rights", 15th Edition 1990, Vol. 20, 660; zur internationalen Situation aktuell die Beiträge der Beilage 46-47/1998 der Zeitschrift „Aus Politik und Zeitgeschichte"; zur derzeitigen Einschätzung der Theorie zivilisatorischer Fortentwicklung W. Ludwig-Mayerhofer, Disziplin oder Distinktion?, Kölner Zeitschrift für Soziologie und Sozialpsychologie 50(1998)1, 217-237.

[59] Kant, zit. nach K. R. Popper (Fn. 39), 18.

schen sind. Auf diese Weise könnten die Brücken wachsen, die den Zusammenhalt einer divergierenden Gesellschaft noch sichern können. Die Zahl der beobachtungstechnischen Geräte wird im Zusammenhang mit dem Internet ohnehin rasant anwachsen. Wir brauchen also den Dialog. Stattdessen durch die politische Forderung nach öffentlicher Videoüberwachung weiteres Misstrauen zu säen ist gefährliches Tun im Zeitalter der tollen Überwachung.

III. Der Staat am Ende?

Internet Governance

Prof. Dr. Bernd Lutterbeck

1 Die Wahlen zum Verwaltungsrat der ICANN – ein Beispiel für „Internet Governance“?

ICANN ist die Internet Corporation for Assigned Names and Numbers. Sie ist eine „Non-Profit organization“ des Staates Kalifornien, die aufgrund eines „Memorandum of Understanding“ mit dem US Department of Commerce betrieben wird – ob nur vorübergehend oder für längere Zeit ist gegenwärtig unsicher. Die wichtigste Aufgabe von ICANN ist die Kontrolle der „root server“ für das System der Domainnamevergabe. ICANN hat am 10. März in ihrer Sitzung in Kairo u. a. beschlossen, Wahlen für den Verwaltungsrat der ICANN durchzuführen. Man entschied sich für eine direkte Wahl der Sitze durch registrierte Internet-Benutzer – für die Registrierung reicht eine E-Mail-Adresse aus. Satzungsgemäß muss ein Quorum von mindestens 5 000 Internet-Nutzern zur Wahl gebildet sein. Dieses Quorum war Mitte März bei folgender Verteilung erreicht: „Mehr als 3 000 Nordamerikaner, mehr als 1 000 Europäer, rund 100 aus Lateinamerika, 400 Nutzer aus Asien und 50 aus Afrika haben sich registriert. Der Wahlkampf ist eröffnet.“[1] Die registrierten Wähler waren zumeist männlich und unter 60 Jahre alt.

Interessant ist hier weniger die Tatsache dieser Wahl als vielmehr die Bewertung dieses Vorgangs: Die einen sprechen von „Basisdemokratie“, andere weisen den Gedanken an eine irgendwie geartete Globaldemokratie weit von sich. ICANN habe lediglich die eng begrenzte technische Aufgabe der Vergabe und Verwaltung der Internet-Adressen und sei auf keinen Fall so etwas wie eine Regierung des Internets.

Auch die Bezeichnung dessen, was ICANN tut, variiert je nach Standpunkt: Esther Dyson, die Vorsitzende von ICANN, vertritt vehement die Auffassung: *„ICANN is not about governance of the Internet.“* Dem widersprechen amerikanische Akademiker wie M. Miller: *„ICANN is in the business of governance, not technical coordination“*, u. a. weil ICANN verbindliche Streitschlichtungsmechanismen angeordnet habe.

[1] M. Ermert, Regierung sucht Volk, Süddeutsche Zeitung vom 14.3.2000.

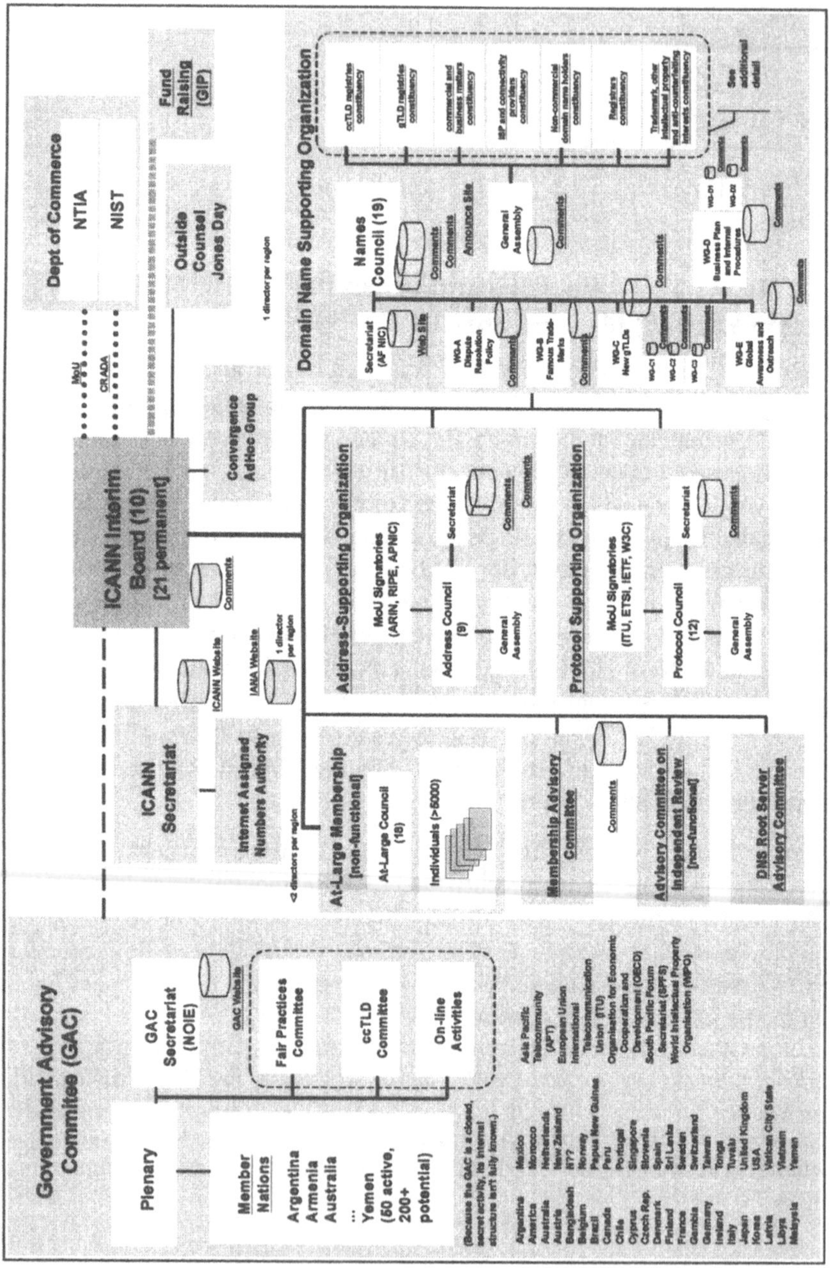

© Rutkowsky 1999, http://www.wia.org/icann/icann-gac.gif, 14.4.2000, für den Druck leicht verändert.

Diese Auffassung vertritt insbesondere auch der bekannte Verbraucherschützer Ralph Nader.[2]

Sieht man sich die ICANN-GAC-Struktur in obigem Schaubild näher an, so wird deutlich, dass verschiedene regionale und politische Interessen die Namensvergabe jedenfalls beeinflussen können. Ist die Vergabe der Top Level Domains (TLD) wirklich nicht politisch? Ist sie wirklich ein bloß technischer Vorgang?

Ralph Nader hat einige neue TLD's vorgeschlagen, die Konsumenteninteressen bevorzugen: „.union", „.customers", „.isnotfair", „.taxpayer" usw. Am weitesten geht sein Vorschlag einer TLD „.sucks": *„This TLD will be used to faciliate criticism of a firm or organization, such as aol.sucks, wipo.sucks, or even greenpeace.sucks ... Our plan is to create an independent non-profit free speech foundation that will be funded by fees from the ‚.sucks registration'. The Dot Sucks Foundation (http://dot.sucks) will fund Internet related free speech fights."*

Ohne Zweifel ist eine TLD „.sucks" eine Provokation. Dieser Vorschlag macht aber sichtbar, worauf es bei Internet Governance ankommt: Man muss sich in den technischen Kern des Netzes einmischen.

Für den deutschsprachigen Leser dieser natürlich englischsprachigen Debatte ist das Ergebnis einigermaßen verwirrend. Der Begriff „Internet Governance" ist anscheinend auch „native speakers" nicht immer so ganz klar. Man möchte gerne diesen und andere moderne, fast inflationär gebrauchte Begriffe wie „Good Governance", „Corporate Governance" und „Global Governance" besser verstehen.

Möglicherweise ist zum Verständnis ein Hinweis des Rechtswissenschaftlers Peter Böckli weiterführend: Bei dem Versuch, Corporate Governance zu definieren, „würde man sich von Anfang an verheddern. Denn die angelsächsische Methodik ist ganz anders aufgebaut; es geht ihr nicht um elegante Begriffsdefinitionen, sondern um die Herausarbeitung von funktionalen Zusammenhängen. Die Kernfrage wurde prägnant wie folgt formuliert: *‚How do suppliers of finance make sure that the managers do not invest it in bad projects?'* Die Antwort auf die Frage lautet: durch Corporate Governance."[3]

---

[2] Alle Äußerungen sind Beiträge der Tagung „Governing the commons: The future of global Internet administration" vom 24./25.9.1999 in Alexandria/USA, über http://www.cpsr.org, 14.3.2000.

[3] P. Böckli, Corporate Governance auf Schnellstraßen und Holzwegen, Neue Zürcher Zeitung vom 26.2.2000; weitere Literatur über die verschiedenen Facetten des Begriffs bei R. Gemperle, Prodis Vision von „good governance", Neue Zürcher Zeitung vom 18.2.2000; D. Messner, F. Nuscheler, Global Governance. Organisationselemente und Säulen einer Weltordnungspolitik, in: dies. (Hrsg.), Weltkonferenzen und Weltberichte, Bonn 1996, 12 ff; L. Lessig, Governance. Keynote: CPSR Conference on Internet Governance (10.10.1998), unter http://cyber.law.harvard.edu/works/lessig/cpsr.pdf, 14.3.2000; grundlegend J. N. Rosenau: Governance, order, and change in world politics, in: Rosenau/Czempiel (eds.), Governance without government: Order and change in world politics, Cambridge

2 „Good Governance“

Das Internet hat sich von einer US-basierten Plattform für zunächst wenige Forscher zu einem internationalen Medium für Handel, Ausbildung und ganz allgemein Kommunikation entwickelt. Seine gegenwärtige Entwicklungsgeschwindigkeit und das Ausmaß, in dem das Netz zur Plattform von Innovationen wird, sind so rasant, dass die Aussagefähigkeit von Prognosen gegen null tendiert. Will etwa ein Gesetzgeber auf dieser Basis z. B. die Technik des Netzes regulieren, geht er ein hohes Maß an Risiko ein: Bleibt er allgemein, werden die Regularien wirkungslos bleiben. Wird er konkret, besteht die große Gefahr, dass das innovative Potential des Netzes verschüttet wird. In diesem Fall würden Regularien ökonomisch kontraproduktiv wirken, weil sie den Marktzutritt regulieren – auch dort, wo sie das vielleicht gar nicht wollen.

Diese Ausgangssituation ist weltweit die gleiche. Eine unterschiedliche Auffassung über den Charakter des Internets hat aber zu zwei grundlegend unterschiedlichen Weichenstellungen für die Ordnung des Internets geführt:[4]

- Das Internet ist ein völlig neues Medium.

  Die wesentliche regulatorische Konsequenz dieser Position ist der (bisherige) Verzicht auf Regularien in Analogie zu den alten Medien. Insbesondere ist der nahe liegende Ausweg, das Netz nach dem Modell der Telekommunikation zu ordnen, verstellt. In diesem Modell ist der Staat nicht die treibende Kraft der Entwicklung: *„The private sector should lead in the development of Internet policies.“* Der Staat wird also vorsichtig sein, neue Regelungen zu installieren. Diese Sichtweise hat sich in den USA schon frühzeitig durchgesetzt.

- Das Internet ist ein analogiefähiges neues Medium.

  Die wesentliche regulatorische Konsequenz dieser Position ist die Entwicklung von Regularien analog zur Regulierung der Telekommunikation. Man denkt das Internet gewissermaßen als neue Form des Telefonierens. In diesem Modell hat der Staat die „Vorreiterrolle“ oder soll sie noch bekommen. Der Staat sieht hier keine Schwierigkeiten, neue Gesetze zu erlassen – in der Bundesrepublik etwa das IuKD-Gesetz. Diese Sichtweise dominiert in einigen europäischen Staaten, z. B. in der Bundesrepublik.

1992, 1; Debate: Internet Governance, in: Swiss Political Science Review 5(1999)1, 115, und 5(1992)2, 115.

4 Vgl. die Vorträge vor der Bertelsmann-Stiftung am 10.9.1999: einerseits die Rede des früheren Internet-Beraters von Präsident Clinton, Ira Magaziner, „Balancing public and private interests through self-regulation“; andererseits Bundesinnenminister Otto Schily, „Weltweite Kommunikation – eine neue Kultur gemeinsamer Verantwortung“, online unter http://www.stiftung.bertelsmann.de/internetcontent/deutsch/content/c2230.htm, 14.3.2000.

Man kann nun von einer „Ordnung“ (*governance*) des Netzes sprechen,

- wenn diese und andere Einsichten zu politischen Leitvorstellungen (*policy principles, policy formation*) aggregiert werden;
- wenn Instrumente angegeben werden, mithilfe derer diese Prinzipien umgesetzt werden können (*deployment, implementation*);
- wenn angegeben wird, mit welchen Mechanismen politische Ziele durchgesetzt werden können (*enforcement*).

Man sollte sich an diesen abstrakten und eher konzeptionellen Zusammenhang erinnern, wenn man die Bewertung einer so konkreten Vereinbarung wie der „Safe Harbor-Principles“ zwischen der Europäischen Union und den USA betrachtet. Letztlich geht es in diesen Prinzipien darum, wie politische Grundsätze für den Datenschutz mit unterschiedlichen Instrumentarien und Durchsetzungsmechanismen so verbunden werden, dass das Ergebnis für den Datenschutz optimal ist. Diese Vereinbarung dürfte über den Anlass hinaus einen bisher zu wenig beachteten Effekt haben: Wenn es möglich ist, den Datenschutz zwischen den großen Wirtschaftsblöcken aufgrund weniger, dafür durchsetzungsfähiger Prinzipien zu garantieren, dann müssen sich die europäischen Staaten mit einem ausgefeilten bereichsspezifischen Datenschutz noch genauer als bisher fragen, wo dieser Schutz durch Gesetze wirklich erforderlich ist.

Entstehen wird so eine Struktur, in der Gesetze, Verordnungen und freiwillige Praktiken privater Akteure zusammenspielen, um die gewünschten Politikziele zu erreichen – eine Governance-Struktur. Je nach prinzipiellem Standpunkt wird die entstehende Struktur natürlich anders aussehen. Woran entscheidet sich nun, ob die entstandene Struktur gut ist oder nicht? Wann ist Internet Governance gut? Die allgemeine Antwort lautet: Diese Struktur ist „gut“ (Good Governance), wenn sie in der Lage ist, die maßgeblichen Interessen auszugleichen.

3 „Architecture is Policy“

In der Rede von Ira Magaziner[5] findet sich der folgende Satz:

> „... *Similarly – and this is perhaps the most difficult thing to understand – it's inherently a decentralized medium. So any attempt to centrally control the Internet, even if it's desirable – which is not – but even if it were desirable, is impossible, and life is too short to spend to much time doing things that are impossible.*“

---

[5] Ira Magaziner (Fn. 4).

Ich stimme Magaziner zu. Solange nicht verstanden ist, dass es sich beim Internet um ein „im Prinzip dezentrales Medium" handelt, wird eine „gute" Ordnung misslingen. Inhärent sind dem Medium bestimmte Architekturprinzipien, die in bestimmten Prozessen entstehen: *„Architecture is policy."*[6] Die Diskussion der letzten zwei bis drei Jahre hat gezeigt, dass zentral für das Verständnis dieser Prinzipien der Prozess ist, in dem diese Prinzipien zustande kommen. Offensichtlich gibt es einen inneren Zusammenhang zwischen technischen Prinzipien und dem Prozess ihrer Entstehung, die man nicht voneinander isolieren darf. Wenn man diesen Zusammenhang kennt, wird man auch besser verstehen, warum und wie sich bestimmte Prinzipien im technischen Code des Netzes ausgeformt haben.

Bahnbrechend für dieses Verständnis ist das 1997 publizierte Manifest des amerikanischen Informatikers und Autors Eric Raymond, der die zwei aus heutiger Sicht denkbaren Architekturmodelle anschaulich auf den Begriff gebracht hat: die Kathedrale und den Basar.[7] Dieses Verständnis spielt in der jüngsten Diskussion um Internet Governance eine herausgehobene Rolle.

Recht reguliert, es ist ein Regulierungssystem. Das bedeutet: Es reguliert innerhalb eines gesetzten Rahmens – dem physikalischen Territorium. Die Regulierungsinhalte oder -instrumente sind Vorschriften wie Gesetze, Verordnungen, oder es gibt Regeln, die sich anpassen lassen, beispielsweise Verträge. Diese können durch verschiedene Anpassungsverfahren und mit verschiedenen Kosten angepasst werden: entweder auf implizite Weise (z. B. beim Einkauf im Supermarkt), mithilfe von Standardverträgen (Arbeits-, Kauf-, Dienst- oder Werkvertrag) oder durch individuelle Aushandlung auf die jeweiligen Bedürfnisse. Die hauptsächliche Durchsetzung erfolgt durch Gerichte mit der staatlichen Exekutive im Hintergrund. Quelle dieser Beeinflussung ist der Staat.

Das wichtigste Regulierungssystem im Cyberspace ist der Code – Software, Protokolle und Standards: *„The Code is the law."* Der Code bestimmt, was man auf seinem Computer oder im Internet machen kann und was nicht, und begrenzt die Möglichkeiten der Nutzung. Man bezeichnet dieses Regulierungssystem auch als „Lex Informatica". Auch hier haben wir also die für Regulierungssysteme charakteristischen Elemente:

---

[6] So der anschauliche Titel einer Untersuchung der im Datenschutz tätigen Bürgerrechtsorganisation EFF: „Architecture is Policy." Case Study: Cooperative Development as a means for a standards-based implementation for privacy on the Internet. Electronic Frontier Foundation, Washington 1999, nur online unter http://www.eff.org/privacypaper, 14.3.2000.

[7] Dieser und andere Aufsätze sind zusammenfasst in seinem neuen Buch: The Cathedral and the Bazaar. Musings on Linux and Open Source by an accidental revolutionary, Bejing, Cambridge et alii 1999, zumeist auch online unter http://www.tuxedo.org/~esr/writings, 14.3.2000.

- Der Rahmen: Selbstverständlich das Netzwerk.
- Die Inhalte: Dies sind die technischen Möglichkeiten, die der Code vorgibt, und die Praktiken, die von diesen Möglichkeiten benutzt werden.

Die Unterschiede zwischen dieser Lex Informatica und normalen Rechtsregeln lassen sich so zusammenfassen:[8]

	Recht	**Lex Informatica**
Rahmen	physikalisches Territorium	Netzwerk
Inhalt	Vorschriften Gerichtsurteile	technische Fähigkeiten Gewohnheitspraktiken
Anpassbare Regeln	Vertrag	Konfiguration
Anpassungs-verfahren	implizit Standardformen individuelle Aushandlung	Standardkonfiguration installierbare Konfiguration Benutzerauswahl
Hauptsächliche Durchsetzung	Gericht	automatisiert, selbstausführend
Quelle	Staat East Coast Regulation	Informatiker, Techno-Geeks West Coast Regulation
Werte	Verfassungstradition	Evolution

Ein Beispiel: Das HTTP-Protokoll gibt vor, auf welche Weise mithilfe dieses Protokolls kommuniziert werden kann: Es reguliert – zusammen mit der Software, also dem Apache-Server – die spezifischen Möglichkeiten dieses Dienstes. Aber sicher werden nicht alle Möglichkeiten, die das Protokoll bietet, auch genutzt werden. Vielleicht implementiert der Apache-Server bestimmte Protokollelemente nicht, da sie sowieso keiner benutzt. Auch der Code lässt sich – soweit vorgegeben – an die

[8] J. R. Reidenberg, Lex Informatica: The formulation of information policy rules through technology, in: Texas Law Review, Vol. 76 No. 3 (February 1998), 553.

jeweiligen Bedingungen anpassen. Alle Computernutzer werden dies kennen: Voreinstellungen von Programmen, Service-Packs und Makefiles, Systemerweiterungen oder Nutzerpräferenzen: Hier werden die Regeln des Codes von Benutzer, Standardkonfiguration oder bei der Installation angepasst. Die hauptsächliche Durchsetzung erfolgt unmittelbar. Wenn ein Browser keine Einstellung bietet, die Cookies abzuschalten, so wird diese Regel einfach durchgesetzt. Die Voreinstellung, die „Default-Lösung", entscheidet z. B. über das praktisch mögliche Maß von Datenschutz.

Und schließlich eine wichtige Konsequenz dieses Modells der Lex Informatica: Die Quelle der Regulierungen, die Regulierer in diesem System, sind Informatiker, „Techno-Geeks", und Nutzer – nicht etwa Politiker oder Juristen. Sie bestimmen über die technischen Fähigkeiten der Software, Möglichkeiten und Optionen von Standards und Protokollen und die jeweiligen Anpassungen – Einstellungen der Software.

Dieses Verständnis zugrunde gelegt, kann es gar nicht zweifelhaft sein, dass die Wahlen zu den ICANN-Gremien eine Frage von politischer Bedeutung sind. Damit ist aber nicht entschieden, ob und wie man derartige „politische" Fragen reguliert.

In den USA haben sich nicht zuletzt aufgrund der Erfolge der „Open-Source-Bewegung", für die bei Raymond das Wort „Basar" steht, zwei grundlegende Standpunkte herausgebildet. Die Fraktionen werden anschaulich mit den Begriffen „East Coast Code" und „West Coast Code" bezeichnet: Im Westen sitzen die großen Unternehmen der informationstechnischen Industrie und die vielen kreativen jungen Unternehmen: Microsoft, Cisco usw. Im Osten befindet sich der Kongress mit seiner Gesetzgebungsmaschinerie. Der gegenwärtig wohl wichtigste Informationsrechtler der USA, Lawrence Lessig, glaubt, dass sich in Zukunft eher der West Coast Code durchsetzen wird.[9]

An dem Streit ist interessant, dass wahrscheinlich beide Seiten Recht haben. Denn die Standpunkte betonen unterschiedliche Herangehensweisen an das Problem der Ordnung des Netzes:

- Welche Ordnung des Netzes soll entstehen?

  Diese Frage muss den Politiker und Juristen interessieren. Es ist die Frage nach den Werten, vor allem der Verfassung in der modernen Welt des Internets. Welche Werte sollen in der neu entstehenden Ordnung gelten?

---

[9] Ich habe für diesen Beitrag folgende seiner Schriften benutzt: Code and Other Laws of Cyberspace, New York 1999; Cyberspace's constitution, Lecture at the American Academy, Berlin 2000, unter http://cyber.law.harvard.edu/works/lessig/AmAcd1.pdf, 14.3.2000; Innovation, Regulation, and the Internet, The American Prospect Vol. 11 No 10, March 27-April 10, 2000, http://www.prospect.org/archives/V11-10/lessig.html, 29.3.2000; The code is the law, The Standard vom 9.4.1999.

- Wie entsteht die Ordnung des Netzes (*emergence*)?

  Das Netz ist ohne irgendeinen bemerkenswerten Einfluss irgendeiner Regierung entstanden, auch nicht der amerikanischen. Es kennt keine zentrale Steuerungsinstanz, ersichtlich funktioniert es gleichwohl. Die entscheidende Frage lautet dann: Wie kann aus Chaos Ordnung entstehen? Warum funktioniert das Gebilde Internet überhaupt?

  Eine Antwort darauf gibt die Evolutionstheorie, die von den beiden Organisationswissenschaften – Rechtswissenschaft und Ökonomie – (in den USA) rezipiert wurden. Man sieht in den offensichtlichen Erfolgen der Open-Source-Bewegung, ohne deren Software große Teile des Netzes gar nicht funktionsfähig wären, einen Beleg dafür, dass evolutionäre Strategien erfolgreicher, „besser" sind als die alten Strategien, die sich über Hierarchie definieren.[10]

Auf diesen Sachverhalt nimmt die Rede von Ira Magaziner Bezug – eines früheren „East-Coast-Regulierers": Ohne Kenntnis des West Code ist eine East-Coast-Regulierung sinnlos.

Ich habe den Eindruck, dass viele Missverständnisse und Streitfragen rund ums Internet auf der Unkenntnis oder nur dem Unverständnis dieses Sachverhalts beruhen. Insbesondere führt die in Deutschland gerne benutzte Dichotomie Regulation versus Selbstregulation in die Irre. Denn Kennzeichen evolutionärer Strukturen ist, dass sie aus Ungeregeltem entstehen. Selbstregulation funktioniert im Gegenteil häufig als Instrument der Abschottung nach außen – man denke etwa an einige Standesregeln bestimmter Berufe. Die Offenheit evolutionärer Prozesse wird hier durch Selbstorganisationsregeln unmöglich gemacht.

Die Frage ist entsprechend eine andere: Welche Eigenschaften des West Coast Code müssen berücksichtigt werden?

4 Von „Internet Governance" zu „Global Governance"?

Jedenfalls in der Vergangenheit ist das Internet nach dem Modell der Evolution entstanden. Entsprechend lassen sich die zugrunde liegenden politischen Leitvorstellungen (*principles for Internet governance*) so zusammenfassen:

---

[10] Weiterführende Literatur bei K. Kuwabara, Linux: A Bazaar at the Edge of Chaos, in: firstmonday Vol. 5(2000) Iss 3, nur online unter http://firstmonday.org/issues5_3/kuwabara, 14.3.2000; vgl. auch meinen Beitrag: Open Code and Open Societies, Vortrag auf der Tagung Wizards of OS: Offene Quellen und Offene Software 16.-17.7.1999, Haus der Kulturen der Welt, Berlin, Online-Version unter http://ig.cs.tu-berlin.de/bl/042/index.html, 14.3.2000 (zusammen mit Kei Ishii); Post/Johnson, The new civic virtue of the net. Lessons from models of complex systems for the governance of Cyberspace. Stanford Technology Law Review Working Papers 1997, online unter http://stlr.stanford.edu/STLR/Working_Papers/97_Post_1, 14.3.2000.

- Kooperation und Konsens zwischen den Beteiligten als Ergebnis von Prozessen der Selbstorganisation;
- Offenheit aller Operationen und Prozesse, insbesondere auch Offenlegung des Source Code;
- der praktische Nutzen von Lösungen hat Vorrang vor theoretischer Klarheit;
- Komplexität (auch gesetzgeberischer Elan) ist nach Möglichkeit in den Anwendungen und nicht schon auf der Ebene der Netze unterzubringen. Dieses informatische Designprinzip stellt sicher, dass das evolutionäre Potential – oder Innovation, wenn man so will – erhalten bleibt.[11] Über Innovation entscheiden am besten die Nutzer, nicht irgendwelche anonymen Regulatoren – kommen sie von der East Coast oder West Coast.

Die wichtigste Lehre daraus lautet: Ein Governance-Konzept, das die evolutionären Eigenschaften des Internets bewahren will, muß (rechtlich gesprochen) als Wettbewerbskonzept formuliert sein. Mit den Worten von Lessig[12]:

> *„End-to-end was initially chosen as a technical principle. But it didn't take long before another aspect of end-to-end became obvious: It enforced a kind of competitive neutrality. The network did not discriminate against new applications or content because it was incapable of doing so ... The point of end-to-end is not that everything goes; it is to locate the power to discriminate in the users – they choose – and to remove that power from the network. The principle thus regulates the power to discriminate. It requires that the network has none."*

Lawrence Lessig hat in einem neueren Vortrag tiefe Zweifel geäußert, ob der freiheitliche Geist dieser Prinzipien die nächste Stufe der Entwicklung des Netzes überleben wird. Man wird abwarten müssen, ob seine Skepsis berechtigt ist.

Das ICANN-Beispiel zeigt aber auf jeden Fall, dass die Diskussion um Good Governance des Internets eine nächsthöhere Ebene erreicht hat.

Auch auf dieser Ebene hat es sich eingebürgert, das Governance-Konzept zu benutzen – „Global Governance" heißt hier der Begriff, der auch von deutschen Autoren im englischen Original benutzt wird. Auf dieser Ebene internationaler Beziehungen wird gegenwärtig eine „Definition" benutzt, die die Vereinten Nationen entwickelt haben:

---

[11] Grundlegend für die gesamte Entwicklung des Internets ist die Untersuchung der amerikanischen Informatiker Saltzer, Reed und Clark „End-to-end arguments in system design" von 1984, erhältlich über den Server http://web.mit.edu/Saltzer/www/publications, 14.3.2000.

[12] Lessig, Innovation, Regulation, and the Internet (Fn. 9).

> *„Governance is the sum of the many ways individuals and institutions, public and private, manage their common affairs. It is the continuing process through which conflicting or diverse interests may be accomodated and cooperative action may be taken. It includes formal institutions and regimes enpowered to enforce compliance, as well as informal arrangements that people and institutions either have agreed to or perceive to be their interest.“*[13]

Auch die Vereinten Nationen betonen die weichen Übergänge zwischen unterschiedlichen Typen von Regularien und die Verbindung rechtlicher und gesellschaftlicher Aktivitäten. Zwei Aspekte sollte man besonders hervorheben:

- Global Governance bedeutet eine Neuordnung von Souveränität, die Akzeptanz geteilter Souveränitäten. ICANN könnte so ein Beispiel werden.
- Global Governance bedeutet Ordnung durch internationale Regime, Institutionen und sonstige rechtliche und nicht rechtliche Funktionalitäten.

Wer den Streit um die Agenda der WTO und die Besetzung von Spitzenpositionen um die Weltinstitutionen erlebt hat, wird nur mit großer Vorsicht diese globale Ebene angehen. Er wird insbesondere vorsichtig sein, so etwas wie ein Weltrecht zu fordern. Schon der vergleichsweise unbedeutende Streit um die Wahlen zur ICANN zeigt, dass es wenig aussichtsreich sein dürfte, eine umfassende Institution für alle Probleme des Internet Governance anzustreben.

Möglicherweise widerspricht sogar der Gedanke einer oder auch mehrerer multilateraler Institutionen der evolutionären Grundidee des Netzes. Ist dieses und die Open-Source-Bewegung *das* Modell für das heranreifende Zeitalter, dann wird sich dieses Modell durchsetzen, weil es die Gesetze der Evolution auf seiner Seite weiß.

Damit ist die spannendste Frage von Internet Governance angerissen, wenn auch nicht beantwortet: Wird sich bei der Ordnung des Netzes das Modell der Evolution durchsetzen – im Internet ebenso wie in der Welt „draußen“?

---

[13] Commission on Global Governance der Vereinten Nationen in ihrem Bericht „Our Global Neighbourhood“, 1. Kapitel, http://www.cgg.ch/CHAP1.html, 14.3.2000.

Das Teledienstedatenschutzgesetz – ein virtuelles Gesetz?

Lukas Gundermann

1 Problembeschreibung

Ist das Teledienstedatenschutzgesetz (TDDSG)[1] ein virtuelles Gesetz? Kann man es nur mit besonderen Hilfsmitteln[2] erkennen? Lässt es sich dagegen im real existierenden Internet nicht wahrnehmen? Und falls dies so sein sollte, was könnten die Gründe dafür sein? Der Gesetzgeber hat mit dem TDDSG frühzeitig und vorbildlich einen Bereich geregelt, in dem besondere und neuartige Gefährdungen für das informationelle Selbstbestimmungsrecht drohen. Eine Vielzahl von Daten, die bei den Telediensten anfällt, kann beliebig kombiniert und ausgewertet werden, die Datenverarbeitung findet im Netz mit einer großen Anzahl von Beteiligten statt.[3] Der einzelne Nutzer verfügt für sich alleine nicht über wirtschaftliche Mächtigkeit, zusätzlich fehlt ihm oft die technische Kompetenz, um seinen Schutz vollständig selbst in die Hand zu nehmen. Gleichwohl muss seine Privatsphäre gewahrt bleiben; seine personenbezogenen Daten dürfen nicht Objekte einer ungezügelten Verarbeitung durch die Anbieter von Telediensten werden.

Wie effektiv ist nun der Schutz, den der Gesetzgeber weit blickend bereits im Jahr 1997 in Gesetzesform gegossen hat? Dem Leser der Vorschriften drängt sich schon bei einem unsystematischen Surfen im Netz der Eindruck auf, dass gewisse Defizite bestehen. Die Arbeitsgemeinschaft der Verbraucherverbände (AgV) wollte es genauer wissen und hat im Jahr 1998 systematische Untersuchungen durchgeführt.[4] Das Ergebnis war ernüchternd. Es findet seine Bestätigung im Bericht über die Evaluierung des IuKDG[5].

Um zu detaillierteren Aussagen zu gelangen, ist es erforderlich, danach zu unterscheiden, welche Funktion ein Anbieter im Internet konkret wahrnimmt. Das Gesetz kennt nur „Diensteanbieter" (§ 2 Nr. 1 TDDSG). Dazu zählen allerdings ganz unter-

---

1 Die Betrachtung beschränkt sich hier der Einfachheit halber auf das TDDSG. Soweit stattdessen die datenschutzrechtlichen Vorschriften des Mediendienste-Staatsvertrags einschlägig sind, gilt in der Sache nichts anderes.

2 Ein solches Hilfsmittel ist in diesem Fall das Bundesgesetzblatt, BGBl. I 1997, 1870.

3 Dies zeigt sich bei der Zuhilfenahme eines weiteren Hilfsmittels, nämlich der Gesetzesbegründung, BT-Drs. 13/7385, 21.

4 Die wesentlichen Ergebnisse beschreibt Wolters, DuD 1999, 277.

5 Bericht der Bundesregierung vom 18.6.1999 über die Erfahrungen und Entwicklungen bei den neuen Informations- und Kommunikationsdiensten im Zusammenhang mit der Umsetzung des Informations- und Kommunikationsdienstegesetzes, BT-Drs. 14/1191 (im Folgenden: Evaluierungsbericht), 13 ff.

schiedliche Unternehmungen. Idealtypisch lassen sich drei Hauptgruppen unterscheiden:[6]

- Access-Provider, die lediglich den Zugang zum Internet vermitteln,
- Webhosting-Provider, die Speicherkapazitäten auf ihren Internet-Servern bereithalten, sowie
- Content-Provider, die die eigentlichen Informationen bzw. Inhalte liefern.

In der Praxis sind die Trennlinien zwischen den einzelnen Betätigungsfeldern naturgemäß unscharf, ein Diensteanbieter übt regelmäßig mehrere Funktionen aus. Es deutet einiges darauf hin, dass die Access-Provider noch am ehesten die datenschutzrechtlichen Pflichten kennen und einhalten.[7] Dies mag auch daran liegen, dass bei ihrer Tätigkeit, die zum Teil der von Telekommunikationsunternehmen ähnelt[8], Bezüge zum Fernmeldegeheimnis und den verwandten Themen besonders nahe liegen.

Anders stellt sich dagegen die Lage bei den Webhosting- und Content-Providern dar, die Gegenstand der Untersuchung der Studie der AgV waren. Die Methode der Studie bestand darin, einschlägige Webseiten mit E-Commerce-Angeboten aufzurufen und auf diesen wie ein regulärer Kunde Bestellungen vorzunehmen.[9] Auf diesem Wege lassen sich natürlich nur die von außen erkennbaren Verstöße gegen die Vorschriften des TDDSG nachweisen. Nicht sichtbar ist z. B., welche Daten auf dem Server gespeichert bleiben und in welcher Weise sie ausgewertet werden. Findet sich allerdings schon eine Vielzahl von offensichtlichen Verstößen, dürfte wohl kaum anzunehmen sein, dass Vorschriften, bei denen ein Verstoß weniger leicht erkennbar ist, stärker eingehalten werden.

Dies belegt auch der Evaluierungsbericht. Die im Laufe der Evaluierung angehörten Organisationen und Behörden berichteten übereinstimmend von erheblichen Defiziten bei der Umsetzung des Gesetzes. Dabei sei die Lage bei den kleinen und mittleren Unternehmen defizitärer als bei großen Anbietern, die sich häufiger bemühen, den Vorschriften nachzukommen.[10] Diese Lage kann schließlich der Verfasser aus zahlreichen Gesprächen und Kontakten mit Vertretern von Providern bestätigen. Nach diesen Erfahrungen fehlt es häufig immer noch an der Kenntnis der Vor-

[6] Vgl. zu den unterschiedlichen Rollen und den spezifischen datenschutzrechtlichen Gefährdungen im Einzelnen M. und K. Köhntopp, CR 2000, 248.

[7] Eine Umfrage der Bezirksregierung Köln als Aufsichtsbehörde nach § 38 Bundesdatenschutzgesetz unter den in ihrem Zuständigkeitsbezirk vorgefundenen 62 Access-Providern hatte zum Ergebnis, dass sich diese relativ weitgehend an datenschutzrechtliche Vorgaben hielten.

[8] Daraus ergeben sich einige schwierige Abgrenzungsprobleme zwischen dem Regime des TDDSG und des Telekommunikationsgesetzes (TKG), dazu Gundermann, DuD 1999, 681, 685 f.

[9] Wolters (Fn. 4), a.a.O.

[10] Evaluierungsbericht (Fn. 5), 15.

schriften; soweit ihre Existenz bekannt ist, tauchen nicht selten Probleme bei der Abgrenzung des Anwendungsbereichs der Vorschriften auf. Ein weiteres Problem besteht offenbar zum einen darin, dass Software, mit der das Gesetz korrekt umgesetzt werden könnte, nicht auf dem Markt angeboten wird. Zum anderen ist oft zu beobachten, dass bei der Einrichtung bestimmter Verfahren die Voreinstellungen übernommen werden, die in der Regel nicht sehr datenschutzfreundlich sind. Schließlich spielt sicher auch eine Rolle, dass bei Verstößen in der Regel nicht mit Sanktionen gerechnet wird.[11]

Im Folgenden sollen einzelne Vorschriften des TDDSG unter dem Aspekt betrachtet werden, wie gut sie befolgt werden und worin gegebenenfalls die Gründe für die Nichtbefolgung liegen könnten.

2 Bewusste Übertretungen?

Es ist nicht auszuschließen, dass bestimmte Vorschriften von den Anbietern bewusst nicht oder nur ungern eingehalten werden. Dazu scheinen vor allem die weit reichenden Informationspflichten nach § 3 Abs. 5 und 6 TDDSG zu gehören.

2.1 Unzureichende Informationen über die Datenverarbeitung

Nach § 3 Abs. 5 TDDSG haben die Anbieter den Nutzern eine allgemeine Unterrichtung über die bevorstehende Datenverarbeitung zu geben. Aus der Untersuchung der AgV geht hervor, dass in diesem Bereich erhebliche Mängel zu konstatieren sind. Viele Seiten informieren überhaupt nicht über die vorgesehene Datenverarbeitung; bei anderen Anbietern finden sich nur rudimentäre Informationen, in denen nur versprochen wird, die einschlägigen Gesetze einzuhalten[12]. Allerdings lässt sich auch eine Gegenbewegung verzeichnen. Zunehmend stellen Anbieter auf ihrer Seite neben einem Impressum und – soweit es sich um einen kommerziellen Dienst handelt – den allgemeinen Geschäftsbedingungen auch eine ausführliche Erklärung der von ihnen beachteten Datenschutzgrundsätze zur Verfügung. In der Regel gelangt man über einen Link auf der Hauptseite oder auf einem ständig sichtbaren Frame zu der URL mit den Privacy Principles.

In diesen Fällen stellt sich die Frage, ob die Vorgehensweise ausreicht, um den gesetzlichen Informationspflichten zu genügen. Denn von Gesetzes wegen muss die Unterrichtung des Nutzers schon vor dem Erhebungsvorgang stattfinden. Ist der

[11] In diese Richtung weist auch die Forderung der Datenschutzbeauftragten, das TDDSG um einen Bußgeldkatalog zu ergänzen, Evaluierungsbericht (Fn. 5), 16.

[12] Wobei häufig auch noch fälschlicherweise anstelle des TDDSG das Bundesdatenschutzgesetz (BDSG) genannt wird.

Nutzer gezwungen, zunächst eine neue Seite aufzurufen, um die datenschutzrechtlich vorgeschriebenen Informationen zu bekommen, so kann nicht ausgeschlossen werden, dass es schon davor zur Datenerhebung kommt. Technisch unvermeidbar ist in jedem Fall, dass zuvor die jeweiligen IP-Adressen ausgetauscht werden.[13] Juristisch korrekt wäre dagegen z. B. eine Technik, bei der vor der Erhebung oder Verarbeitung personenbezogener Daten zwingend ein Informationsfenster aufgeht. Andererseits entspricht es den Gepflogenheiten im Internet, dass Informationen dem Nutzer lediglich angeboten, jedoch nicht aufgedrängt werden.[14] De lege ferenda könnte es daher ausreichen, nur die leicht auffindbare Zurverfügungstellung der Informationen über die vorgesehenen Datenverarbeitungsvorgänge zu verlangen. Natürlich müsste es dem Nutzer dann mit einem Klick und auf einen Blick möglich sein, an die Informationen zu gelangen.

2.2 Keine Information vor dem Setzen von Cookies

Eine besondere Informationspflicht hat der Gesetzgeber dann vorgesehen, wenn dem Nutzer Cookies gesetzt werden sollen, die die künftige Verarbeitung seiner Daten vorbereiten (§ 3 Abs. 5 S. 2 TDDSG).[15] Nicht jeder Cookie ist dafür geeignet. Wird ihm keine oder nur eine sehr kurze Lebensdauer programmiert, so handelt es sich gewöhnlich um einen datenschutzfreundlichen Cookie, der nicht unter die Informationspflicht fällt. Soll der Cookie jedoch länger leben und kann sein Wert beim Setzen oder später mit einer bestimmten Person verbunden werden, so ist der gesetzliche Tatbestand erfüllt.[16] Wird die Domain, von der der Cookie gesetzt wurde, erneut aufgesucht, so liefert der Browser den Wert des Cookies an den Webserver zurück, der den Surfer wieder erkennen kann.

In der Praxis kommt es eher selten vor, dass Anbieter überhaupt einen Hinweis auf Cookies geben. Zwar kann der Browser beim Nutzer so konfiguriert werden, dass er auf einen Versuch des Webservers, einen Cookie zu setzen, hinweist. Doch diese Warnung wird in der Sphäre des Nutzers erzeugt, weswegen sie den Anbieter nicht von seiner Rechtspflicht entlastet.

Brisanz gewinnt die Cookie-Technologie dadurch, dass die Cyberkekse nicht nur von der eigentlich angesteuerten Seite gesetzt werden können, deren URL immerhin für den Nutzer erkennbar im Browserfenster angezeigt wird. Besonders delikat sind Cookies, die über die auf der eigentlich angesurften Seite angezeigten Bannerwerbung eingespielt werden. Diese kommen – ebenso wie die Bannerwerbung selbst –

---

[13] Zum möglichen Personenbezug der IP-Adressen vgl. Gundermann, K&R 2000, Heft 5.

[14] Ausnahmen gibt es jedoch bei der Werbung.

[15] Dazu ausführlich Bizer, DuD 1998, 277. Vgl. auch Hoeren, DuD 1998, 455, der die Befugnis zum Setzen von Cookies unter besitzrechtlichen Aspekten untersucht.

[16] Dazu im Einzelnen Gundermann (Fn. 13) sowie Wiese, 9, in diesem Buch.

häufig von einem anderen Server, der in der Regel von einem Unternehmen betrieben wird, das sich auf die Verteilung der Werbung spezialisiert hat.[17] Die solcherart gesetzten Cookies kann der Betreiber der eigentlich angesteuerten Seite kaum kontrollieren. Es stellt sich daher die Frage, wen hier die Informationspflicht trifft, den Anbieter der Ausgangsseite, auf der das Werbebanner zu sehen ist, oder den Werbeanbieter, der für die Funktionalität des Cookies verantwortlich ist.

Die Gefährlichkeit der Cookies ergibt sich also aus den weit reichenden Möglichkeiten, mit ihrer Hilfe Informationsprofile der Nutzer zu erstellen. Zur Wahrung der Transparenz ist es erforderlich, den Nutzer auf diese Gefahren aufmerksam zu machen, bevor ein solches Verfahren in Gang gesetzt wird. Die gesetzliche Hinweispflicht kann daher keineswegs als übertriebene Regelung angesehen werden. Außerdem erfordert es keinen besonderen Aufwand, ihr nachzukommen. In vielen Fällen kann darüber hinaus sogar vollständig auf den Einsatz von Cookies verzichtet werden.[18] Die Virtualität des TDDSG kann bezüglich der Unterrichtungspflichten nur darauf zurückgeführt werden, dass die Anbieter das Gesetz nicht kennen oder dass sie unwillig sind, es umzusetzen.

3 Elektronische Einwilligung

Zum Inhalt des informationellen Selbstbestimmungsrechts gehört auch die Befugnis, selbst in die Verarbeitung der eigenen Daten einzuwilligen. Nach allgemeinem Datenschutzrecht bedarf die Einwilligung im Regelfall der Schriftform.[19] Diese soll vor allem die Warnfunktion erfüllen und den Betroffenen vor der übereilten Abgabe der Erklärung schützen und ihm deren Tragweite vor Augen führen. Da die Schriftform aus nahe liegenden Gründen für die Kommunikation im Internet nicht geeignet ist, hat der Gesetzgeber vorgesehen, dass eine so genannte elektronische Einwilligung an ihre Stelle treten soll (§ 3 Abs. 7 TDDSG). Diese Vorschrift greift Kerngedanken der Technik der digitalen Signatur auf, die auch das Signaturgesetz voraussetzt.[20] Dies wird deutlich an § 3 Abs. 7 Nrn. 2 und 3 TDDSG. Danach muss sichergestellt sein, dass die Einwilligung nicht unerkennbar verändert werden und

---

[17] Die Gefahr dieser Cookies besteht darin, dass sie nicht nur das Surfverhalten des Nutzers auf einem Server nachvollziehbar machen. Vielmehr kann der Anbieter die Cookies auch über sämtliche Werbebanner, die von ihm auf anderen Seiten gesetzt wurden, zurücknehmen. Hat ein Anbieter wie DoubleClick eine große Zahl von Seiten, auf denen er Werbung schaltet, so kann theoretisch über all diese Seiten ein Nutzungsprofil erstellt werden. S. auch Schulzki-Haddouti, 20, in diesem Buch.

[18] Dies zeigt sich immer wieder, wenn man einmal die Browsereinstellungen ändert und Cookies generell nicht akzeptiert, aber dennoch dieselbe Funktionalität der Seite erhält wie zuvor.

[19] Nach § 126 BGB bedarf es einer eigenhändigen Unterschrift auf einem verkörperten Materialträger, der den Text der Erklärung in Schriftzeichen enthält, vgl. Heinrichs in: Palandt, 59. Aufl. 2000, § 126, Rdn. 2 ff.

[20] Allerdings ohne ausschließlich solche Signaturverfahren zuzulassen, die dem Signaturgesetz genügen.

dass der Urheber der Einwilligungserklärung erkannt werden kann. Beides kann im Internet nur realisiert werden, wenn die auf der Technik der asymmetrischen Verschlüsselung beruhenden Signaturverfahren verwendet werden.[21]

Immer noch allerdings sind Signaturverfahren bei den Nutzern des Internets nur wenig verbreitet. Ein Anbieter, der die Einwilligung eines Nutzers zur Verarbeitung von dessen personenbezogenen Daten im Internet formgerecht einholen will, hat daher ein Problem. Selbst wenn er auf seiner Seite alles Nötige veranlasst und ein Programm erstellt, das auf dem Webserver mit Signatur versehene datenschutzrechtliche Einwilligungen abfordert,[22] fehlt den allermeisten Nutzern noch ein Signaturschlüsselpaar. Damit ist es allerdings nicht nur dem Anbieter faktisch unmöglich, die Einwilligung der Nutzer in der für das Internet vorgeschriebenen elektronischen Form einzuholen. Umgekehrt wird auch das informationelle Selbstbestimmungsrecht der Nutzer beschränkt, die über ihre Daten verfügen möchten und dies nicht in der eigentlich vom Gesetz vorgeschriebenen Form können.

Man kann also festhalten, dass hinsichtlich der Einhaltung der Vorschrift über die elektronische Form wenn nicht eine tatsächliche Unmöglichkeit, so doch wenigstens eine dieser gleichzusetzende übermäßige Erschwernis vorliegt. Von den Anbietern kann nicht verlangt werden, die Vorschrift umzusetzen.[23] Dies ist allerdings ein Aspekt, der stark zur Virtualität eines Gesetzes beiträgt. De lege ferenda ist hier eine Formerleichterung geboten.[24]

4 Nichtbeachtung des Grundsatzes der Datensparsamkeit

§ 3 Abs. 4 TDDSG enthält den Grundsatz der Datensparsamkeit. Die Dienste sollen mit so wenig personenbezogenen Daten wie möglich auskommen. Auch hier sind nicht selten Verstöße festzustellen, z. B. bei den Online-Kaufhäusern der unterschiedlichsten Art im Internet.

Seit einiger Zeit besteht für diese Angebote die Möglichkeit, mit einem Siegel nachzuweisen, dass sie aus Verbraucher- und Datenschutzsicht vorbildlich sind. Im deut-

---

[21] Andere Verfahren, wie z. B. die Identifikation des Urhebers mittels PIN und TAN oder die Sicherstellung der Erkennbarkeit von Veränderungen mittels symmetrischer Verschlüsselung, sind zwar grundsätzlich möglich. Sie setzen jedoch voraus, dass zwischen Absender und Empfänger der Erklärung bereits eine (Geschäfts-)Beziehung besteht, was in der Standardsituation der Datenabfrage im Internet beim (erstmaligen) Besuch einer Seite gerade nicht der Fall ist.

[22] Es dürfte zurzeit noch schwierig sein, ein derartiges Programm am Markt zu erwerben. Vgl. Evaluierungsbericht (Fn. 5), 13.

[23] Nach Wolfgang Schulz, in: Die Verwaltung 1999, 137, 159, werden Einwilligungen, die den Anforderungen des § 3 Abs. 7 TDDSG genügen, „erst Bedeutung erlangen, wenn elektronische Signaturen auch in Deutschland verbreitet sind“.

[24] Dazu Gundermann (Fn. 13).

schen Sektor des Internets waren im Frühjahr 2000 zwei Instanzen auszumachen, die die Vergabe eines derartigen Siegels ermöglichten: der Gerling-Konzern mit seinem Siegel „Trusted Shops“[25] und das EuroHandelsinstitut mit dem Siegel „Geprüfter Online-Shop“[26]. Wenn überhaupt irgendwo, dann darf der Nutzer wohl bei den mit den Siegeln ausgestatteten Shops Datensparsamkeit erwarten. Tatsächlich muss man diesen Angeboten zugestehen, dass sie – jedenfalls wenn ihre ins Netz gestellte Datenschutzerklärung[27] eingehalten wird – zu den datenschutzrechtlich besseren Angeboten gehören.[28] Doch auch hier ist die Datensparsamkeit nicht völlig verwirklicht. Was wären für einen Online-Shop, bei dem der Leistungsaustausch nicht ausschließlich im Netz erfolgt, sondern auch reale Waren versandt werden, die minimal erforderlichen Daten? Unverzichtbar ist eine Lieferadresse, also Name eines Empfängers und postalische Anschrift. Mehr nicht, jedenfalls dann nicht, wenn die Zahlung über Kreditkarte abgewickelt wird[29], denn dann kann vor dem Versand der Ware geprüft werden, ob die Karte in Ordnung ist.

Bei der stichprobenartigen Überprüfung im Frühjahr 2000 reichte das aber keinem der mit einem Siegel bedachten Versender. Alle wollten zusätzlich noch eine weitere Kommunikationsadresse wissen, mal die E-Mail, mal die Telefonnummer, mal beides.[30] Zweifellos dient es der komfortablen Kontaktaufnahme zum Besteller, wenn diese Daten angegeben werden. Zwingend erforderlich zur Ausführung der Bestellung sind sie hingegen nicht. Daher sollte es auch dem Besteller überlassen bleiben, welche Daten er angibt.

Aus der Sicht der Anbieter ist umgekehrt zu fragen, ob der Zwang zur Angabe weiterer Daten tatsächlich Gewinn bringend ist. Es kann nämlich festgestellt werden, dass die Neigung der Nutzer, bereitwillig persönliche Daten – und seien es „nur“ Adressierungsdaten – im Internet anzugeben, nicht besonders hoch ist. Werden solche Angaben über Pflichtfelder verlangt, so greifen viele Nutzer zur „Notwehr“ und geben fiktive Adressen (oder, datenschutzrechtlich bedenklich, tatsächlich existierende Adressen Dritter) ein. Die Anbieter gewinnen dann nichts

---

[25] www.trusted-shops.de

[26] www.shopinfo.net

[27] Das gut auffindbare Einstellen einer solchen Erklärung gehört zu den Pflichten der Läden, die ein Siegel tragen wollen.

[28] Es darf allerdings nicht verkannt werden, dass die Siegel in erster Linie auf Verbraucherschutz abzielen. Die datenschutzrechtlichen Grundsätze kamen zum Zeitpunkt der Überprüfung dagegen etwas zu kurz und waren bei Trusted Shops auch nicht widerspruchsfrei. Beide Siegel bieten datenschutzrechtlich im Ergebnis nicht mehr als die Einhaltung der Gesetze. Doch angesichts der sonstigen Situation sollte man dies wohl nicht gering schätzen und derartige Mittel als neuartige Instrumente zur Rechtsdurchsetzung anerkennen.

[29] Positiv ist festzuhalten, dass dies bei allen in Augenschein genommenen Shops inzwischen über eine SSL-verschlüsselte Verbindung erfolgt.

[30] Lässt man die entsprechenden Felder leer, kommt man bei der Bestellung nicht weiter.

und verärgern allenfalls die Kunden. Die zum Teil angebotene jederzeitige Information über den Bestellstatus ist sicher ein nützlicher Service – wenn der Kunde ihn will. Warum aber muss er den Nutzern aufgedrängt werden?[31]

Zudem wurde die Datensparsamkeit durch mit einem Siegel bedachte Anbieter konterkariert, die mit einem (unangekündigten[32] und langlebigen) Cookie überraschten.[33] Originell war auch die Idee eines Herrenmodeversenders, der dem Nutzer zusätzlich die IP-Adresse, unter der dieser zugriff, in das Formular mit den Bestelldaten schrieb. Man darf wohl davon ausgehen, dass diese auch gespeichert wird.

Dass Datensparsamkeit machbar ist, zeigt z. B. der Dienst Schwacke.com, mit dessen Hilfe man seinen Gebrauchtwagen schätzen lassen kann. Das ganze Angebot kommt ohne Identifikationsdaten aus. Nachdem der Nutzer die genauen Daten zu seinem Fahrzeugtyp eingegeben hat, wird er zur Seite des Internet-Zahlungsdienstes Telecash weitergeleitet. Hier gibt er unter SSL-Verschlüsselung seine Kreditkartennummer und -gültigkeit ein. Nachdem Telecash dies geprüft hat, geht es zurück zu Schwacke, wo der Wert des Wagens abgelesen werden kann.

5 Übergang von der Diensteebene zur Anwendungsebene

Die vorstehenden Ausführungen leiten zu einem weiteren Problem bei der Anwendung des Gesetzes über. Das in der Informatik gebräuchliche ISO/OSI-Modell geht von sieben aufeinander aufbauenden Schichten aus, mit denen eine Kommunikation in Computernetzen technisch beschrieben werden kann. Vergleichbar dazu kann man drei Schichten (oder Ebenen) datenschutzrechtlicher Regelwerke beschreiben, die für die Akteure im Internet zur Anwendung kommen (können).[34] Die zugrunde liegende Schicht ist die der Telekommunikation; die datenschutzrechtlichen Regelungen finden sich im 11. Teil des TKG und in der TDSV. Auf der Telekommunikationsschicht setzt die Ebene der Dienste auf, wie sie typischerweise auf Webservern im Internet erbracht werden. Für diese Ebene ist das TDDSG konzipiert worden. Die Dienste sind in der Regel kein Selbstzweck, sondern die Grundlage

[31] Dies gilt gleichermaßen für die großen der Branche wie amazon.de.

[32] Die einzige Information, die entfernt an die vom Gesetzgeber vorgeschriebene Cookie-Warnung erinnerte, fand sich bei einem Allgäuer Biokäseversender mit Trusted-Shop-Siegel. Dort bestand die Möglichkeit, die nächste Bestellung zu vereinfachen, wenn man sich einen Cookie setzen ließe. Per Voreinstellung war diese Option allerdings aktiviert.

[33] Beim Siegel „Geprüfter Online-Shop“ besteht für den Nutzer die Möglichkeit, sich über mangelnde Einhaltung der Vorgaben zu beschweren. Auf eine derartige Beschwerde des Verfassers wurde bei einem Anbieter mit diesem Siegel der Cookie-Mechanismus deaktiviert.

[34] Ebenso Bizer in: Roßnagel (Hrsg.), Recht der Multimedia-Dienste, Stand Januar 1999, § 3 TDDSG, Rdn. 43 ff.; Dix in: Roßnagel (Hrsg.), Recht der Multimedia-Dienste, Stand Januar 1999, § 5 TDDSG, Rdn. 22 f. Dieses Schichtenmodell bestreitet aber Imhof, CR 2000, 110.

einer Anwendung (z. B. eines Versandhandels). Bei dieser wiederum ist das allgemeine Datenschutzrecht, im Beispielsfall der dritte Abschnitt des BDSG, zu beachten. Es gilt hier also derselbe Datenschutzstandard wie bei einem herkömmlichen Versandhaus, bei dem der Kunde per Telefon oder Postkarte bestellt. Das Problem besteht darin, dass die Vorschriften auf den unterschiedlichen Schichten nicht einheitlich sind und die Anbieter je nach der angesprochenen Ebene zur Einhaltung eines unterschiedlichen Datenschutzniveaus verpflichten. Besondere Bedeutung hat dies hinsichtlich der oberen Schichten Dienst und Anwendung.[35]

So finden sich Regelungen zur Datensparsamkeit zurzeit nur im TDDSG, also nur für die Diensteebene. TDDSG und BDSG weisen weitere nicht unerhebliche Unterschiede auf: Vor allem wird ein Unternehmen nach dem BDSG in der Regel nicht daran gehindert, die Daten der Kunden für Marketingzwecke selbst einzusetzen oder an Dritte zu veräußern. Anders stellt sich die Rechtslage nach dem TDDSG dar, wo eine derartige Verwendung der Daten an die Einwilligung des Betroffenen geknüpft ist.

Was soll nun für ein Versandhaus gelten, das die Bestellungen online entgegennimmt? Genauer: Wo findet der Übergang von einem Rechtsregime in das andere statt? Mit guten Gründen ließe sich der Abschluss des Kaufvertrages als der relevante Zeitpunkt definieren. Das hätte zur Folge, dass mit den Daten, die im Rahmen der eigentlichen Bestellung verarbeitet werden, verfahren werden dürfte wie bei herkömmlichen (Offline-)Kaufhäusern auch. Zwingend ist diese Festlegung allerdings nicht. Denkt man an die Möglichkeit, dass auch vorvertragliches Verhalten rechtliche Relevanz haben kann (z. B. zur Haftung führen kann), so muss eventuell auf einen früheren Zeitpunkt abgestellt werden. Ohnehin ist die zeitliche Unterscheidung nicht die einzig denkbare. In Betracht kommt auch eine Unterscheidung nach dem Zweck der erhobenen Daten. Demnach würden die für die Bestellungen und deren Abwicklung verarbeiteten Daten (wie vor allem Adressierungsinformationen aus der realen Welt) dem BDSG unterfallen. Daten dagegen, die internetspezifisch gerade während der Nutzung der Teledienste anfallen, unterfallen den strengeren Regelungen des TDDSG. Danach wäre es dem Anbieter verboten, mit dem Datum über die Bestellung auch die Information zu verknüpfen, welchen Weg der Kunde durch die Angebotsseiten genommen hat.[36]

[35] Zu den Fragen angesichts der Abgrenzung von Telekommunikations- und Diensteebene s. Fn. 8. Im Übrigen unterscheiden sich hier die Vorschriften nicht so stark, und die Telekommunikationsebene ist nicht für jeden Anbieter relevant.

[36] An dieser Stelle wird das erhebliche Gefährdungspotenzial deutlich. In der konventionellen Welt liegt lediglich die Bestellung vor. Im Internet kann dazu noch nachvollzogen werden, wie der Kunde den Katalog durchgeblättert hat und welche Angebote ihm offensichtlich besonders zusagten.

Nicht bei allen Angeboten ist die Abgrenzung indessen relativ deutlich. So berichteten Datenschutzbeauftragte aus dem Bankenbereich über die Problematik beim Online-Banking. Bei Online-Geschäften an der Börse sollen z. B. die Zeitpunkte der Abgabe von Kauf- oder Verkauforders aufgezeichnet werden, um diesen rechtlich relevanten Vorgang im Nachhinein beweisen zu können. Im Hinblick auf das TDDSG tauchten allerdings Zweifel daran auf, ob es sich hierbei nicht um Daten über die Inanspruchnahme des Dienstes handeln würde, die nicht ohne weiteres aufgezeichnet werden dürften. Das Beispiel belegt, dass Datenkategorien sowohl auf der Dienste- als auch auf der Anwendungsebene eingeordnet werden können.

6 Ziel: einheitliches Recht für den gesamten Dienst

Dieses Abgrenzungsproblem gibt einen weiteren Hinweis auf die Gründe für die virtuelle Natur des TDDSG. Regelt das Gesetz etwa nur einen virtuellen Raum, gemeint ist ein Raum, der ohne die angrenzenden Schichten Telekommunikation und (Business-)Anwendung nicht existiert? Diese Frage lässt sich heute noch nicht beantworten, da in Rechtsprechung und Literatur noch keine einheitlichen Festlegungen der Grenze zwischen Dienst und Anwendung erfolgt sind.[37] Zweifel an der Bedeutung des Anwendungsbereichs des TDDSG können allerdings auftauchen, wenn man bedenkt, dass letztlich fast jeder Dienst, der mehr als eine reine Präsentation von Inhalten darstellt, als Anwendung qualifiziert werden könnte. Bei einem solchen Ergebnis hätte der Gesetzgeber sein oben dargestelltes Ziel weitgehend verfehlt. Gerade die datenschutzrechtlich relevanten interaktiven Angebote entzögen sich dem Zugriff des strengen Regimes des TDDSG.

Die Abgrenzungsprobleme könnten relativ leicht dadurch aus der Welt geschafft werden, indem das Datenschutzniveau des BDSG und des TDDSG angeglichen werden. Die eingangs dargestellten Gefährdungen für das informationelle Selbstbestimmungsrecht machen sehr deutlich, dass die Vereinheitlichung nur auf dem Niveau des TDDSG sinnvoll ist. Dieses Gesetz stellt (cum grano salis) die richtigen Regelungen auf, nur für einen zu kleinen horizontalen Ausschnitt aus der Rechtswirklichkeit. Vorschriften wie die Pflicht zur anonymen oder pseudonymen Diensteerbringung, Einwilligungs- statt Widerspruchslösung bei der zweckändernden Datennutzung, Verbot personenbezogener Profile usw. müssen auf die gesamte Datenverarbeitung eines Internet-Angebots ausgedehnt werden. Sie müssen insbesondere für die Diensteebene wie für die Anwendungsebene gleichermaßen gelten; es darf gerade nicht Schluss sein am Übergang von der einen zur anderen Ebene.

[37] Vgl. Bizer (Fn. 34), Rdn. 49; Dix (Fn. 34), Rdn. 22; aber auch Imhof (Fn. 34), 116.

Die Übernahme der Vorschriften des TDDSG in das BDSG für alle nichtöffentlichen Stellen wird sich möglicherweise nicht durchsetzen lassen. Das TDDSG sollte allerdings ohne Einschränkung über die gesamte Verarbeitung personenbezogener Daten zur Anwendung kommen, der eine Erhebung via Internet zugrunde liegt.[38] Für den Nutzer sicherte dies den erforderlichen Schutz über alle Schichten hinweg. Für den Anbieter wäre die Verwirrung hinsichtlich datenschutzrechtlicher Fragen kleiner und damit die Neigung zur Einhaltung der Vorschriften voraussichtlich größer. Über die gesetzlich erlaubte Verarbeitung hinaus wäre die Verwendung der Daten jederzeit mit der Einwilligung der Nutzer zulässig. Eine solche Angleichung der Rechtsvorschriften über die Schichten hinweg würde vor allem das noch fehlende Vertrauen der Nutzer in die Seriosität des E-Commerce fördern. Dies zeigt sich auch daran, dass auf freiwilliger Basis schon versucht wird, die Regelungen des TDDSG sowohl in der Dienste- als auch in der Anwendungsebene einzuhalten.[39]

[38] Anders aber Imhof (Fn. 34), 116.
[39] Vgl. Grimm/Löhndorf/Scholz, DuD 1999, 272.

Die Möglichkeiten der Datenschutzaufsichtsbehörden

Peter Schaar

Im Cyberspace droht der Datenschutz sich ebenfalls zu virtualisieren: Er läuft offensichtlich Gefahr, aus der realen Welt zu verschwinden oder zumindest drastisch an Bedeutung zu verlieren, wenn es ihm nicht gelingt, auf die Veränderungen der Informationstechnik und des geänderten Kommunikationsverhaltens der Menschen angemessen zu reagieren.

Die Notwendigkeit zur Änderung macht auch nicht Halt vor den Institutionen des Datenschutzes, d. h. vor den unabhängigen Datenschutzbeauftragten[1], die über die Beachtung der Datenschutzregelungen bei öffentlichen Stellen wachen, und vor den Datenschutzaufsichtsbehörden, die die Datenschutzkontrolle im nichtöffentlichen Bereich ausüben.[2] Die Aufsichtsbehörden stoßen bei ihrer Arbeit auf vielfältige Grenzen; einige davon sind schon seit längerem bekannt, andere werden erst durch die zunehmende Verbreitung neuer Techniken sichtbar.

1 Territoriale Grenzen

Nicht nur das deutsche Datenschutzrecht, sondern auch die Europäische Datenschutzrichtlinie[3] gehen vom Territorialprinzip aus; ausschlaggebend für die Anwendbarkeit des Rechts ist der Ort der Datenverarbeitung. Es liegt auf der Hand, dass der örtliche Anknüpfungspunkt in dem Maße an Bedeutung verliert, in dem die Informationstechnik sich globalisiert und international operierende Unternehmen ihre Dienste praktisch weltweit vermarkten. Gerade für diejenigen, die sich Datenschutzregelungen entziehen wollen, bieten sich im Internet-Zeitalter weltweit genügend „Datenoasen" ohne jegliches Datenschutzrecht.

Zumindest in den Fällen, in denen Datenverarbeitung für wirtschaftliche Zwecke betrieben wird, bieten Zweigstellen, Niederlassungen oder zumindest Vertriebsorganisationen Anknüpfungspunkte für eine Überwachung durch die Aufsichtsbehör-

---

[1] §§ 21-26 BDSG enthalten Regelungen über die Kontrolle der Datenverarbeitung durch öffentliche Stellen des Bundes; die Aufgaben der Landesbeauftragten für den Datenschutz sind in den jeweiligen Landesdatenschutzgesetzen geregelt.

[2] Die Aufgaben der Datenschutzaufsichtsbehörden sind in § 38 BDSG festgelegt. § 38 Abs. 1 BDSG hat folgenden Wortlaut: „Die Aufsichtsbehörde überprüft im Einzelfall die Ausführung dieses Gesetzes sowie anderer Vorschriften über den Datenschutz, soweit diese die Verarbeitung oder Nutzung personenbezogener Daten in oder aus Dateien regeln, wenn ihr hinreichende Anhaltspunkte dafür vorliegen, dass eine dieser Vorschriften durch nichtöffentliche Stellen verletzt ist, insbesondere wenn es der Betroffene selbst begründet darlegt."

[3] Vgl. Art. 4 EG-Datenschutzrichtlinie.

den.[4] Über die Effektivität der Datenschutzaufsicht bei internationalen Unternehmen sollte man sich jedoch keinen Illusionen hingeben: Solange es bei den Stammsitzen der Unternehmen, bei denen die Daten verarbeitet werden, keine Datenschutzgesetzgebung und keine institutionalisierte Datenschutzkontrolle gibt, können die Aufsichtsbehörden die Datenverarbeitung nur lückenhaft überwachen und sind im Übrigen weitgehend auf die Vertrauenswürdigkeit der Aussagen der Unternehmen angewiesen.

Eine wirksame Antwort auf die Globalisierung der Datenverarbeitung fällt schwer. Ein Ansatz ist die Vereinheitlichung von Datenschutzbestimmungen auf hohem Niveau – die EG-Datenschutzrichtlinie zeigt hier erfreulicherweise erste positive Wirkungen auch in Drittstaaten, die sich bislang strikt entsprechenden Initiativen verweigert haben. Weitere Ansatzpunkte könnten die verbesserte Zusammenarbeit der nationalen Aufsichtsbehörden und überprüfbare Qualitätsstandards beim Datenschutz bilden, wie sie derzeit unter dem Stichwort „Datenschutzaudit" diskutiert werden.[5] In diesem Zusammenhang ist jedoch darauf hinzuweisen, dass die bestehenden „Datenschutzsiegel", die von amerikanischen Unternehmen bzw. Vereinigungen vergeben werden, weitgehend noch nicht die Einhaltung der durch die EG-Richtlinie geforderten Standards garantieren. Dies gilt auch für viele Datenschutzerklärungen bzw. „privacy policies", die von Firmen auf ihren Webangeboten platziert werden.[6]

2 Mangelnde Sanktionsmöglichkeiten

Zwar gibt das BDSG den Aufsichtsbehörden einige Möglichkeiten an die Hand, gegenüber nichtöffentlichen Stellen ihren Prüfungsanspruch durchzusetzen, insbesondere indem die Beantwortung von Fragen bußgeldbewehrt wurde.[7] Auch wurde den Aufsichtsbehörden mit § 38 Abs. 5 BDSG die Möglichkeit gegeben, technische

[4] Erwägungsgrund 19 zur EG-Datenschutzrichtlinie stellt klar, dass eine Niederlassung im Hoheitsgebiet eines Mitgliedstaats die effektive und tatsächliche Ausübung einer Tätigkeit mittels einer festen Einrichtung voraussetzt. Die Rechtsform einer solchen Niederlassung, die eine Agentur oder eine Zweigstelle sein kann, ist in dieser Hinsicht nicht maßgeblich. Wenn der Verantwortliche im Hoheitsgebiet mehrerer Mitgliedstaaten niedergelassen ist, insbesondere mit einer Filiale, muss er vor allem zur Vermeidung von Umgehungen sicherstellen, dass jede dieser Niederlassungen die Verpflichtungen einhält, die im jeweiligen einzelstaatlichen Recht vorgesehen sind, das auf ihre jeweiligen Tätigkeiten anwendbar ist.

[5] Vgl. z. B. Roßnagel, Datenschutzaudit – ein neues Instrument des Datenschutzes, in: Bäumler (Hrsg.), Der neue Datenschutz, Neuwied 1998, 65.

[6] Zu den Informationspflichten von Anbietern von Tele- und Mediendiensten vgl. Schaar, Anforderungen an die Unterrichtung und Einwilligung des Nutzers über die Verwendung, DuD 24 (2000).

[7] Nach § 44 Abs. 1 Nr. 6 BDSG handelt ordnungswidrig, wer vorsätzlich oder fahrlässig entgegen § 38 Abs. 3 S. 1 eine Auskunft nicht, nicht richtig, nicht vollständig oder nicht rechtzeitig erteilt oder entgegen § 38 Abs. 4 S. 4 den Zutritt zu den Grundstücken oder Geschäftsräumen oder die Vornahme von Prüfungen oder Besichtigungen oder die Einsicht in geschäftliche Unterlagen nicht duldet.

und organisatorische Maßnahmen nach § 9 BDSG zur Sicherstellung des Datenschutzes anzuordnen und ihre Missachtung mit Bußgeldern zu ahnden.[8]

Dagegen fehlen entsprechende Sanktionen gegen die Nichtbeachtung materiell-rechtlicher Datenschutzbestimmungen weitgehend.[9] Dieser Mangel wiegt besonders schwer, da gerade die Durchsetzung der inhaltlichen Vorgaben des Datenschutzes den Kern des Rechts auf informationelle Selbstbestimmung berührt. Denn was nützt es den Betroffenen, wenn ein Unternehmen unzulässigerweise personenbezogene Daten erhebt, verarbeitet und nutzt, die unrechtmäßig verarbeiteten Daten aber gegen einen Zugriff Dritter wirksam schützt? Und ist nicht die bewusst unzulässige Übermittlung von sensiblen Daten ein schwerwiegenderer Verstoß als die fahrlässige Offenbarung aufgrund unzureichender Sicherheitsmaßnahmen? Auch wenn es sich bei den Verstößen gegen materielles Datenschutzrecht um Straftaten gemäß § 43 BDSG handeln kann, werden diese nur auf Antrag der Betroffenen verfolgt, die nur in den wenigsten Fällen davon erfahren dürften, dass ihre Daten unzulässig verwendet wurden.

Zwar soll die derzeit von der Bundesregierung vorbereitete Datenschutznovelle den Aufsichtsbehörden ausdrücklich das Recht geben, die Betroffenen von Datenschutzverstößen in Kenntnis zu setzen.[10] Dies reicht jedoch nicht aus. Vielmehr ist es notwendig, auch die Sanktionsmöglichkeiten der Aufsichtsbehörden zu erweitern. Neben einem eigenen Antragsrecht der Aufsichtsbehörden bei Straftaten gegen materielle Datenschutzbestimmungen[11] ist an die Ausweitung der Bußgeldbestimmungen bei Verstößen gegen materielles Datenschutzrecht zu denken.

3 Zersplitterte Aufsicht

Deutschland hat zwar mit dem 1997 in Kraft getretenen IuKDG und dem MDStV im internationalen Vergleich eine Vorreiterrolle in Bezug auf die Schaffung rechtlicher Grundlagen für neue virtuelle Dienste inne; trotzdem bleibt die Rechtsmaterie – auch was den Datenschutz betrifft – sowohl für Anbieter als auch für Nutzer ziemlich unübersichtlich.[12]

Das Telekommunikationsrecht, das Teledienste- und Mediendiensterecht, die allgemeinen Vorschriften des BDSG und der Landesdatenschutzgesetze und die zahlrei-

---

8 Vgl. § 44 Abs. 1 Nr. 7 BDSG.

9 Lediglich einige bereichsspezifische Regelungen enthalten derartige Bußgeldbestimmungen, etwa § 20 Abs. 1 Nrn. 8-14 Mediendienste-Staatsvertrag.

10 Der Referenten-Entwurf des Bundesinnenministeriums zur Novellierung des BDSG (Stand 16.3.2000) sieht eine Unterrichtung des Betroffenen durch die Aufsichtsbehörde in § 38 Abs. 1 vor.

11 Die Erweiterung des Antragsrechts wurde in § 38 Abs. 4 BDSG-E (Stand 16.3.2000) aufgenommen.

12 Diese Unübersichtlichkeit der Rechtsvorschriften wird von den betroffenen Unternehmen kritisiert, vgl. Evaluationsbericht der Bundesregierung zum IuKDG, BT-Drs. 14/1191 vom 18.6.1999, 15.

chen datenschutzrechtlichen Spezialregelungen des Bundes und der Länder sind selbst für Fachleute nur schwierig zu durchschauen und in ihrer Anwendbarkeit nicht immer zweifelsfrei voneinander abzugrenzen.

Hinzu kommt eine Aufsichtsstruktur, deren Logik sich selbst beim zweiten Blick nicht unbedingt erschließt. Nachvollziehbar ist immerhin die Zuständigkeit des Bundesbeauftragten für den Datenschutz und der Landesbeauftragten für den Datenschutz für die Datenschutzkontrolle der jeweiligen öffentlichen Stellen. Wesentlich weniger eingängig ist die Struktur der Aufsichtsbehörden für den nichtöffentlichen Bereich: Während die Aufsichtsbehörden in den meisten Ländern nach wie vor bei den Innenministerien angesiedelt sind, haben andere Länder die Datenschutzaufsicht auch für den nichtöffentlichen Bereich den Datenschutzbeauftragten übertragen.[13]

Die Aufsichtsbehörden, die zugleich für die Datenschutzkontrolle im öffentlichen und im nichtöffentlichen Bereich zuständig sind, können im Sinne einer effizienten Aufgabenwahrnehmung Synergieeffekte nutzen, was den bei Ministerien bzw. Regierungspräsidien angesiedelten Aufsichtsbehörden in dem Maße nicht möglich ist. Zudem weicht die Sichtweise beider Arten von Aufsichtsbehörden in gewisser Weise voneinander ab: Während die Datenschutzbeauftragten zunehmend ihre Rolle darin sehen, möglichen Fehlentwicklungen, die das informationelle Selbstbestimmungsrecht gefährden, bereits im Vorfeld zu begegnen, sehen viele der ministeriell geprägten bzw. in die normalen Verwaltungsstrukturen eingebundenen Aufsichtsbehörden ihre Aufgabe vornehmlich darin, zu reagieren, wenn sich Anhaltspunkte für Datenschutzverstöße ergeben haben (diese Sichtweise entspricht der „Anlassaufsicht“ des alten BDSG, wonach die Aufsichtsbehörden im Regelfall nur dann tätig werden, wenn sich Anhaltspunkte für Datenschutzverstöße ergeben haben).

Einen Fremdkörper im System der Datenschutzaufsicht stellt zudem die Zuständigkeit des Bundesbeauftragten für den Datenschutz für die Überwachung des Datenschutzes bei der Telekommunikation dar, auch soweit Telekommunikationsdienste durch private Stellen erbracht werden.[14] Da Teledienste definitionsgemäß auf der Basis von Telekommunikationsdiensten abgewickelt werden[15], ergibt sich die kurio-

---

[13] Die Zuständigkeit wird – entsprechend der Organisationshoheit der Länder – durch Landesrecht bzw. Zuständigkeitsentscheidungen der Landesregierungen geregelt. Derzeit liegt die Zuständigkeit für die Datenschutzaufsicht in den Ländern Berlin, Hamburg, Bremen und Schleswig-Holstein bei den Landesbeauftragten für den Datenschutz. In Niedersachsen ist der Landesbeauftragte Aufsichtsbehörde, das Innenministerium Oberste Aufsichtsbehörde für den Datenschutz. In den übrigen Ländern sind die Innenministerien Oberste Datenschutzaufsichtsbehörden; zum Teil üben die Regierungspräsidien die Funktion der Aufsichtsbehörden aus.

[14] Vgl. § 90 Abs. 4 Telekommunikationsgesetz (TKG). Problematisch ist in diesem Zusammenhang auch die Abgrenzung der Aufgaben und Kompetenzen des Bundesbeauftragten für den Datenschutz von denjenigen der Regulierungsbehörde für Post und Telekommunikation.

[15] Dies ergibt sich aus § 2 Abs. 1 Teledienstegesetz (TDG): „Die nachfolgenden Vorschriften gelten für alle elektronischen Informations- und Kommunikationsdienste, die für eine individuelle Nutzung von

se Situation, dass zwei Aufsichtsbehörden parallel zuständig sind: Die Landesaufsichtsbehörde überwacht die Einhaltung von TDDSG, MDStV und BDSG, während der Bundesbeauftragte für den Datenschutz die Einhaltung der Bestimmungen des Telekommunikationsrechts, d. h. vor allem des TKG und der TDSV, kontrolliert.

Schließlich gibt es noch Sonderregelungen für die Datenschutzaufsicht beim Rundfunk. Während die Kontrolle der Einhaltung des Datenschutzes im redaktionell-journalistischen Bereich der öffentlich-rechtlichen Rundfunkanstalten von eigenen Datenschutzbeauftragten durchgeführt wird, liegt die Datenschutzkontrolle für die administrative Datenverarbeitung durch die Rundfunkanstalten teils bei den Datenschutzbeauftragten des Rundfunks, teils bei den Landesdatenschutzbeauftragten.[16] Schließlich haben einige Länder die Datenschutzaufsicht für den privaten Rundfunk auf die Landesmedienanstalten übertragen, während in den meisten Ländern die Landesdatenschutzbeauftragten auch die datenschutzrechtliche Kontrolle über den privaten Rundfunk ausüben. Wenn – wie bereits geschehen – ein Internet-Radio als Rundfunk und nicht mehr als Mediendienst eingestuft wird, wechselt damit nicht nur das Recht, das anzuwenden ist (Rundfunkstaatsvertrag statt Mediendienste-Staatsvertrag), sondern auch die Datenschutzaufsicht.

Angesichts der technischen Konvergenz von Tele-, Medien- und Telekommunikationsdiensten (aber auch des Rundfunks) ist eine derartige Aufteilung zunehmend problematisch und führt zwangsläufig zu erhöhtem Koordinationsaufwand. Im Sinne eines „Datenschutzes aus einer Hand“ wäre es sinnvoll, bei der Novellierung der Datenschutzbestimmungen zur Umsetzung der EG-Datenschutzrichtlinie zu einer Vereinheitlichung der Datenschutzaufsicht zu kommen.

Damit sowohl die Unabhängigkeit als auch die Einheitlichkeit der Datenschutzkontrolle gewährleistet wird, sollte die Aufsicht für die Kontrolle der Datenverarbeitung öffentlicher und nichtöffentlicher Stellen bei den Datenschutzbeauftragten der Länder zusammengeführt und ihnen auch die Aufsicht über Telekommunikationsdienste übertragen werden. Allerdings sind die Durchsetzungschancen eines derartigen Vorhabens angesichts des erbitterten Widerstands einiger Länder eher gering.[17] Es wird jedoch abzuwarten sein, wie die Länder die Vorgaben aus Art. 28 EG-Datenschutzrichtlinie[18] zur Unabhängigkeit der Kontrollstellen umsetzen wer-

---

kombinierbaren Daten wie Zeichen, Bilder oder Töne bestimmt sind und denen eine Übermittlung mittels Telekommunikation zugrunde liegt (Teledienste).“ Vgl. auch § 2 Abs. 1 MDStV.

[16] Gemäß § 47f Abs. 1 Rundfunkstaatsvertrag richtet sich die Zuständigkeit für die Aufsicht über die Einhaltung der Datenschutzbestimmungen nach dem Landesrecht.

[17] Die Länder haben durchgesetzt, dass bei der Novellierung des BDSG auf alle Vorgaben verzichtet wird, aus denen sich eine Zuständigkeitsverlagerung auf die unabhängigen Datenschutzbeauftragten ableiten ließe.

[18] Art. 28 Abs. 1 der EG-Datenschutzrichtlinie hat folgenden Wortlaut: „Die Mitgliedstaaten sehen vor, dass eine oder mehrere öffentliche Stellen beauftragt werden, die Anwendung der von den Mitglied-

den. Sollten Aufsichtsbehörden auch weiterhin voll in die Dienst- und Fachaufsicht der Behörden integriert bleiben, steht zu befürchten, dass die Europäische Union dies als mangelhafte Umsetzung von Art. 28 Abs. 1 EG-Datenschutzrichtlinie beanstanden wird. Gegen die Beibehaltung der jetzigen Kontroll- und Aufsichtsstrukturen bestehen jedenfalls erhebliche rechtliche Bedenken.[19]

4 Wirtschaftliche Grenzen

Nicht erst seit der dramatischen Zunahme der öffentlichen Begeisterung über Internet und E-Business, die derzeit ihren markantesten Ausdruck in Schwindel erregenden Börsenkursen informationstechnischer Firmen findet, haben die politischen und ökonomischen Entscheidungsträger begriffen, dass die Bedeutung virtueller Industrien im Wettbewerb zunimmt. Dies betrifft nicht nur den Wettbewerb zwischen Unternehmen, sondern auch denjenigen zwischen Standorten, und zwar auf lokaler, regionaler, nationaler und internationaler Ebene.

Das Ringen um den „Standortfaktor" Informationstechnik bleibt nicht ohne Auswirkungen auf den Datenschutz. Wenn Datenschutz und wirtschaftliche Interessen (tatsächlich oder vermeintlich) in Konflikt geraten, ist es nur ein kurzer Weg zu der Aussage, „übertriebener" Datenschutz sei standortgefährdend. Dieses Argumentationsmuster, das bereits aus anderen Politikbereichen bekannt ist (etwa beim Umweltschutz), ist umso ernster zu nehmen, je wichtiger die jeweiligen wirtschaftlichen Interessen sind und je stärker eine Region auf die erwarteten Vorteile einer Ansiedlung angewiesen ist.

Auch aus diesem Grund kommt der Unabhängigkeit der Datenschutzaufsicht auch im nichtöffentlichen Bereich gesteigerte Bedeutung zu. Es muss unbedingt vermieden werden, dass der Verdacht aufkommt, die Wahrung des Datenschutzes stehe unter dem Vorbehalt wirtschaftlicher Opportunität.[20]

Noch bedeutsamer ist es jedoch, den Datenschutz aus dem Stigma eines „Standortnachteils" zu befreien, der er in den wenigsten Fällen tatsächlich ist. Gerade im Zeitalter des E-Commerce sollte bedacht werden, dass die Durchsetzung neuer Geschäftsideen nur dann gelingen kann, wenn die Kunden den Anbietern vertrauen können bzw. wenn sichergestellt ist, dass sich alle „Spieler" denselben Spielregeln

staaten zur Umsetzung dieser Richtlinie erlassenen einzelstaatlichen Vorschriften in ihrem Hoheitsgebiet zu überwachen. Diese Stellen nehmen die ihnen zugewiesenen Aufgaben in völliger Unabhängigkeit wahr."

[19] Vgl. Arlt, Künftige Rechtsstellung der Kontrollstellen, in: Bäumler (Hrsg.), Der neue Datenschutz, Neuwied 1998, 277.

[20] Eine bloß „funktionale" Unabhängigkeit derart, dass die Aufsichtsbehörde von dem kontrollierten Unternehmen unabhängig ist, reicht hier nicht aus, denn im Sinne der Standortkonkurrenz kann es durchaus auch informelle, politische Abhängigkeitsverhältnisse geben.

unterwerfen. Datenschutz wird auf diese Weise zu einem essenziellen Bestandteil des Verbraucherschutzes. Datenschutz, Service und wirtschaftlicher Erfolg bedingen einander.[21] Dies haben viele Firmen, die im Internet agieren, bereits erkannt, die nicht nur in verstärktem Maße die Beratungsangebote der Aufsichtsbehörden in Anspruch nehmen, sondern auch ihre Datenschutzpolitik den Nutzern bekannt geben.

Den Aufsichtsbehörden kommt hierbei die Aufgabe zu, nicht nur die Konformität des Handelns einzelner Unternehmen mit den einschlägigen Datenschutzregelungen im Einzelfall zu überprüfen, sondern generalisierende Leitlinien für den Schutz personenbezogener Daten im Cyberspace zu entwickeln[22] und öffentlich zu vertreten, sei es gegenüber interessierten Firmen oder auch im Rahmen der Beratung potenzieller Kundinnen und Kunden dieser Unternehmen.

5 Qualifikations- und Kapazitätsgrenzen

Seit dem Volkszählungsurteil 1983 haben sich die technischen und organisatorischen Bedingungen der Informationsverarbeitung dramatisch verändert. Anstelle – und neben – einer verhältnismäßig wenig komplexen Großrechnerwelt sind Strukturen und Systeme getreten, die immer leistungsstärker, außergewöhnlich vielfältig und vor allem miteinander vernetzt sind.

Die Halbwertzeit informationstechnischen Wissens nimmt ab und führt nicht nur bei den Betreibern und Anwendern der Informationstechnik, sondern auch bei den für die datenschutzrechtliche Überwachung zuständigen Stellen zu ernst zu nehmenden Qualifikationsproblemen. Während sich die Zahl der technischen Spezialisten, die mit dem Betrieb und der Entwicklung von Informationssystemen befasst sind, vervielfacht hat, konnten die Aufsichtsbehörden hiermit nicht annähernd Schritt halten. In manchen Flächenländern sind einzelne Sachbearbeiter(innen) für die Datenschutzaufsicht eines ganzen Bundeslandes oder großen Regierungsbezirkes zuständig. Zudem müssen die für die Datenschutzaufsicht zuständigen Mitarbeiter(innen) neben dieser teilweise noch weitere Aufgaben wahrnehmen.

In einigen Aufsichtsbehörden mangelt es zudem an dem erforderlichen technischen Fachwissen.[23] Natürlich versuchen die Aufsichtsbehörden, diesen Defiziten so gut es

---

[21] Vgl. 17. TB (1999) des Hamburgischen Datenschutzbeauftragten mit dem Schwerpunktthema „Mehr Service – weniger Datenschutz?".

[22] Vgl. Der Hamburgische Datenschutzbeauftragte, Orientierungshilfe Tele- und Mediendienste (Stand: 3. Februar 2000), www.hamburg.datenschutz.de.

[23] Vgl. Lutterbeck, Welches Personal brauchen die Datenschutzbeauftragten von morgen?, in: Bäumler (Hrsg.), Der neue Datenschutz, Neuwied 1998, 246, der aus der Webpräsenz der Datenschutzbeauftragten nicht unbedingt falsche Schlüsse über qualitative und quantitative Defizite zieht; für die bei

geht beizukommen, etwa durch Erfahrungsaustausch und gegenseitige Zusammenarbeit. Leider ist aber zu konstatieren, dass trotz dieser Bemühungen erhebliche Defizite bleiben.

Wie bereits erwähnt, könnte die Qualität der Datenschutzaufsicht durch Synergieeffekte erhöht werden, die sich aus der Zusammenfassung der Kontrolle über die öffentliche und nichtöffentliche Datenverarbeitung bei den Datenschutzbeauftragten ergeben würden. Dies kann jedoch nur ein erster Schritt sein.

Die Aufsichtsbehörden müssen zudem die neuen technischen Mittel nicht nur kennen, sondern auch für ihre Aufgaben effektiv nutzen. In einer vernetzten Welt ist es nicht mehr immer erforderlich, Datenschutzprüfungen vor Ort bei den Unternehmen durchzuführen; vielmehr können bestimmte Prüfungsansätze durchaus über dieselben Netze vorgenommen werden, über die Unternehmen und Behörden ihre Dienstleistungen anbieten.[24] So kann die Einhaltung von Bestimmungen des TDDSG weitgehend vom Arbeitsplatz im Büro der Aufsichtsbehörden aus überwacht werden. Das Gleiche gilt für bestimmte Aspekte der Netzsicherheit, die insbesondere dann bedeutsam sind, wenn – wie heute üblich – Behörden oder Firmen an das Internet angeschlossen sind.

Bei allem Respekt für die Notwendigkeit der Konsolidierung öffentlicher Haushalte kann allerdings nicht verschwiegen werden, dass ein wirksamer Grundrechtsschutz nicht umsonst zu haben ist. Damit die Aufsichtsbehörden ihre Aufgaben auch im Zeitalter des E-Commerce und des Internets wahrnehmen können, müssen sie personell und materiell angemessen ausgestattet werden.

Schließlich wird abzuwarten sein, wie sich neue Ideen, etwa das vom schleswigholsteinischen Landesbeauftragten initiierte „virtuelle Datenschutzbüro", in die Realität umsetzen lassen. Der Erfolg derartiger neuer Ansätze wird nicht zuletzt davon abhängen, ob es den professionellen Datenschützern gelingt, unabhängig von verwaltungsmäßigen Zuständigkeitsmustern und Arbeitsweisen neue Wege zu finden und zu beschreiten.

Ministerien und Regierungspräsidien angesiedelten Aufsichtsbehörden dürften diese Defizite noch größer sein.

24 Vgl. Kühn, Online-Kontrollen von der Dienststelle aus, in: Bäumler (Hrsg.), Der neue Datenschutz, Neuwied 1998, 121.

Die Grenzen polizeilicher Ermittlungen

Leopold Schuster

1 Einleitung

Das Internet, das sich aus einem Projekt des amerikanischen Pentagons entwickelte und letztendlich durch den Zusammenschluss vieler Netzwerke entstand, erreichte erst in den Neunzigerjahren eine breite Öffentlichkeit und gewann damit zunehmend an Bedeutung. Die Komplexität dieses Mediums, das allein schon die tief verwurzelte menschliche Erfahrung der Einheit von Zeit und Ort stark relativiert, lässt sich nur noch schwer fassen. Die Zahl der Nutzer, die weltweit im Internet sind, auch nur auf Millionen genau zu beziffern, macht sich längst niemand mehr die Mühe. Weit über 100 Millionen sollen es zwischenzeitlich sein. Nach Schätzungen sind mittlerweile weltweit rund 800 Millionen Webseiten erstellt worden, zu denen täglich ca. eine Million neue hinzukommen.

Auch in Deutschland verzeichnet das Internet ein rasantes Wachstum. Wie aus einer ARD/ZDF-Online-Studie vom 17.8.1999 zu entnehmen war, griffen Mitte vergangenen Jahres rund 18 % der Bevölkerung ab 14 Jahren auf das Netz zu. Für die nächsten zwei Jahre wird ein Anstieg auf ca. 32 %, was in etwa 20 Millionen Bundesbürgern entspricht, prognostiziert.

Das sowohl für Laien als auch für viele Fachleute kaum mehr durchschaubare Internet ist auch für die Polizei zum Thema geworden. Denn nicht nur die kommerzielle und private Nutzung des Internets nehmen im beschriebenen Sinne zu, sondern auch dessen Missbrauch zu kriminellen Zwecken.

Die Medien berichten zunehmend über die steigenden Fallzahlen im Bereich der Verbreitung der Kinderpornografie, von extremistischem Propagandamaterial, urheberrechtlich geschützter Software/Audio- und Videodaten, von Betrugsdelikten, der Datenspionage und Computersabotage. In diesem Zusammenhang kann man sich hin und wieder nicht des Eindrucks erwehren, dass das Internet ein Szenetreffpunkt für Pädophile, ein Betätigungsfeld für Kriminelle und Quelle für Raubkopien aller Art ist. Diese Einschätzung der Inhalte des Internets ist sicherlich so nicht haltbar. Ebenso wenig erscheint es förderlich, auf jede neue Horrormeldung gleichsam mit pawlowschem Reflex zu reagieren und das Netz zu verdammen.

Das Internet kann vielmehr als virtuelles Abbild der realen Gesellschaft betrachtet werden, in dem auch die allgemeinen Kriminalitätserscheinungen und -entwicklungen ihren Niederschlag finden. Für eine effiziente polizeiliche Bewältigung dieser neuen Herausforderung ist eine möglichst objektive Darstellung und Analyse bezogen auf die Qualität und Quantität der Delikte erforderlich, die der Internet-Kriminalität zugerechnet werden können. Darin einfließen müssen ebenfalls bereits gesammelte Erfahrungen über Probleme der Strafverfolgungsbehörden mit diesem Medium. Erst dann können Strategien und Konzepte entwickelt und gegebenenfalls rechtspolitische Forderungen erhoben werden.

2 Lagedarstellung

Allein aufgrund der internationalen Dimension des Internets dürfte eine quantitativ realistische Darstellung der strafbaren Handlungen in diesem Medium derzeit kaum möglich sein.

Die statistischen Auswertungen des Bundeskriminalamtes (BKA) zur Internet-Kriminalität basieren auf dem Meldedienst „IuK-Kriminalität". Gemeldet werden sowohl Straftaten, bei denen die EDV in den Tatbestandsmerkmalen enthalten ist bzw. bei denen die EDV zur Planung, Vorbereitung oder Ausführung eingesetzt wird, als auch Straftaten im Zusammenhang mit Datennetzen wie z. B. dem Internet.

Für das Jahr 1999 wurden bezüglich der Kriminalität im Internet die folgenden Fallzahlen registriert:

Deliktsbereich	**Zahlen aller in Deutschland registrierten Fälle**	**davon: zentrale anlassunabhängige Recherche in Datennetzen durch das BKA**
Kinderpornografie	2 245	1 023
Betrug	120	17
Staatsschutz	57	8
Urheberrecht	37	11
Arzneimittelgesetz	30	27
Betäubungsmittelgesetz	24	17
Sonstige	282	23
Gesamt	**2 795**	**1 126**

Dabei weisen ca. 80 % der von der „Zentralstelle für die anlassunabhängige Recherche in Datennetzen (ZaRD)" im BKA erfassten Verdachtsfälle Auslandsbezüge mit deutlichem Schwerpunkt in die USA auf.

Auch wenn die Zahlen gegenüber den Vorjahren ansteigen, lassen sie keine eindeutige Aussage darüber zu, ob hier ein Kriminalitätsanstieg vorliegt oder ob stärkere polizeiliche Maßnahmen lediglich zu einer Aufhellung des Dunkelfeldes geführt haben.

Insbesondere ist ein Vergleich mit den Vorjahren nur schwer möglich, da die ZaRD noch eine relativ junge Einrichtung ist, die ihren Wirkbetrieb faktisch erst Anfang März 1999 aufgenommen hat. Trotz der unzureichenden Lagedaten lassen sich jedoch einige Tendenzaussagen treffen.

Die zunehmende Verbreitung der Internet-Nutzung, hier vor allem die Ausbreitung des E-Commerce, zieht die Begehung von Straftaten in diesem Medium nach sich. In einzelnen Deliktsbereichen, dies gilt insbesondere für Urheberrechtsverletzungen, scheint unter großen Teilen der Internet-User jegliches Unrechtsbewusstsein zu fehlen.

Die Begehung von Straftaten mittels Internet im Bereich der Verbreitung von Kinderpornografie profitiert in erheblichem Maße von der vermeintlichen Anonymität und den Leichtigkeiten eines weltweiten Datenaustausches im Internet.

Immer wieder werden Begehungsformen von Straftaten bekannt, die sich von bisherigen Erscheinungsbildern mitunter erheblich abheben. Obwohl es schwierig ist, aus der Vielfalt der Netzkriminalität typische Phänotypen zu definieren, lässt sich die uns bekannte Internet-Kriminalität prinzipiell in drei Kategorien einteilen.

2.1 Netzspezifische Verbreitungsdelikte

Das Internet eröffnet insbesondere auf dem Gebiet der Informationsverbreitung hocheffiziente Formen der Tatbegehung. Aufgrund einer in manchen Bereichen festzustellenden anarchischen Grundeinstellung eignet sich das Netz besonders zur Verbreitung strafrechtlich relevanter Informationen und Daten oder zum illegalen Vertrieb geschützter Informationen.

Zusätzlich trägt die technische Grundidee des Internets, jegliche Beeinträchtigung des Informationsaustausches und damit auch die Sperrung von Netzinhalten zu verhindern, mit dazu bei, dass strafbare Inhalte, die erst einmal in das Netz gestellt wurden, kaum noch beseitigt werden können.

Die Aufklärung netzspezifischer Verbreitungsdelikte ist daher überwiegend abhängig vom Umfang der polizeilichen Initiativermittlungen und dem Anzeigeverhalten der Bevölkerung.

2.2 Das Internet als Mittel zur Tatkommunikation

In einer zweiten Kategorie lassen sich die Handlungen zusammenfassen, die der Tatkommunikation zuzurechnen sind. Dabei reicht die Bandbreite vom Informationsaustausch von Straftätern über die Verabredung von Straftaten bis hin zum Aufbau und der Nutzung logistischer Strukturen innerhalb krimineller Organisationen. In diesem Zusammenhang wird das Internet gleichsam als Alternative zu Telefon oder Briefpost genutzt.

2.3 Das Internet als virtuelles Tatwerkzeug

Unter die dritte Kategorie können Delikte subsumiert werden, die über die bloße Verbreitung oder den Austausch von Informationen hinausgehen. Das Internet wird hier als virtuelles Tatwerkzeug genutzt, mit dessen Hilfe in der Realität Straftaten begangen werden können. Für sich betrachtet unschädliche Informationen können durch einen Umsetzungsakt des Täters aus ihrem virtuellen Dasein heraustreten und reale Schäden verursachen. Mögliche Konsequenzen des Zugriffs eines Straftäters auf das Computersystem der Intensivstation eines Krankenhauses via Internet mag sich jeder selbst ausmalen.

Angesichts der vorhandenen – wenngleich auch lückenhaften – Erkenntnisse zur Kriminalität im Internet können die Strafverfolgungsbehörden nicht einfach einen rechtsfreien Raum entstehen lassen. Der Handlungsspielraum der Polizei wird dabei begrenzt von dem berechtigten Interesse, auf der einen Seite grenzenlos kommunizieren zu können und auf der anderen Seite die Prinzipien des Rechtsstaates zu wahren. Dabei stoßen die polizeilichen Ermittlungen vernehmlich in den rechtlichen und technischen Dimensionen an ihre Grenzen.

3 Grenzen polizeilicher Ermittlungen

3.1 Rechtliche Probleme bei der Strafverfolgung im Internet

Durch das Internet wurden in allen Rechtsgebieten schwierige rechtliche Probleme aufgeworfen. Während im Zivilrecht ein großer Teil der Rechtsfragen durch Parteivereinbarungen geregelt werden konnten, ergeben sich im Bereich des materiellen Strafrechts und des Strafprozessrechts vor allem aufgrund des aus Art. 103 GG resultierenden Bestimmtheitsgebotes zum Teil erhebliche Subsumtionsprobleme. Der Gesetzgeber muss die rasche technische Entwicklung sorgfältig beobachten und mit geeigneten rechtspolitischen Maßnahmen reagieren.

Allein durch die zunehmende Verbreitung dieses Mediums stellt sich immer häufiger die Frage, ob die bestehenden Befugnisse ein ausreichendes rechtliches Instrumentarium für die polizeiliche Arbeit im Zusammenhang mit dem Internet darstellen.

3.1.1 Rechtsprobleme im Zusammenhang mit dem materiellen Strafrecht

Eines der größten Probleme bereitet die Internationalität der Datennetze. Ausländische Inhalte sind in Deutschland zumeist ohne Probleme abrufbar, im Ausland legale Inhalte hier möglicherweise strafbar. Die Diskussion konzentriert sich auf das Problem, ob bei Straftaten im Internet der Tatort in Deutschland liegt, weil die strafbaren Inhalte im Inland abgerufen werden können.

Als Tatort im Sinne der Definition des § 9 Abs. 1 Alt. 1 StGB kommt zunächst der Ort infrage, an dem der Täter gehandelt hat. Da jederzeit die Möglichkeit besteht, Dateien über ausländische Rechner bereitzustellen, und rege davon Gebrauch gemacht wird, führt ein Abstellen auf den Handlungsort regelmäßig nicht zu einer Anwendung deutschen Strafrechts.

Es bleiben deshalb zur Begründung eines im Inland gelegenen Tatortes nur die beiden letzten Alternativen des § 9 Abs. 1 StGB: Tatort kann der Ort sein, an dem der zum Tatbestand gehörende Erfolg eingetreten ist (§ 9 Abs. 1 Alt. 3 StGB) oder nach der Vorstellung des Täters hätte eintreten sollen (§ 9 Abs. 1 Alt. 4 StGB).

Da die strafbaren Informationen in Deutschland abrufbar sind, könnte der Erfolgsort derartiger Verbreitungsdelikte im Inland liegen. Begehungs- und Erfolgsort fallen insoweit auseinander: Der Täter bedient sich des Computernetzes als Werkzeug, um aus der Distanz seine strafbaren Informationen zu verbreiten. Insoweit besteht die Notwendigkeit, eine einheitliche Rechtsauffassung herbeizuführen.

Strafbarkeit des Providers
Mindestens ebenso bedeutsam wie die Frage des Tatortes ist die Festlegung der strafrechtlichen Verantwortlichkeit für strafbare Inhalte im Internet. Ob ein Provider für das bloße Zugänglichmachen von Informationen bestraft werden kann, zählt zu den umstrittensten Rechtsfragen, die durch das Internet aufgeworfen wurden.

Unstrittig scheint, dass Content-Provider – die eigene Publikationen in das Netz stellen – für darin enthaltenes strafrechtlich relevantes Material belangt werden können. Allerdings ist bislang ein solcher Fall nicht bekannt geworden.

Die Verantwortlichkeit der Service-Provider – die Inhalte Dritter auf ihren Rechnern zum Abruf vorhalten – oder der Access-Provider – die lediglich Zugang zu Ressourcen des Internets vermitteln – gestaltet sich rechtlich problematischer.

Das Zurverfügungstellen der entsprechenden Infrastruktur – ohne die es einem Kunden nicht gelänge, eigene strafbare Inhalte in das Netz einzuspeisen – stellt aus rechtlicher Sicht einen Verursachungsbeitrag zu der strafbaren Verbreitungshandlung dar.

Praktisch bedeutsam wurde dieses Problem erstmals in einem Ermittlungsverfahren, das von der Staatsanwaltschaft München wegen des Verdachts der Beihilfe zur Verbreitung kinderpornografischer Darstellungen gegen den Provider CompuServe geführt wurde. Zwar wollte die Staatsanwaltschaft den Vorwurf, CompuServe habe sich eines Verbrechens schuldig gemacht, weil über die Internet-Zugänge der Firma auch Zugang zu Diskussionsforen mit kinderpornografischen Inhalten bestand, nicht aufrechterhalten, doch wurde in der erstrichterlichen Instanz der Geschäftsführer zunächst zu einer Freiheitsstrafe verurteilt. Zwischenzeitlich wurde diese Strafe in der Berufungsverhandlung wieder aufgehoben.

Die bislang unklare Rechtslage für Provider ist mit der Einführung des Informations- und Kommunikationsdienstegesetzes (IuKDG) verbessert worden. Nunmehr wurde geregelt, dass Provider nicht für Inhalte haften, zu denen sie lediglich den Zugang vermitteln. Ein triftiges Argument für diese Verfahrensweise ist der Umstand, dass wohl niemand auf die Idee käme, die Post strafrechtlich zu belangen, wenn Briefe mit strafbarem Inhalt – beispielsweise ein Erpresserbrief – in deren Briefkästen deponiert und anschließend an den Adressaten befördert werden. Insoweit läge bei dem Provider/der Post das subjektive Tatbestandsmerkmal des Vorsatzes nicht vor. Auch der Schutzzweck der Norm des jeweiligen Straftatbestandes ist insoweit nicht betroffen.

Provider sind jedoch für fremde Inhalte verantwortlich, die sie nicht nur kurzfristig auf eigenen Rechnern gespeichert haben. Unterlässt ein Provider es, strafbare Inhalte zu sperren, wenn ihm eine solche Sperre möglich und zumutbar ist und er von den Inhalten positiv Kenntnis hat, so kann er wegen Unterlassens strafbar gemacht werden.

So weit zunächst die strafrechtlich relevanten Probleme, die die polizeiliche Arbeit tangieren. Das polizeiliche Tätigwerden im Rahmen der Repression und Prävention bedarf – sofern dadurch in Grundrechte der Betroffenen eingegriffen wird – einer Ermächtigungsgrundlage, so auch bei der Arbeit in Datennetzen wie etwa dem Internet.

3.1.2 Rechtliche Grundlagen für die Arbeit des BKA im Internet

Die Nutzung des Internets als Informationsmedium, vergleichbar mit dem Lesen einer Zeitschrift, bedarf nach wohl herrschender Rechtsauffassung keiner expliziten Gesetzesgrundlage. Es handelt sich hier wie dort um die Erkenntnisgewinnung aus allgemein zugänglichen Informationsquellen.

So genannte anlassabhängige Ermittlungen des BKA im Internet – bei denen konkreten Verdachtsfällen nachgegangen wird – finden ihre gesetzliche Grundlage in § 2 Abs. 1, § 4 und gegebenenfalls § 22 Abs. 1 des Bundeskriminalamtgesetzes

(BKAG), sodass die Service-Dienststelle im BKA für andere Fachdienststellen tätig werden kann. Eine entsprechende Aufgabenwahrnehmung durch das BKA erfolgt bereits seit vielen Jahren und ist unstrittig.

Die Zuständigkeit für präventiv-polizeiliche anlassunabhängige Recherchen im Internet liegt bei den zuständigen Landespolizeidienststellen. Für die anlassunabhängige Recherche in Datennetzen zum Zweck der Strafverfolgung lässt sich aus § 2 (1) und (2), § 7 (2) BKAG unter Beachtung der Voraussetzungen des § 7 (2) S. 2 BKAG auch eine Zuständigkeit für das BKA herleiten.

Das BKA hat dem folgend durch die ständige Konferenz der Innenminister und -senatoren der Länder (IMK) Ende 1998 den Auftrag erhalten, anlassunabhängige Recherchen im Internet und in den Online-Diensten als zentrale Stelle für das gesamte Bundesgebiet wahrzunehmen. Zusätzlich wurde eine Koordinierungsstelle „Kinderpornografie" eingerichtet, die länderübergreifend die gemeldeten Ergebnisse sammelt und auswertet.

Die Arbeit der „Zentralstelle für die anlassunabhängige Recherche in Datennetzen (ZaRD)" ist eine Maßnahme zur Erkennung von Straftaten im Internet und anderen Datennetzen. Verdachtsmeldungen werden nach Beweissicherung, Informationsauswertung bzw. -anreicherung dem zuständigen LKA zugeleitet. Sachverhalte mit ausländischem Tatort werden auf dem Interpol-Weg übermittelt. Derzeit sind beim BKA 20 Kriminalbeamte/-innen zur anlassunabhängigen Recherche im Internet eingesetzt.

Die polizeiliche Ermittlungstätigkeit im Internet wirft zahlreiche strafprozessuale Fragen auf, von denen einige im Folgenden exemplarisch angesprochen werden sollen.

3.1.3 Probleme im Bereich des Strafprozessrechts

Durchsuchung des PCs

Die Durchsuchung eines PCs richtet sich nach §§ 102 ff. StPO. Liegt der Durchsuchungszweck beispielsweise im Auffinden von Daten als Beweismittel (§ 102, 2. Alternative StPO), so kann auch der PC gestartet und die Dateien durchsucht werden.

Eine Durchsuchung eines von dem Datenträger räumlich entfernten Netzwerkes ist nur möglich, wenn sich der Durchsuchungsbefehl auch auf den Raum bezieht, in dem der Zentralrechner des Netzwerkes steht. Vielfach lassen sich zwar der Hauptsitz und Filialbetriebe eines Unternehmens aufgrund öffentlicher Register bestimmen, dies umfasst allerdings nicht eine genaue Lokalisierung der Datenverarbeitung.

Online-Durchsuchungen sind auch nur so lange zulässig, wie der Rechner/Server am anderen Ort dem Verdächtigen gehört oder ausschließlich von ihm genutzt wird. Im Falle einzelner Internet-User wird dieses Kriterium spätestens auf dem Server des Providers nicht mehr erfüllt.

Sicherstellung/Beschlagnahme von Personalcomputern und Computerdaten
Wenngleich § 94 StPO zunächst bei den Online-Recherchen selbst keine große Rolle spielt, so ändert sich dies für die Anschlussmaßnahmen, die zur Beweissicherung der Rechercheergebnisse beitragen sollen.

Unter den Voraussetzungen des § 94 StPO können Gegenstände sichergestellt oder beschlagnahmt werden: Zwar sind elektronisch gespeicherte Daten keine (körperlichen) Gegenstände im Sinne der genannten StPO-Bestimmung. Gleichwohl kann aber das Medium, auf dem die Daten gespeichert sind (Datenträger), sichergestellt bzw. beschlagnahmt werden.

Darüber hinaus muss die Beschlagnahme als strafprozessualer Eingriff dem Grundsatz der Verhältnismäßigkeit entsprechen. Probleme in dieser Hinsicht können sich vor allem dann ergeben, wenn der sichergestellte bzw. beschlagnahmte Datenträger auch – und gegebenenfalls sogar wesentlich mehr – Informationen über Personen enthält, gegen die sich der betreffende Beschluss nicht richtet.

Das Gleiche gilt für die technisch ohnehin nahezu unmögliche – gleichwohl gelegentlich dennoch erforderliche – Sicherstellung ganzer Netzwerke. Hier würde neben dem Grundsatz der Verhältnismäßigkeit auch das informationelle Selbstbestimmungsrecht unbeteiligter Dritter, beispielsweise bei Maßnahmen gegen Internet-Provider, missachtet werden.

Durchsicht von Papieren
Eng verbunden mit den geschilderten Problemen bei der Sicherstellung von Datenträgern ist die Problematik der Durchsicht von Papieren. Nach dem Willen der Enquetekommission des Deutschen Bundestages „Zukunft der Medien in Wirtschaft und Gesellschaft“ ist zur Begrenzung der Sicherstellung die sofortige Durchsicht der Daten hinsichtlich ihrer Beweiserheblichkeit auf den Datenträgern beim Betroffenen erforderlich.

Nach Auffassung des BGH[1] handelt es sich bei den auf den Datenträgern einer DV-Anlage gespeicherten Daten um „Papiere“ im Sinne des § 110 StPO. Für die Durchführung der Maßnahme gelten daher die hierzu entwickelten allgemeinen Rechts- und Auslegungsgrundsätze.

---

1 BGH StV 1988, 90 (Beschluss Ermittlungsrichter vom 23.11.1987, 1 Bjs 55/81, 4 Bgs 517/87).

Überwachung des Datenverkehrs im Internet

Die Überwachung des Datenverkehrs im Internet findet nach den §§ 100a ff. StPO statt. Für eine wirksame Verfolgung einschlägiger Straftaten erweist sich der in § 100a StPO enthaltene abschließende Deliktskatalog vielfach als zu eng. Delikte wie beispielsweise das Ausspähen von Daten, die Datenveränderung, die Computersabotage, die Wirtschaftsspionage oder auch die Verbreitung strafrechtlich verbotener Pornografie stehen in ihrem Unwertgehalt den Katalogtaten dieser StPO-Bestimmung in nichts nach und sollten daher im Interesse einer wirkungsvollen Kriminalitätsbekämpfung mit einbezogen werden.

Neben diesen vor allem für Ermittlungen im Inland relevanten strafprozessualen Problembereichen stoßen die Strafverfolgungsbehörden bei Verfahren mit internationalen Bezügen im wahrsten Sinne des Wortes immer wieder an Grenzen.

3.1.4 Probleme der internationalen Rechtshilfe

Angesichts der aus der polizeilichen Lagedarstellung ersichtlichen Tendenz, dass ca. 80 % aller bekannt gewordenen Straftaten im Internet Bezüge ins Ausland aufweisen, ist es für die Strafverfolgungsbehörden von größter Bedeutung, Zugriff auf im Ausland vorliegende Nutzerdaten zu bekommen und diese entsprechend zur weiteren Beweisführung zu sichern.

Für solch grenzüberschreitende Strafverfolgungsmaßnahmen muss regelmäßig das Instrument der internationalen Rechtshilfe in Anspruch genommen werden, das sich – bei allen Verbesserungen etwa im europäischen Bereich – nach wie vor schwerfällig und zeitaufwändig gestaltet. Internationale Rechtshilfe basiert auf einer äußerst komplizierten völkerrechtlichen Vertragslage, deren Unübersichtlichkeit durch bilaterale Abkommen oder Ergänzungsprotokolle und -vereinbarungen noch erhöht wird. Insbesondere die langen Laufzeiten von Rechtshilfeersuchen entsprechen nicht im Mindesten den Anforderungen und der Dynamik des schnelllebigen Internets. Dem Täter bleibt zu viel Zeit, um seine Daten zu löschen oder auf Rechner in andere Staaten zu transferieren.

Allerdings verfügen viele Länder über die Möglichkeit einer so genannten „Preservation Order“, die eine vorläufige Sicherung der erwünschten Daten sofort ermöglicht. Die Übermittlung der sichergestellten Daten erfolgt erst im Anschluss an ein positiv beschiedenes Rechtshilfeverfahren.

Probleme entstehen bei fehlender beiderseitiger Strafbarkeit. Sofern ein nach deutschem Recht strafrechtlich relevanter Sachverhalt im zu ersuchenden Staat straflos ist, sind die Erfolgschancen der Erledigung des Ersuchens geschmälert.

Die Grenzen polizeilicher Ermittlungen werden aber nicht nur allein durch die aufgezeigten rechtlichen Unstimmigkeiten und Probleme bestimmt, sondern auch ganz wesentlich durch technische Restriktionen.

3.2 Technisch bedingte Restriktionen der Strafverfolgungsbehörden

Die Vielzahl neuer Kommunikationsformen stellt die Strafverfolgungsbehörden gerade bei der Überwachung von Tatabsprachen zwischen Straftätern vor besondere Herausforderungen. Die Resultate dieser technischen Überwachung sind nicht nur Grundlage für die Gewinnung gerichtsverwertbarer Beweise, sondern haben eine besondere Bedeutung für die strategische Analyse krimineller Gruppen und deren Organisationsstrukturen.

Neben der Überwachung der Tatkommunikation ist die Sicherstellung von Beweismitteln die zweite Säule bei der Führung des Tatnachweises. Auch hier wurde die Aufgabe der Ermittler nicht einfacher: Das Internet schuf neue Verstecke für strafbares oder verräterisches Datenmaterial.

Gerade die kaum überschaubare Kommunikationsvielfalt des Netzes zeigt den Strafverfolgungsbehörden Kapazitäts- aber auch Kompetenzgrenzen auf, von denen exemplarisch einige im Folgenden dargestellt werden.

3.2.1 Login unter fremder Kennung

Die technisch einfachste Möglichkeit, seine Identität zu verbergen, besteht darin, sich unter falschem Namen in das Netz einzuloggen. Die offensiven Marketingmethoden der konkurrierenden Provider stellen dabei einen nicht unwesentlichen Faktor dar. Um für ihren Service zu werben, offerieren die Provider die erforderliche Zugangssoftware an jedermann kostenlos. Jeder Interessierte kann die Software installieren und unter einem Fantasienamen, einem so genannten „fake account", im Internet surfen.

Eine weitere Möglichkeit besteht darin, sich unter fremden, d. h. zum Missbrauch überlassenen oder ausgespähten realen Zugangsdaten einzuloggen. Unzulässig ist dies nur dann, wenn die fremde Kennung ohne Wissen des Berechtigten benutzt wird. Oft teilen sich aber mehrere Nutzer einen Zugang.

Schließlich gibt es Internet-Cafés, die Rechner bereitstellen, mit denen sich jeder anonym im Netz bewegen kann.

Zwar existieren technische Möglichkeiten, eine Datennetzverbindung vom Zielrechner über den Service-Provider bis zu dem Anfragerechner zurückzuverfolgen, doch ist damit noch nicht gesichert, wer letztlich diesen Rechner bedient hat. Oftmals sind hierzu weitere aufwändige Ermittlungsmaßnahmen erforderlich.

3.2.2 Zeitlich limitierte Identifikation über die IP-Adresse

Viele Täter wähnen sich im Internet sicher, da sie glauben, ihre Netzidentität wäre nicht zurückzuverfolgen und sie handelten anonym. Diese Annahme ist jedoch falsch. Online-Dienste bieten ihren Kunden gegen eine Gebühr einen Zugang über eine Wählverbindung zum Internet. Jeder Nutzer erhält dabei vom Provider eine dynamische, d. h. temporäre IP-Adresse für die Zeit seines Zugangs, die zu Abrechnungszwecken protokolliert wird. Somit ist die grundsätzliche Identifizierbarkeit über die IP-Adresse in gesetzlich definierten zeitlichen Schranken gegeben.

Trotz dieser Möglichkeiten zeigen sich in der Praxis erhebliche Probleme für die Ermittlungsbehörden. § 4 der Telekommunikationsdienstunternehmen-Datenschutzverordnung (TDSV) und § 6 Teledienstedatenschutzgesetz (TDDSG) bestimmen den Rahmen, in dem Daten durch den Dienstanbieter erhoben/gespeichert werden dürfen. Beschrieben wird ein Maximalumfang, der durch die Erfordernisse einer ordentlichen Vertragsabwicklung determiniert wird. Die Provider sind also aus Gründen des Datenschutzes verpflichtet, die Nutzungs(Verbindungs-)daten innerhalb kurzer Zeit wieder zu löschen.

3.2.3 Anonymizer

Zusätzlich erweist es sich als problematisch, dass durch die Nutzung so genannter „Anonymizer“ die Netzidentität der Absender von Nachrichten (E-Mail usw.) oder auch WWW-Surfer unkenntlich gemacht bzw. verfälscht wird und auf diese Weise Verbindungsdaten nicht erhoben werden können.

3.2.4 Mobile Datennetzzugänge

Die Ortsungebundenheit in der Datenkommunikation zeigt den Strafverfolgungsbehörden weitere Grenzen auf. Über Mobiltelefone kann man sich heutzutage direkt in das Internet einwählen oder einen mobilen Rechner mit Datennetzen verbinden. Polizeiliche Ermittlungen werden durch den Einsatz dieser Techniken auf Täterseite zusätzlich erschwert. Kriminelle können mobile Kommunikationszentralen einrichten, die ständig ihren Standort wechseln. Befehle können von jedem Standort aus an Organisationsmitglieder erteilt werden. Überschreiten die Straftäter die Grenzen, sind den Ermittlern mangels internationaler Handlungsbefugnis für ein Einschreiten die Hände gebunden.

Neben diesen durch die Komponenten Ort und Zeit beeinflussten Ermittlungsdefiziten bereiten qualitativ hochwertige Verschlüsselungsmöglichkeiten den Strafverfolgungsbehörden zusätzlich erhebliche Probleme.

3.2.5 Kryptographie

Wenn man eine Codierung für Daten verwendet, die neben einem Algorithmus auf einem frei wählbaren Schlüsselwort basiert, spricht man von Kryptographie. Computergestützte Kryptographietechniken sind so weit entwickelt, dass Mitteilungen selbst mit dem größten technischen Aufwand nicht entschlüsselt werden können.

Es stellt sich die Frage, ob sichere Kommunikationskanäle nicht unbedingt notwendig sind, wenn das Internet als Netz der Zukunft wirtschaftliche Bedeutung erlangen soll. Entwicklungen wie Electronic Banking, Virtual Shopping und E-Cash verlangen zwingend Techniken, mittels derer Vertragspartner eindeutig identifiziert und geschäftliche Transaktionen unbeobachtet vollzogen werden können. Eine sorgfältige Abwägung des Für und Wider, der Risiken und Chancen hat daher jeder gesetzlichen Regelung voranzugehen.

Die Bundesregierung hat ihre Position zur Verschlüsselung privater als auch geschäftlicher elektronischer Daten mit den vom Bundeskabinett am 2. Juli 1999 beschlossenen „Eckpunkten der deutschen Kryptopolitik" neu formuliert. Sie hat klargestellt, dass sie nicht beabsichtigt, die freie Verfügbarkeit von Verschlüsselungsprodukten in Deutschland einzuschränken. Die Anwendung sicherer Verschlüsselung sieht sie als eine entscheidende Voraussetzung für den Datenschutz der Bürger, für den Schutz von Unternehmensgeheimnissen und die volle Entfaltung des elektronischen Geschäftsverkehrs. Die Bundesregierung wird die Verbreitung sicherer Verschlüsselung in Deutschland aktiv unterstützen.

Gleichwohl bleibt anzumerken, dass diese im Falle des E-Commerce zu begrüßende präventive Technik ihre Schattenseite in den Grenzen der Decodierung strafrechtlich relevanter Daten findet.

3.2.6 Steganographie

Ähnliches gilt für die Steganographie. Steganographie bedeutet, dass Daten, die geheim gehalten werden sollen, auf einem anderen Informationsträger versteckt werden. So kann verschleiert werden, dass überhaupt eine besondere Botschaft übermittelt wird. Da Textdateien im Verhältnis zu Bilddateien nur ein geringes Speichervolumen haben, können diese, bildlich gesprochen, zwischen den Zeilen eines Bildes versteckt werden.

3.3. Handlungsbedarf und Lösungsansätze

3.3.1 Reaktionsmöglichkeiten der Sicherheitsbehörden auf die Internationalität des Internets

Die Internationalität des Internets ist sein größter Vorteil, gleichzeitig aber auch eine große Herausforderung für die Sicherheitsbehörden. Verschiedene internationale Gremien wie etwa die G 8-Untergruppe „Hightech Crime" sowie der Sachverständigenausschuss für Datennetzkriminalität des Europarates haben sich dieser Herausforderung angenommen.

So erarbeitet der Sachverständigenausschuss zur Datennetzkriminalität des Europarates eine „Konvention zur Bekämpfung der Datennetzkriminalität", die in das nationale Recht zu transformieren sein wird. Im Bereich des Strafverfahrensrechts sieht der Entwurf insbesondere Maßnahmen zur Verbesserung der internationalen Zusammenarbeit vor. In dem Entwurf des Europarates wird die Schaffung der Möglichkeit für eine vorläufige Sicherheitsanordnung für die Löschung von bedrohten Ermittlungsdaten in Computernetzen diskutiert. Dadurch sollen die Strafverfolgungsbehörden in die Lage versetzt werden, nach Maßgabe des innerstaatlichen Rechts bzw. der internationalen Rechtshilfe bei den Providern gesichertes Beweismaterial zu nutzen. Darüber hinaus wird der grenzüberschreitende Zugriff auf gespeicherte Daten außerhalb der Rechtshilfe in den Fällen, in denen die Ermittlungen in offenen Netzen stattfinden oder die tatsächlich berechtigte Person dem Zugang zugestimmt hat, diskutiert.

Der Beschleunigung der internationalen Zusammenarbeit dient auch der Aufbau eines internationalen 24-Stunden-Netzwerkes, das sich aus nationalen Ansprechstellen zusammensetzt. Auf diese Weise soll es ermöglicht werden, in dringenden Fällen schnell und unbürokratisch auf Expertenebene zu einer Verständigung zu gelangen. Für Deutschland ist ein solcher Kontaktpunkt beim BKA angesiedelt.

Weitere Bestrebungen der EU zielen darauf ab, insbesondere Kindern und Jugendlichen den Zugang zu qualitativ hochwertigen Netzinhalten zu erleichtern, sie von jugendgefährdenden, verletzenden Inhalten fern zu halten und neue technische Systeme zur Ausübung der elterlichen Kontrolle zu erproben.

Dabei erscheinen technische Filtersysteme, die die individuell zu konfigurierende, automatische Sperrung (z. B. durch Vorgabe der Eltern) von bestimmten jugendgefährdenden Inhalten ermöglichen, grundsätzlich sinnvoll. Diese dürfen aber nicht ein Alibi für die Dienstanbieter sein, ihre Mitverantwortung auf die Eltern abzuschieben.

Dementsprechend fördert die EU die Entwicklung von gemeinsamen Leitlinien und Methoden zur Schaffung von europaweit vergleichbaren Rahmenbedingungen für freiwillige Selbstkontrollen der Dienstanbieter auf einzelstaatlicher Ebene.

3.3.2 Gegenstrategien zur Anonymität im Internet

Die Möglichkeit des anonymen Zugangs bzw. Zugangs unter Pseudonym zum Internet ist gesetzlich im Teledienstgesetz (TDG) festgeschrieben. Es besteht aber auch nach § 6 TDG bzw. § 6 Mediendienste-Staatsvertrag (MDStV) die Verpflichtung für die Anbieter von Tele- bzw. Mediendiensten, dass diese ihr Angebot u. a. mit Namen und Anschrift kennzeichnen. Ein Verstoß gegen diese Verpflichtung ist bislang – anders als nach dem MDStV – nach § 6 TDG sanktionslos. Die Bundesregierung hat in dem Bericht zur Evaluierung des Informations- und Kommunikationsdienstegesetzes betont, die weiteren Erfahrungen mit der Umsetzung der Anbieterkennzeichnungspflicht zu prüfen und gegebenenfalls eine Sanktion bei Verstoß gegen die Kennzeichnungspflicht einzuführen.

Schwierigkeiten bereitet – wie bereits ausgeführt – der anonyme Zugang zum Internet durch Gratis-Werbe-CDs. Der Provider hat gerade in diesen Fällen kein Interesse an der wahren Identität der Person, da er keine Daten zur Abrechnung benötigt. Da der Vertrieb von Werbe-CDs nicht verboten werden kann, ist der Staat auf die freiwillige Zusammenarbeit mit den Providern angewiesen. Dabei ist dieses Segment nur als weiteres Beispiel für eine allgemein anzustrebende Kooperation zu werten.

3.3.3 Zusammenarbeit mit den Providern

Die Bekämpfung der nationalen und internationalen Kriminalität kann nicht allein auf den Instrumentarien des Strafrechts und des Strafprozessrechts aufbauen. Erforderlich ist auch eine intensive Zusammenarbeit zwischen Providern und Strafverfolgungsbehörden.

Aus diesem Grund trafen sich erstmals Ende 1998 in Wiesbaden auf Einladung des BKA Vertreter der Internet-Service-Provider, der Justiz und der Strafverfolgung sowie aus Forschung und Politik, um gemeinsam über Möglichkeiten der Verhütung und Bekämpfung von Kriminalität im Internet zu diskutieren. Es wurde eine Arbeitsgruppe gebildet, in der aktuelle Probleme besprochen und Lösungsansätze erarbeitet werden sollten. Diese Arbeitsgruppe traf sich 1999 zweimal auf Einladung des BKA.

Im Februar 2000 fand im BKA in Wiesbaden eine weitere Veranstaltung unter dem Titel „Bekämpfung der Kriminalität im Internet" statt, an der u. a. 150 Vertreter von Internet-Providern teilnahmen. Mit der Tagung wollte das BKA den zur Effektivierung der Strafverfolgung notwendigen strukturierten Dialog mit den Providern weiter fördern. Zum Abschluss der Tagung wurde erstmals der BKA-Entwurf einer gemeinsamen Erklärung der Veranstaltungsteilnehmer zur Bekämpfung der Kriminalität im Internet diskutiert. Die Teilnehmer waren sich in ihrer Zielsetzung weitgehend einig, dass Freiheit und Sicherheit der Internet-Nutzer nicht berührt werden dürften, im Internet aber auch kein rechtsfreier Raum entstehen dürfe. Strafbare Handlungen sollen gemeinsam verhindert bzw. konsequent verfolgt werden. Dabei sind bestehende Datenschutzrechte der Nutzer zu wahren.

Im Interesse der Öffentlichkeit, insbesondere des Jugendschutzes und des Schutzes der Menschenwürde, sollte sich zukünftig das Hauptaugenmerk auf folgende Kriminalitätsfelder richten:

- Verbreitung/Besitz von kinderpornografischen Dateien,
- Veröffentlichung volksverhetzender Inhalte,
- Wirtschaftskriminalität und „Internet-Betrug",
- Urheberrechtsverletzungen,
- Betäubungsmittel- und Waffenkriminalität und andere Deliktsbereiche unter Ausnutzung des Internets,
- Hacking und Computersabotage.

Erstmalig wurde im Rahmen der rechtlichen und tatsächlichen Möglichkeiten der Polizeien des Bundes und der Länder und der Internet-Provider ein gemeinsames Ziel proklamiert, das gekennzeichnet ist durch

- die Ablehnung rechtswidriger Internet-Angebote,
- den Schutz der Verbraucher durch vielfältige Maßnahmen der Branchenselbstkontrolle,
- die Störung von Tatvorbereitungen durch eine sensibilisierte Internet-Gemeinde,
- die Mitteilung erfolgter Hackingangriffe an die zuständigen Polizeibehörden oder
- die Ergänzung von technischen Schutzmaßnahmen durch eine wirksame Strafverfolgung.

Zur Zielerreichung wurden folgende konkrete Maßnahmen vereinbart:

- Die Kontakte zwischen den Internet-Providern und den Polizeien des Bundes und der Länder sollen weiter ausgebaut und vertieft werden. Dazu gehört u. a. der Aufbau schneller Kommunikationswege und die Benennung von Ansprechstellen, um inkriminierte Inhalte des Internets den zuständigen Polizeibehörden zur Kenntnis zu geben.

- Regelmäßige und anlassbezogene Treffen zur Vertiefung der Kontakte und zur Optimierung eines effizienten Kommunikationsflusses und Informationsaustausches.
- Unter Beachtung der Zuständigkeit der Polizeien der Länder bietet sich das BKA als zentrale Stelle zur Koordination und Zusammenführung von Informationen von grundsätzlicher Bedeutung an.

4 Ausblick

Angesichts der Globalität und Vielschichtigkeit des Internets werden die Grenzen der allein auf polizeiliche Ermittlungen konzentrierten Kontrollmaßnahmen ersichtlich. Neben der Beseitigung einiger rechtlicher Unzulänglichkeiten besteht der wohl vordringliche Handlungsbedarf einmal mehr in der Bündelung der vorhandenen Kräfte und in dem Eingeständnis einer gesamtgesellschaftlichen Verantwortung. Ansätze hierzu werden in dem Entwurf einer gemeinsamen Erklärung der Internet-Provider und der Strafverfolgungsbehörden deutlich. Zusätzlich gilt es, auch beim einzelnen Internet-User das Prinzip Selbstverantwortung zu stärken. Die positive Freiheit des Internets sollte nicht mit Anarchie gleichgesetzt werden, denn „Freiheit ist nicht die Willkür, beliebig zu handeln, sondern die Fähigkeit, vernünftig zu handeln“[2].

[2] Rudolf Virchow, zit. aus dem Duden: Zitate und Aussprüche, Band 12 von 1998.

Internationale Aspekte

Dr. Alexander Dix

Die Achillesferse des Datenschutzes im Internet liegt im grenzüberschreitenden Charakter dieses weltumspannenden Kommunikationsnetzes. Zwar ist das Internet kein rechtsfreier Raum; was offline rechtlich unzulässig ist, wird nicht dadurch rechtlich unbedenklich, dass es online verbreitet wird. Der Nationalstaat kann und muss seine innerstaatlichen Rechtsregeln auf die physikalischen Pfeiler (Server, Netzknoten) und auf die in seinem Hoheitsgebiet niedergelassenen Anbieter anwenden, von denen das Internet und seine Inhalte vorrangig getragen werden.[1] Andererseits ist unbestreitbar, dass – nicht nur, aber auch – im Bereich des Datenschutzes zwangsläufig ein Vollzugsdefizit im Internet und in allen zukünftigen globalen Netzen herrschen wird, weil Staaten ihr nationales Recht nicht exterritorial durchsetzen können. Insoweit ist zu Recht von der Ohnmacht des Nationalstaates im Zusammenhang mit globalen Datennetzen gesprochen worden.[2]

Dennoch haben innerstaatliche Entscheidungen, selbst wenn sie nicht im Ausland durchgesetzt werden können, immer auch Auswirkungen außerhalb der Grenzen des betreffenden Nationalstaates. So haben die Entscheidungen deutscher Gerichte zur Verantwortung von Zugangsprovidern für strafbare oder rechtswidrige Inhalte im Internet (Fall Compuserve) heftige Diskussionen in der weltweiten Netzgemeinde ausgelöst. Auch die frühe Entscheidung des deutschen Gesetzgebers für eine bundeseinheitliche Multimediagesetzgebung und ein Signaturgesetz[3] hat die Europäische Kommission veranlasst, entsprechende Initiativen auf gemeinschaftsrechtlicher Ebene zu ergreifen[4]. Soweit Zugangsprovider und Inhaltsanbieter von Gerichten oder dem Gesetzgeber bestimmten Verpflichtungen auch in datenschutzrechtlicher Hinsicht unterworfen werden sollen, verweisen sie auf den angeblich gefährdeten

---

[1] So – im Anschluss an Reidenberg – das „Budapest-Berlin-Memorandum“ der Internationalen Arbeitsgruppe zum Datenschutz in der Telekommunikation („Datenschutz und Privatsphäre im Internet“) vom November 1996, zit. nach dem 5. Tätigkeitsbericht des Landesbeauftragten für den Datenschutz Brandenburg, Anlage 10; http://www.lda.brandenburg.de/tb/tb5/tb5anl10.htm. Das Memorandum war eines der ersten international erarbeiteten Dokumente, das sich mit den Datenschutzproblemen des Internets umfassend auseinander setzte.

[2] Rossnagel, Globale Datennetze: Ohnmacht des Staates – Selbstschutz der Bürger, Zeitschrift für Rechtspolitik 1997, 26 ff., sowie Lutterbeck, 47, und Schuster, 77, in diesem Buch.

[3] Art. 1-3 des Informations- und Kommunikationsdienstegesetzes und der Mediendienste-Staatsvertrag von 1997.

[4] Vgl. die EG-Richtlinie über gemeinschaftliche Rahmenbedingungen für elektronische Signaturen vom 13.12.1999, ABl. L 13/12, und den Gemeinsamen Standpunkt des Rates zum Richtlinienentwurf über bestimmte rechtliche Aspekte des elektronischen Geschäftsverkehrs im Binnenmarkt vom 28.2.2000 (E-Commerce-Richtlinie), http://www.ispo.cec.be/ecommerce/legal/legal.html.

„Wirtschaftsstandort Deutschland“ und drohen mit Abwanderung ins Ausland in der Annahme, dass dort nicht mit vergleichbaren Verpflichtungen oder Erwartungen zu rechnen ist.

Tatsächlich würden die vergleichsweise hohen Datenschutzstandards in Deutschland leer laufen, wenn Anbieter ihre nach deutschem Recht unzulässigen Angebote oder Verfahren (z. B. die systematische Auswertung des Nutzungsverhaltens von Servern für Zwecke des Direktmarketings oder der Bannerwerbung) ungehindert und ohne Sanktionen fürchten zu müssen aus dem Ausland fortsetzen könnten. Dasselbe gilt für die Aufrechterhaltung relativ hoher regionaler Datenschutzstandards, z. B. in der Europäischen Union im Verhältnis zu außereuropäischen Ländern, insbesondere den USA, wo bekanntlich nicht nur die Zahl der Internet-Anschlüsse, sondern auch der Netzknotenrechner weltweit immer noch am höchsten ist. Über diese wird zum größten Teil auch der europäische Internet-Verkehr (z. B. immer dann, wenn die europäischen Netzknoten überlastet sind) abgewickelt.

Auf drei verschiedenen Ebenen wird gegenwärtig versucht, den Schutz personenbezogener Daten im Internet auch ohne Rücksicht auf nationalstaatliche Grenzen sicherzustellen. Zum einen geschieht dies durch rechtliche Regulierung auf supranationaler und zwischenstaatlicher Ebene (Kap. 1), zum anderen durch Versuche der Selbstregulierung (Kap. 2, und schließlich spielt die Technik, präziser: spielen technische Standards eine zunehmend wichtige Rolle in diesem Zusammenhang (Kap. 3).

1 Rechtliche Regulierung

Mit der Frage des grenzüberschreitenden Datenschutzes hat sich erstmals die Organisation für wirtschaftliche Zusammenarbeit und Entwicklung (OECD) in ihren 1980 beschlossenen Leitlinien für den Schutz des Persönlichkeitsbereiches und den grenzüberschreitenden Verkehr personenbezogener Daten[5] befasst. Diese als „soft law“ zu qualifizierenden Leitlinien enthalten Sollvorschriften, nach denen die Mitgliedstaaten den grenzüberschreitenden Verkehr personenbezogener Daten nur dann beschränken sollen, wenn der Importstaat die OECD-Leitlinien in wesentlichen Punkten noch nicht einhält oder diese Leitlinien durch Reimport umgangen werden sollen. Die sehr allgemein formulierten OECD-Leitlinien wurden lange vor Beginn des Internet-Booms beschlossen und enthalten dementsprechend auch keine spezifischen Regelungen über den Datenaustausch in offenen globalen Netzen. Wenngleich die Umsetzung mancher dieser für die Offline-Welt formulierten Grundsätze (z. B. der Grundsatz der Transparenz und der Grundsatz der Beteiligung des Einzelnen) im

[5] Zit. nach Berliner Datenschutzbeauftragter, Internationaler und europäischer Datenschutz, Materialien 24 zum Datenschutz, 1996, 15 ff.

Internet, wo heute im großen Stil eine intransparente globale Verarbeitung personenbezogener Daten ohne Beteiligung der User stattfindet[6], zu einem gewissen datenschutzrechtlichen Mindeststandard führen würde, sind die OECD-Leitlinien nicht ausreichend, um die internetspezifischen Probleme des internationalen Datenschutzes angemessen zu lösen.[7] Auch sie würden nicht verhindern, dass jeder, der sich im Cyberspace bewegt, einen unsichtbaren Barcode aufgedrückt bekommt.[8] Dasselbe gilt für die wenig bekannten Richtlinien betreffend personenbezogener Daten in automatisierten Dateien, die die UN-Vollversammlung 1990 verabschiedet hat[9]. Die OECD-Mitgliedstaaten betonen neuerdings stärker die Bedeutung von Vertragslösungen gerade auch in einer Online-Umgebung, bei denen die Partner einer Internet-Transaktion sich z. B. in Mustervereinbarungen zur Einhaltung bestimmter Datenschutzstandards verpflichten.[10]

Als erstes völkerrechtlich verbindliches Übereinkommen enthielt die Konvention des Europarates zum Schutz des Menschen bei der automatischen Verarbeitung personenbezogener Daten von 1981 Regeln für den grenzüberschreitenden Verkehr personenbezogener Daten, nach denen die Mitgliedstaaten berechtigt sind, den grenzüberschreitenden Datenfluss zu verbieten oder unter Genehmigungsvorbehalt zu stellen, soweit in dem Empfängerland kein gleichwertiger Datenschutz gewährleistet ist. Auch diese sehr allgemein gehaltene Formulierung hat den Datenaustausch im Internet praktisch nicht beeinflussen können. Erst die Empfehlung Nr. R (99) 5 des Ministerausschusses des Europarates zum Datenschutz im Internet enthielt Richtlinien für den Schutz Einzelner hinsichtlich der Erhebung und Verarbeitung personenbezogener Daten in Informationsnetzen.[11] Die Leitlinien, die wie alle Empfehlungen des Ministerausschusses keinen verbindlichen Charakter haben, sind sowohl an Internet-Nutzer als auch an Anbieter von Netzzugängen und Inhalten

---

[6] Vgl. dazu die Empfehlung 1/99 über die unsichtbare und automatische Verarbeitung personenbezogener Daten im Internet durch Software und Hardware, beschlossen von der Gruppe nach Art. 29 der EG-Datenschutzrichtlinie, http://www.datenschutz-berlin.de.doc/eu/gruppe 29/wp17_de.htm.

[7] So auch Kirby (der Vorsitzende des OECD-Ausschusses, der seinerzeit die Leitlinien formulierte), Privacy Protection – A New Beginning, Keynote Speech, 21st International Conference on Privacy and Personal Data Protection, Hongkong 1999, Conference Proceedings, 2 ff.

[8] So das treffende Bild von J. Kang, Information Privacy in Cyberspace Transactions, Stanford Law Review (1998) Vol. 50, 1193 ff., 1198 (http://www.law.ucla.edu/faculty/kang).

[9] Zit. nach Berliner Datenschutzbeauftragter (Fn. 5), 7 ff.

[10] So die OECD-Ministerkonferenz von Ottawa 1998 „A Borderless World: Realising the Potential of Global Electronic Commerce“; zu der ersten Datenschutzvereinbarung zum transatlantischen Datenexport aus Deutschland zwischen Deutscher Bahn AG und Citibank s. Dix, http://www.datenschutz-berlin.de/sonstige/konferen/ottawa/alex1.htm; die Kooperation zwischen den beiden Unternehmen ist inzwischen aus wirtschaftlichen Gründen beendet worden; zu den Rechtsproblemen der Vertragslösung des Datenexportproblems generell Ellger, Vertragslösungen als Ersatz für ein angemessenes Schutzniveau bei Datenübermittlungen in Drittstaaten nach dem neuen Europäischen Datenschutzrecht, Rabels Zeitschrift für ausländisches und internationales Privatrecht 60 (1996), 738 ff.

[11] Die Empfehlung wurde am 23.2.1999 beschlossen, http://www.coe.fr/dataprotection/elignes.htm.

gerichtet. Es wird empfohlen, diese Leitlinien zum Bestandteil von Verhaltenskodizes der Anbieter zu machen. Die Nutzer werden auf die prinzipielle Unsicherheit des Internets hingewiesen und aufgefordert, die Datenverarbeitungspraxis ihres jeweiligen Anbieters zu überprüfen und gegebenenfalls zu einem anderen Anbieter mit datenschutzfreundlichen Verfahren zu wechseln. Hier wird erstmals in einer zwischenstaatlich formulierten Empfehlung die Bedeutung des Selbstschutzes vor den Risiken der Internet-Nutzung und der Nachfrage nach datenschutzfreundlichen Angeboten hervorgehoben.

Auch die Welthandelsorganisation (WTO) hat im Allgemeinen Übereinkommen über den Handel mit Dienstleistungen (GATS) klargestellt, dass einzelstaatliche Maßnahmen zum Schutz der Persönlichkeit bei der Verarbeitung und Weitergabe personenbezogener Daten und zum Schutz der Vertraulichkeit persönlicher Aufzeichnungen und Konten sowie zur Gewährleistung der Sicherheit mit der Liberalisierung des Welthandels vereinbar sind, wenn sie diskriminierungsfrei und ohne verdeckte Handelsbeschränkung angewandt werden.[12] Kein Staat kann deshalb von einem anderen WTO-Mitglied unter Verweis auf den freien Welthandel im Internet verlangen, nationale Datenschutzbestimmungen abzuschaffen oder einzuschränken.

Mit den Richtlinien des Europäischen Parlamentes und des Rates zum Datenschutz im Allgemeinen von 1995[13] und zum Schutz der Privatsphäre im Bereich der Telekommunikation im Besonderen von 1997[14] wurden für die Mitgliedstaaten der Europäischen Union verbindliche Voraussetzungen für den Export personenbezogener Daten in das außereuropäische Ausland (so genannte Drittländer) formuliert.

Während der Datenverkehr innerhalb der Union nicht mehr unter Hinweis auf ein niedrigeres Datenschutzniveau im Empfängerland unterbunden werden darf, da in allen Mitgliedstaaten der durch die Richtlinien festgelegte europäische Mindeststandard gilt, darf der Datenexport in solche Drittländer unterbunden oder unter Genehmigungsvorbehalt gestellt werden, in denen kein „angemessenes Schutzniveau" gewährleistet ist[15]. Von diesem Grundsatz darf nur unter bestimmten engen Voraussetzungen, z. B. bei zweifelsfreier Einwilligung der betroffenen Person oder wenn die für die Verarbeitung verantwortliche Stelle ausreichende Garantien hinsichtlich des Schutzes der Privatsphäre und hinsichtlich der Ausübung der damit verbundenen Rechte im Drittland bietet, abgewichen werden.

Dieses relativ strikte Datenexportregime gilt sowohl für Offline- als auch für Online-Transaktionen. Seine Umsetzung führte insbesondere im Verhältnis zwischen Euro-

---

12 Art. XIV c) i), ii) GATS, BGBl. 1994 II, 1650.
13 ABl. L 281, 31.
14 ABl. L 24, 1.
15 Art. 25 Abs. 1 der Allgemeinen Datenschutzrichtlinie.

pa und den USA zu langwierigen Verhandlungen und drohte zeitweise einen offenen Handelskrieg auszulösen, weil das Datenschutzniveau in der Privatwirtschaft der Vereinigten Staaten bisher nicht durchweg als angemessen bezeichnet werden kann.[16] Mittlerweile zeichnet sich allerdings ab, dass dieser Konflikt durch die Annahme der so genannten „Safe Harbor"-Prinzipien beigelegt und so eine Blockade des lukrativen E-Commerce vermieden werden könnte. Dabei spielen Elemente der Selbstregulierung und Selbstverpflichtung eine wichtige Rolle.

2 Selbstverpflichtung und Selbstregulierung

Während in einigen außereuropäischen Staaten (z. B. Kanada, Australien) die Exportregeln der Europäischen Union dazu beigetragen haben, dass der Datenschutz in der Privatwirtschaft und damit auch bei den immer zahlreicher werdenden E-Commerce-Anbietern gesetzlich geregelt wird, lehnt dies die Regierung der Vereinigten Staaten nach wie vor ab. Dort setzt man auf das Modell der Selbstverpflichtung und Selbstregulierung der Wirtschaft und hält eine staatliche (und erst recht eine zwischenstaatliche) Aufsichtsinstanz für überflüssig. Damit sind die Vereinigten Staaten mittlerweile das letzte hoch industrialisierte Land der Welt, das keine umfassende Datenschutzgesetzgebung für die Wirtschaft hat.

Das bedeutet aber nicht, dass in den USA der Datenschutz im Internet als nachrangig betrachtet wird. Vielmehr kann man feststellen, dass Datenschutz auf beiden Seiten des Atlantiks mit zunehmender Ausbreitung des Internets einen immer größeren Stellenwert erhält, aber mit ganz unterschiedlichen Methoden verfolgt wird: Während in Europa der Schutz der Nutzerdaten auf vergleichsweise hohem Niveau, aber in den Mitgliedstaaten durchaus unterschiedlich[17] gesetzlich geregelt worden ist, fehlen solche gesetzlichen Regelungen in den USA.

Trotz dieses niedrigen Regelungsniveaus herrscht in großen Teilen der nordamerikanischen Netzgemeinde offenbar ein ungleich höheres Datenschutzbewusstsein als in Europa, dem die Anbieter im Internet durch die Veröffentlichung von Datenschutzerklärungen (*privacy policies*) zu entsprechen suchen. Als kürzlich ein wichtiges Internet-Unternehmen (DoubleClick) offen erklärte, es wolle das Verhalten seiner Nutzer personenbezogen registrieren und die gewonnenen Informationen für die Direktwerbung zweckentfremden, führte dies zu einem Aufschrei in der Netzgemeinde und drastischen Kursverlusten an der Börse. Mittlerweile hat die deutsche

---

[16] S. dazu Schwartz/Reidenberg, Data Privacy Law: A Study of U. S. Data Protection 1996.

[17] Dazu Reidenberg/Schwartz, Data Protection Law and Online-Services: Regulatory Responses, Gutachten für die Europäische Kommission, Dezember 1998, http://europa.eu.int/comm/internal_market/en/media/dataprot/studies/regul.htm.

Tochterfirma von DoubleClick erklärt, sie wolle das deutsche Recht respektieren.[18] Auch andere Hard- und Softwarehersteller suchen zunehmend den Dialog mit den Datenschutzbeauftragten in Europa, speziell in Deutschland, weil sie ihre Marktchancen wahren wollen.

Der bevorstehende Kompromiss zwischen Europa und den USA zum transatlantischen Datenverkehr, wie er sich im Entwurf der „Safe Harbor"-Prinzipien[19] abzeichnet, lässt sich nur vorläufig bewerten, weil die Einzelheiten noch nicht feststehen und beide Seite dem Kompromiss noch förmlich zustimmen müssen. Die US-Regierung hat sich offenbar mit ihrem Standpunkt durchgesetzt, dass es in den Vereinigten Staaten weder ein Bundesgesetz für den Datenschutz in der Privatwirtschaft und speziell beim E-Commerce noch eine entsprechende Aufsichtsbehörde zur Durchsetzung dieses Gesetzes geben wird.

Allerdings hatte die europäische Seite zu keinem Zeitpunkt die Auffassung vertreten, dass ein angemessenes Schutzniveau bzw. ausreichende Garantien für den Schutz der Privatsphäre im Drittland durch formelles Gesetz festgelegt sein muss. Dies verlangt die EG-Datenschutzrichtlinie auch nicht. Andererseits sind die Vereinigten Staaten offenbar bereit, anzuerkennen, dass personenbezogene Daten nur an solche amerikanischen Unternehmen übermittelt werden dürfen, die sich im Wege einer Selbstverpflichtung bereit erklärt haben, essenzielle Datenschutzgrundsätze auch bei Online-Transaktionen zu beachten. Dazu zählen die Information der Nutzer über Zweck und Umfang der Verarbeitung ihrer Daten, das Widerspruchsrecht der Nutzer gegen die Zweckentfremdung ihrer Daten, z. B. für Werbezwecke (*Opt out*), und das Verbot der Zweckentfremdung von sensitiven Daten, z. B. über den Gesundheitszustand, die rassische und ethnische Herkunft, politische Meinungen, religiöse Überzeugungen, Gewerkschaftszugehörigkeit oder über das Sexualleben, soweit die Betroffenen nicht ausdrücklich zustimmen (*Opt in*)[20].

Das amerikanische Unternehmen, das Daten aus Europa erhält, darf diese nur dann an Dritte weitergeben (*onward transfer*), wenn diese sich ihrerseits zur Einhaltung der Prinzipien verpflichtet haben. Betroffene sollen auch von amerikanischen Unternehmen, an die ihre Daten übermittelt worden sind, Auskunft verlangen können; allerdings relativiert der Entwurf der „Safe Harbor"-Prinzipien den Auskunftsanspruch wesentlich durch die Einführung einer Verhältnismäßigkeitsschranke: Aus-

[18] Datenschutzberater 4/2000, 3.

[19] http://www.eta.doc.gov/dt/ecom/menu.1.html

[20] Diese Regelung der Zweckentfremdung steht zwar im Einklang mit der EG-Datenschutzrichtlinie, bleibt aber hinter dem Standard des deutschen Multimediarechts zurück, das jede Zweckentfremdung personenbezogener Daten von der ausdrücklichen Einwilligung der Nutzer abhängig macht, wenn sie nicht aufgrund einer Rechtsvorschrift erfolgt (§§ 3 Abs. 2, 5 Abs. 2 TDDSG; 12 Abs. 3, 14 Abs. 2 MDStV).

kunft soll verweigert werden können, wenn der erforderliche Aufwand oder die Kosten hierfür in keinem Verhältnis zum Risiko für die Privatsphäre des betroffenen Nutzers stehen. Diese Einschränkung, die dem europäischen Datenschutzrecht fremd ist, beruht auch auf der Befürchtung amerikanischer Internet-Anbieter, sie könnten verpflichtet sein, den betroffenen Nutzern Auskunft über schwach anonymisierte oder pseudonymisierte Nutzungsdaten und Nutzungsprofile zu geben.[21]

In den „Safe Harbor"-Regeln kommt die in der US-Privatwirtschaft immer noch vorherrschende Doktrin der Selbstregulierung und Selbstzertifizierung zum Ausdruck, die bisher Regierung und Kongress davon abgehalten hat, verbindliche und überprüfbare Festlegungen durch Gesetz zu treffen. Entscheidend für die Beantwortung der Frage, ob die Grundsätze des „sicheren Hafens" ein angemessenes Schutzniveau bei amerikanischen Internet-Anbietern gewährleisten können, ist deshalb die Frage, wie verlässlich überprüft werden kann, ob die Selbstverpflichtungen dieser Unternehmen auch der tatsächlichen Praxis entsprechen. Dafür müssen effektive Durchsetzungsmechanismen und vertrauenswürdige Instanzen vorgesehen werden, an die sich der Internet-Nutzer wenden kann, um seine Rechte gegenüber dem in den USA ansässigen Internet-Anbieter durchzusetzen. Nur so kann sichergestellt werden, dass der „sichere Hafen" nicht zu einer „Piratenbucht" wird.[22]

In diesem Zusammenhang könnten bereits existierende Anbieter von Gütesiegeln im Internet wie TRUSTe[23], BBBonline[24] und WebTrust[25], die zum Teil mit Wirtschaftsprüferverbänden zusammenarbeiten, eine besondere Bedeutung erlangen. Diese Anbieter von Gütesiegeln schließen mit den Anbietern kommerzieller Websites Verträge, in denen diese sich zur Einhaltung von Datenschutzprinzipien verpflichten und sich einer regelmäßigen Überprüfung durch den Gütesiegelanbieter unterziehen. Werden Widersprüche zwischen der öffentlich gegebenen Datenschutzzusicherung und der tatsächlichen Datenverarbeitungspraxis festgestellt, so kann das Gütesiegel entzogen werden.

Über diese – möglicherweiser öffentlichkeitswirksame – informelle Sanktion hinaus haben aber auch die Gütesiegelanbieter keine weiter gehenden Einwirkungsmöglichkeiten auf den Datenverarbeiter. Im Übrigen kommen sie in der Praxis offenbar auch zu unterschiedlichen Ergebnissen bei ihrer Bewertung der Internet-Angebote. Dies führt zu konkurrierenden und zum Teil widersprüchlichen Aussagen über die

---

[21] Vgl. demgegenüber § 7 TDDSG und § 16 MDStV.

[22] Grundsätzlich ablehnend gegenüber dem „Safe Harbor"-Modell deshalb Rotenberg, Die Informationsgesellschaft darf nicht die Privatheit kosten, FAZ vom 23.2.2000, 18.

[23] http://www.truste.org

[24] Better Business Bureau online (http://www.bbbonline.org).

[25] http://www.cpawebtrust.org

Vertrauenswürdigkeit einer abgegebenen Selbstverpflichtung (*privacy policy*). Es fehlt bisher eine Instanz auf internationaler Ebene, die die Erklärungen und Bewertungen der Anbieter von Gütesiegeln ihrerseits – gewissermaßen durch ein „Metasiegel" – auf ihre Glaubwürdigkeit und Richtigkeit hin überprüfen könnte. Neben den genannten Gütesiegeln gibt es eine Reihe von Projekten zur alternativen Streitschlichtung und Streitbeilegung zwischen Verbrauchern und Unternehmen auf der Basis des Internets (z. B. Cybertribunal[26], Virtual Magistrate Project[27] und Online Ombuds Office (OOO)[28]), die sich allerdings nicht in erster Linie mit Verletzungen des Datenschutzes befassen und überdies das Einverständnis aller Konfliktparteien voraussetzen, bevor sie tätig werden können, wie dies auch bei Offline-Schiedsgerichten üblich ist.

Nach den „Safe Harbor"-Prinzipien haben amerikanische Unternehmen allerdings außerdem die Möglichkeit, sich vertraglich der Überprüfung durch eine europäische Datenschutzkontrollstelle zu unterwerfen. Dies greift das Kontrollmodell auf, das bei der Datenschutzvereinbarung zwischen der Deutschen Bahn und der Citibank zur Herstellung der BahnCards in den USA auf Vorschlag des Berliner Datenschutzbeauftragten als zuständiger Aufsichtsbehörde gewählt worden war.[29]

Das Angebot von Gütesiegeln im Internet weist eine gewisse Parallele zum Datenschutzaudit nach deutschem Recht auf, das im Mediendienste- und Rundfunkrecht[30] sowie in den Datenschutzgesetzen einzelner Bundesländer (Brandenburg, Schleswig-Holstein) bereits verankert ist und dessen Erstreckung auf das allgemeine Datenschutzrecht für den privaten Bereich in Deutschland angestrebt wird. Auch das Datenschutzaudit könnte, wenn die rechtlichen Voraussetzungen für die Zulassung von Sachverständigen und das Verfahren der Auditierung gegeben sind, ein wichtiger Baustein für den grenzüberschreitenden Datenschutz in globalen Netzen sein. Selbst wenn ein ausländischer Anbieter formell nicht den hohen Anforderungen des deutschen Datenschutzrechts unterliegt, so könnte er doch ein Interesse daran haben, sich einem deutschen Datenschutzaudit zu unterziehen oder ein Gütesiegel zu erwerben, das dem deutschen (oder europäischen) Datenschutzstandard entspricht, um auf diese Weise gegenüber deutschen Internet-Unternehmen keine Wettbewerbsnachteile zu erleiden.

Es bleibt abzuwarten, ob es gelingt, die Konkurrenz zwischen den schon existierenden Anbietern von Gütesiegeln, insbesondere in den USA, dazu zu nutzen, den internationalen Gütestandard in Sachen Datenschutz möglichst auf dem hohen deut-

---

[26] http:/www.cybertribunal.org; http://www.eresolution.ca
[27] http://www.vmag.law.vill.edu
[28] http://www.ombuds.org
[29] S. dazu Dix (Fn. 10).
[30] § 17 MDStV, § 47e Rundfunkstaatsvertrag.

schen Niveau zu fixieren. Dafür würde sprechen, dass ein Unternehmen, das im Internet aktiv ist, daran interessiert sein müsste, ein Gütesiegel zu erwerben, das dem weltweit höchstmöglichen Datenschutzstandard entspricht, um auf diese Weise rechtlich unbeanstandet im Internet seine Geschäftsinteressen verfolgen zu können. Aufgrund des vergleichsweise hohen Datenschutzbewusstseins in der immer noch vorwiegend amerikanisch orientierten Netzgemeinde könnte es sein, dass dies gelingt und die Vergabe von Gütesiegeln und die Durchführung von Datenschutz-audits nicht nach dem Maßstab des kleinsten gemeinsamen Nenners erfolgt.

In den USA sind freiwillige Datenschutzerklärungen (*privacy policies*) in der Privatwirtschaft und insbesondere im Internet inzwischen weit verbreitet. Ihnen fehlt bisher allerdings eine rechtliche Verbindlichkeit, da sie – im Gegensatz etwa zu den „Codes off Practice" in Großbritannien und in den Niederlanden wie auch nach der allgemeinen EG-Datenschutzrichtlinie (Art. 27) – nicht in einen innerstaatlichen Rechtsrahmen eingebettet sind, der es dem Betroffenen ermöglichen würde, die Unternehmen zur Einhaltung ihrer Selbstverpflichtung auf den Datenschutz zu zwingen[31]. Allerdings kann in den USA die Federal Trade Commission gegen Unternehmen, die sich nicht an ihre eigenen öffentlichen Selbstverpflichtungen auf den Datenschutz halten, wegen Irreführung der Verbraucher vorgehen.

Insgesamt ist festzuhalten, dass die Europäische Union bei einer Annahme des „Safe Harbor"-Kompromisses ihre eigenen strikten Datenexportvorschriften stark entwerten würde. Sie müsste auch anderen Drittstaaten die gleiche Vorzugsbehandlung wie den USA einräumen. Zugleich würde es in den USA zu einer Ungleichbehandlung zwischen europäischen und amerikanischen Usern kommen, da nur Europäer sich auf die „Safe Harbor"-Regeln berufen könnten. Nach einem Jahr wollen die Europäische Kommission und die US-Regierung prüfen, ob weiter gehende Maßnahmen erforderlich sind. Eine auf Dauer angelegte Regelung muss über den „sicheren Hafen" hinausgehen.

Im Rahmen der Organisation für wirtschaftliche Zusammenarbeit und Entwicklung (OECD) ist ein Programm zur automatischen Erzeugung derartiger Selbstverpflichtungserklärungen entwickelt worden („OECD-Privacy Policy Generator"), mit dessen Hilfe die Anbieter von Websites dabei unterstützt werden sollen, Datenschutzerklärungen in ihr Internet-Angebot zu integrieren.[32] Damit soll zum einen der in den OECD-Leitlinien für den Schutz des Persönlichkeitsbereiches und den grenzüberschreitenden Verkehr personenbezogener Daten von 1980 enthaltene Grundsatz der Transparenz im Online-Umfeld umgesetzt werden; zum anderen hofft die OECD,

[31] Dix/Mörs, Datenschutz in der Telekommunikation – Ansätze zur Vertrauensbildung im internationalen Vergleich, in: Müller/Stapf (Hrsg.), Mehrseitige Sicherheit in der Kommunikationstechnik, Band 2, Erwartung, Akzeptanz, Nutzung, 1999, 397 ff., 407.

[32] Eine Beta-Version kann abgerufen werden unter http://www.oecd.org./scripts/PW/PWHome.asp.

durch Einblendung von Datenschutzerklärungen auf den Websites weltweit das Datenschutzbewusstsein sowohl bei den Website-Anbietern als auch bei den Nutzern zu schärfen.

Die OECD betont allerdings ausdrücklich, dass die mithilfe des Generators erzeugte Selbstverpflichtung nicht „automatisch" den nationalen Rechtsvorschriften genügt oder auch nur die tatsächliche Datenverarbeitung bei dem Website-Anbieter korrekt wiedergibt. So ist es z. B. möglich, dass ein Unternehmen eine sehr datenschutzfreundliche Privacy Policy durch Knopfdruck erzeugt, indem es – aus Unwissen oder wider besseres Wissen – in das Programm eingibt, es speichere keinerlei Nutzerdaten beim Besuch seiner Website.

3 Standards

Angesichts der gegenwärtig fehlenden rechtlichen Regulierung des Datenschutzes auf internationaler Ebene kommt der Formulierung von Standards auf regionaler oder weltweiter Basis wachsende Bedeutung zu. Sowohl technische als auch nicht technische (Management-)Standards sind außerrechtliche Normen, die den grenzüberschreitenden Datenfluss vor allem dann beeinflussen können, wenn sie aus einem internationalen Normierungsprozess hervorgehen. In Abwesenheit von rechtlichen Normen haben derartige Standards für die personenbezogenen Datenflüsse oder die Architektur des Internets den Charakter eines verbindlichen Codes („Lex Informatica").[33] Viel hängt deshalb davon ab, ob und in welcher Weise diese Standards das Anliegen des Datenschutzes im globalen Zusammenhang aufgreifen.

Die formellen Standardisierungsprozesse finden in den nationalen und internationalen Normierungsgremien, insbesondere der International Organization for Standardization (ISO), oder in speziellen Normierungsgremien für den Telekommunikationsbereich (für den europäischen Bereich das European Telecommunications Standards Institute (ETSI)) statt. In diesen nichtstaatlichen Institutionen sind vorwiegend die interessierten Unternehmen vertreten, die die vereinbarten Standards bei der Gestaltung von Produkten und Verfahren anzuwenden haben. Betroffene Nutzer oder Datenschutzbeauftragte sind dagegen dort bisher nicht vertreten.

Dies hat z. B. dazu geführt, dass der Mobilfunkstandard der nächsten Generation (Universal Mobile Telecommunications System (UMTS)), der auch die mobile Internet-Nutzung ermöglichen wird, beschlossen wurde, ohne dass bestehende technische Möglichkeiten zur Verbesserung das Datenschutzes gegenüber dem bestehen-

[33] Reidenberg, Lex Informatica: The Formulation of Information Policy Rules Through Technology, Texas Law Journal (1998) Vol. 76, 553 ff.; vgl. auch Lessig, Reading the Constitution in Cyberspace, Emory Law Journal (1996) Vol. 45, 869 ff.

den GSM-Standard (z. B. Verzicht auf die Ortung der Funkzelle) berücksichtigt oder unterstützt worden wären.

Eine Initiative der kanadischen Regierung, einen nicht technischen (Management-)Standard zum Datenschutz im Anschluss an ISO 9000 in den ISO-Gremien entwickeln zu lassen, ist vor kurzem am Widerstand der nationalen Standardisierungsinstitute der USA und Deutschlands gescheitert. Erstere fürchteten eine „Überstandardisierung", und Letztere verwiesen auf die vorhandenen rechtlichen Regelungen im deutschen und europäischen Raum.

Das Internet hat sich allerdings von jeher außerhalb der formellen Standardisierungsverfahren entwickelt. Es beruht auf einer eigenen Kultur der informellen Standardisierung auf der Basis von „Requests for Comments" (RFCs), die im Netz zur Diskussion gestellt und nach einer gewissen Zeit zu De-facto-Standards werden. Neben der Internet Society und der Internet Engineering Task Force (IETF) ist vor allem das World Wide Web Consortium (W3C) zu nennen. Diese privaten Vereinigungen üben einen größeren Einfluss auf die technische Architektur des Internets aus als die klassischen Normungsinstanzen. Ihr Erfolg hängt davon ab, inwieweit die großen Soft- und Hardwarehersteller die so entwickelten De-facto-Standards z. B. in ihre Browser und Netzknoten integrieren und darauf verzichten, selbst aufgrund ihrer Marktmacht derartige faktische Standards zu setzen.

Seit 1997 wird im W3C an der Entwicklung einer Platform for Privacy Preferences (P3P) gearbeitet, deren Ziel es ursprünglich war, eine Grundlage für einen Aushandlungsprozess zwischen den Nutzern und Anbietern einer Website über die Bedingungen der Datenverarbeitung und insbesondere über das Niveau des Datenschutzes zu schaffen.

Vor dem Hintergrund des in den USA vorherrschenden Prinzips „notice, consent and choice" sollte der Nutzer in die Lage versetzt werden, seine Datenschutzpräferenzen im World Wide Web zur Geltung zu bringen. Durch Konfiguration seines Browsers kann er erreichen, dass ihm nur solche Websites angezeigt werden, die aufgrund ihrer erklärten Privacy Policy seinen Präferenzen entsprechen, z. B. versprechen, keine personenbezogenen Daten zu erheben oder sie zumindest nicht an Dritte für Marketingzwecke weiterzugeben. Falls das Suchergebnis daraufhin unbefriedigend ausfällt, weil keine oder nur wenige Websites eine derartige Zusicherung enthalten, könnte der Nutzer seine Präferenzen modifizieren, wenn er an erweiterten Suchergebnissen interessiert ist.

Inzwischen ist das P3P-Projekt nach einem mehr als dreijährigen Diskussionsprozess zunächst darauf beschränkt worden, dass die Datenschutzerklärungen der Websites (soweit überhaupt vorhanden) maschinenlesbar gestaltet werden, um dem Nutzer zu mehr Transparenz angesichts immer unübersichtlicher werdender „klein gedruckter" Datenschutzhinweise und Dokumentationen zu verhelfen.[34] Der ursprünglich angedachte Aushandlungsprozess soll in einem zweiten Schritt unterstützt werden. Schon für den ersten Schritt sind aber herstellerseitig sowohl am Nutzerende als auch am Webserverende zahlreiche technische Voraussetzungen zu erfüllen, die gegenwärtig noch fehlen. Einige große Hersteller, die dem W3C angehören, haben allerdings Unterstützung signalisiert. Die P3P-Software soll als eine Art *„trust engine"* wirken.

Das P3P-Projekt wird in den USA von bestimmten Unternehmen kritisiert, die befürchten, durch rückhaltlose Offenlegung der Datenverarbeitungspraktiken das Vertrauen ihrer Kunden zu verlieren. Datenschutzaktivisten kritisieren demgegenüber, der angestrebte Aushandlungsprozess setze ein Gleichgewicht zwischen den Nutzern und den Anbietern von Websites voraus, das so nicht bestehe. Die notwendige Vertrauensbeziehung könne nicht derart vereinfacht werden.[35] Diese Kritiker werfen den Entwicklern von P3P zudem vor, sie ließen sich von der US-Wirtschaft dafür instrumentalisieren, um den Kongress unter Hinweis auf P3P als selbstregulierendes Mittel von der Verabschiedung eines umfassenden Datenschutzgesetzes abzuhalten.

Wesentlich ist zunächst, dass die P3P-Software selbst keinerlei materiellen Inhalt hat. Sie gleicht einem leeren Gefäß, das vom Nutzer wie auch vom Anbieter mit Inhalt, mit einem bestimmten Datenschutzniveau gefüllt werden muss. Das W3C hat bewusst davon abgesehen, diese „technische Schale" mit inhaltlichen Anforderungen zu füllen.

Es wäre durchaus vorstellbar, eine softwareunterstützte Datenschutzplattform zu erarbeiten, die den Anforderungen der Europäischen Datenschutzrichtlinie entspricht. Selbst dann wäre aber ein Nutzer, der seinen Browser entsprechend einstellt und daraufhin kaum Suchergebnisse im Internet erzielt, weil immer noch die meisten Website-Anbieter die Angabe personenbezogener Daten offen oder versteckt verlangen, im Nachteil. Er stünde vor der Wahl, entweder seine Datenschutzansprüche im Austausch für Informationen aufzugeben bzw. zu beschränken oder auf den Informationszugang insgesamt zu verzichten.

Das Scheitern der virtuellen Verhandlungen über den zulässigen Umfang der Verarbeitung von Nutzerdaten geht jedenfalls so lange zulasten des Nutzers, wie es keinen weltweit durchsetzbaren Mindeststandard zum Datenschutzniveau im Internet gibt.

---

[34] Dazu die gemeinsame Stellungnahme des Center for Democracy and Technology (CDT) und der Beauftragten für Informationszugang und Datenschutz der Provinz Ontario (IPC): „P3P and Privacy – An Update for the Privacy Community" vom März 2000, http://www.cdt.org/privacy/pet/p3pprivacy.shtml.

[35] So z. B. K. Coyle, http://www.kcoyle.net/p3p.html; J. Catlett, http://www.junkbusters.com/standards.html.

Trifft der Nutzer dagegen auf eine maschinenlesbare Datenschutzzusicherung, die seinen Präferenzen entspricht, so kann er die Umsetzung in die Praxis nur in solchen Rechtssystemen verifizieren, in denen unabhängige vertrauenswürdige Aufsichtsinstanzen existieren. Auf internationaler Ebene fehlen sie bisher.

P3P wäre durchaus ein geeignetes softwaretechnisches Mittel, um die Internet-Nutzung und zugleich auch die Architektur des Internets datenschutzfreundlich zu gestalten, wenn das Internet gerade erst konzipiert würde. Angesichts der vorhandenen Struktur des Internets und der vorherrschenden Tendenz der meisten Anbieter, personenbezogene Daten der Nutzer systematisch als „Ersatzwährung" zu erheben, würde P3P in der bisher bekannten Form jedoch wenig dazu beitragen, den Schutz der Nutzerinformationen im Internet entscheidend zu verbessern.[36]

4 Fazit

Technische Standards mit datenschutzfreundlichem Inhalt sind auch international kein Allheilmittel für die Datenschutzprobleme des Internets.[37] Umgekehrt können nationale oder regionale Rechtsregeln allein das Problem ebenso wenig lösen wie bloße Selbstverpflichtungen der Anbieter von Websites.

Notwendig ist der Aufbau einer internationalen Infrastruktur des Vertrauens, die sowohl einen rechtlichen – etwa in einer UN-Datenschutzkonvention oder im Rahmen der Welthandelsorganisation festgelegten – Mindeststandard als auch eine staatenübergreifende unabhängige Aufsichtsinstanz voraussetzt und die durch datenschutzfreundliche Standards unterstützt wird. Gerade auch global handelnde Wirtschaftsunternehmen müssten am Aufbau einer solchen verbindlichen Vertrauensinfrastruktur interessiert sein, die ihnen Rechtssicherheit und Akzeptanz für den elektronischen Handel verschaffen würde.

Solange ein solcher Mindeststandard nicht in Sicht ist, können außerrechtliche Normen und Gütesiegel den Datenschutz im Internet nur dann verbessern, wenn sie die Formulierung dieses Mindeststandards fördern und zuverlässig verifiziert werden können. Selbstverpflichtungen und Privacy Policies können nationale Datenschutzgesetze ergänzen, wenn sie nicht nur rechtskonformes Verhalten zusichern,

---

[36] So zutreffend Schwartz, Privacy and Democracy in Cyberspace, Vanderbilt Law Review (1999) Vol. 52, 1609 ff., 1696.

[37] Darauf hat die Internationale Arbeitsgruppe zum Datenschutz in der Telekommunikation in ihrem Gemeinsamen Standpunkt zu grundlegenden Eigenschaften datenschutzfreundlicher Technologien im World Wide Web von 1998 hingewiesen, zit. nach Landesbeauftragter für den Datenschutz und für das Recht auf Akteneinsicht/Berliner Datenschutzbeauftragter (Hrsg.), Dokumente zum Datenschutz 1998, 67 f. (http://www.lda.brandenburg.de/tb/tb7/tb7anhang.htm.#d4); ebenso auch CDT/IPC, s. Fn. 34.

sondern über den gesetzlichen Mindeststandard hinaus eine datenschutzfreundliche Geschäftspolitik propagieren. Zugleich haben auch die internationale *net community* und die Netzöffentlichkeit eine wichtige Funktion bei der datenschutzgerechten Umgestaltung des Internets. Insofern könnte dessen grenzüberschreitender Charakter von einer Achillesferse zu einer Chance für den Datenschutz werden.

IV. Mögliche Steuerungselemente

Privacy Tools

Dr. Lorrie Faith Cranor

Technological tools to protect online privacy perform many different functions. A variety of tools are available for encrypting files and e-mail, establishing secure channels to web sites, and establishing encrypted „tunnels" between two computers on the Internet. These tools prevent eavesdropping and protect data from unauthorized access. In addition, anonymity tools are available that prevent online communications from being linked back to a specific individual and prevent eavesdroppers from learning with whom an individual is communicating. Some tools allow users to build anonymous, yet persistent, relationships with web sites, thus allowing sites to track user behavior or provide customized services without building identifiable user profiles.

As popular web browsers have added features that make it easier for web sites to track an individual's browsing behavior, tools have been developed to disable these features. For example, a variety of tools are available that can block or give users more control over the use of web „cookies" – bits of information that a web site can store on a user's computer that will be transmitted automatically back to that site every time the user returns. In addition, many of the anonymity and cookie blocking tools also block the automatic transmittal of the HTTP_REFERER header, which tells web sites the address of the last site the user visited.

Finally, the Platform for Privacy Preferences will enable a new kind of privacy tool that will assist Internet users in finding out about web site privacy practices and making decisions based on these practices.

In this chapter we will provide a brief overview of the various technological tools that can help people protect their online privacy.

1 Anonymity and Pseudonymity Tools

Internet users often engage in interactions with web sites that do not require – or even benefit from – any exchange of personal information. Users who simply want to browse web pages may have no need to reveal personal information. However, by default, information is revealed automatically by their browsers.

A number of tools have been developed to help Internet users surf the web anonymously. These anonymizing agents focus on ensuring that requests to web sites cannot be linked to an IP address from which a user can be identified.

1.1 Anonymizing Proxies

Anonymizing proxies are services that submit requests to web sites on behalf of users. Because all requests are submitted by the proxy, the only IP address revealed to web sites is that of the proxy. However users of these services are not anonymous to the proxy, nor to their own Internet service providers, who may log their users' web activities. Before using an anonymizing proxy service, users should read the services' policies to find out what information the service logs and to whom they may disclose that information. Users should also realize that the service may be compelled to share their log files with law enforcement officers, even if there is no mention of this in a service's policies. And, of course, an unscrupulous service may not actually follow its policies at all!

In addition, users must disable the use of Java and JavaScript in order to ensure their anonymity when using most anonymizing proxies. Some anonymizing proxies claim to automatically block potentially hostile Java and JavaScript programs, but most require users to disable them in their browsers.

One of the best-known anonymizing proxy services is the Anonymizer (http://www.anonymizer.com). The Anonymizer is a commercial service that offers both fee-based services and a free service supported by advertising. Privada (http://www.privada.net/) is another commercial anonymizing proxy.

Proxymate[1] (http://www.proxymate.com) is an anonymizing proxy that also offers a feature that can automatically generate pseudonymous user names (with corresponding passwords) and e-mail addresses that users can send to web sites. These pseudonyms are created using a cryptographic function that takes a user's Proxymate user name and password and a web site domain name as input, and produces a pseudonymous user name, e-mail address, and password as output. Every time a user returns to a particular web site, the same pseudonyms are generated. However, different user names and passwords will be given to each web site the user visits. E-mail sent to a pseudonymous addresses is forwarded to the user. However, if spam is sent to that address, the user can configure e-mail filters to filter out all additional mail sent to that address.

---

[1] Proxymate was developed by a group of researchers at Lucent Bell LAbs. It was originally known as the Lucent Personal Web Assistant (LPWA). See Eran Gabber, Phillip B. Gibbons, David M. Kristol, Yossi Matias and Alain Mayer (1999). Consistent, yet anonymous, Web access with LPWA. Communications of the ACM 42(2): 42-47.

1.2 Mix Networks and Similar Web Anonymity Tools

Several anonymity tools have been developed around the concept of *mix networks*.[2] A mix network is a collection of routers – called mixes – that use a layered encryption technique to encode the path communications should take through the network. In addition, mix networks use other techniques such as buffering and message reordering to further obscure the correlation between messages entering and exiting the network.

In order to better understand how mix networks work, let's imagine a hypothetical secure parcel delivery service called SPS. SPS customers can send parcels to anyone in the world without revealing their identity to the recipient, SPS, or any other party. SPS has a network of branch offices around the world. Parcels are sent from office to office, until finally they are sent in the postal mail to their destination. To send a secure parcel, a customer goes to a local SPS office and selects a set of branch offices through which to route her package. To maximize security, she can spin a dial and randomly select offices – this will of course usually result in an indirect route for the package, but SPS never promises a prompt delivery! Once the customer selects her route she picks up a set of nesting metal boxes and a special lock for each office she has selected for her route. The locks slip onto the boxes like the combination locks used on gym lockers. Once locked, they can only be unlocked by employees of the designated office. The customer marks the package with the address of the recipient. Then she places it inside the smallest metal box and locks it with the lock of the last office on the route she selected. She marks the outside of the box with the name of that office. She then places the locked box inside a slightly bigger metal box and locks it with the lock of the next-to-last office on the route she selected. And she marks the outside of the box with the name of that office. She continues this process until she has used up all the locks and boxes. She pays the clerk and deposits her locked and boxed parcel in a bin for delivery.

When a truck arrives full of parcels, the clerks unload the truck and unlock the boxes around each parcel. If the parcel contains yet another locked box, the clerk puts it in a delivery bin, mixing it in with the parcels brought in to that branch office by customers. Otherwise, the clerk sends it to the post office for delivery to the final recipient. The truck is then reloaded with waiting parcels from the delivery bins until there is no more room. If there are not enough parcels to fill the truck, the clerks put locks on empty boxes and place them on the truck. If there are too many parcels, some will have to wait for the next truck to arrive. Because the new parcels brought

2 The concept of mixes was first introduced by David Chaum. See David Chaum (1981). Untraceable electronic mail, return addresses, and digital pseudonyms. Communications of the ACM 24(2): 84-88.

in are mixed with the parcels already waiting, parcels are not necessarily shipped out in the order in which they arrived.

Clearly this is not a very efficient way to run a shipping business, but it does achieve the desired security results.

- By allowing customers to select random routes and place their parcels in locked nested boxes corresponding to these routes, SPS ensures that when a parcel arrives at a branch office, that office knows only the branch it came from and the branch to which it is headed. It has no way of knowing the identity of the sender or the recipient. (The clerks at the first office on the route may be able to learn the identity of the sender, and the clerks at the last office may be able to learn the identity of the recipient, but nobody can learn the identity of both the sender and the recipient.)
- By mixing the parcels that arrive with those already waiting to be delivered and by filling delivery trucks with empty parcels when there are not sufficient parcels waiting to be delivered, SPS ensures that parcels cannot be traced simply be observing the traffic into and out of their branch offices.

Mix networks are very similar to our hypothetical parcel delivery service. Instead of locking parcels in metal boxes, senders encrypt their communications using the public keys of each mix on the route. The mixes store the messages they receive and at designated intervals randomly forward a message to its destination. If no message is waiting to be sent, the mix randomly generates a message to send. Mixes can also pad messages so that every message in the network is the same length (in our parcel delivery service example people might be able to gain information by observing that lighter parcels are generally closer to their final recipient than heavier parcels; requiring all messages to be the same length in the mix network avoids this problem). Unlike anonymizing proxies, mix networks provide anonymity without requiring a trusted party to forward requests.

1.2.1 Onion Routing

Developed by a group of researchers at the Naval Research Lab, Onion Routing (http://onion-router.nrl.navy.mil/) is a system for anonymous and private Internet connections based on mix networks. An Onion Routing user creates a layered data structure called an *onion* that specifies the encryption algorithms and keys to be used as data is transported to the intended recipient. As the data passes through each onion router along the way, one layer of encryption is removed according to the recipe contained in the onion. The request arrives at the recipient in plain text, with only the IP address of the last onion-router on the path. Onion Routing supports a variety of Internet protocols including HTTP (web), FTP, SMTP (e-mail), rlogin,

Telnet, finger, whois, and raw sockets. Support for a protocol can be implemented by creating an application-level proxy rather than rewriting application programs. The Naval Research Lab runs a test bed Onion Routing Network that is available for anyone to use. The Onion Routing web site has instructions for configuring a web browser to use this network.

1.2.2 Freedom

A Canadian company called Zero-Knowledge Systems (http://www.zeroknowledge.com) began beta testing their Freedom anonymity system in the Summer of 1999. Freedom users can download free client software to install on their computers and pay for the use of one or more pseudonyms. Freedom is similar to Onion Routing; however, it is implemented at the IP level rather than the application level. The Freedom client software supports a variety of protocols including HTTP, HTTPS (secure web), SMTP, POP3 (another e-mail protocol), Telnet, IRC (chat), USENET (news), and SSH (a secure tunneling protocol). Zero-Knowledge Systems also maintains a mail gateway for anonymous e-mail and a publicly-accessible database of public keys for Freedom nodes and identities.

1.2.3 Crowds

Developed by researchers at AT&T Labs, Crowds (http://www.research.att.com/projects/crowds/) is an anonymity system based on the idea that people can be anonymous when they blend into a crowd. As with mix networks, Crowds users need not trust a single third party in order to maintain their anonymity. Crowds users submit their requests through a *crowd*, a group of web surfers running the Crowds software. Crowds users forward HTTP requests to a randomly-selected member of their Crowd. Neither the end server nor any of the crowd members can determine where the request originated. The main difference between a mix network and the Crowds is in the way paths are determined and packets are encrypted. In mix networks, packets are encrypted according to a pre-determined path before they are submitted to the network; in Crowds, a path is configured as a request traverses the network and each crowd member encrypts the request for the next member on the path. One advantage of the Crowds approach over a mix network is that it is much easier to dynamically reconfigure paths when the network changes. A disadvantage is that Crowds relies on the computer systems used by Crowds members rather than dedicated mix computers, and thus added latencies may be introduced. However, Crowds has been optimized for efficiency. Because it does not use public key cryptography it can be implemented more efficiently than most mix networks. Crowds has been implemented only for the HTTP protocol, but it could be extended easily to support other protocols.

1.3 Anonymous E-Mail

A variety of services are available for sending anonymous e-mail. These services offer varying degrees of anonymity and a number of different types of interfaces. Electronic Frontiers Georgia maintains a list of anonymous remailer services and related information and tools at http://anon.efga.org/~rlist/.

Anonymous remailers are similar to anonymizing proxies: they strip off identifying information from e-mail headers and forward the e-mail message to its destination. Your e-mail address will be unknown to the recipient of your e-mail; however, it may not be unknown to the remailer operator. If you use a remailer for an illegal activity, the operator may be subpoenaed to reveal your e-mail address. Some remailer operators have decided to shut down their services rather than be forced to respond to such subpoenas. To better protect their anonymity, remailer users often encrypt their messages and send them through a chain of remailers. Only the first remailer in the chain knows the user's real e-mail address. And users can take steps to hide their address even from the first remailer.

Most remailers support a variety of features including the ability to accept encrypted messages that contain instructions for processing and the ability to send replies back to an anonymous sender.

1.3.1 Cypherpunk Remailers

Cypherpunk (also called Type-I) remailers are generally pretty easy to use, even without special software. Web interfaces are the easiest way to use a Cypherpunk remailer. Users can also use standard e-mail clients to send e-mail to a remailer with extra headers containing instructions for the remailer. In addition, utilities are available that simplify using anonymous remailers and encryption programs. Private Idaho is a popular free utility for Windows (http://www.eskimo.com/~joelm/pi.html). Replay Associates offers a remailer service with a web interface at http://www.replay.com/remailer/.

Cypherpunk remailers are vulnerable to a variety of attacks, due mostly to the fact that someone watching the traffic into and out of the remailer can often link incoming and outgoing messages based on their size. This is possible even if the remailer holds messages until other messages arrive and releases them in a random order. Occasional remailer users probably do not need to worry too much about this, but these vulnerabilities may be of concern to frequent remailer users.

1.3.2 Mixmaster Remailers

Mixmaster (also called Type-II) remailers are resistant to most attacks due to the fact that they require all e-mail messages to be broken up into fixed-sized chunks.[3] Thus, all messages going in and out of a Mixmaster remailer are the same size, and therefore linking incoming and outgoing messages is much more difficult. Because messages have to be specially prepared and split into fixed-sized chunks, Mixmaster remailers require the use of special software. See the Mixmaster FAQ (http://www.obscura.com/~loki/remailer/mixmaster-faq.html) for information about obtaining Mixmaster software. In addition Private Idaho and other utilities can be used to prepare messages for a Mixmaster remailer, and web interfaces are now available for Mixmaster (for example https://www.anonymizer.com/email).

2 Encryption Tools

Whenever sensitive information is stored on a computer or transmitted over the Internet, it should be protected using strong encryption. A detailed discussion of encryption algorithms and products is beyond the scope of this chapter. However we will touch briefly on some basic types of encryption products that are useful for helping individuals protect their privacy.

Encryption algorithms are based on mathematical functions that are easy to compute if you know the secret number contained in the encryption key, but very difficult to compute otherwise. If somebody wants to decrypt a file but they don't have the key, they can try every possible key until they find the right one. This is called a *brute force attack*. If the key is not very many digits long, a computer can try every possible key pretty quickly. But if you make the key long enough, it will take even the fastest known computers many years to try every possible key. Thus the probability of discovering the key you used within your lifetime would be very small. As computers have gotten faster, longer keys have been necessary to avoid brute force attacks. Until recently, many people used 56-bit encryption keys. However, there are now super computers that can find 56-bit keys in a matter of days.[4] Thus security experts currently recommend the use of 128-bit keys.

---

[3] Lance Cottrell describes the vulnerabilities of Cypherpunk remailers and the design of Mixmaster remailers in an essay at http://www.obscura.com/~loki/remailer-essay.html.

[4] A 56-bit encryption key has 2^{56} possible combinations. In 1998 the DES Cracker computer built by the Electronic Frontier Foundation searched 88 billion keys every second and found a 56-bit key in 56 hours. In 1999 the DES Cracker was used in conjunction with a worldwide network PCs to find a 56-bit key in just 22 hours. For more information about the DES Cracker see http://www.eff.org/DEScracker/.

Many encryption tools still use keys that are much shorter than 128 bits. In fact, because of legal restrictions on exporting strong encryption from the United States,[5] some commercial software developers use 40-bit encryption. A brute force attack can uncover a 40-bit key in less than a minute (or in a few seconds if you use a super computer). These keys may be sufficient to protect your files from casual snoopers, but they are clearly insufficient for any applications that require real security.

2.1 File Encryption

Even if you are not planning on sending files over the Internet, if you are storing sensitive information on your computer you may wish to encrypt it to protect it from nosey co-workers or family members as well intruders (including both electronic and physical intruders). If your computer is connected to the Internet, a virus or worm could potentially copy any of your files and transmit them to others. If you store files on a shared computer, other users and system administrators may be able to gain access to your files. By encrypting your files you prevent them from being read by anyone who does not know the encryption key.

A variety of commercial software packages can be used for file encryption. Be wary of those that come with word processor or spreadsheet programs – they often use very weak encryption algorithms. There are also a number of shareware and free encryption programs, some of which offer good strong encryption.

Pretty Good Privacy (PGP) is one of the best-known encryption programs. It was originally developed by Philip Zimmermann and distributed for free. The PGPi project home page has pointers to the latest free version (http://www.pgpi.org/) as well as to a variety of PGP-related products. A commercial version is now available from Network Associates (http://www.nai.com/). A variety of utilities are available to make PGP easier to use for common tasks. For example PGPdisk allows you to create encrypted disk partitions. For a quick tutorial on using PGP in a Microsoft Windows environment, see „PGP & Anonymous Mail made Simple using Windows“ (http://home.earthlink.net/~rjswan/pgp/).

2.2 E-Mail Encryption

As e-mail travels across the Internet it may pass through many points along the way where it may be intercepted and read. Server administrators may read e-mail stored on a server. And some companies routinely scan the e-mail of all their employees (there are even products marketed specifically for this purpose!). You can use

[5] In 1999 the Clinton administration announced that it was preparing to lift most of these restrictions.

encryption to protect the e-mail you send from being read by anyone other than the intended recipient.

2.2.1 Encryption Capabilities of Popular Mail Programs

Recent versions of many popular e-mail programs include the ability to send and receive encrypted e-mail and to sign e-mail messages with digital signatures. Microsoft Outlook, Microsoft Outlook Express, and Netscape Messenger can all send signed messages from users who have obtained a digital certificate such as a VeriSign Digital ID (http://digitalid.verisign.com/). They can also be used to send encrypted messages to other users who have such a certificate. Digital certificates can often be obtained free of charge for a trial period, but after that users are generally required to pay a small annual fee. Other programs such as Eudora light and Eudora Pro are available with PGP built in. Because users can generate their own PGP keys, users of these programs need not purchase digital certificates.

Plug-in programs are available that add PGP support to other e-mail programs including Microsoft Outlook, Microsoft Outlook Express, Microsoft Exchange, Lotus Notes, Netscape Messenger, Pegasus Mail, Claris Emailer, Elm, Pine, Zmail, and Emacs. The PGPi project web site has a good list of PGP plug-in programs.

2.2.2 Web-based Encrypted E-Mail

Many people do not use e-mail programs on their own computers, but instead rely on free web-based e-mail services that allow them to access their e-mail from any web browser. A number of new free services offer web-based encrypted e-mail. These services use a variety of techniques for encrypting e-mail, including providing java applet encryption programs and SSL connections established by a web browser (see the next section for information about SSL). These services are convenient because they do not require users to download special software or purchase digital certificates. However, most are much more vulnerable to attack than other types of encrypted e-mail.[6]

2.3 Encrypted Network Connections

E-mail and file encryption are useful for protection your data in storage and when it is being transmitted via e-mail, but additional steps are necessary to protect the communications between your computer and other computers on the Internet. If you fill out forms on web sites or use programs such as telnet to login to remote compu-

[6] Bruce Schneier reviewed several web-based encrypted e-mail programs and discussed their vulnerabilities in the August 15, 1999 issue of his Crypto-Gram newsletter.
See http://www.counterpane.com/crypto-gram-9908.html#Web-BasedEncryptedE-Mail.

ters, you may be sending sensitive data across the Internet. In this section we will introduce two protocols for transmitting encrypted data over the Internet. In addition, there is a variety of software on the market that allows users to create secure tunnels between their computer and other computers on the Internet or to establish virtual private networks that allow data exchanged between computers to remain private – as if traveling on a corporate intranet – even though it is really traveling on the public Internet.

2.3.1 Secure Socket Layer

The Secure Socket Layer (SSL) is a general-purpose protocol for transmitting encrypted data over the Internet. It is used by all of the major web browsers for securely transmitting data to web sites that support SSL. The SSL protocol provides for encrypted data transmission, as well as authentication of clients and servers. Web sites that use SSL transmit digital certificates that browsers can use to authenticate them.

When you use your web browser to fill out online forms, it is a good idea to check to see whether SSL is being used. Without SSL, the data you submit will be sent across the Internet in plain text for all to see. Internet Explorer displays a closed pad lock icon in the bottom right-hand corner of its window when SSL is in use. Netscape Navigator 4 displays a closed pad lock icon in the bottom left-hand corner of its window to indicate that SSL is in use and an open pad lock icon to indicate that SSL is not being used. (Previous versions of Netscape Navigator displayed keys and broken keys.) Clicking on the Netscape lock icon or double-clicking on the Internet Explorer lock icon bring up additional security information.

Even if a web site uses SSL, your data may not be well protected if the sited does not use a strong encryption algorithm. The standard versions of web browsers distributed in the United States use weak 40-bit encryption. However, 128-bit strong encryption versions are also available (subject to export restrictions). And some financial web sites now require visitors to have a browser capable of 128-bit encryption in order to access their services. So to better protect your data and to take advantage of these secure financial services, download a strong encryption version of your favorite web browser.

Once you have a web browser capable of 128-bit encryption, you may want to check to see if the sites you visit actually use strong encryption. After clicking on the Netscape lock icon, you can click on the „Open Page Info“ button and find out the strength of the encryption the web site you are visiting is using. You can get this information from Internet Explorer by hovering your mouse over the lock icon.

Both Netscape and Internet Explorer also have the ability to warn users about potentially dangerous situations such as when they enter and leave web sites secured with SSL, when they are about to submit unencrypted forms, and when a web site sends an invalid certificate. Users can control whether or not warning are displayed in each of several situations.

2.3.2 Secure Shell

Secure Shell (SSH) is a program that allows users to log into other computers on a network using secure variations on standard Unix commands. It also allows for secure X Window System connections and secure forwarding of TCP connections such as HTTP and POP connections.

If you use a Unix system, use the SSH replacements for rlogin, rsh, and rcp to ensure that your passwords and data will be transmitted securely. If you frequently open X connections over the Internet, consider using SSH to establish secure X connections as well. Once SSH is configured on your system, SSH will be invoked automatically whenever you open an X connection and all data transmitted over X connections will be secured.

If you frequently use a Windows system to connect over the Internet to other systems (for example to a computer at your office), SSH may also be useful for establishing secure telnet sessions, accessing a corporate Intranet via a web browser, or securely accessing POP mail servers. However, you might also want to consider virtual private network systems such as TimeStep (http://www.timestep.com/) that offer more comprehensive solutions.

SSH can be used freely for non-commercial purposes and by companies for certain internal purposes. The SSH FAQ (http://www.ssh.org/faq.html) contains additional information about obtaining and using SSH. Commercial versions of SSH can be obtained from Data Fellows (http://www.datafellows.com/) and SSH Communications Security (http://www.ssh.org/).

3 Filters

Filters are tools that selectively block e-mail messages, web pages, news groups, HTML cookies, HTML headers, specific words contained in web pages or e-mail, or other content. Filters may be used by parents to prevent their children from accessing adult content, or by individuals to block unwanted e-mail. They may be used to prevent web sites from sending cookies, or to prevent children from providing personal information to strangers. Our focus here is on using filters primarily to help protect privacy.

3.1 Cookie Cutters

Cookie cutters are utility programs that prevent your computer from exchanging cookies with web sites. Some cookie cutters block all cookies, others can be configured to selectively block certain cookies, and still others remove the cookies after the fact. Some cookie cutters, like interMute (http://www.intermute.com/) and the free Internet Junkbuster Proxy (http://www.junkbusters.com/ht/en/ijb.html), also remove web site banner ads and prevent your browser from sending identifying header information to web sites. Junkbusters also maintains a list of other anti-cookie measures at http://www.junkbusters.com/ht/en/links.html#measures.

3.2 Child Protection Software

Adults should know better than to provide personally identifying information to strangers they meet in chat rooms, but children may not. Some parents use filtering software to prevent their kids from typing in their name and home phone number (or parent's credit card number) and sending it to web sites or chat rooms. They may also subscribe to services that restrict the e-mail addresses with which their children may correspond.

Many child-protection software tools and kids' Internet services have features that parents can use to help protect a child's privacy. For example, America Online Parental Controls allow parents to configure a child's account to allow e-mail to be sent only to a pre-approved list of recipients, and to restrict a child's access to chat rooms and instant messaging. Cyber Sentinel (http://www.securitysoft.com/cybersentinel.html), CYBERsitter (http://www.cybersitter.com/), Net Nanny (http://www.netnanny.com/), Cyber Patrol (http://www.cyberpatrol.com/) and many other software tools prevent a child from transmitting certain personal information (specified by a parent) over the Internet. The GetNetWise web site (http://www.getnetwise.org) has an extensive list of child protection software. You can search this site for tools that have privacy-protection features built in.

4 Platform for Privacy Preferences

The Platform for Privacy Preferences (P3P) is a framework for informed online interactions. The goal of P3P is to enable users to exercise preferences over web sites' privacy practices. P3P applications will allow users to be informed about web site practices, delegate decisions to their computer agent when they wish, and tailor relationships with specific sites. P3P was developed by the World Wide Web Consortium.

For P3P to be successful it must be implemented on web sites, as well as in user agent software. Web sites can implement P3P by translating their human-readable privacy policies into machine-readable P3P policies (encoded in an XML format) and configuring their servers to advertise the location of their P3P policies. P3P user agent software can be implemented in a web browser, plug-in, or other application. P3P user agent software should be able to automatically check for P3P policies at web sites and inform the user of a web site's information practices (in both machine- and human-readable formats). P3P can also automate decision-making based on these practices when appropriate. Thus users need not read the privacy policies at every site they visit. P3P user agent implementations are currently under development.

P3P is complimentary to other privacy tools, providing the most assistance to users when they visit web sites where they want to provide information necessary to receive a service – but they want to know how that information will be used.

The latest information about P3P is available from the W3C web site at http://www.w3.org/P3P/.

5 Conclusions

This chapter has provided an overview of currently available privacy tools. New privacy software and services are being developed every day.

When selecting security and privacy software tools and services, be careful. Many companies offer security tools that do not live up to their marketing claims. If it sounds too good to be true, it just might be. Be especially suspicious of tools that claim to use proprietary encryption algorithms or that guarantee absolute unbreakable security. Generally the most reliable encryption algorithms are those that have been published and have undergone years of public scrutiny. Likewise open source[7] tools can be more easily analyzed by security experts for possible problems. Look for reviews of privacy and security products by reputable security experts.

[7] Most software is distributed to end users in a „binary" format that is ready for a computer to run. However, it is difficult or impossible for a programmer to look at the binary code and gain much of an understanding of how the software works. To gain such an understanding, programmers use the original „source code" for the software, usually written in a high-level programming language such as C, C++, or Java. The term „open source" refers to software for which source code is distributed with a license that allows programmers to not only read the source code, but also modify it and incorporate it into other software. For more information about open source see http://www.opensource.org/.

Bürgerrechtsgruppen im Internet

Ingo Ruhmann

Datenschutz und Internet werden oft als Gegensatzpaar gesehen. Richtig ist, dass im Internet für den Datenschutz im herkömmlichen Verständnis zu viele Schlupflöcher bestehen. Datenströme sind weder an nationale Grenzen gebunden noch lassen sie sich in nennenswertem Umfang durch die gewohnten staatlichen Aufsichtsbehörden kontrollieren. Die Befugnisse der meisten Datenschutzbehörden reichen selbst im nationalen Rahmen nicht, da die Datensammler im Internet in der Regel keine staatlichen Stellen sind, die durch Datenschutzbeauftragte kontrolliert werden, sondern private Unternehmen, die der Kontrolle durch chronisch schlecht ausgestattete Datenschutzkontrollinstanzen unterliegen, die nur in wenigen Fällen mit den Datenschutzbeauftragten identisch und mit geringeren Befugnissen versehen sind. Dementsprechend zahlreiche Probleme mit dem Datenschutz lassen sich im Internet finden.

Doch wer sich, durch Berichte aufgeschreckt, über diese Probleme informieren und Gegenmaßnahmen ergreifen will, kommt ums Internet nicht herum. Aufklärung über Risiken, Aktionen gegen unrechte und unverhältnismäßige Datenerhebung und Werkzeuge gegen unkontrollierte Datensammelei finden sich nicht in amtlichen Beratungsstellen, sondern im Internet.

Anbieter für solche Inhalte sind einige wenige Datenschützer, das eine oder andere Unternehmen für IT-Sicherheitsprodukte oder interessierte Individuen. Wer Anbietern von Internet-Seiten keine Daten von sich preisgeben möchte, kann dies über das Angebot von www.anonymiser.com sicher tun. Datenschutzbehörden verweisen auf die mittlerweile verfügbaren Angebote, um Cookies unter Kontrolle zu halten und zusätzliche Sicherheitssoftware zu installieren.[1]

Teilweise lässt sich Datenschutz im Internet also technisch realisieren. Solche Techniken sind aber dort wirkungslos, wo es um das systematische Sammeln, Zusammenführen und Auswerten von Benutzerdaten und andere Formen des Missbrauches personenbezogener Daten geht. Die einzigen Möglichkeiten gegen unbegrenzte Neugier sind letztlich Publizität und vor allem klare rechtliche Regelungen. Einige Individuen können Einzelfallregelungen für sich erstreiten, womit sich aber für die Mehrzahl der Nutzer nichts ändern würde, zumal sie mangels Sachkenntnis gar nicht in der Lage wären, Datensammelei und Manipulationen zu erkennen. Hilfe für Inter-

---

[1] Vgl. die Zusammenstellung des Landesbeauftragten für den Datenschutz Schleswig-Holstein unter http://www.rewi.hu-berlin.de/Datenschutz/DSB/SH/material/themen/safesurf/safer/tools/index.htm und den Übersichtsartikel von Norbert Luckhardt, Schutzbehauptung, c't, Heft 3, 1999, 46-152.

net-Nutzer kann daher nur durch Akteure entstehen, die zum einen sachverständig genug sind, um Probleme zu erkennen und Gegenstrategien zu entwickeln, und zum anderen organisiert genug sind, um die Öffentlichkeit und diejenigen, die für den rechtlichen Rahmen zuständig sind, zu informieren und zu einem Umsteuern zu bringen.

Bürgerrechte in der Informationsgesellschaft sind daher untrennbar verbunden mit einigen Organisationen, die ihre versammelte Fachkompetenz für die technische, rechtliche und politische Verfolgung dieses Ziels einsetzen. So vielfältig wie das Internet sind auch die Schwerpunkte dieser Gruppen. Ältere Bürgerrechtsvereinigungen sehen im Internet erst langsam ein Aktionsfeld, Hackervereinigungen weiten ihre Aktionsfelder auf rechtspolitische Fragen aus, Informatikerverbände wenden sich nichttechnischen Fragen zu. Dementsprechend unscharf fallen die Versuche aus, diese Gruppen auf einen gemeinsamen begrifflichen Nenner zu bekommen.

Bei näherem Hinsehen reduziert sich diese Vielfalt jedoch auf ein international miteinander lose verknüpftes Netzwerk einiger Organisationen, deren Arbeit im Folgenden vorgestellt werden soll. Die kennzeichnenden Merkmale aller dieser Gruppen lassen sich klar angeben: Sie wirken nicht nur in der Fach-, sondern auch in der allgemeinen Öffentlichkeit und vertreten in der politischen Arena – als Gutachter und Fachexperten – Ziele, die an der Wahrung und am Ausbau von Grundrechten orientiert sind.

Damit bleiben bewusst jene Aktionen unberücksichtigt, die von kommerziellen Anbietern oder Individuen getragen werden. Grund dafür ist, dass einige der weiter wachsenden Zahl von Online-Petitionen und Mailingaktionen zum einen von Verlagen organisiert werden, die politische Debatten im Internet als Mittel entdeckt haben, um die Zahl der Besucher auf ihren Webseiten und damit die Werbeeinnahmen hochzutreiben. Zum anderen werden diese von Individuen getragen, die vorübergehend Zeit und Engagement in ein Thema investieren. Hier kann es aber nicht um Einzelaktionen gehen, sondern um langfristig und thematisch breit angelegte Aktivitäten von Organisationen, die über eine Reihe kompetenter Experten zu verschiedenen Themen verfügen.

Zur begrifflichen Klärung trägt es bei, wenn man von den üblichen Klischees – Datenschützer, Bürgerrechtler, Computerexperten oder Hacker – abgeht und eine Sammelbezeichnung übernimmt, die in den USA politisch aktiven Internet-Gruppen appliziert wird: die der *Cyber-Rights-Gruppen*. Unter diesem Begriff lassen sich all jene fassen, die bestehende Bürgerrechte in der digitalen Welt des Internets verteidigen, wie auch jene, die neue bzw. erneuerte Rechte wie den ungehinderten Zugang zum Netz und dessen Informationen fordern. Sie alle gehen von der gemeinsamen Vorstellung aus, dass es im Internet eine durch Grundrechte zum Schutz des Individuums abgesicherte Basis vertrauensvollen Umgangs geben muss, die auch Kennzeichen einer zivilisierten Bürgergesellschaft ist.

Getrennt davon ist der Begriff der *Cyber-Activists*, mit denen Personen oder Gruppen gemeint sind, die nicht auf Dauer angelegte Aktivitäten zu einem Thema entfalten. Diese richten sich außerdem vornehmlich an die Öffentlichkeit und verstehen sich weniger als politische Berater. Politische Entscheidungen finden aber immer noch in den Parlamenten und Regierungsapparaten statt. „Lobbying" setzt daher voraus, diesen Instanzen glaubwürdige Informationen zu vermitteln, um ihnen Konsequenzen und Alternativen ihrer Vorhaben deutlich zu machen. Cyber-Rights-Gruppen sind also auf fachliche Kompetenz angewiesen, Cyber-Activists sind an der öffentlichkeitswirksamen Problemdarstellung interessiert.

Auch wenn es einige Grenzfälle gibt, soll die Betrachtung im Folgenden in dem beschriebenen Sinne auf Cyber-Rights-Gruppen fokussiert werden, die sich durch Kontinuität der Arbeit, hohe Fachkompetenz und Themenbreite auszeichnen.

1 Professionelle Bewegung – USA

Mit der stürmischen Entwicklung des Internets hat sich Privacy Protection – mehr schlecht als recht mit Datenschutz gleichgesetzt – auch in den USA als bedeutsames Thema durchgesetzt. Doch wie der Konflikt zwischen der EU und den USA um die deutlich schwächeren US-Datenschutzvorschriften zeigt, fehlt es dort vielfach noch an einer rechtlichen Handhabe, um Datenschutzverstößen zu begegnen. Es ist der Erfolg der Arbeit von Cyber-Rights-Gruppen, dass die Defizite nicht noch größer sind.

Anknüpfungspunkt für die Aktivitäten von Cyber-Rights-Gruppen ist der Schutz von Bürgerrechten, der in angelsächsischen Ländern eine lange Tradition hat. Symbol dieser Tradition in den USA ist die 1920 gegründete American Civil Liberties Union (ACLU)[2], die die größte Zahl privater Klagen vor dem US-Verfassungsgericht vertritt und sich um den Schutz der freien Rede und den Kampf gegen Rassendiskriminierung verdient gemacht hat. Auch der Schutz von Persönlichkeitsrechten wird von der ACLU schon lange wahrgenommen. 1966 etwa startete sie eine Aktion gegen die sich seit dem Zweiten Weltkrieg in den USA ausbreitenden Persönlichkeitstests von Angestellten bei Bundesbehörden. Die mit 275 000 Mitgliedern finanzkräftige Organisation verfügt über beeindruckende juristische Unterstützung, ist aber mit anderen Cyber-Rights-Gruppen noch wenig vernetzt. Diese Vernetzung begann ernsthaft erst mit dem juristischen Feldzug gegen das Communications Decency Act (CDA), das die freie Rede im Internet durch Regelungen zum

---

[2] Vgl. Übersicht und Beschreibung unter www.aclu.org.

Jugendschutz einzuschränken drohte. Erst in jüngster Zeit hat die ACLU den Datenschutz im Internet als Thema entdeckt und sich Klagen anderer Organisationen angeschlossen.[3] Die Struktur der ACLU als Organisation von juristischem Sachverstand und ihre typischen Aktionsformen auf juristischen Wegen bedeuten allerdings, dass sie sich nur solcher Fälle annimmt, die in irgendeiner Form justiziabel sind.

Bürgerrechte in der Informationsgesellschaft und Datenschutz sind Themen einer Reihe von Organisationen in den USA, die beide aus einer technischen Sichtweise heraus entwickelt haben. Prägend für diese Richtung waren die 1983 von IT-Experten und Wissenschaftlern gegründeten Computer Professionals for Social Responsibility (CPSR)[4]. Als Verband renommierter Experten, darunter einige der besten Informatiker der USA, wurde CPSR sehr bald zur Beratung von Parlamenten auf Landes- und Bundesebene zum Thema Datenschutz herangezogen. Bereits 1986 legte CPSR ein Programm zu Bürgerrechten im Internet auf. Viele der heute aktuellen Themen lassen sich schon in den Arbeiten dieses Aktionsprogramms finden.

Die Themen von CPSR kreisen durchweg um die Verantwortbarkeit des Computereinsatzes und den Schutz von Bürgerrechten. Datenschutz ist Thema verschiedener CPSR-Arbeitsgruppen, die unbeschränkte Nutzung von Verschlüsselungsverfahren war lange Zeit ein Schwerpunkt der Arbeit. Aus der erfolgreichen Arbeit gegen den Clipper Chip, mit dem die US-Regierung zwangsweise eine Hintertür in verschlüsselte Internet-Kommunikation einführen wollte, entstand im CPSR die Überzeugung, dass es notwendig sei, sich von den Einschränkungen zu befreien, die US-Gesetze der politischen Arbeit gemeinnütziger Vereine auferlegen: CPSR durfte sich keinesfalls überwiegend für oder gegen geplante Gesetze aussprechen, weil es gemeinnützigen Organisationen nicht erlaubt ist, größere Teile ihres Budgets für die Befürwortung einzelner Gesetzesvorhaben auszugeben.

1994 wandelte das CPSR daher sein Washingtoner Büro in das Electronic Privacy Information Center (EPIC)[5] um und richtete durch die gemeinsame Trägerschaft mit dem Fund for Constitutional Government eine Mischung aus Forschungsstelle und Lobbybüro zum Thema Datenschutz und Bürgerrechte in der Informationsgesellschaft ein. Neben der Begleitung der vom US-Kongress verfolgten Gesetzesinitiativen bietet EPIC auch Informationen zu Datenschutzproblemen mit Privatunternehmen sowie Verweise auf Ressourcen zum Selbstschutz an. In den letzten Jahren hat sich EPIC als Institution zum Thema Datenschutz in den USA etabliert und arbeitet mit verschiedenen Gruppen international zusammen. Den von EPIC in den USA initiierten Aktionen schloss sich auch die ACLU an. Von internationalem Interesse

---

3 Vgl. www.aclu.org/issues/cyber/hmcl.html.
4 Vgl. die Informationen unter www.cpsr.org.
5 Vgl. www.epic.org.

ist die von EPIC koordinierte Sammlung von Datenschutznormen und -ressourcen, die den Stand des Datenschutzes vergleichbar macht.[6]

Einen weiteren Schub erhielten die Aktivitäten zur Verteidigung der Bürgerrechte in der Informationsgesellschaft mit der Gründung der Electronic Frontier Foundation (EFF)[7] 1990. Dabei sah sich EFF keineswegs als Konkurrenz zu CPSR: Schon im Gründungsjahr sponserte EFF die Arbeit von CPSR mit 275 000 Dollar. Das Spiel mit dem „Frontier"-Begriff aus der Zeit der Besiedelung der USA und der Eroberung des „Wilden Westens" spiegelt die spezifische Zusammensetzung der Mitglieder und die thematische Ausrichtung von EFF wieder. Gegründet weniger von Wissenschaftlern als von Geschäftsleuten und Praktikern, hat sich die EFF einerseits die Verbreitung des Internets zum Ziel gesetzt, andererseits will sie die Beschränkung von Freiheitsrechten nicht hinnehmen. Freiheit in einem weiten Land fern von staatlicher Aufsicht ist der Grundgedanke bei EFF, der aber im heutigen Arbeitsalltag sehr deutlich auf staatliches Handeln bezogen ist. EFF arbeitet heute als politische Lobbyorganisation. Gleichzeitig stellt EFF IT-Fachleuten juristischen Rat kostenlos zur Verfügung, um IT-Verantwortlichen vor allem bei Fragen der Überwachung und Zensur weiterzuhelfen. Themen der EFF waren und sind Kryptoregelungen und Clipper Chip, Telekommunikationsüberwachung und Datenschutz mit einem besonderen Augenmerk auf medizinische Datensammlungen. EFF-Sprecher Stanton McCandlish sieht als Erfolg von EFF und befreundeten Gruppen: „Wir haben gesehen, dass Online-Datenschutz das wichtigste Thema geworden ist, das die Leute am Internet interessiert. Aber zugleich haben viele ihre datenschutzbezogene Vorsicht abgelegt im Tausch gegen Bequemlichkeit oder die Versprechung von Preisen oder kundenspezifischen Websites."

Bedeutsam in Sachen Öffentlichkeit und Politikberatung in den USA ist außerdem noch das Center for Democracy and Technology (CDT), das ebenfalls in den genannten Themenfeldern aktiv ist.

Der Verteidigung der Bürgerrechte in der Informationsgesellschaft haben sich in den USA Organisationen mit einer großen Breite von Interessen verschrieben. Neben dem Datenschutz umfassen ihre gemeinsamen Themen aktuell die Überwachungsvorschriften im US-Telekommunikationsgesetz, der Communications Assistance to Law Enforcement Act (CALEA), gegen den EPIC, EFF und ACLU gemeinsam vorgehen. Als Erfolgsthema, das immer wieder aktuell wird, gelten Beschränkungen bei Export und Nutzung von Kryptographieprodukten und die Zensurbestrebungen

[6] EPIC, Privacy International: Privacy & Human Rights. An International Survey of Privacy Laws and Developements, Washington D. C., 1999; Marc Rotenberg, The Privacy Law Sourcebook, Washington D. C., 1999.

[7] Vgl. www.eff.org.

im Internet wie bei dem aufgrund einer Klage von u. a. ACLU und CPSR für verfassungswidrig erklärten Communications Decency Act (CDA).

Die Erfolge beim Datenschutz haben die Cyber-Rights-Gruppen der vehementen Aufklärung über Datenschutzverstöße zu verdanken, die ebenso wie in europäischen Ländern in den 70er-Jahren anhand konkreter Beispiele das abstrakte Thema Datenschutz für jedermann begreifbar gemacht haben.

Die meisten dieser Aktivitäten waren lange Zeit nur wenig auf Entwicklungen außerhalb der USA bezogen. Auf Personen gegründete gute Kontakte bestanden zwischen einzelnen Gruppen in den USA und Europa und wenigen institutionellen Verbindungen. Als deutlich in der angelsächsischen Kulturgeschichte stehende Gruppierung entstand dann 1990 als Zusammenschluss von einhundert Datenschutzexperten und -gruppen aus 40 Ländern Privacy International (PI) als Bürgerrechtsorganisation zum Schutz von Persönlichkeitsrechten[8]. PI startete in verschiedenen Ländern Aktionen zum Datenschutz und gibt einen Newsletter heraus. Erst im Verlauf seiner Entwicklung wandelte sich PI aber von einer den herkömmlichen Datenschutzthemen und den Bürgerrechten verbundenen Organisation zu einer stärker internetbezogenen Gruppe, die internetbezogene Probleme aufgreift. Heute vergibt PI alljährlich den Big Brother Award für die beklagenswertesten Eingriffe in Persönlichkeitsrechte. PI finanziert seine Arbeit in den Büros in London und das mit EPIC gemeinsame Büro in Washington aus Spenden verschiedener Stiftungen wie der Soros Foundation, der Stern Foundation und dem German Marshall Fund. PI ist aber weiterhin in hohem Maße auf den englischen Sprachraum in Nordamerika, Großbritannien und Asien bezogen.

Das Ziel der Vernetzung der außerhalb der USA bestehenden gleich gesinnten Cyber-Rights-Organisationen hatte die Gründung der Global Internet Liberty Campaign (GILC) 1996. Nach einigen Anlaufschwierigkeiten hat GILC heute die internationalen Kontakte deutlich verbessern können. Interessantestes Ergebnis dieser Kooperation bisher ist ein ambitioniertes Projekt zu den Regelungen bei Einsatz und Export von Kryptiersystemen im internationalen Maßstab. GILC verfolgte aktiv die Einbindung auch des nicht englischen Sprachraums, was in Europa auch recht gut gelungen ist. Doch von den weltweit 54 von GILC angeführten Mitgliedern sind nur wenige Gruppen gleichmäßig aktiv.

Zu groß sind die Unterschiede in den zur Arbeit verfügbaren Ressourcen, um eine gleichmäßige Mitarbeit eines größeren Kreises zu ermöglichen. Im Gegensatz zu dort fehlt es hier am grundsätzlichen Verständnis dafür, dass professionelle politische Arbeit Geld kostet und durch Spenden finanziert werden muss. Zwar entspre-

[8] Vgl. www.privacy.org/pi.

chen gleichartige Gruppen in Europa in der Mitgliederzahl – bezogen auf die Gesamtbevölkerung – durchaus ihren Gegenstücken in den USA und unterscheiden sich auch kaum in der Höhe der Mitgliedsbeiträge. Der Unterschied liegt woanders: GILC finanziert sich wie PI aus Mitteln der Soros Foundation, EFF und CPSR aus großzügigem privaten Engagement und ebenfalls Geldern unabhängiger Stiftungen, die ihnen erst eine angemessene personelle und organisatorische Leistungsfähigkeit ermöglichen. Als Advokaten für den Datenschutz erhalten diese US-Gruppen auch Mittel, da sie als Gegengewicht zu den etablierten IT-Unternehmen und deren nicht gerade ausgeprägten Datenschutzinteressen gesehen werden. Im Gegensatz dazu leben die europäischen Gegenstücke dieser Organisationen wesentlich eingeschränkter und überwiegend von Mitgliedsbeiträgen.

2 Leichte Bewegung auf dünnem Eis – Europa

Gerne wird die Frage gestellt, warum die Bedingungen in Europa nicht denen in den USA wenigstens in der Hinsicht ähnlicher sind, dass die Cyber-Rights-Gruppen finanziell erfolgreicher sind. Ein Beispiel für die damit verbundenen Probleme ist die schon 1974 gegründete niederländische Stichtig Waakzaamheid Persoonsregistratie (SWP). Das in den Niederlanden gut ausgebaute System staatlicher Datensammlungen, in dem allein schon die Anschrift bis auf eine Blockseite heruntergebrochen ist, sorgte bei SWP schnell für einen immer weiter wachsenden Beratungsbedarf in Sachen Datenschutz. Die gleichfalls zunehmende Gruppe professioneller Datenschutzberater bei SWP machte aus der Organisation so lange ein Erfolgsmodell, bis die als Anschub gewährten staatlichen Mittel ausliefen und das Interesse an Datenschutzproblemen und damit auch der Beratungsbedarf in den Niederlanden nachließ. Von dieser Entwicklung erholte sich SWP nicht wieder.[9]

Im Vergleich dazu vorsichtiger und breiter diversifiziert agieren länger erfolgreich arbeitende Cyber-Rights-Gruppen. Wichtig für den Gesetzgebungsfortschritt in Sachen Datenschutz in Spanien war eine Koalition aus Gewerkschaften und Bürgerrechtsgruppen mit dem Namen Comisión de Libertades e Informática (CLI), die typisch für die Anfangsphase der Datenschutzgesetzgebung ist, in der es um die Etablierung von Rechten und Datenschutzkontrollinstanzen geht. CLI ist daher als Allianz von Gewerkschaften und Bürgerrechtsgruppen eine Organisation mit klaren Zielen und solider Basis, die sich jedoch an nationale Adressaten richtet und nur wenige internationale Verbindungen pflegt, die für ein weltumspannendes Datennetz wie das Internet wichtig sind.

---

9 Vgl. Ute Bernhardt, Über den Tellerrand geschaut, FIfF-Kommunikation, Heft 3, 1994, 35-40, 39 f.

Hinreichend vernetzte Gruppen mit einer längeren Historie und internationalen Bedeutung in Bezug auf Datenschutz sind vor allem in Großbritannien und in Deutschland zu finden.

3 Digitale Bürgerrechte ehrwürdig vertreten – Großbritannien

Obwohl sich bekannte Themen und Strukturen bei Cyber-Rights-Gruppen zum Datenschutz im Internet auch in Großbritannien finden lassen, hat sich dort eine ganz spezifische Kultur entwickelt. Zwar gibt es dort Gruppen wie Privacy International und Statewatch und zugleich Einrichtungen, die in der Lage sind, für das EU-Parlament einen folgenreichen Bericht zum weltweiten Abhörsystem Echelon zu erarbeiten. Aber auf den ersten Blick fällt es schwer, auf der Insel die Mixtur aus IT und Bürgerrechten zu finden, die für Cyber-Rights-Gruppen sonst typisch ist.

Als Bürgerrechtsorganisation in typisch britischer Tradition sieht sich Statewatch, dessen Arbeitsfelder Überwachung und Datenschutz ebenso wie Asyl, Flüchtlinge und Kampf gegen Rassismus sind. Mittlerweile sind rein britische Themen in den Hintergrund getreten. Nun verfolgt Statewatch die Aktivitäten der EU in Brüssel und sieht die „fehlende demokratische Kontrolle in der EU in Sachen Innen- und Rechtspolitik" als einen Arbeitsschwerpunkt, so Statewatch-Sprecher Tony Bunyan. Aufgearbeitet wird dies für einen Newsletter, der erstmals auch die Verbindung zwischen verschiedenen Telekommunikationsüberwachungsgesetzen in Europa und den USA herstellte und über eine gemeinsame Arbeitsgruppe internationaler Sicherheitsbehörden berichtete. Diese aufmerksame Beobachtung von EU-Gremien stellt eine wichtige Scharnierfunktion für die transatlantische Kooperation von Cyber-Rights-Gruppen dar.

Die Gründung von Privacy International als internationale, aber zuerst in London beheimatete Gruppe hatte natürlich auch Gründe in der vergleichsweise wenig entwickelten Datenschutzlage im Vereinigten Königreich. Viele Aktivitäten von PI bezogen sich auch schwerpunktmäßig auf die Lage dort. Der Big Brother Award setzt folgerichtig vor allem an Themen an, die weiter gehende Bedeutung, aber lokalen Bezug haben. Die Preisverleihung zum weltumspannenden Überwachungssystem Echelon an die britischen Überwacher in der Abhörstation Menwith Hill ist ein gutes Beispiel für diese Doppelrolle.

Das mittlerweile zum transatlantischen Konfliktfall gewordene Thema Echelon zeigt die Unterschiede und Gemeinsamkeiten zwischen Großbritannien und anderen Ländern in der EU besonders deutlich auf, geht dieser Fall doch auf Studien zur Entwicklung von Überwachungstechnologien für das EU-Parlament zurück. Die heftig diskutierten Berichte zum Thema „Appraisal of Technologies of Political

Control" von Duncan Campbell und Steve Wright[10] beschrieben Echelon umfassend als System zur Überwachung des Telekommunikationsverkehrs und die Entwicklungspotenziale, die der Einsatz der Informationstechnik für die Überwachung der Bürgerinnen und Bürger mit sich bringt.

Das Thema Echelon wurde von Cyber-Rights-Gruppen schnell aufgegriffen. Aufschlussreich ist jedoch, dass keiner der Autoren der Studien eine Cyber-Rights-Gruppe vertritt. Die Arbeiten des Journalisten Campbell sind stattdessen ebenso wie die von Wright – Mitarbeiter der Omega Foundation – an militärischen Themen orientiert. So verfügt die britische Omega Foundation aufgrund einer systematischen Informationssuche über eine umfangreiche Datenbank zur Entwicklung von Waffen, die sich – als nicht letale Waffen, Folterwerkzeuge oder Überwachungstechnologie – zur „politischen Kontrolle" einsetzen lassen, und dem Handel damit. Wright weist in seinem Report darauf hin, dass der Begriff „Technologies of Political Control" in den 70er-Jahren von der British Society for Concerned Scientists für Überwachungstechnologien meist militärischer Herkunft entwickelt wurde.

Dies ist jedoch der Punkt, an dem deutlich wird, dass die Aktivitäten zu Cyber Rights in Großbritannien zwar durch etwas anders ausgerichtete Organisationen getragen werden, deren thematische Herkunft aber mit anderen Ländern sehr gut vergleichbar ist. So sieht sich besonders CPSR – Ausgangspunkt vieler Aktivitäten in den USA – in der Tradition von „concerned scientists" und ist heute sowohl auf friedenswissenschaftlichem Gebiet wie auch bei der Wahrung von Bürgerrechten aktiv.

Das Thema Echelon eignet sich auch gut, um Cyber-Rights-Gruppen in Deutschland in dieses Netzwerk einzuordnen.

4 Mikrokosmos Deutschland

Dieser Bezug wird deutlich, wenn man weiß, dass Wrights Report nicht der erste für das EU-Parlament unter diesem Titel war. Den Auftakt der unter der Überschrift „An Appraisal of Technologies of Political Control" für das EU-Parlament erstellten Reihe von Studien stellt ein gemeinsam von den deutschen Organisationen „Forum InformatikerInnen für Frieden und gesellschaftliche Verantwortung" (FIfF) und der „Deutschen Vereinigung für Datenschutz" (DVD) bereits 1995 verfasster Bericht dar.[11] In diesem Bericht ging es darum, Überwachungstechnologien und deren Ge-

[10] Steve Wright, An Appraisal of Technologies of Political Control, STOA Working Document, PE 166.499, Luxembourg, 1998.

[11] Ingo Ruhmann, Ute Bernhardt, Dagmar Boedicker, Franz Werner Hülsmann, Thilo Weichert, An Appraisal of Technological Instruments for Political Control and to Improve Participation in the Information Society, STOA Document PE 165.715, Luxembourg 1996.

fahren für ein demokratisches Staatswesen für eine Entscheidungsfindung über weitere politische Schritte aufzuarbeiten. Auf dieser Basis entschied sich das EU-Parlament, weitere Folgestudien erarbeiten zu lassen. Daraus resultiert die heute aktuelle Debatte um Echelon.

Die in Datenschutzfragen am längsten existierende Organisation ist die schon 1977 gegründete Deutsche Vereinigung für Datenschutz (DVD), die sich weder als Organisation betrieblicher noch staatlicher Datenschützer sieht, sondern sich der Fortentwicklung des Datenschutzes verpflichtet fühlt, der in Deutschland mittlerweile immer stärker durch eine zunehmende Verrechtlichung und Verwaltung geprägt ist. Die DVD versucht mit Kongressen – international vernetzt etwa mit der SWP – und in ihrer Fachzeitschrift Datenschutz-Nachrichten, die Fachdiskussion ebenso voranzutreiben wie die Öffentlichkeit über neue Gefahren für den Datenschutz zu informieren. Das Internet ist zwar Thema, aber nicht das eigentliche Aktionsfeld; parlamentarische Lobbyarbeit wird über herkömmliche Wege geleistet. Der zentralen Rolle des Themas Datenschutz entsprechend bündelt die DVD ihre Ressourcen auf klar darauf bezogene Aktionen.

Kooperationspartner der DVD bei der ersten Studie des EU-Parlaments zu Überwachungstechnologien war das 1984 explizit als deutsche Schwesterorganisation des CPSR gegründete und damit von Anfang an international eingebundene Forum InformatikerInnen für Frieden und gesellschaftliche Verantwortung (FIfF). In gleicher Weise verbindet das FIfF für die Informatik die von „concerned scientists" aufgeworfene Frage nach einem verantwortbaren Einsatz von Informationstechnik mit der Orientierung an Bürgerrechten. Ebenso wie CPSR beschäftigt sich das FIfF mit einem breiten Spektrum von Fragen zu den gesellschaftlichen Folgen des Computereinsatzes. Während die rechtliche Bewertung von Datenschutzfragen eher Thema der DVD ist, arbeitet das FIfF aus technischer und politischer Sichtweise. Wie bei Wright und CPSR werden auch im FIfF die militärischen Hintergründe von Überwachung aufgearbeitet.

Neben der Arbeit gegen eine Regulierung des Einsatzes von Kryptosystemen hat das FIfF aktiv gegen die Verschärfung von Überwachungsvorschriften der Telekommunikation und des Internets gewirkt. Keine der seit 1995 im Jahrestakt produzierten Gesetzesinitiativen zur Überwachung der Telekommunikation und des Internets blieb unwidersprochen.[12] Das bisherige Ende der Telekommunikations-Überwa-

[12] Vgl. die ausführliche Kritik des FIfF zur Fernmeldeverkehrs-Überwachungsverordnung: Bundesrepublik auf gefährlichem Weg: Grundrecht per Verordnung eingeschränkt, FIfF-Kommunikation, Heft 2, 1995, 4-5, zum Telekommunikationsgesetz: FIfF-Presseerklärung zum Entwurf eines Telekommunikationsgesetzes vom 2.3.1996, FIfF-Kommunikation, Heft 1, 1996, 4-5.

chungsverordnung 1998 ist maßgeblich auf die Arbeit des FIfF zurückzuführen.[13] Obwohl das FIfF die mitgliederstärkste Organisation seiner Art in Deutschland ist, und die die Zahl von 1 000 nie überschreitende Mitgliederzahl gemessen an der Gesamtbevölkerung sogar größer ist als die von CPSR, konnte das FIfF nie eine vergleichbare Organisation aufbauen. Zusätzliche Finanzquelle war lediglich neben mehreren wissenschaftlichen Studien für das EU-Parlament auch die entsprechende Beratung des Bundestages.

Deutlich kleiner und speziell beim Thema Kryptoregulierung aktiv ist der Förderverein Informationstechnik und Gesellschaft (FITUG e. V.), der ebenso wie das FIfF Mitglied bei GILC ist.

Die bei weitem bekannteste Gruppe von IT-Fachleuten dürfte in Deutschland aber der Chaos Computer Club (CCC) sein, der sich 1986 als Reaktion auf die Strafrechtsnovelle zur Einführung der „Hackerparagraphen" gründete. Die Mission des CCC, der mit Hacking immer wieder in der Öffentlichkeit präsent ist und bei dem der Erfahrungsaustausch hohen Stellenwert hat, lässt sich am besten mit der Aufklärung über die Gefahren unsicherer IT-Systeme beschreiben, die für einige Leute viele kreative Möglichkeiten bieten. Ziel des CCC ist aber nicht die private Nutzung von Sicherheitslöchern, sondern die Nutzung der „Eigenarten der Technik, die eine selbstbestimmte und freie gesellschaftliche Ausgangsbasis erlauben", so CCC-Sprecher Andy Müller-Maguhn. „Unsere Aktionen sind in erster Linie für freien Informationsfluss und Transparenz und richten sich gegen diejenigen, die den freien Informationsfluss durch Unachtsamkeit oder niedere Triebe gefährden." Die internationalen Kooperationspartner des CCC sind vor allem andere Hackergruppen.

Als Demonstrationsprojekt für technischen Datenschutz bietet der CCC seine WWW-Seiten[14] nur noch verschlüsselt an. Der Klartext ist nur lesbar, wenn man sich vorher auf dem CCC-Server ein anonymes https-Zertifikat geholt hat. Ziel der Kampagne ist die Demonstration, wie leicht mit verfügbarer Technik sicherer Datenverkehr auch im WWW möglich ist.

5 Vergleiche

Selbsthilfeorganisationen zum Datenschutz im Internet haben mittlerweile trotz ihrer Unterschiede ein locker geknüpftes weltweites Netzwerk aufgebaut, in dem Aktivitäten koordiniert werden. Der hohe Bezug des Datenschutzes zum jeweiligen nationalen Gesetzgeber und die unter diesem Recht spezifischen Problemfälle auf der

[13] Vgl. v. a. Ingo Ruhmann, Christiane Schulzki-Haddouti, Abhör-Dschungel, c't, Heft 5, 1998, 82-93; dies., Holzhammermethoden, c't, Heft 11, 1998, 74-80, und Ingo Ruhmann, Lauscher im Cyberspace, FIfF-Kommunikation, Heft 2, 1998, 16-27.

[14] www.ccc.de

einen und die Unterschiede in den Organisationsstrukturen auf der anderen Seite setzen dieser Kooperation gewisse Grenzen.

Die Entwicklung der letzten Jahre hat jedoch zu einer verstärkten Zusammenarbeit geführt. Grund ist zum einen die Verbreitung des Internets, das überall dieselben Versuchungen entstehen lässt, die anfallenden Daten missbräuchlich zu nutzen. Genauso wie Datenschutzprobleme mit Anbietern im Internet für die Nutzer weltweit von Bedeutung sind, spielt die wechselseitige Information über solche Probleme zwischen den einzelnen Cyber-Rights-Gruppen eine wachsende Rolle. Ein anderer und wohl auch wichtigerer Grund ist aber die vonseiten der Regierungen vorangetriebene Harmonisierung von Rechtsnormen. Diese trifft besonders zu auf die Angleichung der technischen und rechtlichen Normen zur Überwachung des Telekommunikationsverkehrs, die zwischen den Staaten der EU und den USA abgestimmt wurde. In diesem Abstimmungsprozess, der zu gleichen Rechtsvorschriften in den wichtigsten Hochtechnologieländern führen sollte, hat es sich als sehr hilfreich erwiesen, die verschiedenen Zugangsmöglichkeiten und Ressourcen der einzelnen Cyber-Rights-Gruppen auszutauschen und zusammen zu nutzen.

Die Präsenz, die Cyber-Rights-Gruppen in den USA im Internet und in der Öffentlichkeit haben, ist nicht nur mit einer professionelleren Medienarbeit erklärbar. Eine auf Dauer wichtigere Rolle hat der Umstand, dass es in den USA an Datenschutzbehörden fehlt, denen hier zu Lande der größte Teil des öffentlichen Interesses in Sachen Internet und Datenschutz entgegengebracht wird. Vereinigungen wie die DVD haben es schwer, gegen diese Institutionen Profil zu bewahren. Klare Datenschutzregelungen beseitigen andererseits die in den USA wesentlichen Konfliktpunkte zwischen Cyber-Rights-Gruppen und der Industrie. Ohne solche Konflikte war das gemeinsame Agieren gegen Überwachung und Kryptoregelungen zwischen Industrie und Cyber-Rights-Gruppen in Deutschland einfacher. Der in der EU fortschrittlichere Datenschutz erlaubt es also auch, wichtige andere Bürgerrechte in der Informationsgesellschaft effektiver zu verteidigen.

Dieser zusätzliche Raum wird von den Cyber-Rights-Gruppen in Europa gut genutzt. Während in den USA der Streit um Datenschutzthemen wogt, sind es in der EU Cyber Rights und verwandte Gruppen, die die Aufdeckung und parlamentarische Behandlung eines weltumspannenden Abhörsystems wie Echelon vorantreiben. Sehr ungewöhnlich wäre es, wenn etwa CPSR vom US-Repräsentantenhaus beauftragt würde, eine ähnlich kritisch angelegte Studie zu Überwachungstechnologien zu erstellen wie die vom EU-Parlament finanzierte Studie der CPSR-Schwesterorganisation FIfF. Kaum denkbar wäre im US-Parlament auch die schon routinemäßige Anhörung des CCC durch den Bundestag zu Fragen der Sicherheit, der Telekommunikation und der Entwicklung des Internets.

Der Datenschutz als etablierte Basis erlaubt es staatlichen Stellen in der EU anders als in den USA, Konfliktpotenziale gerade auch von Cyber-Rights-Gruppen explorieren zu lassen. Deren Position macht sie andererseits nicht stark genug, um allein Änderungen in politischen Planungen zu bewirken.

Das Eintreten für Bürgerrechte in der Informationsgesellschaft hat sich damit als Fokus entwickelt, um bei der Arbeit von Cyber-Rights-Gruppen die Kooperation national wie international zu verstärken.

E-Commerce meets E-Privacy

Dr. Rüdiger Grimm, Nils Löhndorf und Prof. Dr. Alexander Roßnagel [1]

1 Das Dilemma

Das Ziel von *E-Commerce*, von Geschäften im Internet, ist in erster Linie, Geld zu verdienen. Für Finanzdienstleister bedeutet das vor allem, Geldverkehr für Geschäfts- und Privatkunden zu kreieren und durchzuführen. Für gute Kundendienstleistungen sind vertrauensvolle Kundenbeziehungen erforderlich. Dafür brauchen die Dienstleister Wissen über ihre Kunden. Zum einen sucht eine Bank Wissen über individuelle Kunden, für die sie konkret tätig ist, um die Bindung zu diesen Kunden herzustellen oder zu verbessern. Zum anderen sucht eine Bank Wissen über ihre Kunden im Allgemeinen, um ihr Dienstleistungsprofil entsprechend zu entwickeln. Ein Dienstleister erforscht demnach sowohl die individuellen Wünsche einzelner Kunden als auch allgemeine Verhaltensmuster seiner Kunden insgesamt.

E-Privacy von Personen zielt umgekehrt darauf ab, Wissen über Personen zu reduzieren. In jeder einzelnen Kooperation soll nur so viel Wissen über die individuellen Teilnehmer gesammelt und verarbeitet werden, wie für diese Zusammenarbeit erforderlich ist. Je weniger Wissen dabei aufkommt, desto besser. Das Höchstmaß an personenbezogener Datensparsamkeit wäre die vollständige Datenvermeidung in anonymer und unbeobachtbarer Kooperation, wie etwa beim Bezahlen mit Bargeld.

Darin scheint ein Widerspruch zu liegen: E-Commerce verlangt nach Kundenbindung und diese nach ausführlicher Kenntnis von Kundendaten. E-Privacy dagegen verlangt nach Datensparsamkeit. Wie soll das zusammenpassen?

Zurzeit schwebt dieser Widerspruch unausgesprochen über allem E-Commerce. Er wird in der Öffentlichkeit kaum thematisiert. Man mogelt sich durch. Das sieht so aus, dass die E-Commerce-Betreiber heimlich personenbezogene Daten sammeln, und zwar mehr, als sie für ein Geschäft unmittelbar brauchen, während die Nutzer von Online-Diensten systematisch alle ihre personenbezogenen Daten erfinden, die zum Abschluss eines Geschäftes nicht unbedingt erforderlich sind. Die Datensammlungen der Firmen quellen über von Donald Ducks, die in Bahnhofstraßen und Parkalleen wohnen und fantasievolle E-Mail-Adressen und Telefonnummern besitzen. Die Firmen haben viel zu viele nutzlose Daten. Die Nutzer trauen Firmen nicht,

---

[1] Beitrag zum Forschungsprojekt „Datenschutz in Telediensten (DASIT)", das von der DG BANK, Frankfurt, dem GMD-Forschungszentrum Informationstechnik, Darmstadt, und der Universität GH Kassel, Projektgruppe verfassungsverträgliche Technikgestaltung (provet), durchgeführt und vom Bundesministerium für Wirtschaft und Technologie gefördert wird.

mit ihren richtigen Daten richtig umzugehen, auf beiden Seiten ist das Vertrauen gering. Das Ergebnis ist: Es gibt weder E-Privacy noch E-Commerce.

2 Das Projektziel

Wir sind der Überzeugung, dass der Mangel an E-Privacy eines der größten Hindernisse zum gesunden Wachstum von E-Commerce darstellt und dass diejenigen Firmen, die solide E-Commerce-Policies verfolgen und dies den Kunden auch glaubhaft machen können, einen wichtigen Marktvorteil vor allen anderen Firmen haben werden, die dieses Problem weiterhin ignorieren. Wir sind zweitens davon überzeugt, dass das Internet durchaus privacyfähig ist, d. h., dass es möglich ist, fortschrittliche Technik zu entwickeln, die die Privacy erhöhen, das Vertrauen stärken und dadurch den E-Commerce fördern kann. Das Projekt DASIT – Datenschutz im Internet – arbeitet an der Erfüllung genau dieser Aufgabe.[2]

Das Projekt DASIT zielt darauf ab, E-Commerce-Anwendungen durch E-Privacy-Mechanismen und -Policies zu erweitern und zu demonstrieren, dass dadurch sowohl das Geschäft verbessert als auch informationelle Selbstbestimmung gewahrt wird. Das wird beispielhaft für das Internet-Zahlungssystem SET implementiert und in einer Shoppingmallumgebung eingesetzt und erprobt. Entwicklungspartner ist die BROKAT AG mit ihrem Zahlungsprodukt X-PAY. Anwendungspartner ist ein Shoppingmallbetreiber, der bereits eine mehrjährige Erfahrung im Betrieb einer Mall aufweist und auch Erfahrungen in der Abwicklung von SET-Bezahltransaktionen hat. Anwendungskoordinator des Projektes ist die DG BANK Frankfurt/M. Die wissenschaftliche Begleitung erfolgt durch das GMD-Forschungszentrum Informationstechnik in Darmstadt und die Universität GH Kassel.

3 E-Privacy durch Datenschutz

Die entscheidenden Kriterien zur Gewährleistung von Datenschutz im Internet werden durch das Teledienstedatenschutzgesetz (TDDSG) und den Mediendienste-Staatsvertrag (MDStV) formuliert. Sie enthalten die folgenden Kernelemente:

- Erlaubnisvorbehalt: Die Datenverwendung ist nur zulässig, wenn ein gesetzlicher Erlaubnistatbestand oder die Einwilligung des Nutzers sie erlaubt. Die Einwilligung kann auch elektronisch erteilt werden.
- Zweckbindung: Die Daten dürfen grundsätzlich nur für die Durchführung von Tele- und Mediendiensten verwendet werden.

---

[2] S. Grimm/Löhndorf/Scholz, Datenschutz in Telediensten (DASIT), DuD 5/1999, 272-276.

- Transparenz: Vor jeder Datenerhebung hat der Anbieter den Nutzer vor allem über Umfang und Zweck zu unterrichten. Der Nutzer kann jederzeit seine Daten unentgeltlich beim Anbieter – auch elektronisch – einsehen.
- Selbst- und Systemdatenschutz: Um das Prinzip der Datensparsamkeit und Datenvermeidung umzusetzen, muss jeder Anbieter die Möglichkeit pseudonymer oder anonymer Benutzung und Bezahlung seines Dienstes anbieten, soweit ihm dies technisch möglich und zumutbar ist.

Das Projekt will demonstrieren, dass diese Anforderungen für das Einkaufen und Bezahlen im Internet technisch umgesetzt und wirtschaftlich zumutbar realisiert werden können.

4 Die Projektinhalte

Das beschriebene Spannungsfeld, einerseits den Anwendern E-Privacy zu bieten und andererseits im E-Commerce die prognostizierten Umsatzzahlen zu erreichen, begründet das starke Interesse der DG BANK an datenschutzkonformen, technisch möglichen und wirtschaftlich umsetzbaren Einkaufs- und Bezahlprozessen in offenen Netzen, insbesondere im Internet. Sie betreut sowohl über die Kreditgenossenschaften einen hohen Anteil von Privatkunden als auch innerhalb der Firmenkundschaft einen interessierten Anteil von E-Commerce-Betreibern. Sie hat daher als Anwendungskoordinator nicht nur Interesse, Grundlagenforschung zu betreiben, sondern die beschriebenen Einkaufs- und Bezahlprozesse in praktikabler und prototypischer Weise umzusetzen. Die DG BANK hat schon sehr früh das Bezahlsystem Secure Electronic Transaction (SET) unterstützt und dieses sichere Verfahren für die Abwicklung von Bezahlprozessen im Internet im Pilotbetrieb interessierten Kunden verfügbar gemacht. Die umfangreichen Untersuchungen und Benchmarks im laufenden Projekt, insbesondere der Vergleich anderer Bezahlverfahren für das Internet (GeldKarte, SSL, CyberCash usw.), bestätigten diese Entscheidung gerade auch im Hinblick auf das Projektziel, datenschutzkonforme Einkaufs- und Bezahlprozesse abzubilden. Wichtige Argumente für die Entscheidung zugunsten von SET sind die Internationalität (weltweiter Standard, Standardisierungsgremium SETCo) und die Multibankenfähigkeit (anders als bei E-Cash, wo die Transaktionen währungsgebunden sind und alle über eine Bank laufen).

SET[3] hat eine datenschutzfreundliche Grundausrichtung: Die Kreditkarten betreuende Stelle des Händlers, der so genannte „Acquirer“, sorgt für den eigentlichen Zahlungsausgleich (das „Clearing“) und muss daher wissen, wer wie viel an wen zu zahlen hat. Sie muss dagegen nichts über den Kaufinhalt wissen. Auf der anderen

[3] S. hierzu SET, Secure Electronic Transaction Specification, V. 1.0, 31.5.1997, http://www.setco.org/.

Seite braucht der Händler, der natürlich Preis und den Kaufinhalt, den er zu liefern hat, kennen muss, keine weitere Zahlungsinformation des Käufers außer einer Zahlungsgarantie seines Acquirers. Der Händler braucht im Allgemeinen über die reine Warenlieferung hinaus keine Kundenkenntnis, und beim Verkauf von Software über das Netz ist nicht einmal die Lieferadresse erforderlich. SET trennt diese beiden Informationen: Der Händler erfährt Preis und Kaufinhalt und bekommt vom Acquirer eine Zahlungsgarantie, der Acquirer erfährt Preis und Kontoverbindungen von Käufer und Verkäufer.

Allerdings setzt diese informationelle Gewaltenteilung zwischen Händler und seinem Acquirer voraus, dass dieser ihm eine Zahlungsgarantie geben kann. Das kann der Acquirer aber nur aufgrund eines signierten Zahlungsauftrags tun. Wenn der Kunde nun über keinen Signaturschlüssel verfügt, wie das heute leider noch bei den meisten SET-Installationen der Fall ist, dann kann der Acquirer keine Zahlungsgarantie geben (so wenig wie bei einer Kreditkartenzahlung am Telefon). Das kann ein Motiv dazu bilden, dass die Bank des Händlers alle Namens- und Konteninformation des Käufers über einen „Rückkanal" an den Händler zurückliefert, damit dieser sich im Falle der Zahlungsverweigerung direkt an den Käufer wenden kann. Das wäre eine unakzeptable (und übrigens öffentlich verschwiegene) Unterwanderung des Datenschutzes von SET. Aus diesem Grunde setzen wir in unserer SET-Version von Anfang an die Lösung ein, in der der Kunde über einen Signaturschlüssel verfügt und dementsprechend der Rückkanal vom Acquirer zum Händler verstopft bleiben kann.

Die prototypische Umsetzung einer datenschutzfreundlichen Lösung soll im Rahmen eines Feldversuchs mit einem Shoppingmallbetreiber erfolgen. Für die Anwender wird hierfür ein Kunden-Wallet entwickelt, das ihnen ermöglichen soll, ihre E-Privacy im Rahmen ihrer E-Commerce-Aktionen weitgehend selbst zu wahren. Die Entscheidung für ein Kunden- statt eines Server-Wallets wurde getroffen, weil die Schlüssel- und die Signaturverwaltung in der Verwaltung des Kunden liegen soll. Im Gegensatz dazu wären bei der Konzeption eines reinen Server-Wallets diese Kundendaten zwar verschlüsselt, aber dennoch in einer zentralen Datenbank außerhalb der Kontrolle des Nutzers, z. B. bei einem Payment Gateway oder einem eigenen „Wallet-Betreiber", abgelegt.

Mit der Entwicklung der datenschutzfreundlichen SET-Wallet-Software wurde die BROKAT Infosystems AG als Marktführer im Bereich von Bezahlsystemen und Online-Banking beauftragt. Die Vorteile der BROKAT-Software, auf die im Projekt aufgesetzt wird, liegen zum einen im Applet-Wallet, welches die Kontrolle der benutzerrelevanten Daten beim Kunden lässt. Zugleich werden aber auch die Vorteile einer Server-Wallet-Lösung genutzt, indem die Wallet-Software selbst per Applet vom Server heruntergeladen werden kann. Dies hat Vorteile für die Softwareverteilung. Die „schlanke“ Applet-Lösung bietet insbesondere den Vorteil, dass eine ganze Bandbreite von Endgeräten bedient werden kann, nicht nur der stationäre PC des Kunden zu Hause. Außerdem bietet diese Lösung eine hohe Wartungsfreundlichkeit, weil neue Features ebenfalls über das Internet heruntergeladen werden können.

5 Bisherige Ergebnisse nach einem Projektjahr

Datensparsamkeit beim elektronischen Einkaufen und Bezahlen ist möglich. Hierfür ist der SET-Standard gut geeignet. Er ermöglicht in der Ausprägung mit drei Schlüsselpaaren (3KP) dem Nutzer, mithilfe von Pseudonymzertifikaten gegenüber dem Mallbetreiber und dem Händler pseudonym einzukaufen und zu bezahlen. Aufgrund der digitalen Signatur des Kunden erhält der Händler eine Zahlungsgarantie der Karten ausgebenden Stelle. Der in der Praxis bei 2KP-Verfahren genutzte Rückkanal zur Übertragung von Kundendaten vom Acquirer zum Händler ist bei 3KP überflüssig und rechtlich unzulässig. Für den Anbieter bietet SET eine Möglichkeit, seine Verpflichtung nach § 4 Abs. 1 TDDSG zu erfüllen. Darüber hinaus hat er den rechtlichen Vorteil, dass ihn keine Pflicht zur vorhergehenden Unterrichtung trifft und er mit den pseudonymen Kundendaten Profilforschung – auch ohne Einwilligung der Nutzer – durchführen kann.

Nutzerkontrolle passt gut ins Konzept. Ein Satz selbstständiger Internet-Funktionen zur Kontrolle personenbezogener Daten in Telediensten durch die betroffenen Nutzer wird in einem Demonstrator erprobt[4] und kann danach in das SET-Wallet (und andere E-Commerce-Anwendungen) eingebaut werden. Die geforderte Transparenz kann über Anbieterkennzeichnung,[5] Unterrichtung und Einwilligung hergestellt werden. Weiterhin hat der Nutzer die Möglichkeit, online seine personenbezogenen Daten, die bei Telediensten gespeichert sind, einzusehen und nach Bedarf löschen oder korrigieren zu lassen sowie seine gegebenen Einwilligungen zu lesen und gegebenenfalls zu widerrufen.

In einer eigenen Studie mit Interviews in den USA haben wir festgestellt, dass das Thema „Privacy im Internet“ in den USA große politische Aufmerksamkeit erfährt. Unsere Ansätze zur Transparenz durch Nutzerkontrolle stoßen dort auf großes Interesse. Der technische Anknüpfungspunkt ist im P3P-Standard zu sehen, den wir im Projekt dafür einsetzen, TDDSG-konforme Datenschutzpolicies und Nutzerpräfe-

---

[4] M. Enzmann, Internetfunktionen zur Unterstützung des Datenschutzes für Kunden in elektronischen Bezahl- und Kataloganwendungen (nach TDDSG), Diplomarbeit an der TU Darmstadt, 12.10.1999.

[5] S. Grimm/Löhndorf/Scholz (Fn. 2).

renzen zum Ausdruck zu bringen. Der P3P-Standard unterliegt zurzeit intensiver Bearbeitung.[6]

Vom deutschen Datenschutzrecht her gesehen verbessert P3P nur die Transparenz der Datenverarbeitung und bietet keine Unterstützung des Systemdatenschutzes, der Zweckbindung und der Nutzerrechte. Doch erlaubt der P3P-Standard individuelle Fortentwicklungen. Eine P3P-Realisierung kann daher so ergänzt werden, dass sie weitere TDDSG-Anforderungen unterstützt. Hierfür sehen wir drei Ansatzpunkte:

- Das P3P-Vocabulary kann um TDDSG-Begriffe ergänzt werden, z. B. um für personenbezogene Daten die Kategorien Bestand, Nutzung und Abrechnung (z. B. Category = „Billing") einzuführen.
- An „Notice" und „Choice" kann eine elektronische Einwilligung angefügt werden.
- P3P kann um Nutzerkontrollfunktionen ergänzt werden.[7]

Bereits die gegenwärtig vorliegende Version von P3P bietet im Kontext der deutschen Datenschutzregulierung Vorteile. P3P-Lösungen könnten die Aufmerksamkeit für den Datenschutz bei allen Beteiligten stärken. Die Anbieter würden das Datenschutzniveau ihres Dienstes präsentieren, Anbieter in Deutschland würden eine sichtbare Selbsteinschätzung geben, inwieweit sie das TDDSG oder den MDStV einhalten. Mit P3P gäbe es eine technische Möglichkeit, Datenschutzauditzeichen oder andere Siegel zu transportieren.[8] Der Nutzer kann sich über die Datenschutzpolitik konkurrierender Anbieter informieren und hätte zumindest die Auswahlmöglichkeit, die Nutzung unzureichend geschützter Dienste zu meiden oder die Dienste gar nicht aufzusuchen, die nicht P3P nutzen. Verbraucherverbände oder Datenschutzbeauftragte könnten „populäre Nutzerpräferenzen" und „populäre Policies" entwerfen und verteilen. Aber auch Anbieter könnten P3P verwenden, um eigene oder branchenweit erarbeitete Datenschutzpolicies[9] zum Ausdruck zu bringen.[10]

Auf diesem Wege kann sich eine Datenschutzkultur formieren und nach außen sichtbar auftreten. In Deutschland und Europa würde sich die Verteilung von geset-

---

6 S. Cranor, Privacy Tools, in diesem Band, 107. S. hierzu auch: Grimm/Roßnagel, Weltweiter Datenschutzstandard, in: Kubicek/Braczyk/Klumpp/Roßnagel (Hrsg.), Global@Home, Jahrbuch Telekommunikation und Gesellschaft 2000, Heidelberg 2000, i.E.

7 S. Grimm, User Control over Personal Web Data. Proceedings of the EEMA/TeleTrusT Conference ISSE'99, CD-ROM and Internet Publication, Berlin, Oct. 1999.

8 S. Roßnagel, Datenschutzaudit – Konzeption, Durchführung, gesetzliche Regelung, Braunschweig 2000, 102 ff.

9 S. z. B. AK „Datenschutzaudit Multimedia", Prinzipien und Leitlinien zum Datenschutz bei Multimedia-Diensten, DuD 1999, 285 ff.

10 Zur Nutzung von P3P zur Selbstregulierung s. z. B. Roßnagel, Regulierung und Selbstregulierung im Datenschutz, in: Kubicek/Braczyk/Klumpp/Roßnagel (Hrsg.), Global@Home, Jahrbuch Telekommunikation und Gesellschaft 2000, Heidelberg 2000, i.E.

zeskonformen „Policies“ und „Preferences“ anbieten. Auf diese Weise kann ein Internet-Dienst, der den strengen Normen des TDDSG oder MDStV genügt, sein datenschutzfreundliches Verhalten auch über die Grenzen Deutschlands hinweg in das ganze Internet hineinkommunizieren.

6 Nächste Schritte

Wir implementieren gerade eine P3P-konforme „Trusted Engine“.[11] Das ist eine lokale Funktion für den Nutzer, welche seine Datenschutzpräferenzen mit einer von einem Teledienst angebotenen Datenschutzpolicy vergleicht. Aufgrund des Vergleichs hilft sie dem Nutzer dann, eine Entscheidung darüber zu treffen, ob er diesen Dienst in Anspruch nehmen und ihm seine Daten anvertrauen will oder nicht.

Die P3P-Trusted Engine wird danach in ein SET-Wallet integriert. Dieses Wallet soll im 4. Quartal 2000 in der Electronic Mall des Anwendungspartners in einem Feldversuch erprobt werden.

Die Umsetzung von Datenvermeidung oder Dateneinsparung durch Konzepte pseudonymer Dienstenutzung und -bezahlung kann nur schwer erzwungen werden, weil das hierfür erforderliche Wissen für die Systemgestaltung nur bei den Anbietern vorhanden ist. Sie muss vielmehr mit Anreizen erreicht werden. Solche werden bereits durch die Rechtsfolgen der Verwendung pseudonymer Daten geboten. Pseudonyme sind nämlich keine personenbezogenen Daten. Diese rechtliche Bewertung hat zweierlei Folgen. Einmal kann durch Verwendung von Pseudonymen das Ziel der Datensparsamkeit verwirklicht werden. Zum anderen bietet diese für den Anbieter, der die Zuordnungsregel nicht kennt, den Anreiz, dass pseudonyme Daten nicht dem allgemeinen Datenschutzrecht unterliegen. Für sie gelten die Anforderungen des TDDSG und des MDStV grundsätzlich nicht.

Allerdings sind für die Verwendung pseudonymer Daten Vorsorgeregelungen notwendig, die dafür sorgen, dass die pseudonymen Daten für den Datenverwender auch künftig nicht einer bestimmten Person zugeordnet werden können. Hierzu gehören Informationen über die richtige Verwendung von Pseudonymen durch den Nutzer sowie Einsichtsrechte zu den zu Pseudonymen gespeicherten Daten, damit der Nutzer das Risiko ihrer Aufdeckung einschätzen kann. Weiterhin sind technische und organisatorische Regelungen zur Sicherung der Pseudonymitätseigenschaft der Daten notwendig. Schließlich sind Aufdeckungsverfahren vorzusehen, die einerseits in berechtigten Ausnahmefällen eine Aufdeckung des Pseudonyms leicht und unbürokratisch ermöglichen, in allen anderen Fällen aber verlässlich ausschließen.

---

[11] Vitor Batista, Kritische Bewertung und Implementierung von P3P gemäß TDDSG, Diplomarbeit an der Universität Frankfurt/Main, voraussichtlich Mai 2000.

Denn gerade im E-Commerce ist es den Anbietern nicht zuzumuten, mit Unbekannten Geschäfte abzuwickeln, die sie im Streitfall nicht zur Rechenschaft ziehen können. Der notwendige umfassende Rechtsrahmen für die Verwendung pseudonymer Daten ist noch zu schaffen.[12] Wichtige Bestandteile enthalten das TDDSG und der MDStV bereits. Ihre Praxistauglichkeit wird durch das Forschungsprojekt nachgewiesen. Notwendige Ergänzungen können durch die Erprobung von Pseudonymitätskonzepten erkannt werden.

[12] S. hierzu Roßnagel/Scholz, Datenschutz durch Anonymität und Pseudonymität, dieser Artikel erscheint in MMR voraussichtlich im Juli 2000.

Datenschutz als Kernanliegen des Verbraucherschutzes im E-Commerce

Dr. Tobias Brönneke und Michael Bobrowski

Der nachfolgende Beitrag beleuchtet in zwei Abschnitten das Verhältnis von Daten und Verbraucherschutz im E-Commerce. Im ersten Teil[1] wird die spezifische Sichtweise des Verbraucherschutzes herausgearbeitet und die Einflussmöglichkeiten der Verbraucherverbände werden dargestellt. Im zweiten Teil[2] wird vertiefend am Beispiel biometrischer Erkennungsverfahren die Ambivalenz technischer Entwicklungen betrachtet und die Richtung, die die weitere Entwicklung in diesem wichtigen Punkt nehmen sollte, aufgezeigt.

1 Verbindungslinien zwischen Verbraucher- und Datenschutz

1.1 Die potenzielle Attraktivität des E-Commerce für Endverbraucher bei aktuell mangelnder Akzeptanz neuer Medien für reale Geschäftsabschlüsse

Die Abwicklung von Rechtsgeschäften über das Internet kann für Verbraucher aus verschiedenen Gründen interessant sein. Dies soll am Internet-Einkauf verdeutlicht werden: Die Information über das Produktangebot kann ebenso wie der eigentliche Einkauf 24 Stunden am Tag von zu Hause aus (die Existenz eines Internet-Zugangs vorausgesetzt) stattfinden. Inzwischen werden die ausgefallensten Produkte über das Internet angeboten und können von zu Hause aus bezogen werden. Es gibt Möglichkeiten des schnellen Preisvergleiches, die so in der „realen" Welt nicht existieren. Schließlich, und das dürfte für viele Verbraucher das durchschlagendste Argument sein: Nicht selten finden sich im Vertriebsweg Internet hohe Rabatte und günstige Preise für Leistungen, die im klassischen Geschäftsverkehr weitaus teurer erworben werden müssten.[3] Dem stehen – das zeigen zwei Feldrecherchen der Arbeitsgemeinschaft der Verbraucher AgV[4] und eine weitere des Verbraucherweltverbandes Con-

---

1 Verfasst von Dr. Tobias Brönneke.

2 Verfasst von Michael Bobrowski.

3 So etwa Sonderpreise für Bahnfahrten zwischen vielen deutschen Großstädten, s.: www.Bundesbahn.de; s. auch die Auswertungen der Stiftung Warentest in: test-Spezial: Internet, Berlin 1999, z. B. S. 45 bezüglich Audio-/Videoangeboten, S. 47 bezüglich Hotelbuchungen, aber zugleich auch mit der Aussage, dass die Internet-Angebote nicht etwa durch die Bank billiger sind.

4 Wolters, E-Commerce und rechtlicher Verbraucherschutz, und Günther, Analyse des Marktverhaltens der Anbieter im Internet aus Verbrauchersicht, beide Bonn 1999. In der ersten Recherche wurden mehrere tausend Internet-Seiten geöffnet und nach bestimmten Kriterien analysiert, in der zweiten Recherche wurden darüber hinaus Probekäufe getätigt.

sumers International[5] – aber auch manche Defizite gegenüber: Die im Internet vertriebenen Produkte lassen sich sprichwörtlich nicht anfassen. Nachfragen, die bei einem herkömmlichen Einkauf unkompliziert in einem Verkaufsgespräch gestellt werden können, erweisen sich als schwierig. Preisnebenbestandteile werden nicht ordentlich ausgewiesen. Bestellsysteme sind nutzerunfreundlich gestaltet und technisch instabil, kurz: leiden nicht selten an erheblichen „Kinderkrankheiten". Die Zahlungsfragen sind für Verbraucher und Anbieter mangelhaft gelöst. Insbesondere bestehen gravierende Defizite im Hinblick auf den Datenschutz, worauf sogleich näher einzugehen sein wird.

Vor diesem Hintergrund erstaunt nicht, dass die Zuwachsraten des Internet-Handels im „b2c"-Geschäft (= business to consumer, also professioneller Anbieter mit Endverbrauchern) hinter den Erwartungen der Wirtschaft, aber auch der Politik zurückbleiben. Ein entscheidender Punkt – das bestätigen die Analysen von Marktforschungsunternehmen – liegt in den Sicherheitsbedenken seitens der europäischen Verbraucher.[6] Gerade dadurch wird der Verbraucherschutz – und hierbei spezifisch der Datenschutz – zu einer Schlüsselfrage, wenn es darum geht, Zuwachsbremsen im Internet-Handel mit Endverbrauchern abzubauen. Die Verbraucherverbände registrieren dies sehr deutlich dadurch, dass fast täglich Anfragen aus der Wirtschaft kommen, bei denen es darum geht, die Zustimmung der Verbraucherschützer zu bestimmten Angebotsformen zu erhalten, um das Verbrauchervertrauen zu gewinnen.

1.2 Die Risiken für Endkunden – Beobachtungen der Verbraucherverbände

Im Rahmen dieses Beitrags erübrigt es sich, die technischen Vorgänge zu referieren, die bedingen, dass Einkaufsbummel im Internet Datenspuren hinterlassen, dass das Konsumverhalten registriert, aufgezeichnet und weitergegeben werden kann, Klartextinformationen sehr einfach von unbefugten Dritten abgefangen und missbraucht werden können und Datensplitter zu umfassenden Verhaltens- und Konsumprofilen zusammengeführt werden können.[7] Hier sollen nur einige Beobachtungen darge-

---

[5] Consumers International (Hrsg.), Consumers@shopping, London 1999.

[6] Sehr deutlich herausgestellt wurde dies z. B. durch Emily Green, Forrester Research, anlässlich des 1999 von der AgV durchgeführten internationalen Kongresses „Europas Verbraucher online": Von 17 000 in Europa befragten Haushalten gaben 54 % der PC-Besitzer an, regelmäßig Webseiten mit Produktangeboten anzusteuern, nur 12 % haben jedoch online eingekauft. Hinderungsgrund für den Einkauf im Netz ist danach mangelndes Vertrauen in diese Verkaufsform, c't 2000, 180.

[7] Vgl. hierzu die Beiträge in diesem Band sowie: Deutscher Bundestag, Fünfter Zwischenbericht der Enquetekommission „Zukunft der Medien in Wirtschaft und Gesellschaft – Deutschlands Weg in die Informationsgesellschaft" zum Thema „Verbraucherschutz in der Informationsgesellschaft", Drs. 13/11003 unter 4.5.

stellt und auf spezifische Risiken aus Sicht der Verbraucherverbände hingewiesen werden:[8]

Schon die offene, ohne weiteres für jedermann erkennbare Datenerhebung beim Kunden geht in der Mehrzahl der Fälle über das für den jeweiligen Geschäftsabschluss erforderliche Maß hinaus. So fragt man sich, zu welchem Zweck die Nationalität[9] abgefragt wird. Über die internetspezifische versteckte Datenerhebung wird in aller Regel nicht – wie zumindest nach deutschem Recht geboten – informiert, ebenso wenig über die Verwendung der erhobenen Daten. Schon aus dem Konsumverhalten selbst lassen sich vielfältige Rückschlüsse auf den jeweiligen Verbraucher ziehen, z. B. im Hinblick auf sein Einkommen. Werden Ratenzahlungen vereinbart, so spricht dies für sich. Im Rahmen spezifischer Angebote werden sensibelste Daten abgefragt, so von einer Cyberapotheke die bisherige Krankengeschichte oder bisher eingenommene Medikamente. Derartige Daten sind zweifellos z. B. für einen Lebensversicherer oder den künftigen Arbeitgeber von hohem materiellem Wert, wodurch eine Missbrauchsgefahr produziert wird. Eine nach dem deutschen Teledienstedatenschutzgesetz (TDDSG) gebotene verschlüsselte Übertragung von Daten wird in Europa nur in den wenigsten Fällen angeboten, und zwar auch dann nicht, wenn sensible Daten abgefragt werden. Anders verhält es sich bei in den USA ansässigen Anbietern.

Sehr bedenklich erscheint es den Verbraucherorganisationen, dass einzelne Angebote sehr häufig mit Gestaltungselementen anderer Anbieter versehen sind, z. B. Seitenzugriffszähler oder Werbebanner, die es großen Werbefirmen erlauben, umfassende Bewegungsprofile anzulegen. Auch ohne den Verbraucher namentlich zu identifizieren, wird es so möglich, dessen Konsumverhalten zu manipulieren. Auf das Internet spezialisierte Werbefirmen preisen ihre Dienste sogar damit an, dass der Kunde auf ihn persönlich nach werbepsychologischen Aspekten abgestellte Informationen erhält. Das Internet-Angebot stellt sich dann nicht allen Surfern gleich dar, obwohl die gleichen Seiten aufgerufen wurden und diese manipulative Beeinflussung nicht erkennbar ist. Auch ist es möglich, als „Schnäppchenjägern" eingestuften Verbrauchern für dasselbe Produkt einen anderen Preis anzubieten als Surfern, die schon häufiger teurere Produkte geordert haben.

Problematisch ist es schließlich, wenn eine über längere Zeit bestehende Pseudonymität bei Verbrauchergeschäften plötzlich und im Nachhinein aufgehoben wird, weil

---

[8] Die nachfolgenden Ausführungen basieren auf den bereits zitierten Feldrecherchen, vgl. Wolters (Fn. 4), 13-31, Günther (Fn. 4), 39-45; vgl. auch die Zusammenfassung: Sabine Wolters, DuD 1999, 277-283; neue Erkenntnisse lässt eine dieses Jahr laufende, federführend von Consumers International veranlasste Feldrecherche zum Datenschutz im Internet erwarten.

[9] Nachvollziehbar wäre noch die Frage, ob die angegebene Adresse den Wohnsitz des Kunden beschreibt, weil dies möglicherweise Konsequenzen auf das anwendbare Recht hätte.

etwa nach vielen Transaktionen, bei denen es auf die Adresse des Kunden nicht ankam, nunmehr eine Lieferanschrift benötigt wird oder weil der Verbraucher, der zunächst ein anonymes oder pseudonymes Zahlungsverfahren verwendet hat, Mängelgewährleistungsrechte geltend macht.

Ein zunehmendes Problem stellt der Missbrauch von Kreditkartendaten im Internet dar. Die Rechtslage ist diesbezüglich für den Kunden günstig: Es liegt ein Geschäftsbesorgungsvertrag zugrunde (§ 675 BGB). Das Kartenunternehmen erhält einen Aufwendungsersatzanspruch (§§ 670, 675 BGB) nur dann, wenn es eine wirksame Weisung des Kunden auf Zahlung nachweisen kann, was ihm bei den derzeit gängigerweise noch fehlenden Authentifizierungsverfahren nicht gelingt.

Gleichwohl verhalten sich Kreditkartenunternehmen nach Beobachtungen der Verbraucherverbände bei Beanstandungen entsprechender Buchungen bisweilen ausgesprochen kundenunfreundlich. Teilweise wird vom Kunden sogar eine eidesstattliche Erklärung verlangt, mit der er versichern soll, Dienste nicht in Anspruch genommen zu haben. Wird die Inanspruchnahme dubioser Dienste behauptet, kann die Auseinandersetzung mit dem Kreditkarten ausstellenden Unternehmen für den Verbraucher ausgesprochen unangenehm sein.

1.3 Parallele Ziele von Daten- und Verbraucherschützern

Die soeben geschilderten Defizite zeigen zugleich, dass Datenschutzprobleme im E-Commerce zu großen Teilen zugleich Probleme des Verbraucherschutzes darstellen. Positiv gewendet führt dies dazu, dass Verbraucher- und Datenschützer im Kern dieselben Ziele verfolgen, soweit es um Datenschutzanforderungen gegenüber nichtstaatlichen Stellen geht.

Nuancierungen mag es möglicherweise bei der Beurteilung der unmittelbaren Handlungsnotwendigkeiten geben. Aus unserer Sicht gilt es festzuhalten, dass das TDDSG und die darin geregelten Rechtspflichten materiell-rechtlich in die richtige Richtung weisen. Das gilt insbesondere für das Rechtsprinzip der Datenvermeidung und -minimierung sowie die flankierenden und dies konkretisierenden Vorschriften, namentlich die Aufklärungspflichten und Einwilligungsrechte. Entsprechende Vorschriften sollten so schnell wie möglich in das BDSG aufgenommen werden.

Eine Änderung der Vorschriften des TDDSG in ihrer Substanz, auch soweit sie als „Straffung“ deklariert werden, ist weder erforderlich noch wünschenswert. Verbessert werden müssen aber die gesetzlichen Instrumentarien zu ihrer Durchsetzung wie auch die Datenschutzkontrolle, die möglichst in einer Hand liegen sollte. Überfällig ist aus unserer Sicht die lang angekündigte gesetzliche Regelung zum Datenschutzaudit.[10]

Eine kurze Bemerkung gilt den so genannten „Werbestopplisten", im Internet „E-Mail-oder Spam-Sperrlisten": Diese Listen sollen ein Übel bekämpfen, dass es in Deutschland aufgrund des diesbezüglichen wettbewerbsrechtlichen Verbotes,[11] das vom Bundesgesetzgeber im Rahmen des Fernabsatzgesetzes bestätigt wurde,[12] eigentlich nicht geben sollte. Abgesehen von Zweifeln hinsichtlich der Effizienz solcher Listen ist diese Lösung auch aus prinzipiellen Erwägungen abzulehnen. Die Listen erfordern ständige Datenabgleiche und widersprechen dem Prinzip der Datenvermeidung.

1.4 Datenschutz durch Verbraucherschützer

Die gemeinsamen Ziele schließen aus, das Verhältnis von Daten- und Verbraucherschutz rein instrumentell zu begreifen. Gleichwohl kann der Verbraucherschutz – ohne selbst instrumentalisiert zu werden – auch als ein Mittel zur Durchsetzung von Datenschutzzielen verstanden werden. Es ist daher durchaus berechtigt, die Frage der Instrumente des Datenschutzes mit einem Beitrag zum Verbraucherschutz zu beginnen.

Dies erschließt sich bei einem Blick auf die Möglichkeiten der Verbraucherschutzorganisationen, zur Verwirklichung von Datenschutzzielen beizutragen:

Ein Kernaspekt liegt sicherlich darin begründet, dass das Urteil von Verbraucherschützern gefragt ist, um die Vertrauenswürdigkeit von kommerziellen Angeboten zu beurteilen.

So ist die erste deutsche Initiative zur Schaffung eines Vertrauenslabels für Online-Shops (geprüfter Online-Shop[13], vergeben vom Europäischen Handelsinstitut) als eine direkte Reaktion des Handels auf die Kritik der Verbraucherverbände an mangelhaften Zuständen im Internet-Handel zurückzuführen. Auch das zweite Label „trusted shops"[14] suchte von Beginn an eine möglichst hohe, nach außen dokumentierbare Übereinstimmung mit den Forderungen der AgV herbeizuführen.

---

[10] Vgl. zur Bedeutung des Datenschutzaudits für den Verbraucherschutz: A. Roßnagel, in: AgV-Forum 1999, 36-43.

[11] Vgl. LG Traunstein, CI 1998, 9, sowie CI 1998, 171; LG Berlin, CR 1998, 499, sowie CR 1998, 623; AG Brakel, MMR 1998, 492; LG Hamburg vom 6.1.1998, 312 = 579/97 (unveröffentlicht); zweifelnd LG Berlin, CR 1999, 187; aus der Literatur mit gründlicher Auseinandersetzung zur Gegenmeinung: A. Günther, CR 1999, 172-184.

[12] § 2 Abs. 1 S. 3 Fernabsatzgesetz, Regierungsentwurf, BT-Drs. 14/2658.

[13] www.shopinfo.net

[14] www.trustedshops.de

Verbraucherschützer haben in aller Regel eine „gute Presse“: Ihre Anliegen werden mit anderen Worten gerne und gutwillig von Funk, Fernsehen und Printmedien transportiert.[15]

Dies lässt sich einerseits dazu nutzen, um politischen Handlungsdruck aufzubauen, andererseits aber auch, um Verbraucher über die Möglichkeiten des Selbstdatenschutzes aufzuklären. Vielleicht sollte dies noch stärker als bisher dazu genutzt werden, um Kundenmacht zu mobilisieren: Schließlich ist es möglich, Angebote mit einer erkennbar fehlenden oder zweifelhaften Datenschutzpolicy zu meiden und umgekehrt nachgewiesen „gute“ Angebote zu bevorzugen.

Eine wesentliche Aufgabe von Verbraucherverbänden besteht in der Mitwirkung im rechtspolitischen Raum auf nationaler und internationaler Ebene. So wirkte die AgV bei der Evaluierung des TDDSG mit und wurde und wird beim Erlass von Datenschutzgesetzen um ihre Meinung gebeten. Ein eigenständiges Gewicht erhalten die Argumente der Verbraucherschützer neben denen der Datenschützer, wenn es um die Akzeptanz bestimmter Maßnahmen und Regelungen durch die privaten Nachfrager geht.

Wichtig ist auch die intensive Begleitung der „Safe Harbor“-Verhandlungen zwischen der EU und den USA durch die Verbraucherverbände im Rahmen des Transatlantischen Verbraucherdialogs (TACD), die erheblich dazu beiträgt, dass ein vorschnelles „Einknicken“ der europäischen Seite bisher unterbleibt.[16] Hier zeigte sich übrigens, dass das Argument der Globalisierung nicht dazu taugt, gegen die Setzung hoher Schutzstandards auf „regionaler“ Ebene ins Feld geführt zu werden. Die amerikanischen Verbraucherschutz- und Menschenrechtsgruppen verwendeten und verwenden die europäische Rechtslage und die „Safe Harbor“-Verhandlungen dazu, ein gleichwertiges, möglichst gesetzlich abgesichertes Datenschutzniveau für die USA zu verlangen, und betreiben diesbezüglich ein intensives Lobbying.

Gerne beteiligen sich Verbraucherschützer an sinnvollen Formen der gesellschaftlichen Selbstregulierung, wie im hier interessierenden Bereich namentlich bei der Ausarbeitung der Prinzipien und Leitlinien zum Datenschutz bei Multimediadiensten im Rahmen des Arbeitskreises „Datenschutzaudit Multimedia“.[17]

Dort wo es gilt, die richtigen Datenschutzmaßnahmen zu entwickeln, werden Verbraucherschützer sinnvollerweise spezifische Beobachtungen und Aspekte einbrin-

[15] Ein Beispiel: Die Pressestelle der AgV konnte nach einer gemeinsamen Pressekonferenz mit dem Bundesdatenschutzbeauftragten im Frühjahr 1999 136 Printbeiträge in Tageszeitungen registrieren; dazu kommen Beiträge in Zeitschriften und eine ganze Reihe nicht einzeln erfasster Funk- und Fernsehbeiträge.

[16] S. hierzu: www.tacd.org.

[17] Abgedr. in DuD 1999, 285-293 = www.siline.com/gddd/mmprinzip.html.

gen, die sich speziell aus dem Verhältnis kommerzieller Anbieter – privater Nachfrager ergeben. Bisweilen können sie auch den Anstoß zu vertieften Analysen bieten[18] oder – wie unter Kap. 2 am Beispiel der Biometrie zu zeigen sein wird – die technische und rechtliche Entwicklung sehr intensiv begleiten. In der Regel ist es allerdings für die mit einem breiten Themenspektrum befassten Verbraucherschutzorganisationen weder sinnvoll noch auch unter Kostengesichtspunkten möglich, datenschutzspezifisches Know-how in gleicher Tiefe wie die Institutionen des Datenschutzes bereitzustellen. Hier bietet sich vielmehr eine Arbeitsteilung mit Datenschützern an.

1.5 Ausklang: Verbraucherschutz und Datenschutz – eine strategische Allianz

Im Ergebnis spricht alles dafür, dass Institutionen und Personen, die sich zum Ziel gesetzt haben, den Datenschutz auf der einen und den Verbraucherschutz auf der anderen Seite zu fördern, eine strategische Allianz eingehen. Verbraucherschützer können von dem besonderen spezifischen Know-how der Datenschützer profitieren und umgekehrt ihr zusätzliches Gewicht gegenüber Politik und Anbietern, das nicht unwesentlich auf einer sehr hohen Akzeptanz bei den Medien beruht, zur Durchsetzung von Datenschutzzielen anbieten sowie über ihre Kanäle an einer Information der Verbraucher über die Möglichkeiten des Datenschutzes mitwirken. Die Sommerakademie 2000 der DATENSCHUTZAKADEMIE SCHLESWIG-HOLSTEIN zum Thema „E-Privacy – Datenschutz im Internet“ sollte zum Ausbau dieser in Ansätzen schon bestehenden Allianz genutzt werden.

2 E-Commerce und Verbraucherschutz durch Biometrie – Chancen und Risiken

„Lächeln Sie, Sie werden gefilmt“ – mit diesem im vorliegenden Kontext durchaus zweideutigen Satz überschrieb eine Bonner Tageszeitung kürzlich einen Bericht über die geplante Einführung der Videoüberwachung in Straßburger Bussen und Straßenbahnen, auf Plätzen und in Schulen. Was beim ersten Hinsehen noch recht spaßig klingt, lässt den Leser spätestens nach der Lektüre des Artikels sehr nachdenklich zurück. Dabei müssen wir gar nicht nach Straßburg gehen, um uns „filmen“ zu lassen. Schließlich ist der Einsatz video-optischer Verfahren auch im Internet längst Realität. Man denke nur an die aus Sicht des Persönlichkeitsschutzes problematischen „Webkameras“.

---

[18] So die umfassende interdisziplinäre juristisch-technische Untersuchung von Johann Bizer und Rüdiger Grimm, Electronic Commerce. Anbieterkennzeichnung. Datenschutz. Rechtliche Anforderungen, Informationstechnische Lösungen, Bonn 1999.

2.1 Chancen und Risiken für die Verbraucher

Die durch Technikentwicklung und zunehmenden Kostendruck getriebenen Entwicklungen rund ums Internet schaffen auch im Zusammenhang mit biometrischen Verfahren neue Regelungstatbestände, die hinsichtlich ihrer Verbraucher- und Datenschutzrelevanz vielfach noch ungelöst sind. Wie bei vergleichbaren technischen Neuerungen, so sind auch mit der breiteren Anwendung marktfähiger biometrischer Identifikations- und Erkennungsverfahren spezifische Chancen und Risiken verbunden. Köhntopp und Fox sprechen von der „Janusköpfigkeit" der Biometrie[19]: Während sie (die Biometrie) verspreche, das Problem schwacher Passwörter, erratener PINs und verlorener Chipkarten bei der Authentifikation aus der Welt zu schaffen, erlaube sie gleichzeitig eine unbemerkte Erkennung von Menschen und ermögliche im Falle einer perfektionierten Identifikation eine perfekte Kontrolle.

Über die technischen Grundlagen, die potenziellen Anwendungsfelder und die denkbaren Bedrohungsszenarien der Biometrie ist bereits an anderer Stelle geschrieben worden.[20] Daher wird im Folgenden nur auf Anwendungen im Bereich des Verbraucherhandelns und die damit verbundenen Konsequenzen für den Verbraucherschutz eingegangen.

2.2 Verbesserung der Sicherheit und Nutzerfreundlichkeit

Wo offene Netze als elektronische Transportwege genutzt werden, wo es um den Zugang zu E-Commerce-Angeboten unter Verwendung elektronischer Zugangsberechtigungen geht, stellt sich die Frage nach der Vertraulichkeit der Kommunikation und der Sicherheit der Zugangsberechtigung ebenso wie nach dem Schutz der Privatsphäre. Verfahren, die wie bei der Scheckkarte oder Signaturschlüsselkarte auf dem Prinzip „Besitz und Wissen" basieren, haben bekanntlich erhebliche Schwächen bei der Daten- und Rechtssicherheit. Darauf haben die Verbraucherorganisationen in der Vergangenheit wiederholt hingewiesen.[21]

Biometrische Verfahren bieten dagegen die Chance, die Vertraulichkeit und Datensicherheit, den Datenschutz und die Nutzerfreundlichkeit merklich zu verbessern. Dadurch können mittel- bis langfristig bei den Verbrauchern Akzeptanz und Vertrauen in die neuen Instrumente des elektronischen Wirtschaftens und Handelns geschaffen werden. Die AgV hat sich daher sowohl auf der nationalen als auch auf der europäischen Ebene bei den jeweiligen Beratungen über die Rahmenbedingungen für den Einsatz digitaler Signaturen dafür eingesetzt, den biometrischen Verfahren auf der Gesetzgebungsebene die Chance zu geben, entsprechend ihrer techni-

---

19 DuD, März 1999, 126 (Editorial).
20 S. u. a. DuD, März 1999.
21 S. www.agv.de.

schen Reife und der nachgewiesenen Sicherheit gleichberechtigt neben PIN und Passwort treten zu können.

Biometrische Verfahren arbeiten im Gegensatz zu PIN und Passwort mit Wahrscheinlichkeiten. Das kann ihre Nutzerfreundlichkeit einschränken. Die Verfahren werden daher im Verbraucheralltag nur dann eine breite Akzeptanz erfahren, wenn sie – je nach potenziellem Risiko einer Transaktion – ein abgestuftes Sicherheitskonzept beinhalten, das erforderlichenfalls eine starke Sicherheit bietet, andererseits aber auch eine nutzerfreundliche Anwendung gewährleistet. In dieser Hinsicht optimal wären Verfahren, bei denen der informierte Nutzer die Breite des Toleranzfeldes für den Entscheidungsprozess anhand des jeweiligen Risikopotenzials im System selbst einstellen kann.

2.3 Wirksamer Schutz gegen Missbrauch

Anwendungsfelder für den Einsatz der Biometrie im Verbraucheralltag gibt es genug. Sie reichen von der vertrauenswürdigen elektronischen Kommunikation, dem Zugang zu Online-Diensteangeboten aller Art, der Inanspruchnahme entgeltlicher Leistungen im Bereich elektronischer Medien (Stichworte: Pay-TV, Video-on-Demand) bis zum Einsatz im Gesundheitswesen. Allerdings kann der gewünschte vertrauenswürdige Datenaustausch oder der sichere Zugang zu Dienstleistungen in diesen Anwendungsfeldern nur sichergestellt, der Missbrauch sensibler Daten nur dann ausgeschlossen werden, wenn diese durch objektiv sichere Schutzmechanismen wirksam vor unberechtigtem Zugriff geschützt werden. Hier kann die Biometrie bei geregelter Anwendung einen maßgeblichen Vertrauensbeitrag liefern.

Allerdings führt die zwangsläufige Gebundenheit biometrischer Merkmale an ihren Träger zu bisher nicht gekannten Risiken, die sich aus den Entscheidungskriterien selbst ergeben, welche sie so attraktiv für mögliche Anwendungen machen: der Einzigartigkeit, Unverwechselbarkeit und weitgehenden Unveränderlichkeit der körperlichen Merkmale eines Individuums. Um dennoch eine vertrauenswürdige und sichere Anwendung der Biometrie für Verbraucher zu ermöglichen, sind zuvor verbindliche (gesetzliche) Regelungen zu schaffen und wirksame Schutzmechanismen zu errichten. Dabei sind Vor- und Nachteile der jeweiligen Verfahren in Abhängigkeit von ihren spezifischen Anwendungsfeldern, den verwendeten Identifikationsmerkmalen und ihren Systemparametern differenziert zu betrachten.

Eine gute Zusammenstellung der verschiedenen Aspekte, die bei der Bewertung und Prüfung biometrischer Verfahren zu beachten sind, enthält der „Kriterienkatalog", der von der Arbeitsgruppe 6 „Biometrische Identifikationsverfahren" erarbeitet und vom TeleTrusT-Verein herausgegeben wurde.[22] Die AgV ist (gemeinsam mit dem schleswig-holsteinischen Datenschutzbeauftragten) in dieser Arbeitsgruppe vertreten.

2.4 Besondere Gefahren durch Datenverknüpfung

Angesichts des erheblichen Überwachungs- und Kontrollpotenzials biometrischer Verfahren muss vor allem die Verknüpfung verschiedener Merkmalsdaten einer Person grundsätzlich ausgeschlossen werden. Wo sie aus zwingenden Gründen erforderlich ist und vertretbar erscheint (beispielsweise in der Telemedizin), muss sie einer strengen gesetzlichen Beschränkung und einer wirksamen unabhängigen Kontrolle unterworfen sein. Nur so kann eine umfassende Rechtssicherheit rund um die Erhebung, Speicherung, Auswertung und Weiterleitung solcher Daten erreicht werden. Hier kommt Art. 1 des Grundgesetzes (Unantastbarkeit der Menschenwürde) eine herausragende Bedeutung zu. Auch das Bundesdatenschutzgesetz bietet nach Köhntopp und Gundermann entscheidende Ansatzpunkte für mehr oder weniger datenschutzgerechte Lösungen, die sich an der jeweiligen Ausgestaltung der Technik und Verfahren orientieren.[23] Hierzu zählen aus der Sicht der Verbraucherorganisationen vor allem das strikte Beachten des Prinzips der Datenvermeidung, die ausschließliche Zweckgebundenheit der Daten und der Einsatz starker Verschlüsselung beim Austausch biometrischer Daten via Internet.

2.5 Die besondere Rolle der Information und Aufklärung der Nutzer

Überall dort, wo es um hohe Transparenz geht und gesetzliche Verbote und Kontrollen allein nicht ausreichen, kommt der vorsorglichen Information der Öffentlichkeit und der umfassenden Aufklärung der Nutzer eine herausragende Bedeutung zu. Dies gilt auch und in besonderem Maße für den Einsatz der Biometrie rund ums Internet bzw. beim E-Commerce. Die Informations- und Aufklärungsarbeit darf jedoch nicht auf Verbraucherorganisationen und Datenschützer abgewälzt werden. Sie ist vorrangig Aufgabe der Anbieter und Betreiber der betreffenden Systeme. Erforderlichenfalls ist die Pflicht zur Information den Betreibern gesetzlich aufzuerlegen.

2.6 Haftungserleichterungen für die Verbraucher

Die spezifischen Risiken bei der Anwendung biometrischer Verfahren müssen sich auch in verbraucherfreundlichen Haftungsbestimmungen innerhalb der allgemeinen Geschäftsbedingungen der Betreiber widerspiegeln. Insbesondere bei der Anwen-

---

[22] Kriterienkatalog zur Vergleichbarkeit biometrischer Verfahren; herausgegeben vom TeleTrusT-Verein, 1998.

[23] DuD, März 1999, 143 ff.

dung „starker Sicherheitskonzepte“ müssen dem Kunden Haftungserleichterungen eingeräumt werden.

2.7 Mitwirkung von Verbraucherorganisationen bei Risikoanalysen

Biometrische Verfahren, die im Zuge von E-Commerce-Anwendungen, aber auch bei sonstigen Anwendungen im Verbraucheralltag zum Einsatz kommen sollen, müssen vor ihrer endgültigen Markteinführung einer umfassenden Risikoanalyse unterzogen werden. Dabei ist für die einzelne Anwendung unter strikter Beachtung datenschutzrechtlicher Erfordernisse ein in sich schlüssiges Sicherheitskonzept zu erstellen. Vor der Anwendung in besonders sensiblen Bereichen (Finanzdienstleistungen, Gesundheitswesen usw.) sollte eine Erprobung in einem begrenzten, aber aussagefähigen Anwendungsgebiet unter praxisnahen Bedingungen mit wissenschaftlicher Begleitung erfolgen. An der Durchführung der Risikoanalysen und an der Erstellung der Sicherheitskonzepte sind Verbraucherorganisationen zu beteiligen. Ein Anfang in dieser Richtung ist mit der Einbeziehung von Verbraucher- und Datenschützern in das Projekt „BioTrusT“ des TeleTrusT-Vereins gemacht.

2.8 Verbraucherschutz bei Videoüberwachung und Videobeobachtung

Die Einbeziehung der Videoüberwachung in den rechtlichen Datenschutz entspricht einer Forderung der Verbraucherorganisationen. Eine Videoüberwachung kann in bestimmten Anwendungsbereichen durchaus im Interesse der Verbraucher liegen. Ihr Sinn und ihre grundsätzliche Zulässigkeit werden daher auch von den Verbraucherorganisationen nicht in Abrede gestellt. Allerdings muss es hierfür eindeutige Regeln geben. Im aktuellen Entwurf zur Novelle des Bundesdatenschutzgesetzes sind die rechtlichen Voraussetzungen für die Durchführung der Videoüberwachung jedoch zu gering angesetzt. So kann ihre Zulässigkeit zur „Aufgabenerfüllung“ und zum „Geschäftszweck“ letztendlich zu jeglicher Art von Überwachung führen. Die AgV hält daher eine Einschränkung der Videoüberwachung auf bestimmte berechtigte Zwecke für dringend geboten. Es müssen Tatbestandsvoraussetzungen geschaffen werden, die eine echte Hürde für einen unkontrollierten Einsatz und eine übermäßige Überwachung darstellen. Das gilt sowohl für den Einsatz im öffentlichen Raum als auch im privaten Bereich, für die Überwachung ebenso wie für die Beobachtung. Eine besondere Gefährdung für den Persönlichkeitsschutz ergibt sich dann, wenn die solchermaßen erfassten Daten manipuliert, unverschlüsselt via Internet transportiert und der Allgemeinheit zugänglich gemacht werden. Hiergegen würde letztlich nur ein möglichst weltweit abgestimmtes gesetzliches Verbot helfen, wobei allerdings fraglich ist, ob und inwieweit es in der Praxis auch immer durchsetzbar wäre.

Wo es um die öffentliche und private Sicherheit geht, sollten dem Einsatz videooptischer Verfahren durch das Primat der informationellen Selbstbestimmung generell enge Grenzen gesetzt werden. Schließlich muss eine demokratisch verfasste freiheitliche Gesellschaft ungeachtet der real existierenden Risiken dem gegenseitigen Vertrauen weiterhin breiten Raum geben und akzeptieren, dass es eine hundertprozentige Sicherheit im Zusammenleben nicht gibt, will man nicht in einen totalen Überwachungsstaat abgleiten.

Selbstregulierung der Wirtschaft

Michael Schneider

Kaum ein anderes Thema polarisiert die Diskussion um die Selbstregulierung der Internet-Wirtschaft so sehr wie der Datenschutz. Die einen halten jede Abkehr von tradiertem Recht für einen Offenbarungseid des Gesetzgebers. Andere vertreten die Auffassung, dass staatliche Ansätze zur Regulierung des Datenschutzes kontraproduktiv und Interventionen allein insoweit zu rechtfertigen seien, wie die Wirtschaft diese Rolle nicht selbst übernehme. Wieder andere geben einer ausgewogenen „Koregulierung" den Vorzug. Einig ist man sich jedoch in zwei Punkten: Einerseits ist ein effektiver Datenschutz im nationalen Alleingang nicht mehr möglich, und auf der anderen Seite liegt eine Achtung der Privatsphäre ihrer Kunden im wohlverstandenen Eigeninteresse der Internet-Wirtschaft.

1 Widerstreitende Ansätze

Auf den ersten Blick sind die Fronten zwischen den Lagern bereits geographisch gut erkennbar, und die unterschiedlichen Philosophien stehen sich kaum versöhnlich gegenüber:

- In Europa, so scheint es für manchen unerfahrenen Betrachter, hat sich seit Jahrzehnten eine Regulierungskultur etabliert, die der Wirtschaft kaum Spielraum für eine Selbstregulierung im Datenschutz gelassen hat. Mehr noch: Mitunter ist zu hören, dass die europäischen Diensteanbieter gar nicht mehr in der Lage seien, ihre Lethargie zu überwinden – die mangelnden Erfolge bei der Umsetzung des Datenschutzaudits hätten dies anschaulich bewiesen.
- Die US-Regierung wiederum wird nicht müde zu betonen, dass eine Regulierung des Internets nicht ihre Sache sei. Vielmehr bleibe es der Wirtschaft selbst überlassen, für einen angemessenen Schutz der Privacy zu sorgen.[1] Der Staat habe lediglich dann einzugreifen, wenn die Wirtschaft nicht tätig werde, das Vertrauen ihrer Kunden missbrauche oder veröffentlichte Policies nicht umgesetzt würden.
- Australien schließlich kann ein bemerkenswertes Einvernehmen zwischen Politik und Wirtschaft aufweisen. Hier hat sich der Ansatz der Koregulierung scheinbar perfekt etabliert. Danach ist der Staat dafür verantwortlich, einen gesetzlichen Rahmen zu schaffen, den die Wirtschaft dann im Dialog mit den jeweils zuständigen Stellen ihrerseits ausfüllt.

[1] http://www.techweb.com/wire/story/domnam/TWB19980512S0006

So groß sind die Unterschiede in der Datenschutzkultur jedoch nicht. Schon Art. 27 der EG-Datenschutzrichtlinie zeigt, dass den Mitgliedsstaaten der Ansatz der Koregulierung durchaus nicht fremd ist. Darüber hinaus wird die Richtlinie von der europäischen Wirtschaft keineswegs als übermäßig restriktiv oder gar als ein so grundlegendes Hemmnis für den E-Commerce angesehen, wie manche US-Politiker – unter ihnen der frühere Präsidentenberater Ira Magaziner – es in der Vergangenheit gelegentlich glauben machen wollten.

In den USA selbst hat der von der Clinton-Regierung vertretene wirtschaftsgetriebene Ansatz inzwischen seinerseits an Überzeugungskraft verloren. Dort entwickelte sich der Datenschutz in der Praxis so, wie es von Kritikern in Europa bereits erwartet worden war: Zwar haben Teile der Wirtschaft den Auftrag zur Selbstregulierung – mehr oder weniger überzeugend – umgesetzt, jedoch blieb der Anteil derjenigen Anbieter, die Daten ihrer Kunden sorglos behandelten oder gar absichtlich sachfremden Zwecken zuführten, unübersehbar groß. Daher äußerte die Federal Trade Commission (FTC) bereits 1998 erste Zweifel daran, dass man ohne staatliche Interventionen auskomme. Im Frühjahr des Jahres 1999 sah sich der FTC-Chairman Robert Pitofsky gar zu einer an Deutlichkeit kaum zu überbietenden Warnung veranlasst:

> „*Unless industry can demonstrate that it has developed and implemented broad-based and effective self-regulatory programs by the end of the year, additional governmental authority would be appropriate and necessary.*“[2]

Nachdem die FTC daraufhin keine spürbaren Verbesserungen des Datenschutzes zu erkennen glaubte, gab sie am 19. Mai 2000 bekannt, den US-Kongress zu einer Gesetzesinitiative auffordern zu wollen.[3] Obwohl mit einer schnellen Umsetzung dieser Forderung angesichts der bevorstehenden Präsidentschaftswahlen nicht zu rechnen ist, werden die Weichen in den USA dadurch langfristig neu gestellt.

Eine Annäherung an das australische Modell ist dabei allerdings unwahrscheinlich. Dort hat sich zwar ein stabiles Miteinander staatlicher und privater Regulierungsansätze entwickelt – indessen beruht hier der Wille der Wirtschaft zur Selbstregulierung auf strikten gesetzlichen Vorgaben und dem unmissverständlich zum Ausdruck gebrachten Willen der Regierung, Missständen bei Bedarf ihrerseits abzuhelfen. Mitunter wird die Selbstregulierung gar dadurch vorangetrieben, dass der Wirtschaft detaillierte Vorschläge für Kodizes vorgelegt werden, die sie zu verabschieden hat.

---

2 Zit. nach: ZDNet, FTC privacy study looms, http://www.zdnet.com/filters/printerfriendly/0%2C6061%2C2217909-2%2C00.html.

3 http://www.nytimes.com/library/tech/yr/mo/biztech/articles/20privacy.html

Dies gilt ganz besonders für den Datenschutz, wie folgende Ausführungen des Australian Privacy Commissioner's belegen:[4]

> „*In March 1997 the Prime Minister offered the services of the Privacy Commissioner to help Australian businesses to develop voluntary codes of conduct to meet privacy standards ... The Commissioner issued ... National Principles in February 1998, and noted then that they would need to be reviewed within six to twelve months in the light of discussions on implementation, and in response to any issues which arise in practice ... On 16 December 1998 the federal Government announced that it intends to legislate to support and strengthen self-regulatory privacy protection in the private sector, and that a light-touch legislative regime would be introduced, based on the National Principles.*"

2 Zwang zum Konsens

Die Standards in Europa, den USA, Australien und in anderen Teilen der Welt werden aber ungeachtet der regionalen Präferenzen zwangsläufig konvergieren.

Während die US-Wirtschaft die EG-Datenschutzrichtlinie beispielsweise nach ihrem In-Kraft-Treten nicht wahrzunehmen oder wenigstens nicht ernst zu nehmen schien, sah die Clinton-Regierung spätestens in der zweiten Hälfte des Jahres 1998 dringenden Handlungsbedarf. Ambassador David L. Aaron beschreibt dies in seinem Begleitbrief[5] zu den „Safe Harbor-Principles"[6] wie folgt:

> „*Because the United States relies largely on a sectoral and self-regulatory, rather than legislative, approach to effective privacy protection, many U.S. organizations have been uncertain about the impact of the ,adequacy' standard on personal data transfers from European Community countries to the United States. In Fall 1998, the Department proposed a safe harbor for U.S. companies that choose to adhere to certain privacy principles. The safe harbor principles are designed to serve as guidance to U.S. organizations seeking to comply with the ,adequacy' requirement of the European Union Directive.*"

4 http://www.privacy.gov.au/private/index.html
5 http://www.ita.doc.gov/td/ecom/aaron317letter.htm
6 http://www.ita.doc.gov/td/ecom/menu1.html

Auf diese Weise hat die EU es verstanden, ihre Marktmacht zu nutzen, um die Einhaltung der hier geltenden Standards – mindestens teilweise – auch in den USA zu erzwingen (s. ergänzend die Verlautbarung der Kommission vom 29. März 2000[7]).

In Australien sieht man sich ebenfalls veranlasst, die eigene Koregulierung mit der EG-Datenschutzrichtlinie zu harmonisieren. In diesem Zusammenhang weist der Privacy Commissioner darauf hin, er habe sich bei der Erstellung der australischen „National Principles" u. a. von folgenden Erwägungen leiten lassen:[8]

> *„Overseas developments, especially in Europe, made it important that these principles meet international best practice."*

3 Die künftige Rolle der Internet-Wirtschaft

Demnach deutet vieles darauf hin, dass sich – trotz der unterschiedlichen rechtspolitischen Grundsätze und abweichenden praktischen Ausgestaltungen – bei der Datenschutzregulierung das Prinzip eines Miteinander von Staat und Wirtschaft durchsetzen wird. Offen ist dabei allerdings, wo die Grenzen zwischen Regulierung und Selbstregulierung liegen werden.

Das Nachrichtenmagazin „Der Spiegel" – im Allgemeinen nicht für einen übermäßig konservativen Standpunkt bekannt – zeichnet hier ein düsteres Bild. In einem Artikel über die „Macht der Verfassungsrichter"[9] heißt es:

> *„Die großen politischen Entscheidungen fallen jetzt ... außerhalb der Reichweite der Karlsruher Richter, in Brüssel, in Tokio, in New York. Und immer weniger Regierung und Gesetzgeber sind es, denen das Gericht von Amts wegen in den Arm fallen könnte; private Mächte, mühsam dereguliert, bestimmen über Freiheit und Moral der Bürger."*

Dieses Zitat beschreibt zutreffend, wie die nationalen Rechtsordnungen schrittweise an Bedeutung einbüßen. Die darin gleichzeitig enthaltene Prognose, die Wirtschaft werde nicht adäquat mit ihrer wachsenden Verantwortung umgehen, ist jedoch verfehlt.

Was den Datenschutz im Internet betrifft, haben die etablierten Diensteanbieter längst erkannt, dass dies keine Bürde sein muss, sondern stattdessen als Marketinginstrument genutzt werden kann. Nur die wenigsten, darunter vor allem kleinere Anbieter, Startups und diejenigen Dienste, deren „Kerngeschäft" im Missbrauch personenbezogener Daten besteht, bedürfen einer zusätzlichen Motivationshilfe.

---

7 http://europa.eu.int/rapid/start/cgi/guesten.ksh?p_action.gettxt=gt&doc=IP/00/301|0|RAPID&lg=EN

8 http://www.privacy.gov.au/private/index.html

9 Ausgabe 20/99, 206; http://www.spiegel.de/spiegel/nf/0,1518,23122,00.html.

Fehlt diese – und dies zeigt das US-Beispiel sehr deutlich –, ist eine effiziente Selbstregulierung nicht möglich.

Doch auch andere Gründe sprechen dafür, einen klaren gesetzlichen Rahmen für die Selbstregulierung zu schaffen:

- Die Internet-Wirtschaft ist nicht daran interessiert und auch nicht dafür prädestiniert, stellvertretend für ihre Kunden die Grenzen des Datenschutzes zu definieren. Stattdessen sind hier – nach Konsultation mit den betroffenen Unternehmen und ihren Verbänden – bindende Regelungen erforderlich.
- Ferner kann das Spannungsverhältnis zwischen Datenschutz einerseits und den für präventive und repressive Maßnahmen erforderlichen Grundrechtseingriffen andererseits nur durch tradiertes Recht aufgelöst werden. Fehlt dies, ist die Internet-Wirtschaft überschießenden öffentlich-rechtlichen Begehrlichkeiten schutzlos ausgesetzt.

Zur Ökonomisierung des Rechts auf informationelle Selbstbestimmung

Dr. Thilo Weichert

1 Geschichte

Dass man mit personenbezogenen Daten Geld machen kann, ist keine neue Erkenntnis. Das wussten schon die Paparazzi, die den ehemaligen Reichskanzler Bismarck auf dem Totenbett fotografierten, um dann die Bilder höchstbietend zu verhökern. Damals reagierte der Reichsgesetzgeber mit dem Erlass des Kunsturhebergesetzes, das ab 1907 die Verletzung des Rechts am eigenen Bild verbot und unter Strafe stellte. Die ökonomische Ausbeutung von Persönlichkeitsrechten wurde dadurch jedoch nicht aufgehalten, allenfalls gebremst. Die Rechtsprechung des Reichsgerichts und dann des Bundesgerichtshofes (BGH) und des Bundesverfassungsgerichts (BVerfG) bis in die jüngste Zeit sind eine beredte Geschichte über die Vermarktung des allgemeinen Persönlichkeitsrechts durch Bild und Wort. Erst soeben erlebte diese Geschichte einen neuen Höhepunkt, als der BGH im Fall *Marlene Dietrich* entschied, Erben einer prominenten Person könnten einen Schadensersatzanspruch wegen Verletzung des Persönlichkeitsrechts Verstorbener geltend machen.[1] Waren es aber in der Rechtsprechung fast durchgängig Prominente[2], deren Konterfeis, Namen oder private Informationen in klingende Münze umgesetzt wurden, so hat sich dieses Phänomen mit der Automation des Alltags und vor allem des Massenkonsums inzwischen auf die Normalbürgerin und den Normalbürger ausgeweitet.

Die allgemeine Ökonomisierung personenbezogener Daten hat erst mit der Etablierung des Internets als Massenmedium ihren Durchbruch geschafft. Historische Vorläufer dafür reichen aber weit zurück. Kreditauskunfteien haben in den 60er-Jahren des 19. Jahrhunderts ihre Wurzeln, die *Schutzgemeinschaft für allgemeine Kreditsicherung (Schufa)* zu Beginn des 20. Jahrhunderts.[3] Einiges kosten schon lange geeignete Adressen zum Zweck des Direktmarketing. Der erste deutsche Adressenverlag verkaufte 1879 ein nach Branchen geordnetes Adressbuch; zur gleichen Zeit konnten von einem anderen Anbieter nach Kaufkraftklassen sortierte Privatadressen

---

[1] BGH 11.1999, Az. I ZR 49/97, 226/97, zit. nach SZ 3.12.1999, 16.

[2] Z. B. Gustav Gründgens, Paul Dahlke, Königin Soraya, Emil Nolde, Erhard Eppler, „Herrenreiter“, Catarina Valente, Boris Becker, Nena, Joachim Fuchsberger, Caroline von Monaco.

[3] Weichert, DANA 3/1999, 11; Ganssauge, Datenverarbeitung und -nutzung von Kreditwürdigkeitsdaten durch fremdnützige Verarbeiter, 1995, 30 ff.; Peilert, Das Recht des Auskunftei- und Detektivgewerbes, 1996, 74 ff.

bezogen werden.[4] Da damals die über „Otto Normalverbraucher" verfügbaren Daten in einer Gesellschaft des anonymen Massenkonsums noch qualitativ und quantitativ enge Grenzen hatten, konnte nur ein begrenztes Geschäft gemacht werden.

Hinsichtlich der Versilberung personenbezogener Daten sowohl von Prominenten[5] als auch von einfachen Bürgern bzw. Konsumenten sind die USA Europa zumeist eine Nasenlänge voraus. Es lohnt sich daher immer, einen Blick über den Großen Teich zu machen, um neue Entwicklungen aufzuspüren.

2 Datenschutz als globales Marktregulierungsinstrument

Die Beschränkung wirtschaftlicher Nutzbarkeit personenbezogener Daten besteht heute – an der Schwelle der globalen Informationsgesellschaft – nicht mehr. Diese sind definitiv zur Ware geworden. Damit ist ein Konflikt zwischen Datenschutz und globalem Marktgeschehen vorgezeichnet. Die in den 70er-Jahren aufkommenden Datenschutzgesetze drohten zum Wettbewerbshindernis zu werden.[6] Dies wurde sehr früh von internationalen Gremien erkannt. So hat sich die *Organisation für wirtschaftliche Zusammenarbeit und Entwicklung* (OECD) in einer Empfehlung vom 23.9.1980 über Leitlinien für den Schutz des Persönlichkeitsbereichs und den grenzüberschreitenden Verkehr personenbezogener Daten[7] entschlossen, „den freien Informationsaustausch zwischen den Mitgliedstaaten zu fördern und der Schaffung ungerechtfertigter Hindernisse für die Entwicklung wirtschaftlicher ... Beziehungen unter den Mitgliedstaaten entgegenzuwirken". Nach Nr. 17 S. 1 dieser Empfehlung soll ein Mitgliedstaat den grenzüberschreitenden Verkehr personenbezogener Daten nicht beschränken. Ebenso sieht das Übereinkommen zum Schutz des Menschen bei der automatischen Verarbeitung personenbezogener Daten des *Europarates* vom 18.1.1980[8] in Art. 12 vor, dass keine Vertragspartei allein zum Zweck des Persönlichkeitsschutzes den grenzüberschreitenden Datenverkehr verbieten dürfe, um dann Vorschriften für einen gleichwertigen Datenschutz bei den Vertragsparteien vorzusehen. Und selbst die Richtlinien der *Vereinten Nationen* betreffend personenbezogene Daten in automatisierten Dateien[9] regeln unter 9., dass Informationen zwischen den Staaten „so frei wie innerhalb jedes Einzelstaates ausgetauscht werden" sollen, sofern die Staaten vergleichbare Sicherungen für den Schutz der Privatsphäre bieten.

---

4 Mattke, Adressenhandel, 1995, 78 ff.

5 Ein anschauliches Beispiel gab die so genannte Lewinsky-Affäre von US-Präsident Bill Clinton, bei der es nicht nur darum ging, wer Recht hatte, sondern wohl vorrangig, wie aus dieser Geschichte Geld gemacht werden kann; vgl. z. B. SZ 29.9.1999, 10; Der Spiegel 5/1998, 112 ff.

6 Simitis in: Simitis/Dammann/Geiger/Mallmann/Walz, BDSG, 4. Aufl., § 1 Rz. 143.

7 Bundesanzeiger Nr. 215 vom 14.11.1981, abgedr. in: Simitis u. a., BDSG-Dokumentation D 12.1.

8 Abgedr. in: Simitis u. a., BDSG-Dokumentation D 3.3.

9 Abgedr. in: Simitis u. a., BDSG-Dokumentation D 25.1; zum Ganzen vgl. Trute, JZ 1998, 830.

Für Bürgerinnen und Bürger normativ verbindlichen Charakter hat die Lösung des Konfliktes zwischen Datenschutz und Marktinteresse erst in der Europäischen Datenschutzrichtlinie von 1995 (EG-DSRL) gefunden.[10] Man mag die EG-DSRL wegen ihres bürgerrechtlichen Inhaltes loben; deren Ausgangspunkt war nicht das Ziel des Schutzes der Privatsphäre, sondern die Sicherstellung des Binnenmarktes der personenbezogenen Daten. Nationales, z. B. deutsches Datenschutzrecht hinderte den freien Informationsaustausch, da hinter der Grenze der „angemessene Datenschutz" nicht gewährleistet war. Konsequenterweise schafft bzw. fingiert die EG-DSRL bei den Marktpartnern eben diesen angemessenen Datenschutz. Zugleich erzwingt die Richtlinie eine europäische Abschottung gegenüber den informationstechnisch überlegenen USA und den informationstechnologischen Billiglohnländern in Asien. Die EG-DSRL folgt dem Kalkül der Nutzung des Marktvorteils „Datenschutz" gegenüber diesen Konkurrenten durch rechtliche Abschottung – eine technische Abschottung ist angesichts globaler Netze nicht mehr möglich. Daher ist die Erfolgsgeschichte des Datenschutzes mit seiner Exportwirkung über die EG-DSRL auf die USA, aber auch auf die Staaten Osteuropas weniger auf humanistische Ideale zurückzuführen als auf wirtschaftliches Kalkül.[11]

Dies gilt auch für die Schaffung der notwendigen Akzeptanz für IT-Produkte innerhalb des europäischen Binnenmarktes. Es ist seit Jahren absehbar, dass sich IT-Produkte so lange nur beschränkt vermarkten lassen, wie ihnen kein allgemeines öffentliches Vertrauen entgegengebracht wird. Dieses Vertrauen speist sich aus zwei Aspekten. Der erste ist der der Datensicherheit – Electronic Commerce hat keine Zukunft, solange keine Sicherheit vor Hackern, Viren und Spionen besteht. Der zweite Aspekt ist, dass sich der aufgeklärte Kunde die Frage stellt, weshalb er sich gegenüber dem ökonomisch mächtigeren Vertragspartner offenbaren soll, wenn dieser ihm nicht nur ein Produkt verkauft, sondern zugleich mit seinen Personendaten Geschäfte macht.[12] Während die Datenschutzgesetze der ersten Generation noch stark vom reinen Geist des Grundrechtsschutzes durchdrungen sind, von der Angst vor dem „großen Bruder", so liegt modernen Datenschutzgesetzen immer auch ein wirtschaftliches Kalkül zugrunde. Den Bürgerinnen und Bürgern ist die Vermarktung ihrer Daten oft nur möglich, wenn sie zuvor unter staatlichen Schutz gestellt worden sind. Sie werden Marktangebote nur dann annehmen, wenn ihnen durch die Datenschutzgesetzgebung eine reelle Chance zur Vermarktung ihrer Daten eröffnet wird.

---

[10] EG-ABl. Nr. L 281/31 vom 23.11.1995.

[11] Aaron, DANA 2/1999, 46 ff.

[12] Bernhardt, DANA 4/1999, 9 f.; vgl. auch den Beitrag von Grimm/Löhndorf/Roßnagel, 133, in diesem Buch.

3 Erscheinungen ökonomischer Verwertung

Wirtschaftlichen Wert haben personenbezogene Daten u. a. zur Nutzung für folgende Zwecke: die Feststellung der Bonität, d. h. der individuellen Zahlungsfähigkeit und Zahlungsbereitschaft, von Kredit- und sonstigen Vertragsrisiken, die Aquisition und Bindung von Kunden und generell die Durchführung von Werbung, die Vermittlung von Arbeitskräften, das Durchführen wissenschaftlicher Forschungsvorhaben.

Die ökonomische Bedeutung personenbezogener Daten erweist sich nicht nur auf den mehr oder weniger legalen Märkten. Datenschutzrelevante Cybercrime hat Eingang in die Krimiserien der Fernsehprogramme gefunden. Und diese sind Spiegel einer kriminellen Realität, z. B. wenn ein Erpresser von einer Bank Geld fordert und mit der Veröffentlichung von Kundendaten droht,[13] wenn gezielt AIDS-Patientendaten aus einer Klinik gestohlen werden,[14] wenn ein leitender Angestellter beim Wechsel zur Konkurrenzfirma die Datenbestände über den Kundenstamm mitnimmt,[15] wenn im Rahmen von Wirtschaftsspionage Führungskräfte abgeworben und diese zur Beschaffung von Expertenwissen in Anspruch genommen werden oder wenn eine Wirtschaftsauskunftei illegal bei Behörden und bei privaten Unternehmen personenbezogene Daten abschöpft.[16]

Nicht näher angesprochen werden hier – obwohl von Relevanz – Dienstleistungsangebote, bei denen im Rahmen des Verkaufs eines Produktes auch personenbezogene Daten als Produktbestandteil mit verkauft werden, so wie dies z. B. bei der Vermarktung von Sicherheitsinformationen der Fall ist, die auch Fahndungsdaten enthalten.[17] Im Einzelnen:

3.1 Bonitätsdaten – Auskunfteien – Detekteien

Im Dienstleistungsgewerbe, insbesondere bei Finanzdienstleistungen[18] oder beim Direktmarketing[19], spielt die personenbezogene Prüfung von Vertragsrisiken eine zentrale Rolle. Nicht nur für die – im weitesten Sinne – Kredit gebende Wirtschaft, auch für den Betroffenen selbst ist die Feststellung der Bonität von finanziellem Wert. Die *Schufa* lässt sich dies aufgrund des eigens hierfür geschaffenen § 34

[13] DANA 1/1998, 24.
[14] DANA 1/1998, 23 f.
[15] DANA 3/1996, 12.
[16] DANA 3/4/1995, 22 f.; DANA 3/1997, 18.
[17] Vgl. das Angebot EuSIS im Internet (www.eusis.de); dazu DANA 3/1997, 21; Bürgerrechte & Polizei/CILIP 56 (1/97), 49 ff.
[18] Zu den zentralen Warnhinweisen in der Versicherungswirtschaft Bauer, DANA 2/1997, 6 f.; Waniorek, RDV 1990, 228 ff.
[19] Weichert, DANA 2/1996, 14.

Abs. 5 S. 2 BDSG pro Auskunft mit 15 DM entlohnen. Allein die Berliner *Schufa* erzielte so im Jahr 1996 1,3 Mio. DM und damit einen Anteil am Gesamterlös von 10,1 %.[20] Ein gutes Geschäft mit Bonitätsdaten machen nicht branchengebundene Auskunfteien wie *Creditreform*, *Schimmelpfeng*, *Bürgel* oder *Info Data*. Dieses zunächst konventionell tätige Gewerbe macht sich nun auch die elektronische Vernetzung und Massendatenträger wie z. B. CD-ROM zunutze. Hierbei wird in großem Umfang auf behördliche Daten aus den Schuldnerverzeichnissen zurückgegriffen, die von den Berufskammern ihren Mitgliedern angeboten werden. Schuldnerverzeichnisse gibt es heute schon teilweise auf Diskette für 90 DM zzgl. Porto und Mehrwertsteuer pro Monat und Region.[21]

Dass viel Geld mit Datenschutzverstößen verdient werden kann, zeigte die Berliner Auskunftei *D.A.V.I.T.*, die sich mit illegalen Methoden Zugang zu privaten und öffentlichen Daten verschaffte und 13,8 Mio. persönliche und vertrauliche Datensätze anhäufte, um diese dann weiterzuverkaufen. Das wegen dieses Riesenschwindels eingeleitete Strafverfahren führte zur Einstellung gegen Zahlung von 13 500 DM.[22] Im halbseidenen Auskunfteigewerbe sind die USA Vorreiter, wo Firmen offensiv damit werben, dass sie mühelos an die Daten von jedermann herankommen. Das Zauberwort heißt „Datenfahndung". Gut 1 000 Unternehmen haben sich dort hierauf spezialisiert. Die größte Firma, *Acxiom*, hält Datenbestände über 196 Mio. Amerikaner bereit.[23] Die *Dig Dirt Corporation* bietet für 69 Dollar ein Persönlichkeitsprofil, das über Geburtsdatum, Sozialversicherungsnummer, aktuelle und frühere Wohnsitze, Namen des Partners bzw. der Familienangehörigen, Auto- und Immobilienbesitz usw. Auskunft gibt.[24]

3.2 Daten zur Vermittlung von Arbeitskräften

Ca. 50 000 Arbeitsuchende wurden im Jahr 1998 über private Jobbroker vermittelt. In Deutschland sind ca. 3 700 private Arbeitsvermittler lizensiert. Zur Vermittlung der zumeist höherwertigen Arbeitsplätze werden sensible Leistungsdaten der Bewerbenden genutzt. Die im Headhuntergeschäft branchenführende Firma *Heidrick & Struggler* machte im Jahr 1997 in Deutschland einen Umsatz von 64 Mio. Mark.[25] Aber nicht nur bei der Vermittlung sind Personendaten Gold wert. Vor der Einstellung sind viele Firmen bereit, einiges zu bezahlen, um bei den Bewerbungen die Spreu vom Weizen zu trennen. In den USA nimmt für 99 Dollar eine Firma im „Prospective Employee Dossier" potenzielle neue Mitarbeiter ins Visier, u. a. mit

[20] LG Berlin, DANA 4/1999, 41.
[21] Z. B. für Schleswig-Holstein; Weichert, DANA 3/1999, 15.
[22] DANA 3/1997, 18.
[23] Sulic, Leipziger Volkszeitung, 21.8.1998.
[24] Tügel, Mitbestimmung 12/1998, 48.
[25] Der Spiegel 26/1998, 80.

einem Suchlauf in der *National Media Criminal Databank*. Selbst kleine Verfehlungen können derart gegen Geld ausgekundschaftet werden.[26]

3.3 Kundenadressen

Kundenadressen haben von jeher in vielen Branchen einen hohen wirtschaftlichen Wert. Dies gilt überall dort, wo eine Stammkundschaft besteht und eine direkte persönliche Ansprache der Kunden erfolgt. Der Verkauf von Kundendaten ist ein von § 28 Abs. 2 S. 1 Nr. 1b BDSG grundsätzlich abgedecktes Phänomen.[27] Problematisch bleibt die Weitergabe von Kundenadressen bei sensiblen Vertragsbeziehungen, z. B. im Bereich der Finanzwirtschaft, wo das Versprechen des Bankgeheimnisses Vertragsbestandteil ist, oder bei Berufen, die einer besonderen Schweigepflicht (§ 203 Abs. 1 StGB) unterworfen sind. Um die Kundendaten zwischen befreundeten Finanzdienstleistern auszutauschen, die möglicherweise über die Adressen hinausgehen und spezielle Vertragsangaben einbeziehen, werden in entsprechenden Verträgen so genannte Allfinanzklauseln aufgenommen.[28] Wegen des Schutzes des in der Vertragsbeziehung liegenden besonderen Vertrauensverhältnisses ist der Verkauf von Kundendaten bei Ärzten, Rechtsanwälten oder sonstigen beruflichen Geheimnisträgern nach der Rechtsprechung nur mit Einwilligung der Betroffenen zulässig. Von Bedeutung ist dies insbesondere bei Praxisverkäufen, bei denen der überwiegende Wert in der Übernahme des Kundenstamms und der Kundendaten liegt.[29]

3.4 Direktmarketing

Der Adressenhandel bzw. das Direktmarketing erlebt derzeit jährlich zweistellige Zuwachsraten und ist mit ca. 36 Mrd. Mark jährlichem Umsatz im Jahr 1998 ein wichtiger Wirtschaftsfaktor. Der *Deutsche Direktmarketing Verband* hatte 1989 307 Mitgliedsfirmen; heute sind es schon mehr als 800.[30] Um eine zielgruppenorientierte Werbung durchführen zu können, sammeln Adressenhändler und Direktmarketingunternehmen Millionen von Kundendaten, nicht nur über das Konsumverhalten, sondern auch über Vorlieben, Hobbys, sozialen Status, Beruf, Alter, Familienstand usw.[31] Diese Daten sind Geld wert, pro Datensatz von 15 Pfennigen bis zu 15 Mark.[32]

---

[26] Tügel, Mitbestimmung 12/1998, 48.
[27] Weichert, DANA 2/1996, 10, 13.
[28] Bergmann/Möhrle/Herb, Datenschutzrecht BDSG § 4 Rz. 42 f.; Bauer, DANA 2/1997, 5; Weichert, DANA 3/4/1995, 6 f.; ders., Versicherungsvermittlung 9/1996, 447 ff.
[29] Bergmann/Möhrle/Herb (Fn. 28), § 4 Rz. 44c f.
[30] Positionspapier des DDV zur Umsetzung der EG-DSRL vom 22.1.1999.
[31] Weichert, DANA 2/1996, 4 ff.; ders., WRP 1996, 522 ff.; Mattke (Fn. 4), 104 ff.
[32] Reischl, FR 22.8.1998.

Erstes Beispiel: „Lässt sich bei 200 000 Mailings die Antwortquote von zwei auf drei Prozent optimieren, antworten 6 000 statt 4 000 Interessenten. Bei einem durchschnittlichen Bestellwert in Höhe von 100 DM bringt die Aktion 200 000 DM mehr Umsatz.“ Dem stehen Kosten von 50 000 Mark gegenüber.[33]

Zweites Beispiel: Beim Sexversand *Beate Uhse* sind 1,9 Mio. Kundinnen mit ihrer „Konsumhistorie“ – von Peitsche und Fesseln bis hin zur Gummipuppe – gespeichert und werden, wenn sie zustimmen, vermarktet.[34]

Dem Treiben des Direktmarketing steht die Öffentlichkeit mit Argwohn gegenüber. Selbst in den USA gibt es gegen diese Form der Datennutzung Widerstand. So zwangen öffentliche Proteste *American Express* und *Geocities*, Vermarktungspläne aufzugeben. Der Verkauf von Kundendaten der *U.S.Bank* an Telemarketingunternehmen führte zur Einleitung eines Verfahrens durch den Justizminister des Staates Minnesota.[35] In Spanien zwangen Proteste das Telekommunikationsmonopolunternehmen *Telefonica*, Pläne zum Verkauf von Konsumentendaten aufzugeben.[36] Die Reaktion der Unternehmen auf solche Widerstände ist, sich auf mehr oder weniger raffinierte Weise die Einwilligung zur Vermarktung der Daten zu beschaffen.

Ein Beispiel: *Telekom*-Konkurrent *Otelo* startete 1997 einen Probelauf für unentgeltliches Telefonieren. Die Kunden mussten nur bereit sein, sich während des Gesprächs 15 bis 25 Sekunden lange Werbeeinspielungen anzuhören und einen umfangreichen Fragebogen auszufüllen, damit die Werbepartner auch wissen, mit welcher Werbung die Kunden am Telefonhörer beglückt werden sollen.[37]

3.5 Daten über alle für jedermann

Einen qualitativen Sprung nahm die Kommerzialisierung mit dem Aufkommen von CD-ROM und der damit verbundenen Möglichkeit, gewaltige Datenmengen für wenig Geld zum Verkauf anzubieten. Anfang der 90er-Jahre kamen neben dem *Telekom*-Ableger *DeTeMedien* die Firmen *Tele-Info Verlag* und *TopWare* mit Telefonbuchadressdatenbanken auf den Markt, die die bisherigen Kosten für die ca. 30 Mio. Telefonbucheintragungen von über 1 500 DM auf unter 50 DM drückten.[38] Die wirtschaftlich wertvolle Leistung besteht hier nicht im Beschaffen der allgemein zugänglichen Daten, sondern in deren elektronischer Aufbereitung zu beliebigen Nutzungszwecken, etwa der komfortablen Beschaffung von Telefonnummern, der

[33] Felsmann von der Firma SAZ-Marketing, zit. nach Mitbestimmung 12/1998, 46.
[34] Tügel, Mitbestimmung 12/1998, 46; Wermelskirchen, Die Zeit 17.9.1998, 34; viele weitere Beispiele bei Weichert, DANA 2/1996, 4 ff.
[35] Simitis in: LfD NRW Sokol (Hrsg.), Neue Instrumente im Datenschutz, 1999, 15.
[36] DANA 2/1998, 31.
[37] DANA 4/1997, 23.
[38] Weichert, RDV 1995, 202 ff.; Roth, DANA 1/1996, 4 ff.

bundesweiten Personensuche oder der Zuordnung einer Person zu einer Telefonnummer (so genannte Inverssuche). Mit seinem Produkt „Talkshow“ hat der *Tele-Info Verlag* demonstriert, dass diese Daten selbst im Niedrigpreisbereich angereichert werden können durch Straßenkarten, soziodemographische Angaben oder Gebäudebilder.[39] Wenig später konnten per CD-ROM angebotene Daten auch gegen Geld im Internet abgerufen werden.

3.6 Behördendaten

Die Kommerzialisierung verlagert den Schwerpunkt der Datenverarbeitung in der Gesellschaft vom öffentlichen in den nichtöffentlichen Bereich. Die Grenzen verwischen sich.[40] Zugleich beginnen aber auch die Behörden, sich des Kapitals bewusst zu werden, das in ihren Personendatenbanken schlummert. In den USA lindern einige Bundesstaaten ihre Finanznot dadurch, dass sie digitalisierte Akten verkaufen. Im Angebot sind Immobilientransfers, Kraftfahrzeugdaten, Konkurse, Scheidungen.

Ein Beispiel: Der US-Bundesstaat South Carolina verkaufte die 3,5 Mio. Führerscheinfotos seiner Bürger für schlappe 5 000 Dollar an die Firma *Image Data.* Mit den Daten wird ein System getestet, das Handelsunternehmen helfen soll, die Identität von Kunden festzustellen, die mit einer Kreditkarte bezahlen. Der Chef der Firma meinte, die Privatsphäre würde dadurch nicht verletzt, da den Fotos keinerlei persönliche Informationen entnommen werden könnten.[41]

In Deutschland sind Praktiken des amtlichen Datendeals bisher nicht bekannt geworden. Doch hat die EG-Kommission schon Mitte der 70er-Jahre die schon damals in den USA verbreitete Praxis aufgegriffen und Vorschläge für gemeinschaftsweite Regeln zur Verwertung der von der öffentlichen Verwaltung gespeicherten Daten ausgearbeitet. Die Debatte ist, wie ein 1999 verabschiedetes Grünbuch zeigt, keineswegs versandet.[42]

3.7 Forschungsdaten

Mit Forschung werden nicht nur gemeinnützige Ziele zur Erkennung einer neutralen und objektiven Wahrheit verfolgt. Forschung kostet und bringt Geld. Zwar zielt Forschung regelmäßig darauf ab, allgemeine, vom Einzelfall losgelöste Erkenntnisse zu gewinnen. Hierfür sind aber oft sensible individuelle Daten erforderlich, z. B. im Bereich der medizinischen, der psychologischen oder der kriminologischen Forschung. Im deutschen Wissenschaftsbetrieb ist es eher unüblich, dass für das Zurver-

---

39 22. TB Landesbeauftragter für den Datenschutz Schleswig-Holstein (LfD SH) 2000, Tz. 2.1.
40 Simitis, NJW 1998, 2477.
41 DANA 2/1999, 39; Computer Fachwissen 3/1999, 29.
42 Simitis (Fn. 35), 14.

fügungstellen von Daten gezahlt wird. Man geht davon aus, dass im Interesse einer gemeinwohlorientierten Forschung beim Staat vorhandene Daten unentgeltlich zur Verfügung gestellt werden und dass die Grundrechtsträger dies im Rahmen ihrer Sozialpflichtigkeit hinnehmen müssen. Auf dieser Basis enthalten praktisch alle deutschen Datenschutzgesetze Regelungen, die nach einer Interessenabwägung bei überwiegendem Forschungsinteresse eine Datenweitergabe an Forschende erlauben. Ausgeschlossen ist aber nicht, dass sich die verarbeitenden Stellen die Weitergabe und Aufbereitung von Forschungsdaten bezahlen lassen. Ebenso wenig ist rechtlich ausgeschlossen, dass den Betroffenen für das Offenbaren von Daten oder die Erteilung von Einwilligungen zur Datenübermittlung eine finanzielle Anerkennung gewährt wird.

Auch hier eröffnet ein Blick über die Grenzen das Verständnis für mögliche Entwicklungen: Ende 1998 verabschiedete das isländische Parlament ein Gesetz über eine medizinische Datenbank, das der Firma *deCode Genetics* über einen Zeitraum von 12 Jahren das exklusive Recht einräumt, die genetischen und medizinischen Daten aller Isländer in einer zentralen Datenbank zu sammeln und sie anonymisiert an Dritte weiterzuverkaufen. Mit der zentralen medizinischen Datenbank sollen zum einen gemeinnützige Zwecke (Effektivierung des Gesundheitssystems, Schaffung von Arbeitsplätzen) verfolgt als auch vor allem privatnützige Forschungen (z. B. für 200 Mio. Dollar im Auftrag des Pharmakonzerns *Hoffmann-La Roche*) vorgenommen werden. Zur Legitimation der Verarbeitungspläne bekräftigte die isländische Regierung die „berechtigte Erwartung" der Betroffenen, dass die Verarbeitung ihrer Daten nicht „umsonst" sei.[43]

Ein anderer markanter Fall wird von Simitis berichtet: Die Körperzellen aus Blut, Rückenmark und Galle eines an Leukämie erkrankten Patienten erwiesen sich für die Forscher des Klinikums der *University of California* als „medizinisches Schatzkästchen". Deren wissenschaftliche Auswertung führte zu zahlreichen Patenten, die den Forschern Millionengewinne brachten. Als der Betroffene zufällig davon erfuhr, dachte er nicht daran, die Verwendung seiner Daten zu verbieten, sondern verlangte eine angemessene Beteiligung am bisherigen und künftigen Gewinn.[44]

4 Die Verramschung des Persönlichkeitsrechtes im Internet

Das Internet ist die markanteste und wichtigste Erscheinung der Informationsgesellschaft. Im und um das Internet wird viel Geld umgesetzt und verdient. Erweist sich schon der konventionelle Markt mit personenbezogenen Daten als eine große Wachstumsbranche, so gilt dies erst recht für das Netzgeschäft. Während der Nor-

[43] DANA 1/1999, 31; Simitis (Fn. 35), 17; Der Spiegel 28/1998, 142 ff.
[44] Simitis (Fn. 35), 16 f.

malbürger in seinem sonstigen Alltag seine elektronischen Datenspuren noch an vielen unterschiedlichen Stellen hinterlässt, die aufzuspüren und als Datenquelle zu öffnen nicht immer leicht ist, so hat das Internet den Vorteil eines in einheitlichem Format operierenden Mediums, in dem man praktisch zwangsläufig Spuren hinterlässt und über das zugleich auch fast jede Form von Geschäft abgewickelt werden kann.[45] Das Spektrum, in dem mit Personendaten Kasse gemacht wird, ist derzeit schon kaum noch überschaubar und scheint sich dennoch gerade erst in den Kinderschuhen zu befinden. Es geht von der Vermittlung von Arbeitskräften[46] bis hin zur bedarfsgerechten Zusendung von Werbe-E-Mails.

Nicht näher eingegangen werden soll im vorliegenden Zusammenhang auf die mediale Nutzung des Internets zur Unterhaltung und Meinungsbildung. Text-, Bild- und Tonberichterstattung im Netz erfasst heute nicht mehr nur die Schönen und Reichen, sondern trifft viele einfache Bürgerinnen und Bürger. Ein abschreckendes Beispiel ist die medienwirksame Fernsehübertragung eines Menschenversuchs unter dem Titel „Big Brother" zunächst in Holland und ab März 2000 in Deutschland.[47] Bei der medialen Nutzung personenbezogener Daten im Netz werden nicht ausschließlich kommerzielle Zwecke verfolgt. Vorder- und hintergründig spielt hier Art. 5 GG, die Meinungs-, Presse- und Informationsfreiheit, eine wesentliche Rolle. Wie groß die Reichweite dieser für unsere Demokratie konstitutiven Grundrechte ist, mag gerade angesichts des Internets, in dem sich jeder weltweit äußern und informieren kann, eine schwer zu beantwortende Frage sein. Unbestreitbar dürfte aber nach deutschem Rechtsverständnis sein, dass Einschränkungen des Direktmarketing keinen Eingriff in die „Redefreiheit" darstellen, so wie dies 1988 der Oberste Gerichtshof in den USA entschieden hat.[48] Adressbücher oder digitale Gebäudebilddatenbanken können nicht vom Medienprivileg profitieren, da damit keine journalistisch-redaktionelle Tätigkeit verbunden ist.[49] Ebenso wenig kann rein kommerzielle Werbung für sich dieses Privileg in Anspruch nehmen.[50]

In den Frühzeiten des Netzes schien das größte Datenschutzproblem im Zusammenhang mit kommerziellen Zielen darin zu bestehen, dass Netzdienstleister sich zu Abrechnungszwecken die Kreditkartennummer des Nutzers (unverschlüsselt) elektronisch übermitteln ließen. Seitdem den Surfern aber bewusst wurde, dass mit diesem Datum nicht nur Schindluder getrieben werden kann, sondern auch wird, haben zumindest im seriöseren Bereich solche Angebote keine Chance mehr. So ist z. B. die Auflage der elektronischen *New York Times* vor allem außerhalb der USA

---

[45] Allgemein zur „Mausklick-Ökonomie" Müller von Blumencron/Jung, Der Spiegel 6/1999, 88.
[46] Der Spiegel 28/1998, 104.
[47] Presseerklärung LfD SH vom 3.3.2000, www.schleswig-holstein.datenschutz.de.
[48] Hierüber berichtet Sulic, Leipziger Volkszeitung 21.8.1998.
[49] Bergmann/Möhrle/Herb (Fn. 28), § 41 Rz. 47; Weichert, DuD 1999, 43.
[50] Bergmann/Möhrle/Herb (Fn. 28), § 41 Rz. 48 gegen Dörr/Schmidt, BDSG, § 41 Rz. 5.

dramatisch gestiegen, seitdem nicht mehr nach der Kreditkartennummer gefragt wird. Die Inanspruchnahme von Online-Diensten wird regelmäßig davon abhängig gemacht, ob die Surfer eine ganze Liste von Fragen zur Person und zum Einkommen beantworten. Die Angaben werden dann zur eigenen Direktansprache genutzt oder an Dritte verkauft. Selbst die seriöse *New York Times* beobachtet genau, wer welche Texte und Anzeigen ihres Online-Angebots abruft, und erstellt ein genaues Interessenprofil ihrer Internet-Leserinnen und -Leser. Bezahlt wird nicht mit Geld, sondern mit persönlichen Daten.[51]

Auf der Computermesse „Systems '99" stellte die Firma *Compaq* ein neues Modell der Finanzierung von Computern vor. Danach können sich Kunden für 50 bzw. 60 DM pro Monat einen Rechner mieten. Wer viel surft und bei diversen Vertragspartnern der Firma Angaben über Hobbys, Einkommensverhältnisse und Kreditkartennutzung macht, muss weniger zahlen. Pro Angabe werden im jeweiligen Monat zwischen einer und fünf Mark gutgeschrieben. Die Zahlungsverpflichtung kann maximal bis auf null sinken. Die Angaben sind jeweils freiwillig. Das Angebot versteht sich als Antwort auf den Gratis-PC, wie er in den USA erprobt wird. Dort ist der Kunde verpflichtet, alle gewünschten Informationen über sich preiszugeben, und muss zusätzlich kostenpflichtige Dienstleistungsverträge abschließen.[52]

Ähnlich uneigennützige Angebote kommen im Internet daher, die dem Surfer Geld dafür bieten, dass er sich Werbung anschaut. So etwa die Anbieter *AdOne*, *SaveBySurf* und *novaville*. Die letztgenannte Firma will für eingeblendete Werbung gleich den gesamten Internet-Zugang der Anwender bezahlen. Voraussetzung ist bei all den Angeboten, dass der interessierte Surfer seine persönlichen Daten an die Werbetreibenden übermittelt. Neben dem Haushaltseinkommen sind vor allem die Hobbys anzugeben. Damit wollen die Unternehmen sicherstellen, dass die Anwender die Werbung bekommen, die sie interessieren könnte.[53] Die Firma *Beenz.com* hat für das Ausfüllen von Online-Fragebögen und Erwerben von Cyberrabattmarken schon eine eigene Währung geschaffen.[54]

In einer Studie kommt das *Electronic Privacy Information Center* (EPIC) bei der Untersuchung der 100 meistbesuchten US-Shoppingsites im Internet zu dem Ergebnis, dass bei 18 der 100 Websites Angaben zur Privacy Policy gänzlich fehlten; zur Kundenidentifizierung benutzten 86 Anbieter Cookies; auf 35 Sites wurde zielgruppenorientiert mittels zuvor gewonnener Benutzerprofile geworben. Nach Einschätzung von EPIC sind die Konsumentinnen und Konsumenten heute einem höheren Risiko ausgesetzt als 1997, da die Anbieter intensiver versuchen, Kundenprofile zu

[51] Schuler, SZ 31.7.1998, 17; DANA 1/1997, 29; DANA 1/2000, 27 f.
[52] SZ 26.10.1999, V2/20.
[53] DANA 4/1999, 34.
[54] Betz/Cong Bui, Die Woche 10.3.2000: „Bohnen für Millionen".

gewinnen, und ihre Marketingmaßnahmen immer aufdringlicher würden.[55] Bei *Primus-online* wird die Adresse des Kunden mit soziodemographischen Daten verbunden. Wird die Wohngegend positiv bewertet, so kann der Kunde gegen Rechnung bezahlen, wenn nicht, nur per Nachnahme oder Kreditkarte.[56]

Wenn *Microsoft* mit seinem neuen Service „Passport" gegen Bezahlung ihren Kundinnen und Kunden die „Last" der Erfassung ihrer persönlichen Daten abnehmen will und sich als zentrale Anmeldeinstanz und Benutzerverwaltung anbietet, geht es nicht nur um eine geldwerte Dienstleistung, sondern zweifellos auch darum, als Nebeneffekt personenbezogene Nutzerdaten abschöpfen zu können. Bei diesem Service sollen die Anwenderdaten nur auf einem zentralen statt vielen verteilten Accounts liegen, Kreditkartendaten und Lieferanschriften eingeschlossen, was insbesondere für den E-Commerce Vereinfachungen brächte.[57]

Eine Reihe von Unternehmen, darunter *Macromedia, Calico, net.Genesis, DoubleClick Intuit, IBM, Vignette* und *Sun*, wollen gemeinsam einen „offenen Standard" entwickeln, der es erlaubt, die mit unterschiedlichen Systemen von verschiedenen Geschäftspartnern gesammelten Kundendaten zusammenzuführen und gemeinsam zu nutzen, um dem „Bedürfnis des E-Commerce" entgegenzukommen, eine „einzige, ganzheitliche Sicht auf ihre Kunden" zu erhalten. Der Standard CPEX (Customer Profile Exchange) soll online und offline gesammelte Daten von Kunden in einer XML-basierten Datenbank integrieren, die von verschiedenen Programmen online und offline benutzt werden kann. Den Kundinnen und Kunden will man dabei Wahlmöglichkeiten bezüglich des über CPEX zu beachtenden Datenschutzes einräumen.[58]

Die Firma *BeFree* hat sich Computerprogramme für die Ermittlung von Benutzerverhaltensprofilen patentieren lassen. Die Benutzerprofile erfassen die vom Surfer besuchten Seiten sowie die Art der gesuchten Informationen, die betrachtete Werbung und Werbungspräferenzlisten. Die Programme haben die Fähigkeit, die Benutzerprofile aufgrund des Antwortverhaltens immer mehr zu erweitern und darauf wieder mit gezielter Werbung zu reagieren. Bereits ca. 20 Mio. Profile hat die Firma in ihrer Datenbank angehäuft.[59]

Bei der Auswertung der Daten über Internet-User geht es nicht um „Peanuts", sondern um Milliardenbeträge. Dies veranschaulichte die Firma *Universal Image*, Hersteller von Videos für Internet-Broadcasts, als sie die Firma *Yahoo* auf insgesamt

---

[55] DANA 1/2000, 27.
[56] Von Bredow/Jung, Der Spiegel 3/2000, 100.
[57] DANA 4/1999, 34.
[58] DANA 1/2000, 32.
[59] www.computerwoche.de/info-point/top-news/main.cfm#5883

vier Milliarden US-Dollar Schadensersatz verklagte, weil *Yahoo* nicht wie vereinbart die Benutzerdaten seines Dienstes „broadcast.com“ an *Universal Image* lieferte. Die Firmen hatten vereinbart, die Registrierungs- und Nutzerdaten als Gegenleistung zum Zurverfügungstellen von Videos zu erbringen. Der Klägeranwalt erläuterte einprägsam: „Diese Daten sind die Internet-Währung.“ Die beklagte Firma wehrte sich mit dem Hinweis, der Datenschutz der Nutzer erlaube die Datenherausgabe nicht.[60]

Der deutsche Gesetzgeber hat bereits 1997 mit dem Informations- und Kommunikationsdienstegesetz (IuKDG)[61] Datenschutzbestimmungen für die Kunden im Internet festgelegt. Eine Datenverwertung ist demnach nur mit der Einwilligung des Betroffenen zulässig. Für Dienste, die auf Rechnern außerhalb Deutschlands angeboten werden, gilt dieser Schutz aber nicht.[62] Die besonders zügellose Ausbeutung personenbezogener Daten im Internet hat in den USA zu gesetzgeberischen Konsequenzen geführt. Seit Herbst 1999 drohen denjenigen Website-Betreibern drakonische Strafen, die personenbezogene Daten von Kindern unter 13 Jahren ohne Einwilligung der Eltern erheben. Die US-Bundesbehörde *Federal Trade Commission* (FTC) will für jeden Fall der Zuwiderhandlung 11 000 US-Dollar kassieren. Damit soll der *Children's Online Privacy Protection Act* (COPPA) umgesetzt werden, der im Oktober 1998 zum Schutz der Privatsphäre von Kindern erlassen wurde. Nach einer Umfrage erhoben bisher 89 % der kommerziellen Websites für Kinder persönliche Daten; nur 1 % holte dabei die Einwilligung der Eltern ein.[63]

5 Finanzielle Regelungsmechanismen im Datenschutzrecht

Eine Durchsicht des deutschen Datenschutzrechtes hinsichtlich unmittelbar finanziell wirksamer Regelungsmechanismen führt zu einem verblüffenden Befund: Es gibt sie nicht. Lediglich beim Ersatz des Schadens aus automatisierter Datenverarbeitung besteht eine Abweichung zum allgemeinen Recht, indem bei öffentlichen Stellen ein betragsmäßig begrenzter Anspruch verschuldensunabhängig gewährt wird und bei nichtöffentlichen Stellen eine Beweislastumkehr vorgesehen ist (vgl. §§ 7 f. BDSG). Nur bei schweren Verletzungen des Persönlichkeitsrechts wird ein Nichtvermögensschaden angemessen in Geld ersetzt (vgl. § 7 Abs. 2 BDSG). Daneben greifen bei einigen wenigen formellen Datenschutzverstößen Bußgeldnormen (vgl. § 44 BDSG), bei materiellen Verstößen – unter sehr eingeschränkten formellen Voraussetzungen (Antragserfordernis) – Strafbestimmungen (§ 43 BDSG). Diese

[60] www.heise.de/newsticker/data/jk-30.12.99-000/; 22. TB LfD SH 2000, Tz. 2.2; vgl. auch DANA 1/2000, 28 (Konflikt zwischen *Alibris* und *Amazon.com*).
[61] BGBl. I S. 1870, z. B. § 6 Abs. 3 TDDSG.
[62] Bernhardt, DANA 4/1999, 10.
[63] www.heise.de/newsticker/data/ts-07.05.99

Normen finden kaum Anwendung und entfalten offensichtlich keine präventive, über den Einzelfall hinausgehende Wirkung.[64]

Normen, die finanzielle Anreize zu datenschutzgerechtem Verhalten geben würden, bestehen nicht. Nur ganz indirekt werden in der Praxis solche Mechanismen wirksam. Dies ist z. B. der Fall, wenn eine Aufsichtsbehörde androht, für den Fall der Beibehaltung eines datenschutzwidrigen Verfahrens an die Öffentlichkeit zu gehen. Der damit verbundene Imageverlust kann zu einem materiellen Schaden für die verarbeitende Stelle führen und zu datenschutzkonformem Verhalten beitragen. Selbst dieser Gang an die Öffentlichkeit als Sanktion ist im Bereich der Privatwirtschaft nicht vorgesehen – mit der Folge, dass die Behörden äußerst zurückhaltend sind. Dabei werden sie durch eine Rechtsprechung ermuntert, die den wackelnden Datenschutzzähnen noch ihre minimale Bissfähigkeit nimmt.[65] Weniger als eine Sanktion ist die Praxis der niedersächsischen Aufsichtsbehörde, für die Durchführung von Datenschutzprüfungen Gebühren zu nehmen, die im Fall von festgestellten Verstößen höher ausfällt als bei einer beanstandungsfreien Kontrolle. Zu nennen ist schließlich die Geltendmachung von auf unzulässiger Datenverarbeitung basierenden Wettbewerbsverletzungen durch Konkurrenzunternehmen. Derartige Klagen nach dem UWG wirken aber nur indirekt. Wettbewerbsrecht dient dem Schutz des Wettbewerbs, nicht der informationellen Selbstbestimmung.[66]

Angesichts dieser Bestandsaufnahme ist es nicht vermessen zu fragen, ob das deutsche Prinzip des Erlaubens und Verbietens im Datenschutzrecht wirksam und noch zeitgemäß ist. Stimmt es, dass Geld in immer größerem Maße die Motivation umfangreicher personenbezogener Datenverarbeitung ist, so läge es auf der Hand, im Interesse des Grundrechtsschutzes in diesen Wirkzusammenhang einzugreifen. Von hoheitlicher Seite gäbe es eine breite Palette von Normierungsoptionen: von der ohnehin wegen Art. 23 EG-DSRL erforderlichen Verschärfung der Haftungsregelung über ein normativ abgesichertes abgestuftes Gebührenverfahren, Beanstandungsbefugnisse auch im nichtöffentlichen Bereich bis hin zu bei materiell-rechtlichen Verstößen anwendbaren Untersagungsbefugnissen und Bußgeldvorschriften.[67] Mit Datenschutzaudits kann ein – indirekt wirkender – ökonomischer Anreiz zur Verbesserung von Datenschutzstandards bewirkt werden. Erwogen werden könnten auch Lizenzierungsverfahren: Danach müsste eine Daten verarbeitende Stelle, die in besonders sensibler Weise mit personenbezogenen Daten umgeht, ein förmliches

---

[64] Hoeren/Lütkemeier in: LfD NRW Sokol (Hrsg.), Neue Instrumente im Datenschutz, 1999, 109 f.

[65] Anschaulich für das Strafrecht OLG Hamburg NStZ 1998, 358; dazu kritisch Weichert, NStZ 1999, 490 ff.; zur medialen „Sanktion" VG Köln DANA 2/1999, 29 ff., mit kritischer Anm. Köppen.

[66] Hoeren/Lütkemeier (Fn. 64), 107 ff., 123.

[67] Derartige Vorschriften enthält ein Entwurf eines BDSG von BÜNDNIS 90/DIE GRÜNEN aus der letzten Legislaturperiode – BT-Drs. 13/9082 – leider aber nur in sehr abgeschwächter Form der nunmehr vorgelegte Regierungsentwurf.

Prüfverfahren durchlaufen, an das sich die Erteilung einer gebührenpflichtigen Lizenz anschließt.

6 Ökonomische Selbstverteidigung des informationellen Selbstbestimmungsrechts

Angesichts äußerst begrenzter öffentlicher Ressourcen und dank der Einsicht, dass Selbstschutz paternalistischem Datenschutz vorzuziehen ist, aber auch angesichts der technischen Entwicklung und der Globalisierung der Datenverarbeitung geschuldeten partiellen Unmöglichkeit einer effektiven behördlichen Datenschutzkontrolle gewinnt der Selbstdatenschutz an Bedeutung.[68] Die Handlungsoptionen der Betroffenen gegen uneinsichtige illegale Datenverarbeiter sind jedoch derzeit wenig befriedigend.

Abgesehen von der Anrufung von Kontrollinstitutionen – der Datenschutzkontrolle, der Dienstaufsicht/übergeordneten Stelle und der Staatsanwaltschaft – bleibt dem Bürger nur die Geltendmachung von Schadensersatzansprüchen. Dieser Weg ist nicht nur steinig, sondern zumeist auch wenig Erfolg versprechend.[69] Der Hauptgrund liegt darin, dass das Schadensersatzrecht einen kausal auf die unzulässige Datenverarbeitung zurückzuführenden materiellen Schaden voraussetzt. Es ist nicht einfach, den Nachweis der Kausalität einer immateriellen Datennutzung für einen materiellen Schaden zu führen. Schon der Regelungsansatz ist wirklichkeitsfremd: Die verursachten Schäden sind zumeist materiell nicht messbar. Nur selten verliert jemand nachweisbar durch unzulässige Datenverarbeitung seine Arbeit oder sein Vermögen. Durch den Datenschutzverstoß werden nur bestehende Arbeits- oder Vermögenschancen genommen. Dass die Nichteinstellung eines Bewerbers, die Nichtgewährung eines Kredits oder der Ausschluss von einer Ausschreibung auf falschen Leumund zurückzuführen ist, mag oft offensichtlich, selten aber beweisbar sein. Erschwerend kommt hinzu, dass viele – gravierende – Schäden vor allem immaterielle Wirkungen haben. Soziale Diskriminierung, psychisches Belastetsein, Manipulation, Angst und Einschüchterung sind regelmäßig Folgen unzulässiger Datenverarbeitung. Hier Kausalitäten eindeutig zu belegen ist ein Unding und wäre eine zusätzliche Zumutung für die Betroffenen. Der Nachweis einer schweren Verletzung des Persönlichkeitsrechts nach § 7 Abs. 2 BDSG lässt sich vielleicht für Prominente führen, kaum aber für „Otto Normalverbraucher" wegen einer Massenverarbeitung.

---

[68] Roßnagel, ZRP 1997, 27 ff.; Schrader und Weichert in: Bäumler (Hrsg.), Der neue Datenschutz, 1998, 206 ff., 213 ff.

[69] Teschner, SchHA III/1999, 65 ff.

Versuche, diese Rechtslage durch gerichtliche Interpretation zugunsten der Betroffenen zu verschieben, waren bisher wenig erfolgreich. So blieben z. B. Klagen auf immateriellen Schadensersatz von Betroffenen, deren Telefon- und Adressdaten unzulässig auf CD-ROM vermarktet wurden, ohne Erfolg.[70] In einem Fall erklärte sich die Bahn AG in einem gerichtlichen Vergleich bereit, zur Kompensation des durch unrechtmäßige Datenverarbeitung – der Verarbeitung von BahnCard-Kundendaten in den USA ohne Einwilligung – erlittenen immateriellen Schadens einen Betrag von 2 000 DM zu zahlen. Der Kläger feierte den Vergleich als „Schritt hin zu einer geldwerten Anerkennung des Rechts auf informationelle Selbstbestimmung und damit zur Stärkung des Datenschutzes insgesamt".[71] Dieser Optimismus scheint übertrieben. Wahrscheinlich ist der gerichtliche Vergleich nicht der Anerkennung einer Rechtspflicht geschuldet, sondern dem Bestreben, weitere öffentliche Aufmerksamkeit zu vermeiden.

Das Schadensersatzrecht ist nur wenig bzw. nicht geeignet, präventiv Datenverarbeiter zur Beachtung des Datenschutzrechts zu veranlassen. Mit dem Vorschlag, insbesondere die hohen Anforderungen bei immateriellen Schäden abzusenken, ist nur wenig gewonnen. Nach welchen Maßstäben soll die Höhe des zu ersetzenden Schadens festgelegt werden? Derzeit gültiger Ansatz ist es, die hypothetische Vertragsgegenleistung bei kommerzieller Verwertung (Lizenzgebühr) durch den Betroffenen zur Grundlage zu nehmen. Dies setzt aber voraus, dass der Betroffene grundsätzlich veräußerungsbereit ist. Fehlt es hieran, kann auch kein Gegenwert festgelegt werden. Bei typischen Massendatenverarbeitungen ist zudem eine Lizenzgebühr nur schwerlich festzulegen: Verkauft ein Adressverlag unbefugt eine CD-ROM mit 30 Mio. Datensätzen für 50 DM,[72] wie hoch soll die Vertragsgegenleistung für einen der Betroffenen sein?[73]

Diesen Problemen entgeht man, wenn man nicht Ansprüche aus Schadensersatzrecht, sondern nach Bereicherungsrecht geltend macht. Eine unzulässige Datenverarbeitung, aus der der Verarbeiter Nutzen gezogen hat, erfüllt sämtliche Voraussetzungen der bereicherungsrechtlichen Eingriffskondiktion nach § 812 BGB. Hierfür ist die Veräußerungsbereitschaft des Rechtsinhabers unerheblich. Die Eingriffskondiktion setzt auch keine Vermögensverschiebung voraus. Mit dem Bereicherungsausgleich soll vielmehr verhindert werden, dass der unberechtigte Nutzer einen Vermögensvorteil behält, der ihm nicht zusteht. Die Bemessung des Anspruchs erfolgt nicht nach subjektiven, sondern nach objektiven Kriterien, der Ersparnis von Aufwendungen, die für eine berechtigte Verwertung zu zahlen gewesen wären.

---

[70] AG Freiburg, DuD 1996, 753.
[71] Presseerklärung Humanistische Union 8.7.1999.
[72] Weichert, RDV 1995, 202 ff.
[73] Vgl. Burchard, KritV 1999, 249.

Berechtigt ist der Betroffene, also die Person, deren Daten unbefugt verarbeitet worden sind.[74]

Der hier aufgezeigte Weg ist rechtsdogmatisch stringent. Er minimiert das Prozesskostenrisiko, da nicht die gesamte unzulässige Datenverarbeitung eines Großverarbeiters zum Streitgegenstand gemacht wird, sondern nur die jeweilige unzulässige Verarbeitung bezüglich der Person des Anspruchstellers.[75] Der Weg enthält für diesen aber eine nicht unerhebliche Unwägbarkeit: Angesichts der Komplexität der zumeist im Streit stehenden Datenverarbeitung und der nicht minder komplexen datenschutzrechtlichen Regelungen bleibt eine Klage ein riskantes Unternehmen. Hier kann flankierend klassisches Datenschutzrecht zur Seite stehen. Während bisher die Feststellung rechtswidriger Datenverarbeitung ausdrücklich nur im öffentlichen Bereich in Form der Beanstandung (vgl. § 25 BDSG), im nichtöffentlichen Bereich aber nur bei Verstößen gegen die Datensicherheit vorgesehen ist (§ 38 Abs. 5 BDSG), sollte in einem neuen BDSG die Befugnis der Aufsichtsbehörde ausdrücklich vorgesehen werden, materiell-rechtliche Verstöße festzustellen. Eine solche Befugnis besteht faktisch schon heute.[76] Sollen an diese Feststellung aber Rechtsfolgen geknüpft werden, so empfiehlt sich eine explizite Regelung.[77] Zwar käme einer solchen Feststellung, die nur zwischen verarbeitender Stelle und Aufsichtsbehörde gilt, keine direkte Tatbestandswirkung für bereicherungsrechtliche Zivilverfahren zu. Angesichts der überlegenen Kontrollmöglichkeiten der Aufsichtsbehörden gegenüber den Möglichkeiten einer Einzelperson ist aber ein derartiges behördliches Gutachten nur schwer vom Zivilgericht zu übergehen.

7 Aushandlungslösungen

Wie ist nun die festgestellte Tendenz zu bewerten, dass immer mehr Betroffene, in mehr oder minder ausgeprägter Kenntnis ihrer Konsumentenmacht, als Gegenleistung für Dienstleistungen oder Waren ihre Daten ent- bzw. genauer veräußern? Auf den ersten Blick scheint dies geradezu die Vollendung informationeller Selbstbestimmung zu sein. Ein zweiter Blick wirkt ernüchternd: Zumeist fehlen sämtliche Voraussetzungen eines fairen Aushandelns unter Gleichen: Ökonomische und organisatorische Macht, technisches und rechtliches Know-how sowie die Bestimmungsmöglichkeit bezüglich der Vertragsbestimmungen und der Art der Verarbei-

---

[74] Ullmann, AfP 1999, 212 ff., unter Verweis auf BGH, NJW 1977, 1194; im Ansatz ähnlich Simitis (Fn. 35), 16. Ullmann geht jedoch davon aus, dass ein persönlichkeitsrechtlicher Immaterialgüterausgleich über das Bereicherungsrecht auch postmortal von den Erben geltend gemacht werden könnte. Dies dürfte aber bei dem nur lebende Personen schützenden Datenschutzrecht zu weitgehend sein.

[75] Die Drohung mit exorbitanten Prozesskosten ist ein beliebtes Mittel zur Abschreckung von Klagen, z. B. Tele-Info Verlag, DANA 2/1999, 32, TopWare, DANA 6/1996, 31.

[76] Bergmann/Möhrle/Herb (Fn. 28), § 38 Rz. 57.

[77] So z. B. § 48 Abs. 4 S. 1 Nr. 2 BDSG-E BÜNDNIS 90/DIE GRÜNEN (BT-Drs. 13/9082).

tung liegen einseitig bei der verarbeitenden Stelle. Am offensichtlichsten ist dies bei der – inzwischen in den USA eingeschränkten – Datenbeschaffung bei Kindern.[78] Aber um wie viel besser sind Erwachsene gestellt, die mit Fragebögen konfrontiert werden, die mit rechtlichem und psychologischem Raffinement entwickelt worden sind?[79] Angesichts der vorgefundenen Praktiken in den USA im Bereich der Online-Kommunikation, von der deutsche Verhältnisse nicht mehr weit entfernt sind, wäre man fast geneigt, die versilberte informationelle Selbstentäußerung zu verbieten oder zumindest für sittenwidrig zu erklären.

Tatsächlich gibt es einige Argumente, die für ein Verbot kommerzieller Ausbeutung personenbezogener Daten sprechen. So erklärt § 6 Abs. 1 BDSG die Betroffenenrechte für unabdingbar. Diese dürfen durch Rechtsgeschäft weder ausgeschlossen noch beschränkt werden. Die Grenzen von der vertraglichen Zulassung der Verarbeitung zum Ausschluss von Berichtigung, Löschung und Sperrung sind fließend. Des Weiteren handelt es sich beim informationellen Selbstbestimmungsrecht nicht um ein veräußerliches, sondern um ein höchstpersönliches Recht, das nicht übertragen werden kann.[80]

Im Gegenzug muss die Frage gestellt werden: Was bleibt von der Freiheit informationeller Selbstbestimmung, wenn sie durch staatliche Bevormundung sofort wieder eingeschränkt wird? Und: Wie verträgt sich eine Ächtung der kommerziellen Nutzung der eigenen Daten von Normalmenschen mit der Rechtsprechung zum übergeordneten allgemeinen Persönlichkeitsrecht, wo die Kommerzialisierung und sogar die Übertragbarkeit des Rechts von den Gerichten Prominenten zugestanden wird? Schließlich: Wie sollte eine solche rechtliche Ächtung in einer ansonsten durchkommerzialisierten Informationsgesellschaft vermittelt und vor allem durchgesetzt werden? Diese Fragen zu stellen heißt Antwort zu geben: Ein Verbot der Veräußerung personenbezogener Daten wäre weltfremd, systemfremd und grundrechtsfremd. In der juristischen Literatur wird dementsprechend unterschieden zwischen den nicht übertragbaren Persönlichkeitsrechten und davon losgelösten verkehrsfähigen Immaterialgüterrechten.[81] Die vertragliche Zulassung der Verarbeitung personenbezogener Daten kann als ein solches vom allgemeinen Persönlichkeitsrecht bzw. dem Recht auf informationelle Selbstbestimmung abgetrenntes Immaterialgüterrecht, als „materialisiertes Persönlichkeitsdetail" verstanden werden. Das Selbstbestimmungsrecht ist nicht nur ein Verbietungsrecht; es kann auch ein Verwertungsrecht sein.[82]

---

[78] S. oben Kap. 4 am Ende.

[79] Zu Verbraucherbefragungen Der Spiegel 2/1998, 48 ff.; DSB 3/1998, 6 ff.; Breinlinger, RDV 1997, 247 ff.

[80] Bergmann/Möhrle/Herb (Fn. 28), § 6 Rz. 12.

[81] Ullmann, AfP 1999, 210.

[82] Ullmann, AfP 1999, 211 f.

Daraus darf aber nicht geschlossen werden, dass der Datenschutz als „neuartiges Eigentumsrecht“ persönlichkeitsrechtlich neutral wäre.[83]

8 Wem gehört das personenbezogene Datum?

Will man den Betroffenen ein Recht auf „Veräußerung“ ihrer personenbezogenen Daten zugestehen, so drängt sich die Notwendigkeit einer Präzisierung der Eigentumsrechte hieran auf. Ganz offensichtlich besteht die Verfügungsbefugnis des Betroffenen nicht uneingeschränkt. Dies ist so im hoheitlichen Sektor, für den die Aussagen des BVerfG zu der Sozialpflichtigkeit informationeller Selbstbestimmung und der Befugnis zur Einschränkung im Allgemeinwohlinteresse gelten.[84] Aber auch Dritte oder die verarbeitenden Stellen haben an personenbezogenen Daten anderer ein berechtigtes Interesse. Ein solches wird in § 28 Abs. 1 S. 1 Nr. 2 sowie Abs. 2 S. 1 Nr. 1a BDSG zugestanden. Daraus leiten viele verarbeitende Stellen ab, die von ihnen verarbeiteten Daten gehörten ihnen. Es ist tatsächlich schwer zu vermitteln, dass einem zwar die Rechner sowie die Programme auf einem Rechner gehören, nicht jedoch die unter Umständen mit viel Mühe beschafften damit verarbeiteten personenbezogenen Daten. Aber die Aussagen des BVerfG sind eindeutig: Das Grundrecht auf informationelle Selbstbestimmung gewährleistet dem Betroffenen „die Befugnis des einzelnen, grundsätzlich selbst über die Preisgabe und Verwendung seiner persönlichen Daten zu bestimmen“, und nicht dem Verarbeiter.[85]

Die Abweichung von diesem Grundsatz ist unter zwei Bedingungen möglich: Entweder es besteht ein eingriffsbegründendes Gesetz, oder es liegt eine Einwilligung der Betroffenen vor (§ 4 Abs. 1 BDSG). So weit die gesetzlichen Verarbeitungsbefugnisse reichen, hat – abgesehen von den weiter bestehenden Betroffenenrechten – der Betroffene keine Verfügungsbefugnis mehr. Es bleibt kein Raum für eine kommerzielle Disposition der Daten durch den Betroffenen.

Wie weit die gesetzlichen Eingriffe gehen, ist im öffentlichen Bereich einigermaßen bestimmt geregelt. Die Datenverarbeitung muss sich im Rahmen der Aufgabenerfüllung bewegen. Bisher gehört es nicht zu den Aufgaben von Behörden, personenbezogene Daten zu verkaufen. Aus der Befugnis zur Verarbeitung und dem Recht, Gebühren zu erheben, kann keine Erlaubnis zur Vermarktung behördlicher Datenbestände abgeleitet werden. Nur in engem Rahmen ist die Übermittlung aus öffentlichen Registern an jedermann – und auch dies oft nur nach Geltendmachung

---

83 So Ladeur, DuD 2000, 18; dazu s. unten Kap. 10.
84 BverfG, NJW 1984, 419 ff.
85 BverfG, NJW 1984, 419, 422; 22. TB LfD SH 2000, Tz. 2.2.

eines besonderen Interesses – gestattet.[86] Ansonsten setzt die Datenübermittlung an Private regelmäßig ein qualifiziertes berechtigtes oder gar ein rechtliches Interesse voraus (vgl. § 15 Abs. 1 Nr. 1 LDSG SH-neu, § 16 BDSG). Es ist daher davon auszugehen, dass die Nutzbarmachung behördlicher Datenbestände einer vorherigen gesetzlichen Regelung bedarf.[87]

Anderes gilt für den nichtöffentlichen Bereich, wo immer wieder auf das „berechtigte Interesse" anderer abgestellt wird. Die Rechtsprechung wie die Praxis waren bisher äußerst großzügig hinsichtlich der Annahme von berechtigten Interessen. Da in jedem Fall eine Abwägung mit den schutzwürdigen Interessen des Betroffenen nötig ist, kann von einer Festlegung ein für alle Mal kaum gesprochen werden. Wo die Schutzwürdigkeit des Betroffenen überwiegt, beginnt sein ökonomisch nutzbar zu machender Aushandlungsspielraum. Angesichts der EG-DSRL wird dieser Spielraum tendenziell größer: Widerspruchsrecht (Art. 14), Informationsrecht des Betroffenen (Art. 10 f.) und vor allem eine – auch im privaten Bereich gültige – strenge Zweckbindung (Art. 7) stärken dessen Position.

Grundlegend bleibt aber die Entscheidungsbefugnis des Betroffenen, selbst seine Daten im Rahmen der Erhebung preiszugeben bzw. für sich zu behalten. Die Rechtsmacht des Betroffenen und damit auch seine Aushandlungsmöglichkeiten sind hier am größten. Dies gilt aber nur, solange das Verbot heimlicher, verdeckter oder sonstiger unwillentlicher Datenerhebung und der Grundsatz des Vorrangs der Datenerhebung beim Betroffenen – auch im nichtöffentlichen Bereich – bestehen bleiben. Insofern ist die EG-DSRL (Art. 10 f.) im Vergleich zur aktuellen Regelung des § 28 Abs. 1 S. 2 BDSG („nach Treu und Glauben und auf rechtmäßige Weise") eine Wohltat.

Bezüglich der Legitimation der Datenverarbeitung durch Einwilligung muss unterschieden werden: Entweder es liegt eine einseitige freiwillige Einwilligung vor oder eine vertragliche Bindung. Die einseitige Einwilligung kann jederzeit mit der Wirkung für die Zukunft widerrufen werden. Ein solches Einwilligungsmodell macht für die kommerzielle Nutzung personenbezogener Daten nur eingeschränkt Sinn, da eine verarbeitende Stelle wenig begeistert sein wird, nach Gewährung eines geldwerten Vorteils für die Verarbeitung nach Widerruf der Einwilligung auf die weitere Datennutzung verzichten zu müssen. § 28 Abs. 1 S. 1 Nr. 1 BDSG nennt ebenso wie Art. 7 b) und c) EG-DSRL als weitere Legitimation für die Verarbeitung die Erforderlichkeit zur Erfüllung eines Vertrages des Betroffenen oder einer vergleichbaren rechtlichen Verpflichtung. Diese Norm zielt zunächst nicht auf den Verkauf eigener

[86] Melderegisterdaten – Landesmelderecht; Schuldnerverzeichnis – § 915 ZPO; Gewerbedaten – § 6 Abs. 3 HwO, § 9 Abs. 4 IHK-G, § 14 Abs. 8 S. 1 GewO; Grundbuch – § 12 GBO, Vereinsregister – § 64 S. 1 BGB; Weichert, DANA 2/1996, 7 ff.

[87] A.A. offensichtlich Simitis (Fn. 35), 15.

personenbezogener Daten ab. Vielmehr dachte der Normgeber an den Miet-, den Kauf- oder den Werkvertrag, in dessen Rahmen die Angabe bestimmter Daten einfach nötig ist.

9 Wie veräußere ich mein personenbezogenes Datum?

Ohne Not lassen sich aber diese Normen auch auf einen Datenüberlassungsvertrag beziehen. Dieser unterscheidet sich von der Einwilligung dadurch, dass der Betroffene gegen Entgelt darauf verzichtet, von der Befugnis, jederzeit den Widerruf zur Einwilligung zu erklären, Gebrauch zu machen. Ansonsten aber unterscheiden sich beide Konstruktionen wenig.[88] Insbesondere muss der Vertrag hinreichend bestimmt sein bezüglich Verarbeitungszweck, verarbeitenden Stellen (auch Empfänger) und Umfang bzw. Art der Daten. Inwieweit ein solcher Datenüberlassungsvertrag als Sonderfall der Einwilligung oder einer gesetzlichen Verarbeitungsbefugnis eingestuft wird, ist nicht erheblich. Zweifellos handelt es sich um eine Art Zwitter.

Erheblicher ist die Frage, welches Recht auf diesen Vertrag anzuwenden ist. Für einen Kaufvertrag nach den §§ 433 ff. BGB fehlt es an der Sacheigenschaft personenbezogener Daten. Einem Mietvertrag (§§ 535 ff. BGB) kommt die Überlassung insofern näher, als diese grundsätzlich zeitlich und hinsichtlich des Zwecks begrenzt ist und die umfassende Verfügungsbefugnis über die Daten nicht aufgegeben wird. Aber eine direkte Anwendung kommt ebenso wenig wie beim Kaufvertrag mangels Sacheigenschaft des Vertragsgegenstands in Betracht. Dienst- und Werkvertrag (§§ 611 ff., 631 ff. BGB) ist gemein, dass hier nicht die Überlassung einer Sache geschuldet wird. Die Überlassung eines personenbezogenen Datums ist aber weder ein Dienst noch ein Werk, da das Datum unabhängig vom Tätigwerden des Betroffenen vorhanden ist. Bei der Suche nach anzuwendenden klassischen Vertragstypen des Zivilrechts werden wir nicht fündig. Unzweifelhaft aber handelt es sich bei dem Datenüberlassungsvertrag um ein Rechtsgeschäft[89] und ein Schuldverhältnis, auf das die allgemeinen Vorschriften der §§ 104 ff. und der §§ 241 ff. BGB anwendbar sind.

Das zu überlassende Recht, das Nutzungsrecht bezüglich bestimmter personenbezogener Daten, kann hier nicht in allen Ausprägungen dargestellt werden. Das Recht auf informationelle Selbstbestimmung unterscheidet sich von vielen Vermögensrechten und vor allem allen Sachenrechten dadurch, dass es ein höchstpersönliches Recht ist. Eine Übertragung kann nur immer beschränkt bezüglich Adressat, Zweck und Umfang, eventuell auch Ort und Zeit erfolgen. Die Datenüberlassung unterscheidet sich auch insofern von Vermögensrechten, als sie bezüglich derselben

[88] Für Simitis in: Simitis u. a. (Fn. 6), § 4 Rz. 69 f., ist die Erlaubnis zur Datenverarbeitung im Rahmen einer rechtsgeschäftlichen Beziehung eine Einwilligung.

[89] Simitis in: Simitis u. a. (Fn. 6), § 4 Rz. 30 f.

Daten beliebig oft wiederholt werden kann, ohne dass die jeweiligen Verträge miteinander in Konflikt geraten müssten, es sei denn, es wird Exklusivität ausdrücklich vereinbart. Bei der Entäußerung personenbezogener Daten im Internet kann sogar infrage gestellt werden, ob der Vertragspartner einen Anspruch auf korrektes Ausfüllen von Fragebögen hat. Tatsächlich kommt es den jeweiligen Vertragspartnern weniger darauf an, ob die angegebenen Daten stimmen, sondern darauf dass sich der Betroffene diese Daten zurechnen lassen will. Gegen ein Recht auf Angabe falscher Daten spricht auch nicht § 6 Abs. 1 BDSG (i.V.m. §§ 20 Abs. 1, 35 Abs. 1, Anspruch auf Berichtigung), da weder der Betroffene noch sein Vertragspartner etwas dagegen haben können, fingierte durch korrekte Daten zu ersetzen. Legt der „Datenkäufer" ausdrücklich Wert auf die Richtigkeit der Daten, so dürften falsche Daten als Mangel bzw. Nichtleistung anzusehen sein. Es ist weiterhin nicht nötig, dass der Vertragspartner den Betroffenen namentlich kennt. Nach den dargestellten Prinzipien kann eine pseudonyme Datenüberlassung vereinbart werden. Es wäre verfrüht, die Überlassung von Daten in ein enges vertragsrechtliches Korsett zu zwängen. Vielmehr scheint es derzeit angebracht, der Vertragsfreiheit relativ freien Lauf zu lassen.

10 Einschränkungen der Vertragsfreiheit

So schön und gut Vertragsfreiheit ist, so wenig realistisch ist es, sie unbeschränkt zuzulassen. Was für den Miet- oder den Arbeitsvertrag gilt, lässt sich auf den Datenüberlassungsvertrag übertragen: Regelmäßig steht einem vereinzelten Menschen mit relativ geringer Verhandlungsmacht ein übermächtiger Datenverarbeiter gegenüber. Daher ist es im Rahmen des Datenschutzrechts nicht nur sinnvoll, sondern geboten, Rahmenbedingungen zu schaffen, die eine „Ausbeutung" der Betroffenen verhindern, ein gewisses Gleichgewicht herstellen und eine umfassende Veräußerung des allgemeinen Persönlichkeitsrechts verhindern. In jedem Fall muss verhindert werden, dass im Interesse eines ungehinderten Datenmarktes der Grundsatz informationeller Selbstbestimmung selbst geopfert wird. Das geltende Datenschutzrecht enthält derzeit schon einige wesentliche geeignete Elemente einer solchen staatlichen Regulierung: Hierzu gehört neben den schon erwähnten unabdingbaren Betroffenenrechten nach § 6 Abs. 1 BDSG und dem Zweckbindungsgrundsatz (vgl. §§ 14, 28 Abs. 4 BDSG) auch das Recht der Anrufung der staatlichen Kontrollinstanzen (vgl. § 21, indirekt § 38 Abs. 1 BDSG). Dieses ist zwar nicht ausdrücklich unabdingbar. Da aber eine Einflussnahme auf die unabhängige Datenschutzkontrolle nur in dem verfassungsrechtlich höchst fragwürdigen § 24 Abs. 2 und 6 BDSG (Widerspruchsrecht des Betroffenen gegen Datenschutzkontrolle)[90] vorgesehen ist, können

[90] Weichert, CR 1994, 174 ff.

darüber hinausgehende Vereinbarungen zwischen Betroffenem und verarbeitender Stelle nicht zulässig sein.

Nicht eindeutig scheint, inwieweit der Betroffene auf das Widerspruchsrecht in § 28 Abs. 3 BDSG bzw. vergleichbare Widerspruchsrechte[91] vertraglich verzichten kann. Diese Frage ist insofern von hoher Relevanz für die Kommerzialisierung personenbezogener Daten, als Werbung und Markt- und Meinungsforschung langfristig den größten Anteil der Vermarktung von Personendaten stellen werden. Angesichts des Umstandes, dass die genannten Widerspruchsrechte gemäß der gesetzlichen Regelung uneingeschränkt gelten, muss davon ausgegangen werden, dass trotz einer Veräußerung zu Werbezwecken durch den Betroffenen ohne jegliche Einschränkung eine Sperrung durch Einlegen des Widerspruchs bewirkt werden kann.[92] Da dem Direktvermarkter bzw. dem werbenden Unternehmen dies bekannt ist, trägt er insofern ein gewisses Risiko. Welche Konsequenzen ein solcher Widerspruch auf das Vertragsverhältnis zwischen Betroffenem und Datenverarbeiter hat, ist offen. Darin kann eine teilweise oder vollständige einseitige Aufhebung des Vertrages liegen.

Es ist gerade der Marketingbereich, der für die Betroffenen völlig undurchschaubar geworden ist. Die hier durch das BDSG gewährte Privilegierung für den Adressenhandel[93] genügt der Branche schon lange nicht mehr, da nur die Vermarktung nach einem Gruppenselektionsmerkmal vorgesehen ist. Die Unternehmen scheuen sich nicht, oft ohne Wissen und Wollen der Betroffenen, Hunderte von Merkmalen zu jeweils einer Person zu sammeln und damit zielgenaues so genanntes „One-to-one-Marketing“[94] zu betreiben und sich hierbei auf ihr „berechtigtes Interesse“ zu berufen. Dies ist schon nach geltendem Recht (*de lege lata*) kaum erträglich.[95] Künftig (*de lege ferenda*) muss aber hier in jedem Fall eine Stärkung des Selbstbestimmungsrechts der Betroffenen erreicht werden. Die sauberste Lösung wäre die normative Festlegung eines Opt-in-/Opt-out-Verfahrens.[96] Das absolute Minimum an zusätzlichem Empowering der Konsumentinnen und Konsumenten ist, diese bei der Werbeansprache über die verarbeitende Stelle, die Herkunft der Daten, die Kriterien der Selektion sowie das Bestehen eines Widerspruchsrechts zu unterrichten.[97]

91 S. die Auflistung in: Bergmann/Möhrle/Herb (Fn. 28), § 28 Rz. 205a ff.
92 Mallmann in: Simitis u. a. (Fn. 6), § 6 Rz. 17 f.
93 §§ 28 Abs. 2 Nr. 1b), 29 Abs. 2 Nr. 1b) BDSG.
94 Menzler-Trott, Computer Fachwissen 1/2000, 33.
95 Weichert, WRP 1996, 527 ff.
96 Ausführlich Weichert in: Link/Brändli/Schleuning/Hehl (Hrsg.), Handbuch Data Base Marketing, 1997, 863 ff.; Ladeur, DuD 2000, 19, spricht eher nebulös von „lesbaren Regeln“.
97 Dies sieht § 46 des BDSG-E von BÜNDNIS 90/DIE GRÜNEN (BT-Drs. 13/9082) vor; Weichert, DANA 1/1997, 4 ff.

Es wurde schon oben (Kap. 8) darauf hingewiesen, dass die Aushandlungsmöglichkeiten von Betroffenen dort enden, wo vonseiten der verarbeitenden Stelle ein überwiegendes berechtigtes Interesse in die Waagschale geworfen wird. So unbefriedigend es ist, mit derartigen unbestimmten Rechtsbegriffen operieren zu müssen, so wenig müssen diese Normen geändert werden, wenn sich Konventionen herausbilden können, die in befriedigender Weise untergesetzlich konkretisiert werden.[98] Eine unbestimmte Norm eröffnet Flexibilität und ein Eingehen auf sich ändernde ökonomische, technische und soziale Gegebenheiten. In Art. 27 EG-DSRL ist der Weg geöffnet, mithilfe von Verhaltensregeln eine Konkretisierung des Datenschutzrechts für bestimmte Sektoren und Branchen vorzunehmen. Derartige Verhaltensregeln können geeignet sein, berechtigte Verarbeitungsbelange und die Möglichkeiten der Betroffenen, ihre Daten kommerziell zu verwenden, in ein ausgewogenes Verhältnis zu bringen. Dies kann aber nur dann gelingen, wenn bei der Aushandlung der Verhaltensregeln Betroffenenvertreter, z. B. aus Verbraucher- oder Datenschutzverbänden, beteiligt sind.

Die oben erörterten Rahmenbedingungen sind nur beispielhaft genannt. In einer vertiefenden Diskussion sind weitere Regelungen zu entwerfen und zu diskutieren, die vor allem das Ziel verfolgen müssen, eine ausgewogene Kräftebalance zwischen Betroffenen und verarbeitenden Stellen herzustellen. Hierauf darf sich aber der Gesetzgeber nicht beschränken. Es zeichnen sich schon heute Bereiche ab, in denen das Aushandeln von personenbezogener Datenverarbeitung schlichtweg nicht toleriert werden kann, in denen ein Kommerzialisierungsverbot gelten muss.

Dies gilt z. B. für den schon erwähnten Bereich der Datenbeschaffung bei Kindern. Zwar ist schon heute rechtlich eindeutig geklärt, dass Jugendliche nur in die Verarbeitung ihrer Daten wirksam einwilligen können, soweit ihre Einsichtsfähigkeit reicht. Schließen Minderjährige einen Datenüberlassungsvertrag ab, so ist dessen Gültigkeit davon abhängig, dass keine Geschäftsunfähigkeit (bis 7 Jahre) besteht und die Einwilligung des gesetzlichen Vertreters vorliegt (§§ 104 ff. BGB).[99] Es ist abzuwarten, ob diese zivilrechtlichen Vorschriften ausreichen, um einen Missbrauch von Kinderdaten zu verhindern.

Einer Beschränkung der Dispositionsbefugnis der Betroffenen bedarf es hinsichtlich genetischer Daten über erbliche Veranlagungen. Auch bei sonstigen hochsensiblen Daten, insbesondere wenn sie zugleich Aussagekraft bezüglich weiterer Personen enthalten, muss größte Zurückhaltung gewahrt bleiben. Entsprechendes gilt, wenn nicht nur einzelne Daten, sondern umfassende Datensätze zu einer Person zum

---

[98] Ladeur, DuD 2000, 18.

[99] Zum Verhältnis zwischen Einsichtsfähigkeit und Geschäftsfährigkeit Simitis in: Simitis u. a. (Fn. 6), § 4 Rz. 28 f.

Vertragsgegenstand werden. Derartige Bestrebungen werden – völlig hinter dem Rücken der Betroffenen – bei Data-Mining- und Data-Warehouse-Konzepten verfolgt.[100] Hier kann und muss die vom BVerfG kreierte, viel zu wenig genutzte Konstruktion des Verbots von teilweisen und vollständigen Persönlichkeitsbildern in Anspruch genommen werden.[101] Derzeit besteht aber noch kein gesetzgeberischer Handlungsbedarf. Die Praxis ist aufmerksam zu beobachten und vor allem von den Aufsichtsbehörden nach § 38 BDSG öffentlich zu dokumentieren. § 138 BGB, wonach Rechtsgeschäfte, die gegen die guten Sitten verstoßen, nichtig sind, kann vorläufig als Auffangnorm in Anspruch genommen werden. Selbstverständlich ist daneben das ganze sonstige allgemeine Vertragsrecht zu beachten, so z. B. das Gesetz über Allgemeine Geschäftsbedingungen (AGB-G).

11 Schlussbetrachtung

Die Veräußerung eigener Persönlichkeitsrechtsbestandteile hat etwas Verlockendes: Man gibt etwas nicht Sichtbares hin und erhält Materielles als Gegenleistung. Die Folgen der Veräußerung zeigen sich erst später, etwa durch die massive Konfrontation mit Werbung, durch das zeitintensive Aktualisieren des zur eigenen Person bei Dritten geführten Datenbestands, durch das Bewusstsein dauernden Überwacht- oder zumindest Beobachtetwerdens. Ein Großteil der Folgen des individuellen Verhökerns von Daten ist daneben gesellschaftlicher Natur und wird von den Betroffenen nur indirekt „erlitten“: Der zunehmende informationelle Griff insbesondere wirtschaftlich interessierter Privater auf die Menschen trägt in sich ein großes Überwachungs- und Manipulationspotenzial. Auf der Strecke bleiben letztendlich nicht nur individuelle Freiheiten, sondern die für einen demokratischen Rechtsstaat lebenswichtige freiheitliche Kultur. Insofern gilt, dass bei der Kommerzialisierung der informationellen Selbstbestimmung die Gewinne individuell sind, die Verluste dagegen sozialisiert werden.

Die Kommerzialisierung personenbezogener Daten verstärkt die Kommerzialisierung der Menschen. Diese werden nur noch als Informationsmuster wahrgenommen, die durch kluge Auswertung profitabel verwertbar sind. Diese Informationsmuster sind real und nicht nur „Masken“[102]; sie sind potenziell persönlichkeitsumfassend. Diese Muster sind zwar nicht in der Lage, das Wesentliche der Menschen abzubilden. Sie sind aber in der Wahrnehmung der Menschen auf dem Markt maßgeblich und damit mitbestimmend für deren emotionales und soziales Leben. Zur Debatte

[100] Möller, DANA 3/1998, 4 ff.; ders., DuD 1998, 555 ff.; Weichert in: Bäumler/Breinlinger/Schrader (Hrsg.), Datenschutz von A-Z, Stichwort Data-Warehouse – Data-Mining.

[101] BverfG, NJW 1969, 1707; Weichert in: Kilian/Heussen (Hrsg.), Computerrechts-Handbuch, Kap. 130 Rz. 31 ff.

[102] So Ladeur, DuD 2000, 18.

steht, wie sich eine zum Verwertungsrecht mutierte informationelle Selbstbestimmung zu jener Kommunikations- und Partizipationsfähigkeit verhält, die nach den Worten des BVerfG[103] „elementare Funktionsbedingung eines freiheitlich demokratischen Gemeinwesens" ist.[104] Letztendlich muss der Gesetzgeber festlegen, wie viel Vermarktung der Mitglieder des Gemeinwesens er zulassen kann, ohne dass dessen freiheitlich-demokratisches Selbstverständnis preisgegeben wird.

Auch wenn es zutrifft, dass die Kommerzialisierung des Persönlichkeitsrechts nicht mehr auf Prominente beschränkt ist und die Masse der Bevölkerung erreicht hat, so kann nicht ignoriert werden, dass sich der Wert personenbezogener Daten am Marktwert der davon betroffenen Personen orientiert. Mit Daten von Sozialhilfeempfängern, Arbeitslosen und Überschuldeten lassen sich nicht die Preise erzielen, die die Daten der Reichen, Konsumstarken, Kreditwürdigen und Personen mit ganz besonders ausgeprägten persönlichen Merkmalen bringen. Die Kommerzialisierung macht also tendenziell nur die Reichen reicher. Sie ist unsozial und kann nicht als ein Beitrag zur Stärkung der Solidargemeinschaft aller Verdateten verstanden werden.

Einverständnis und Entgelt sind die Eckwerte eines Konzepts, mit dem jede rechtliche Schranke einer Datenverwertung beseitigt werden kann. Dies muss verhindert werden. Datenschutz darf nicht darauf reduziert werden, die Verwertungsmöglichkeiten personenbezogener Daten zu sichern. Informationelle Selbstbestimmung darf nicht zum reinen „property right" werden.[105] Die Kommerzialisierung des Rechts auf informationelle Selbstbestimmung lässt sich jedoch nicht aufhalten. Ein wirksames Gegenkonzept gibt es nicht. Wohl kann durch Gestaltung des rechtlichen wie des technischen Rahmens erreicht werden, dass der Grundrechtsschutz dem Vermarktungsinteresse nicht untergeordnet wird. Hierzu gehören zunächst die Maßnahmen, die die Stellung des Betroffenen gegenüber den verarbeitenden Stellen stärken.[106] Ebenso wirkt die Stärkung einer unabhängigen, finanziell eher uninteressierten behördlichen Datenschutzkontrolle, bei der der Grundrechtsschutz im Vordergrund steht. Zu denken ist schließlich an kollektive Formen des Datenselbstschutzes und der Verfügung über Daten gegen Bezahlung durch Datenschutz- und Verbraucherschutzverbände.[107]

---

[103] BVerfG, NJW 1984, 419.

[104] Simitis, NJW 1998, 2477; kritisch zum „eigentumsanalogen Informationsbeherrschungsrecht" Trute, JZ 1998, 825.

[105] Simitis (Fn. 35), 16 ff.

[106] 22. TB LfD SH 2000, Tz. 2.2.

[107] So schon ein Vorschlag von SPD und BÜNDNIS 90/DIE GRÜNEN im SächsLT, abgedr. in: DANA 1/1992, 14 f.; Ladeur, DuD 2000, 17, 19.

Das wirksamste Mittel zur Verhinderung einer übermäßigen Kommerzialisierung besteht aber in der Datenvermeidung. Wenn es Möglichkeiten des anonymen oder pseudonymen Kommunizierens, Handelns und Bezahlens gibt, entstehen keine (elektronischen) Datenschatten, die ökonomisch ausgebeutet werden können.[108] Die Forderung nach Datensparsamkeit hat sowohl eine rechtliche als auch eine praktische Dimension: Die Zulassung anonymer Verkehrsformen, deren rechtliche Absicherung und normative Gebote zur Datensparsamkeit müssen ergänzt werden um die staatliche Förderung der Entwicklung und des Einsatzes solcher Techniken.

[108] Bull in: Bäumler (Fn. 68), 30.

Privacy, Property and P3P: A Critique of Lessig's Code

Dr. Jason Catlett

A chapter in Lawrence Lessig's „Code and Other Laws of Cyberspace"[1] suggests that technology such as P3P might promote privacy if supported by law that propertises privacy rights. I question this assertion.

Lawrence Lessig is widely considered one of America's most distinguished writers on cyberlaw. His book „Code and Other Laws of Cyberspace" contains chapters on several topics including freedom of speech and privacy. Here is his main point from the chapter on privacy.

> *„[We] could imagine an architecture, tied to a market, that protects privacy rights in a way that real space cannot, but that architecture will not emerge on its own. It needs the push of law. That law would be a kind of property right in privacy ... But why property? What is the benefit of a property regime? Why is it superior to a regime that simply enforces rules (as the Europeans do)? A property regime is fundamentally different from what we have now ... The first difference is that a property regime requires negotiation before taking; a liability regime allows a taking, and payment later ...* " (p. 160)

I question Lessig's claim that his property regime is superior to a „European" rule-enforcement regime due to these differences. Consider this excerpt from a recent U.S. privacy law from 1998, the Video Privacy Protection Act (VPPA): *„A video tape service provider may disclose personally identifiable information concerning any consumer – (A) to the consumer; (B) to any person with the informed, written consent of the consumer given at the time the disclosure is sought."*

This law, and many others, clearly requires negotiation before „taking", if that is an appropriate term for the disclosure of data already inpossession of the service provider. Laws prohibiting the recording of telephone conversations without consent of the parties effectively require a negotiation while remaining silent on the ownership of resulting recording. Lessig's justification for his enthusiasm for property seems unjustified given his first point.

> *„The second difference follows directly from the first. With a liablity rule, a court, jury or statute decides how valuable certain privacy is to you."*

[1] Lawrence Lessig, Code and Other Laws of Cyberspace, Basic Books, 1999.

Under a property regime, says Lessig, you cannot be forced to give up what is yours. Unfortunately theft is to property what privacy violation is to privacy, and whether the missing factor is called consent or title doesn't change the fragility of the thing, nor the nature of the recourse when it is broken. Would anyone really be better off under Lessig's property regime? Suppose someone (call him Jesse) is of a mind that the fact that he rented „Debbie Does the District Court of Appeal" is worth $500,000, a price that the Washington Post, the National Inquisitor, and Lawbuster Video all consider too steep. In both regimes, there is no deal. Now suppose that Lawbuster discloses this title to the Post without Jesse's consent (or license or assignment under the property regime). Jesse then seeks redress, presumably in a court of law rather than with his gun. Is a property right along Lessig's lines likely to give him a better basis than the following section on Civil Action in the VPPA?

> *„The court may award – (A) actual damages but not less than liquidated damages in an amount of $2,500; (B) punitive damages; (C) reasonable attorneys' fees and other litigation costs reasonably incurred; and (D) such other preliminary and equitable relief as the court determines to be appropriate."*

Assuming we are writing code anew, I see nothing before or after the „deal" that could not be done under both regimes. Lessig's claim for the superiority of a property regime is not substantiated by either of his differences. Hence I disagree with his assertion that:

> *„A property regime thus protects both those who value their privacy more than others and those who value it less, by requiring that someone who wants to take a given resource must ask."*

The requirement to ask doesn't necessitate a property regime, nor does a property regime offer advantages over one based on consent.

Perhaps the real reason for Lessig's enthusiasm for a property regime is given in the next sentence:

> *„Such a regime gives us confidence that if a trade occurs, it will be at a price that makes neither party worse off."*

What Lessig seems to find appealing about a property regime is that it might legitimize the trade in personal information. This suspicion stems from his discussion in the subsequent paragraphs of the „extreme" views of those who are skeptical about a property regime. Marc Rotenberg of the Electronic Privacy Information Center has disputed Lessig's dismissal in a very thorough analysis of Lessig's chapter.

Lessig fails to ask the obvious question of whether laws along the lines of the VPPA might protect privacy if applied more broadly. He simply says that „in the United States we have turned to law less often". Instead he presents the reasons I have contested above to argue for a different kind of law to support his architecture, which he says could lead to a world that „might turn out to be radically inferior" to the status quo. *„Or it might be fine."* Clearly Lessig is not stretching for a way to achieve better privacy protection; his goal is elsewhere: *„But the key is to see the relationship between these architectures and the possibilities for exchange."* In my opinion this key point of Lessig's is valid, and is even unremarkable to anyone familiar with the public policy basis of data protection law: to encourage participation and enable appropriate dataflows. What I find strange is his choice of how to illustrate it. Recall Lessig's main point:

> *„[We] could imagine an architecture, tied to a market, that protects privacy rights in a way that real space cannot, but that architecture will not emerge on its own. It needs the push of law."*

Perhaps a better choice, one requiring more knowledge than imagination, is software for human resources management tasks of the kind published by PeopleSoft or SAP. Such packages are scrutinized by data protection authorities in several European states for compliance with various statutory and regulatory requirements. The code is made to conform to the law, and the companies running the code are less likely to break the law than if they were performing tasks manually. This is a real, though somewhat boring example of Lessig's catch-phrase. Another example would be the access to credit reports via the Web: The Fair Credit Reporting Act of 1974 mandates access, and Web delivery is one way this can be achieved at low cost (though not without security risks, as a 1997 incident with Experian demonstrated). Similar issues arose with the Social Security Administration in April 1998. Other high profile examples would be experimentation during the 2000 US election with Internet voting, and the question of publication on the Web of donor lists. Still another choice would be Do-Not-Call and Do-Not-Mail lists, which are variously run by governmental agencies and trade associations, some online and some deliberately not. Following the Children's Online Privacy Protection Act (COPPA) of 1998, several companies including Microsoft have proposed Web-based services that assist companies to comply with the 90+ page rule published by the Federal Trade Commission. All these examples illustrate the interaction of architectures with law, and „the possibilities for exchange". These examples could also be used in an examination of whether a property regime would have served better than the present legal basis. (At first blush I see no reason why it would; questions arise however: In the COPPA case for example, how would sublicensing of the propertized name be arranged among the three parties?) Lessig does not explore these messy matters.

The only architecture Lessig chooses to discuss is P3P, a somewhat vaporous enterprise. P3P has been promoted as a technological means for information self-determination, and is understandable by anyone who has filled out a form on a Web browser: If the Web site doesn't undertake to treat the information in anacceptable manner, alarm bells start ringing and the user can abort the transaction. Lessig does not even put forward the legal basis advanced by P3P's proponents: If the site makes representations about its information practices and fails to live up to them, it is open to a claim of deceptive trade practices under Section 5 of the Federal Trade Commission Act for example. Instead Lessig proposes a property right in privacy, citing the advantages that I have questioned above.

Lessig once remarked elsewhere that law professors make up hypothetical situations for a living, and this may sometimes be a good thing. But Lessig's chapter is not going to help guide public policy towards better privacy protection. Considering his eminent position in cyberlaw, this is a great shame.

V. Selbstschutzinstrumente

Identitätsmanagement

Dr. Hannes Federrath und Oliver Berthold[1]

1 Einführung

Identitätsmanagement in Computernetzen soll einen Benutzer in die Lage versetzen, persönliche Merkmale nur gezielt und bewusst weiterzugeben. Es dient also dem Schutz personenbezogener Daten. Hierzu benötigen die Benutzer eine bewusste Kontrolle über die Information, mit deren Hilfe in unterschiedlichen Situationen weitergegebene personenbezogene Daten verknüpft werden können. Mit dem Begriff „persönliches Merkmal" ist in diesem Beitrag in erster Linie ein Kennzeichen für eine Person gemeint, das für sich allein meist keinen eindeutigen Personenbezug darstellt, aber in der Verkettung mit mehreren persönlichen Merkmalen zu einem identifizierenden Computerdatensatz wird und die Identität einer Person bestimmt. Beispiele für solche persönlichen Merkmale sind Geburtsdatum, Wohnort, Staatsangehörigkeit, Beruf oder die später noch ausführlich erläuterten Pseudonyme. In manchen Fällen wird vom Kommunikationspartner ein Nachweis über eine vorhandene Eigenschaft gefordert, z. B. das Erreichen eines bestimmten Alters zum Abschluss von Geschäften im Internet. In manchen Fällen wird ein von einem Computer generierter Datensatz zu einem persönlichen Merkmal, wie z. B. Cookies[2] in einem Webbrowser.

Natürlich ist der Name einer Person ein persönliches Merkmal und in vielen Fällen bereits ein identifizierendes Merkmal. Im wirklichen Leben empfinden wir es als durchaus normal, uns gegenseitig mit Namen vorzustellen, und im Normalfall wickeln wir Geschäfte auch unter unserem Namen ab. Ein davon abweichendes Verhalten wird berechtigterweise als sonderbar empfunden. Bei genauerem Hinsehen zeigt sich aber, dass es sehr viele Ausnahmefälle gibt, bei denen die bewusste Anonymität, d. h. das Verbergen der eigenen Identität, der akzeptierte Regelfall ist,

---

[1] Für Hinweise, Kritik und Korrekturlesen geht ein herzlicher Dank an Marit Köhntopp, Andreas Pfitzmann und Thomas Roessler.

[2] Cookies sind kleine Datensätze (wenige Byte), die im Rechner des Benutzers abgespeichert werden. Sie ermöglichen dem Betreiber des Webservers, für den der Cookie generiert wurde, den Benutzer zu verfolgen, solange bzw. sooft er sich auf den Webseiten dieses Webservers aufhält. In den Beiträgen von Thomas Roessler in diesem Band, 205, sowie Wiese, 9, und Schulzki-Haddouti, 20, wird auf solche und andere „Datenspuren" ausführlich eingegangen.

z. B. telefonische Beratung, Schaufenstershopping[3], Bezahlen von Waren mit Bargeld. Vergleichbare Handlungen im Internet sollten ebenfalls anonym möglich sein. Eine Handlung, die man zwar nicht anonym, aber geheim durchführt, sind z. B. Wahlen. Man erlangt eine Berechtigung zum Wählen; der abgegebene Stimmzettel darf aber nicht verkettbar sein mit der Identität der Person, die den Stimmzettel abgegeben hat.

Die Benutzer neuer Medien haben bewusst oder unbewusst in Kauf genommen, dass die Kommunikationskultur der alten Medien (Brief, Telefon) nicht beibehalten werden kann, und sich neue Ausdrucksformen gesucht.[4] Bezogen auf das Fordern und die Preisgabe persönlicher Merkmale hat sich allerdings eine Kultur etabliert, die noch weit entfernt von einem gesellschaftlichen Konsens ist. Zwei Beispiele sollen das verdeutlichen:

1. Heute arbeitet nahezu jede kommerzielle Website mit Cookies, obwohl für die Anzeige der Webseiten überhaupt keine Cookies erforderlich sind. Inzwischen sind einige Anbieter von virtuellen Warenhäusern dazu übergegangen, die Warenkörbe ihrer Kunden ohne Cookies zur realisieren, obwohl diese ursprünglich hierfür gedacht waren. Mehr und mehr Kunden konfigurieren jedoch ihre Browser so um, dass Cookies generell abgelehnt werden.

2. Viele Anbieter von Dienstleistungen fordern von ihren Kunden die Angabe von E-Mail-Adressen, obwohl für den Kunden überhaupt nicht einsichtig ist, warum dies beispielsweise beim legalen Download von frei verfügbarer Musik zwingend nötig ist. Ob der Kunde seine korrekte E-Mail-Adresse angibt oder nicht, ändert am Download meist nichts. Allerdings beeinflusst es die Anzahl eingehender Werbemails an ihn deutlich.

Dieser Beitrag versucht im Folgenden, die technischen Möglichkeiten des Identitätsmanagements in Computernetzen darzustellen. Wir beschreiben in den Abschnitten 2 und 3 eines der wichtigsten Konzepte des Identitätsmanagements, die so genannte Pseudonymität, die es ermöglicht, ohne das Offenlegen der eigenen Identität Aktionen durchzuführen und die Verkettbarkeit zu anderen Aktionen eines Benutzers gezielt zu steuern. Im Abschnitt 4 werden Verfahren beschrieben, mit denen man persönliche Eigenschaften nachweisbar machen kann. Im Abschnitt 5 folgen einige Bemerkungen zur Verwaltung von Pseudonymen in einem persönlichen Endgerät. Abschnitt 6 beschreibt an einem Fallbeispiel, wie ein Identitätsmanagement in Ansätzen für das Internet realisiert wurde. Der Beitrag schließt mit einer Zusammenfassung ab.

[3] Auch mit Betreten des Ladens ...

[4] Als bekanntestes Beispiel gelten die Smileys in E-Mails.

2 Pseudonymität

2.1 Pseudonymitätsstufen

Pseudonyme können nach dem Grad der erreichbaren Anonymität eingeteilt werden.[5] Bezogen auf die Gegebenheiten heutiger Computernetze werden im Folgenden die drei wichtigsten Pseudonymitätsstufen erläutert.[6] Jede Stufe wird am Beispiel von E-Mail-Adressen erläutert.

2.1.1 Personenpseudonym

Wird von einer Person über einen längeren Zeitraum und in vielen Kommunikationsbeziehungen mit unterschiedlichen Kommunikationspartnern das gleiche Pseudonym verwendet, spricht man von einem Personenpseudonym. Ein typisches Beispiel ist die E-Mail-Adresse einer Person, so wie wir sie heute vorfinden (z. B. oliver.berthold@gmx.de und hannes@icsi.berkeley.edu). Ein Personenpseudonym stellt also ein potenzielles Personenkennzeichen dar, selbst dann wenn die Zeichenkette, die das Pseudonym repräsentiert, auf den ersten Blick keinen direkten Personenbezug aufweist.

2.1.2 Geschäftsbeziehungspseudonym

Wählt sich eine Person für die Kommunikation mit einem bestimmten Kommunikationspartner jeweils ein neues, dann aber gleich bleibendes Pseudonym (z. B. eine neue E-Mail-Adresse), das keinen direkten Personenbezug aufweist (z. B. 1182643@hotmail.com), und verwendet sie das Pseudonym in keiner Kommunikationsbeziehung mit anderen Kommunikationspartnern, dann handelt es sich um ein Geschäftsbeziehungspseudonym.

---

5 S. hierzu Birgit Pfitzmann, Michael Waidner, Andreas Pfitzmann, Rechtssicherheit trotz Anonymität in offenen digitalen Systemen, DuD 14/5-6 (1990), 243-253, 305-315.

6 Pseudonyme werden von Pfitzmann et. al. 1990 zunächst in Personenpseudonyme und Rollenpseudonyme eingeteilt, die ihrerseits noch einmal unterteilt werden. Personenpseudonyme werden in öffentliche Personenpseudonyme, nichtöffentliche Personenpseudonyme und anonyme Personenpseudonyme unterteilt. Motiviert war die Einteilung nach öffentlich und nichtöffentlich durch die damals noch vorherrschende Telekommunikationsinfrastruktur (insbesondere für Telefonie) des Staates. Unter den Gegebenheiten der Liberalisierung der Telekommunikationsmärkte und der globalen Kommunikationsstruktur des Internets passt die Unterscheidung nach öffentlichen, nichtöffentlichen und anonymen Personenpseudonymen nicht mehr ganz bzw. es fällt schwer, ein konkretes Szenario in eine der drei Pseudonymitätsstufen einzuteilen. Die Unterschiede verschwimmen gewissermaßen. Rollenpseudonyme werden in Geschäftsbeziehungspseudonyme und Transaktionspseudonyme unterteilt.

2.1.3 Transaktionspseudonym

Falls sich eine Person entscheidet, jeweils für jede Transaktion ein neues Pseudonym einzusetzen (z. B. heute 3735428@yahoo.com, morgen jazzfan@hotmail.com beim Herunterladen von Musik von ein und demselben MP3-Server), dann spricht man von einem Transaktionspseudonym. Dies wird nach Beendigung der Transaktion von diesem Teilnehmer nie wieder verwendet.

2.2 Verkettbarkeit von Pseudonymen

Personen-, Geschäftsbeziehungs- und Transaktionspseudonyme unterscheiden sich in der Verkettbarkeit der jeweiligen Kommunikationsereignisse. Nachrichten mit Transaktionspseudonymen sind mittels diesen überhaupt nicht verkettbar. Mit Geschäftsbeziehungspseudonymen gesendete Nachrichten sind für den Geschäftspartner verkettbar. Wenn jedoch zwei Geschäftspartner ihre Datenbanken abgleichen, lassen sich über die Pseudonyme keine Verkettungen zwischen ihren Kunden vornehmen. Bei Personenpseudonymen ist dies selbstverständlich möglich.

Leider sind die vorangegangenen Bemerkungen noch größtenteils Theorie, wenn man heutige Kommunikationsbeziehungen im Internet betrachtet.

1. Man muss heute bei kostenpflichtigen Diensten praktisch immer seine Identität angeben, damit die Kosten per Rechnungsstellung oder Kreditkartenzahlung ausgeglichen werden können. Anonyme Vorauszahlung von kostenpflichtigen Dienstleistungen hilft nur, wenn man bereits weiß, dass man etwas kaufen möchte und der Dienstleister anonyme Vorauszahlung überhaupt anbietet.

2. Man sollte daran denken, dass in den heutigen Kommunikationsnetzen die Kommunikationsbeziehungen über die stets in einer Nachricht mitgesendete Absenderadresse (hier ist z. B. die IP-Adresse gemeint) verkettet werden können. Je nach Art des Zugangs zum Kommunikationsnetz (z. B. mit fest zugewiesener IP-Adresse oder mit dynamischer Adressvergabe) ist die Benutzung eines Geschäftsbeziehungs- oder Transaktionspseudonyms ohne das zusätzliche Verbergen von Adressinformation (z. B. durch so genannte Mix-Netze oder Benutzen öffentlicher Zugangsnetze ohne Identitätsabfrage) unnütz.

3. Bei keiner Form von Pseudonymverwendung sollte der Benutzer jemals seine Identität offen legen, da andernfalls alle unter dem jeweiligen Pseudonym stattgefundenen Kommunikationsbeziehungen nachträglich zu seiner Identität verkettet werden können.

Es versteht sich von selbst, dass man ein Transaktionspseudonym verwenden sollte, wann immer es möglich ist.

3 Pseudonyme, mit denen man Aktionen einer Identität verketten kann

Ziel ist es, dass eine Person ohne Aufdecken ihrer Identität mehrere Aktionen (z. B. Versenden von E-Mails, Teilnahme in einem Chatroom, Kauf von Waren in einem Online-Shop) ausführt und dabei bewusst wieder erkannt werden möchte. Dies ist der typische Anwendungsfall für Pseudonyme. Im Gegensatz zur Anonymität sollen Aktionen eines Teilnehmers miteinander verkettbar sein. Praktische Anwendungen könnten z. B. sein:

- die Fortsetzung eines Online-Gesprächs zwischen Personen, die sich nur online kennen und ihre Identität nicht voreinander preisgeben möchten,
- die Nutzung von Treuerabatten und individuell zugeschnittenen Angeboten in Online-Shops, in denen die „Ware" ebenfalls digital ist, d. h. auf die Angabe einer Lieferadresse verzichtet werden kann.

Im Folgenden werden typische Implementierungen für Pseudonyme beschrieben, mit denen man Aktionen einer Identität verketten kann.

3.1 Vom Teilnehmer selbst gewählte Zeichenketten, die keinen Bezug zu seiner Identität besitzen

Solche Pseudonyme (z. B. Petty Champagner, Veuve Cliquot) sind sehr einfach und intuitiv zu bilden, haben aber den Nachteil, dass mehrere Personen zufällig das gleiche Pseudonym wählen könnten. Außerdem wäre es einem bösartigen Teilnehmer möglich, absichtlich das Pseudonym eines fremden Teilnehmers anzunehmen. Dies ist nicht gleichzusetzen damit, dass er die Identität des echten Benutzers des Pseudonyms kennt.

3.2 Große Zufallszahlen (z. B. 150 Bit lang, d. h. mit etwa 45 Dezimalstellen)

Bei der Verwendung von großen Zufallszahlen (z. B. 15627384662036271...) treten zufällige Gleichheiten zwischen Pseudonymen nur noch mit verschwindend geringer Wahrscheinlichkeit auf. Ein bösartiger Teilnehmer könnte aber immer noch ein fremdes Pseudonym missbrauchen. Außerdem lassen sich Zahlen mit 45 Dezimalstellen nicht mehr leicht merken, was die technisch unterstützte Speicherung der eigenen Pseudonyme auf einem persönlichen Gerät nahe legt. Da man typischerweise mehrere Pseudonyme für unterschiedliche Kommunikationsbeziehungen verwendet, kommt man in der Praxis um ein solches Gerät nicht herum. Je nach Ort und Art der Pseudonymverwendung könnten die Pseudonyme im PC, in einem kleinen Persönlichen Digitalen Assistenten (PDA) oder einer Chipkarte gespeichert sein.

3.3 Öffentliche Testschlüssel eines Signatursystems

Verwendet man als Pseudonym den öffentlichen Testschlüssel eines Signatursystems, dann ist es erstens ebenfalls sehr unwahrscheinlich, dass mehrere Personen versehentlich das gleiche Pseudonym wählen, und außerdem wird es einem bösartigen Teilnehmer unmöglich gemacht, ein Pseudonym zu missbrauchen. Jede pseudonym zu sendende Nachricht wird mit dem privaten Signierschlüssel digital signiert. Der Empfänger und alle Außenstehenden können überprüfen, dass eine Nachricht tatsächlich vom Pseudonyminhaber (hier: dem Eigentümer des öffentlichen Testschlüssels) stammt, da nur er den passenden Signierschlüssel besitzt.

Der Vorteil dieser Sicherheit kann jedoch je nach Anwendung auch ein Nachteil sein: Für den Pseudonyminhaber ist es nicht mehr möglich, eine gesendete Nachricht gegenüber Dritten abzustreiten, da jeder Außenstehende die Signatur mithilfe des öffentlichen Testschlüssels überprüfen kann. Insbesondere dann, wenn zu einem späteren Zeitpunkt die Identität des Pseudonyminhabers öffentlich wird (aus Unachtsamkeit oder absichtlich), kann dies von Bedeutung sein.

Im kommerziellen Einsatz von Pseudonymen kann man die Überprüfbarkeit der Nachricht durch Dritte praktisch nutzen, um im Streitfall eine Kommunikationsbeziehung aufdecken zu können. Hierzu meldet sich ein Teilnehmer bei der vertrauenswürdigen Zertifizierungsstelle (Trusted Third Party) unter seiner Identität an und lässt sich seine Pseudonyme (d. h. seine öffentlichen Testschlüssel) zertifizieren. Das Zertifikat wird dann einen Datensatz enthalten, an dem der Prüfer feststellen kann, dass ein Aufdecken im Streitfall möglich ist. Die Zertifizierungsstelle merkt sich, welchem Teilnehmer sie welchen Schlüssel zertifiziert hat. Ein Beispiel ist in der Abbildung 1 dargestellt.

Dieses Verfahren lässt sich auch derartig dezentralisieren, dass die Zuordnung eines Pseudonyms zu einer Identität nur unter Zusammenarbeit mehrerer Zertifizierungsstellen möglich ist, um das mögliche Fehlverhalten einer Zertifizierungsstelle zu tolerieren. Hierzu lässt man sich beispielsweise von einer Zertifizierungsstelle Z_1 ein Pseudonym P_1 zertifizieren, zu dem sie die Identität kennt. Von einer weiteren Zertifizierungsstelle Z_2 lässt man sich ein Zertifikat über ein Pseudonym P_2 ausstellen, zu dem Z_2 bestätigt, dass es das Pseudonym P_1 kennt, das von der Zertifizierungsstelle Z_1 bestätigt wurde usw. Der Benutzer benutzt das letzte ausgestellte Pseudonym. Im Streitfall muss die Verkettung rückwärts unter Mitarbeit aller beteiligten Zertifizierungsstellen aufgelöst werden.

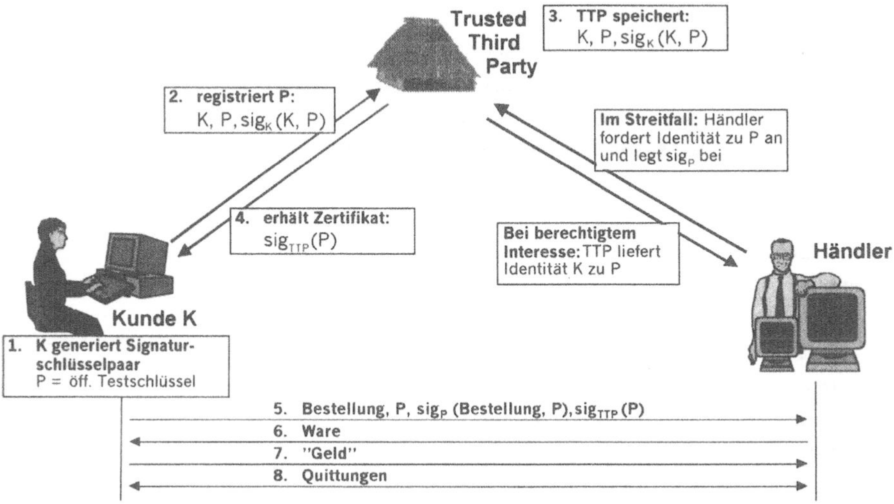

Abbildung 1: Ausstellen, Benutzen und Aufdecken eines Pseudonyms

4 Pseudonyme zur Bestätigung von Eigenschaften

Neben der Verkettung von Aktionen eines Teilnehmers, der seine Identität geheim halten möchte, gibt es viele Anwendungsfälle, in denen der Kommunikationspartner das Vorhandensein einer ganz bestimmten Eigenschaft überprüfen können soll. Dies könnte der Nachweis über die Zugehörigkeit zu einer bestimmten Altersgruppe (z. B. über 18 Jahre alt) sein oder die Bestätigung einer Bank über einen bestimmten Kreditrahmen. Unsere digitale Identität wird durch einen Vektor solcher Attribute gebildet. Neben eindeutig identifizierenden Merkmalen (z. B. Personalausweisnummer) gibt es in der Mehrzahl Attribute, die auf eine Gruppe gleichermaßen zutreffen (z. B. Geburtsjahr, Geschlecht, Wohnort). Häufig genügt es dem Kommunikationspartner, dass er eine bestimmte Eigenschaft sicher überprüfen kann (z. B. Nachweis der Geschäftsfähigkeit bei Online-Geschäften), aber weitere Eigenschaften vor ihm verborgen bleiben.

4.1 Ein sehr einfaches Verfahren

Eine sehr einfache Möglichkeit zur Zertifizierung von Eigenschaften besteht darin, dass eine Zertifizierungsstelle den öffentlichen Testschlüssel des Pseudonyms zusammen mit der nachzuweisenden Eigenschaft zertifiziert.

```
BEGIN ZERTIFIKAT
Pseudonym: 30452634272346623424987241375
Öffentlicher Testschlüssel des Pseudonyms:
h833hd38dddajscbicme098342k236egfkw74h5445
84hdbscldmrtpofjrkt0jshuedagaszwl2geb3u4b=
Bestätigte Eigenschaften:
Der Inhaber ist über 18 Jahre alt.
Der Inhaber ist deutscher Staatsbürger.
Datum: 19.03.2000
Gültig bis: 18.03.2001
Aussteller: Einwohnermeldeamt Dresden
Signatur des Ausstellers:
23j423vdsaz345kj435ekji3u4z2983734ijo23i72
kj867wdbez2o074j51kdmcdkki1237t3rgbdvbwdj=
END ZERTIFIKAT
```

Der Teilnehmer signiert seine Nachricht mit dem privaten Signierschlüssel seines Pseudonyms. Der Kommunikationspartner benötigt zum Nachweis der Echtheit der Nachricht den Testschlüssel und das Zertifikat. Falls mehrere Eigenschaften in ein Zertifikat aufgenommen werden, reduziert das zwar die Anzahl auszustellender Zertifikate, jedoch liefert der Teilnehmer dem Kommunikationspartner möglicherweise mehr Information, als dieser fordert. Weiterhin kennt die Zertifizierungsstelle im Regelfall die Zuordnung zwischen Identität, Pseudonym und den zertifizierten Eigenschaften.

Ein solches System ist also noch verbesserungswürdig. Man möchte im Idealfall ein System, mit dem ein Teilnehmer beweisen kann, dass er eine in dem jeweiligen Kontext geforderte Eigenschaft besitzt, ohne ungewollt alle oder zumindest eine Vielzahl weiterer Eigenschaften über sich offen zu legen. Weiterhin möchte man nicht, dass die Vorlage derselben Eigenschaft an anderer Stelle mit der bei einer vorherigen Stelle verkettbar ist. Außerdem soll vor der Zertifizierungsstelle das Pseudonym verborgen bleiben, für das sie ein Zertifikat mit einer bestimmten Eigenschaft ausstellt.

4.2 Blenden des Pseudonyms vor dem Zertifizieren

Wenn man verhindern möchte, dass die Zertifizierungsstelle die Zuordnung von Identität und Pseudonym kennt, kann man folgendes Verfahren anwenden: Der Teilnehmer blendet das Pseudonym mit einer Zufallszahl, die sich nach der Zertifizierung des Pseudonyms wieder entfernen lässt, ohne das Zertifikat zu zerstören. Ein kryptographisches Verfahren, mit dem so etwas erreicht werden kann, ist als *Blinde Signatur*[7] bekannt.

Die Zertifizierungsstelle bestätigt gewissermaßen eine Eigenschaft einer Person, deren Pseudonym die Zertifizierungsstelle nicht kennt. Da diese nichts über den Inhalt (hier: das Pseudonym) erfährt, den sie digital signiert, kann die Eigenschaft auch nicht in das Zertifikat selbst kodiert werden, wie dies z. B. beim Zertifikat in Abschnitt 4.1 der Fall war. Stattdessen wird die Eigenschaft fest mit dem jeweiligen Schlüssel assoziiert, den die Zertifizierungsstelle verwendet. Für jede zu zertifizierende Eigenschaft besitzt sie ein eigenes Schlüsselpaar.

4.3 Secret-Key-Zertifikate

Geblendete Zertifikate aus dem vorangegangenen Abschnitt haben in der Praxis verschiedene Nachteile:

- Es ist der Zertifizierungsstelle unmöglich, in das Zertifikat ein Ausstellungs- oder Verfallsdatum hineinzukodieren.
- Die Anzahl der Eigenschaften wird bestimmt durch die Anzahl der Schlüsselpaare der Zertifizierungsstelle. Zu jeder Eigenschaft muss der hierzu assoziierte öffentliche Testschlüssel im Voraus bekannt sein, damit man die Blendung des Pseudonyms durchführen kann.
- Ein Teilnehmer könnte sich eine Eigenschaft bestätigen lassen und das Zertifikat dann unbemerkt weitergeben oder verkaufen.

Mit so genannten Secret-Key-Zertifikaten[8] sollen sich diese Nachteile beseitigen lassen. Bei allen bisher beschriebenen Zertifikaten handelt es sich um Echtheitsnachweise des öffentlichen Testschlüssels eines Signatursystems. In den Echtheitsnachweis werden dann gegebenenfalls zusätzliche Eigenschaften mit aufgenommen. Mit den patentierten Secret-Key-Zertifikaten soll man von vielen innerhalb eines Zertifikats vorhandenen zertifizierten Eigenschaften je nach Bedarf eine Untermenge aufdecken können, während andere Eigenschaften verdeckt bleiben. Damit wäre im Extremfall nur noch ein Zertifikat nötig, in dem sich der Teilnehmer eine Vielzahl von Eigenschaften bestätigen lässt. Die Überprüfung der Eigenschaft erfolgt in einem interaktiven Verfahren mit der Zertifizierungsstelle.

[7] David Chaum, Blind Signature System. Crypto '83, Plenum Press, New York 1984, 153.
[8] Stefan Brands: Rethinking public key infrastructures and digital certificates – building in privacy. http://www.xs4all.nl/~brands/.

5 Identitätsverwaltung im lokalen Gerät

Wie bereits in Abschnitt 3.2 erwähnt, wird man in der Praxis um die technisch unterstützte Speicherung der Pseudonyme nicht herumkommen. Da man für die digitale Signatur zukünftig sowieso ein persönliches Gerät besitzen wird, bietet es sich an, auch das Identitätsmanagement, d. h. die Pseudonymverwaltung, darauf vorzunehmen, soweit dies technisch möglich ist.[9]

Ein solches Gerät sollte:

- vertrauenswürdig sein, d. h. zumindest nicht manipulierbare Hardware, ein vertrauenswürdiges Betriebssystem und strikte Prozess- und Speichertrennung besitzen,
- eine ausreichende Rechenleistung für asymmetrische Kryptographie, d. h. digitale Signatur und Public-Key-Verschlüsselung, besitzen,
- eine geeignete Benutzungsschnittstelle bereitstellen, die tatsächlich das anzeigt, was signiert werden soll,
- eine autonome Energieversorgung und eine eigene Uhr besitzen, um Angriffe über Energie- oder Zeitverbrauch auszuschließen.

Für einen Benutzer, der Pseudonyme intensiv nutzt, stellt sich möglicherweise irgendwann einmal die Frage: „Welches Pseudonym hatte ich damals für die Kommunikation mit ... verwendet?“ Ein Identitätsmanager muss den Benutzer dabei unterstützen, für jede Kommunikationsbeziehung das „richtige“ Pseudonym auszuwählen.

Folgende Regeln bzw. Funktionen sollte ein Identitätsmanager dabei implementieren:

- Wann immer es möglich ist, sollte der Teilnehmer anonym und unbeobachtbar kommunizieren können. Ausnahmen von dieser Grundregel bestimmt der Benutzer.
- Grundsätzlich sollte für jede Kommunikationsbeziehung ein eigenes Pseudonym benutzt werden. Das bedeutet, jede neue Kommunikationsbeziehung beginnt mit dem Generieren eines neuen Pseudonyms, solange der Benutzer nichts anderes bestimmt.

[9] Zu den Anforderungen des Identitätsmanagements im Endgerät s. Marit Köhntopp: Generisches Identitätsmanagement im Endgerät. http://www.koehntopp.de/marit/publikationen/idmanage/. S. auch Köhntopp/Pfitzmann, 316, in diesem Buch.

- Normalerweise ist es erwünscht, vom Kommunikationspartner wieder erkannt zu werden (gleiches Pseudonym). Ausnahmen (verschiedene Pseudonyme gegenüber dem gleichen Partner) müssen dann als verschiedene eigene Rollen definiert werden können.
- Eine Person kann ein Pseudonym dazu verwenden, um eine Eigenschaft beweisen zu können, ohne die Identität preisgeben zu müssen: Beispielsweise könnte sich ein Arzt seinen Beruf bescheinigen lassen.
- Der Identitätsmanager sollte es seinem Benutzer ermöglichen, selektiv Informationen mit einem Pseudonym zu verknüpfen: Name, Adresse, Alter, Beruf, Hobbys, Freundeskreis usw.
- Monotonie: Informationen, die bezüglich eines Pseudonyms verkettet wurden, sind nicht mehr entfernbar. Es ist nur noch möglich, ein neues Pseudonym zu wählen. Man muss jedoch aufpassen, dass zusammen mit dem neuen Pseudonym nicht zu viele Informationen preisgegeben werden, weil es sonst über die Gleichheit der Eigenschaften mit dem alten verkettbar wird.
- Wann immer der Benutzer es wünscht, sollte er eigene Pseudonyme für den Kommunikationspartner miteinander verkettbar machen können. Welcher Informationsgewinn dadurch beim Kommunikationspartner entsteht, sollte durch den Identitätsmanager sichtbar gemacht werden.

Um den Benutzer nicht mit dem Management der eigenen Pseudonyme zu überfordern, sollte eine möglichst einfache persönliche Managementzentrale der Ausgangspunkt aller anonymen bzw. pseudonymen Kommunikationsbeziehungen sein.

In Abbildung 2 ist ein Vorschlag hierfür dargestellt. Der Benutzer wählt seinen Kommunikationspartner aus, indem er auf die Zeile in der Tabelle klickt. Im entsprechenden Kommunikationsprogramm (Mail-Programm, Browser, Newsreader) wird dann automatisch das dazugehörige Pseudonym gewählt und die Kommunikationsverbindung hergestellt. Dabei können die Einzelheiten des Pseudonymaufbaus vor dem Benutzer verborgen bleiben, sofern die interne Repräsentation des Pseudonyms sowieso nur aus Zufallszahlen bzw. sinnlosen Zeichen (z. B. Cookies) oder öffentlichen Testschlüsseln besteht.

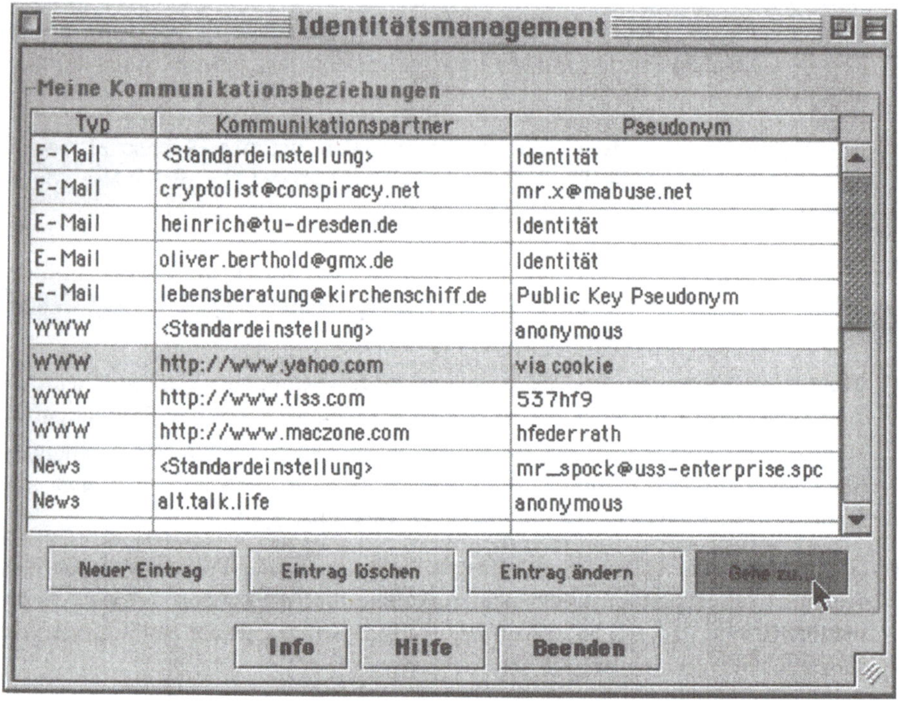

Abbildung 2: Beispiel einer Oberfläche eines Identitätsmanagers

6 Fallbeispiel: Das Pseudonymkonzept von Freedom

Freedom ist ein von der kanadischen Firma Zero-Knowledge Systems (ZKS) Inc. angebotener Service, der es Internet-Nutzern ermöglicht, mehrere verschiedene Internet-Dienste anonym zu nutzen. Die Anonymität wird dadurch gewährleistet, dass die Kommunikationsbeziehung zwischen dem Rechner des Teilnehmers und dem jeweiligen Internet-Server über eine Anzahl von anonymisierenden Zwischenknoten, die so genannten Freedom-Server, geleitet wird. Da diese Knoten gleichzeitig die Kommunikationsbeziehungen vieler Teilnehmer vermitteln, kann ein externer Beobachter die Zuordnung zwischen eingehenden und ausgehenden Nachrichten nicht mehr ermitteln. Für einen Angreifer, der nicht alle diese Knoten kontrolliert, ist somit die Kommunikationsbeziehung eines Teilnehmers unbeobachtbar.

Völlige Anonymität ist jedoch nur für Kommunikationsbeziehungen möglich, die in einem Kommunikationsschritt abgewickelt werden können. Ein Beispiel hierfür wäre das anonyme Versenden einer E-Mail. Sobald jedoch für einen Dienst mehrere

Kommunikationsschritte erforderlich sind, muss jeder der Teilnehmer einen Schritt des anderen zu dessen vorherigen Schritten verketten können. Normalerweise erfolgt diese Verkettung entweder über die Identität oder Adresse des jeweiligen Teilnehmers. Bei einer anonymen Nutzung eines solchen Dienstes ist dafür ein Pseudonym nötig, welches je nach Art des Dienstes über unterschiedlich lange Zeiträume gültig sein muss. Eine Reply-Adresse in einer pseudonym gesendeten E-Mail sollte beispielsweise einige Tage, wenn nicht gar dauerhaft gültig, d. h. in der Lage sein, an sie gesendete E-Mails unbeobachtbar an den eigentlichen Teilnehmer weiterzuleiten.

Aus diesen Gründen wurde in Freedom folgendes Pseudonymkonzept[10] integriert:

6.1 Pseudonymkonzept

Jeder Teilnehmer erhält eine Anzahl Pseudonyme, die bei Freedom „Nyms“ genannt werden. Der Teilnehmer kann nun einem Internet-Dienst unter diesem Pseudonym gegenübertreten. So wird z. B. für jedes Nym eine E-Mail-Adresse bereitgestellt, unter der der Teilnehmer Nachrichten empfangen und senden kann. Beim Senden einer E-Mail über das Freedom-Netz wird die E-Mail-Adresse des jeweils ausgewählten Nyms als Absenderadresse eingetragen.

Momentan wird das Nym-Konzept nur für E-Mails konsequent angewendet. Für andere Anwendungen wird das Nym nur verwendet, um die Berechtigung des Benutzers zur Nutzung des Freedom-Netzes zu beweisen. Das Nym wird vom letzten Freedom-Server aus der zu sendenden Nachricht entfernt, bevor die Nachricht an die Zieladresse weitergeleitet wird.

Solange ein Nutzer Nachrichten unter dem gleichen Nym durch das Freedom-Netz schickt, sind alle gesendeten Nachrichten zu dem Nym verkettbar. Jedoch bleibt die Identität des Absenders geschützt.

Das Haupteinsatzgebiet der Nyms dürfte bis auf weiteres das pseudonyme Senden und Empfangen von E-Mails sein. Darauf basiert auch das Geschäftsmodell von Freedom. Während kurzfristig gültige (30 Tage) Nyms kostenlos erhältlich sind, muss man Nyms mit längerer Gültigkeit kostenpflichtig mieten. Dabei kauft man sich jeweils ein Nutzungsrecht für fünf Nyms für den Zeitraum von sechs Monaten zum derzeitigen Preis von 49,90 US-Dollar. Die Pseudonyme können nach Ablauf dieser Zeitspanne verlängert werden.

[10] Russel Samuels: Untraceable Nym Creation on the Freedom Network. Whitepaper, November 1999, http://www.freedom.net/.

6.2 Nym-Erzeugung

Ein Nym ist in erster Linie ein Kennzeichen, das einem Teilnehmer ermöglicht, mehrere über ein anonymes Netz gesendete Nachrichten gegenüber einer anderen Station als zusammengehörig zu kennzeichnen. Die Erzeugung eines solchen Nyms ist sehr einfach: Der Teilnehmer wählt einfach eine sehr große Zufallszahl (mit ca. 128 Bit bzw. 40 Dezimalstellen), die er später in jeder Nachricht mitsendet. Ein solches Pseudonym ist, wenn man dem benutzten anonymen Kommunikationsnetz vertrauen kann, grundsätzlich unverkettbar zu dem Teilnehmer, da er es selbst ohne Dritte erzeugt. Bei Freedom hat ein Pseudonym jedoch noch weitere Funktionen. So soll z. B. durch den Verkauf von Nyms eine Abrechnung der Dienstleistung ermöglicht werden.

Die existierenden Zahlungssysteme haben jedoch den Nachteil, dass der Teilnehmer beim direkten Kauf eines Nyms über das Internet (z. B. mittels einer Kreditkarte) identifiziert wird und somit das Nym, das ja die Preisgabe der Identität verhindern soll, wertlos wäre. Um die Unverkettbarkeit von Identität und Nym beim Kauf sicherzustellen, wird ein interaktives Protokoll unter Zuhilfenahme mindestens eines vertrauenswürdigen Dritten abgearbeitet.

Um einer solchen Partei nicht vollständig vertrauen zu müssen, sind bei Freedom an dem Nym-Erzeugungsprozess mehrere Parteien so beteiligt, dass im Idealfall die Unverkettbarkeit des Pseudonyms bereits dann garantiert ist, wenn eine der Parteien vertrauenswürdig ist. Man muss somit nicht mehr einer einzigen Partei vertrauen.

Der Nym-Erzeugungsprozess (s. Abbildung 3) läuft in drei Stufen unter Einbeziehung von vier Parteien ab:

1. Der Nutzer erwirbt vertraulich von einem so genannten WWW-Shop, einem Server von ZKS, eine Seriennummer, die ihn zum Erwerb eines so genannten Nym-Tokens berechtigt. Den Preis für diese Transaktion kann er per Kreditkarte oder per Postbrief bezahlen. Die Seriennummer wird in einer zentralen Datenbank von Freedom gespeichert und freigeschaltet, sobald der Geldbetrag dem WWW-Shop gutgeschrieben wurde.
2. Der Nutzer baut eine unbeobachtbare Verbindung zu einem Token-Server auf und übermittelt die im ersten Schritt erhaltene Nummer. Der Token-Server, der von einer vertrauenswürdigen dritten Partei betrieben wird, überprüft die Gültigkeit der Seriennummer durch Abfragen der Datenbank und übermittelt dem Nutzer bei erfolgreicher Überprüfung ein oder mehrere Nym-Token. Diese Nym-Token sind vom Token-Server signierte Berechtigungsmarken zur Erzeugung eines Nyms.

3. Mithilfe des Nym-Tokens kann der Nutzer später auf einem zentralen Nym-Server, der von ZKS betrieben wird, jeweils ein Nym (d. h. eine pseudonyme E-Mail-Adresse) erstellen.

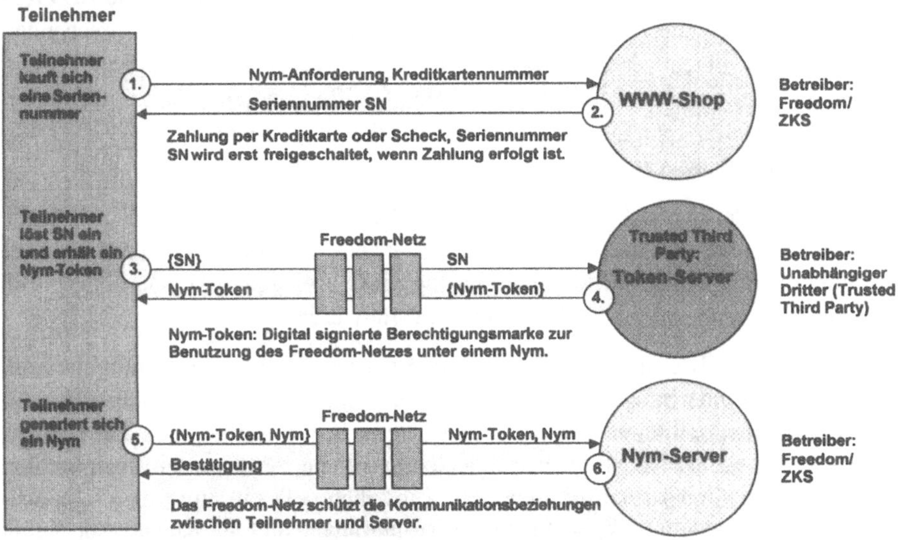

Abbildung 3: Nym-Erzeugung bei Freedom

Wenn man darauf vertraut, dass eine Verbindung über das Freedom-Netz unbeobachtbar ist, dann kann ein Nym nur dann mit der Identität des Teilnehmers verkettet werden, wenn alle oben genannten Server zusammenarbeiten. Zurzeit wird allerdings höchstens der Token-Server nicht direkt von ZKS betrieben. Später soll unter Umständen auch der WWW-Shop an andere Anbieter ausgelagert werden, während der Nym-Server stets von ZKS betrieben wird.

6.3 Pseudonymverwaltung

Bei der Verwaltung seiner pseudonymen Identitäten wird der Nutzer momentan fast nicht unterstützt. Er muss vor der Nutzung eines Internet-Dienstes angeben, unter welchem Pseudonym dies geschehen soll.

Bei einer E-Mail erscheint dann beispielsweise als Absenderadresse das aktuell ausgewählte Nym des Teilnehmers. Eine etwaige Rückantwort auf eine unter einem bestimmten Nym gesendete E-Mail wird dem Teilnehmer zugestellt, sobald er wieder unter dem Nym aktiv wird.

Die Nym-Verwaltung beim WWW verfügt zumindest über folgendes Feature: Durch die Cookie-Funktion der WWW-Browser wird den WWW-Servern eine Verkettung von mehreren Zugriffen eines Teilnehmers ermöglicht. Im Prinzip ist ein solcher Cookie nichts anderes als ein Pseudonym. Würden die Cookies einfach an den Browser weitergeleitet, könnten die WWW-Server bzw. der jeweilige letzte Freedom-Server verschiedene Nyms verketten, wenn der Teilnehmer den entsprechenden Internet-Server unter verschiedenen Pseudonymen besucht. Aus diesem Grund werden die übermittelten Cookies von Freedom gefiltert und auf Wunsch unter dem benutzten Pseudonym abgespeichert. Eine Verkettung mehrerer Nyms über die Cookies ist somit ausgeschlossen.

Insgesamt würde man sich eine intelligentere Pseudonymverwaltung wünschen, die für jedes Pseudonym eine Nutzungshistorie erstellt, sodass dem Nutzer für eine bestimmte Kommunikationsbeziehung das passende Pseudonym vorgeschlagen und vor möglichen ungewollten Verkettungen gewarnt werden kann.

In Zukunft plant ZKS, das Nym-Konzept zu erweitern. So soll es z. B. möglich sein, dass ein Teilnehmer bzw. ein Nym verschiedene Eigenschaften gegenüber anderen Stationen nachweisen kann. Der wesentliche Fortschritt dabei ist, dass der Teilnehmer entsprechend der Situation auswählen kann, welche zertifizierten Eigenschaften der Kommunikationspartner erfahren soll. Zusätzlich soll ein anonymes Zahlungssystem integriert werden. Basis für diese Erweiterungen sind die Patente von Stefan Brands.

7 Zusammenfassung

Anonymität, Pseudonymität und Identitätsmanagement sind stark miteinander verflochten. Dabei bilden Anonymität und Identität die Pole eines „Pseudonymitätsfeldes“. Privatheit, d. h. im Kontext dieses Beitrags Anonymität und Unbeobachtbarkeit, kann der Benutzer nur verlieren: Jemals preisgegebene Informationen können nicht zurückgezogen werden. Deshalb sollte, wann immer es möglich ist, anonym kommuniziert werden. Wo Verkettbarkeit gefordert wird, sollten zunächst Transaktionspseudonyme eingesetzt werden, bevor die Verkettbarkeit weiter erhöht und die Anonymität weiter reduziert wird. Die pseudonyme Zertifizierung von Eigenschaften einer Person ist insbesondere bei der kommerziellen Nutzung von Dienstleistungen in Computernetzen hilfreich, da sie dem Dienstleister Sicherheiten gibt, aber dem Benutzer trotzdem Anonymität gewährt.

Vermeidung von Spuren im Netz

Thomas Roessler

Der vorliegende Beitrag untersucht, welche Arten von Spuren im Netz hinterlassen werden, und wie diese Spuren vermieden werden können. Die Spuren, die das reale Leben durch die zunehmende Internet-Präsenz traditioneller Verzeichnisse und Veröffentlichungen auch im Netz erzeugt, und die neue Qualität der leichten Recherchierbarkeit für jedermann werden dabei nicht näher betrachtet.

Vielmehr werden einige derjenigen Spuren untersucht, die bei der Nutzung von Datennetzen entstehen – häufig ohne dass die Nutzer dies selbst wissen oder sich der Nutzung der von ihnen erhobenen Daten bewusst wären. Natürlich ist die Auswahl von Spuren im Netz, die hier beleuchtet werden, nicht umfassend – anstatt jede nur mögliche Spur zu betrachten, beschränkt sich die Darstellung auf einige der am leichtesten zu verfolgenden und damit auch in der Praxis gefährlichsten Spuren, die Nutzer hinterlassen können.[1]

1 Boris geht ins Netz: Spuren des Durchschnittsnutzers

Nehmen wir an, Netznutzer Boris sei „drin“. Boris nutze eine der üblichen Suchmaschinen im WWW. Er wird am Rand der Bildschirmdarstellung eine Reihe von Bildern sehen – möglicherweise animiert –, die ihn zum Besuch von anderen Webseiten auffordern. Er wird sich vermutlich nicht weiter wundern, wenn die Werbung zu den Suchbegriffen passt, die er eingibt.

Tatsächlich hat Boris gerade eine erste Datenspur erzeugt, die im Laufe seiner weiteren Laufbahn als Netizen automatisch zu einem Profil seiner Gewohnheiten ergänzt werden wird. Zu einem späteren Zeitpunkt werden diese Informationen möglicherweise mit Informationen aus anderen Quellen zusammengeführt, die es ermöglichen, dieses Nutzerprofil der Person Boris zuzuordnen, mit Adresse, Telefonnummer und Aussagen zur Kreditwürdigkeit.

Was ist geschehen? Die in die Webdarstellung der Suchmaschine eingebundenen Werbegrafiken werden von Boris' Browser – wie jede andere Grafik auf einer Webseite auch – gesondert abgerufen. Die Werbegrafiken liegen jedoch nicht etwa auf einem Server des Suchmaschinenanbieters, sondern bei einem größeren Direkt-

---

[1] Für eine ausführlichere Darstellung sei der Leser auf Marit und Kristian Köhntopp (Marit Köhntopp, Kristian Köhntopp, Datenspuren im Internet, CR 4/2000) sowie auf die Beiträge von Markus Wiese, 9, und von Christiane Schulzki-Haddouti, 20, in diesem Band verwiesen.

marketingunternehmen. Als Beispiel sei hier DoubleClick (www.doubleclick.com) genannt.

Boris' Browser hat bei dem Herunterladen des Bildes eine ganze Reihe von Informationen an das Marketingunternehmen weitergegeben:

- Die Anfrage nach der Werbegrafik enthält im so genannten „Referer"-Eintrag die Adresse derjenigen Seite, die die Anweisung zum Laden des Bildes enthält. Das Marketingunternehmen kennt also u. a. sämtliche Suchanfragen, die Boris stellt, da diese bei den üblichen Suchmaschinen als Teil der URL übermittelt werden.
- Die Anfrage enthält genaue Informationen über den „User-Agent": Der Anzeigenanbieter erhält – wie jeder andere Betreiber eines Webservers auch – präzise Informationen, welche Version welches Webbrowsers Boris unter welchem Betriebssystem auf welcher Plattform einsetzt.
- Die Anfrage enthält möglicherweise Boris' E-Mail-Adresse.
- Das Marketingunternehmen erfährt, welche IP-Adresse Boris benutzt. Es kann hieraus ableiten, bei welchem Provider Boris Kunde ist, ob er privat oder beruflich surft, gegebenenfalls auch, wer Boris' Arbeitgeber ist.

Es ist möglich, aus den vorhandenen Informationen abzuleiten, dass Netznutzer Boris über einen bestimmten Zeitraum hinweg einen Rechner mit einer gegebenen IP-Adresse genutzt hat. Diese Information kann dazu genutzt werden, Aktivitäten zu verketten.

Gemeinsam mit der Grafikdatei, die die Werbeanzeige enthält, übermittelt der Server des Marketingunternehmens ein Stück Information, das Boris' Browser dauerhaft auf dessen Festplatte einlagern wird: einen so genannten Cookie. Dieses Informationsbruchstück – eine sinnlose und zufällige Zeichenkette – dient als Suchschlüssel in den Datenbanken von DoubleClick und Co.

Der Cookie wird – zusammen mit den anderen oben aufgelisteten Informationen – an den Server des Werbeunternehmens übermittelt, wann immer Boris eine Webseite besucht, auf der dieses Unternehmen Anzeigen schaltet.

Unternehmen wie DoubleClick sind somit in der Lage, Internet-Aktivitäten über einen längeren Zeitraum zu beobachten und zu verketten. Sie können zudem mit Anbietern, deren Dienste eine Registrierung erfordern, eine automatische Zusammenführung der Registrierungsinformationen und des Benutzerprofils vereinbaren.

Man erkennt in diesem Beispiel im Wesentlichen drei verschiedene Klassen von Informationen, die selbst bei einer rein konsumierenden Netznutzung als Spuren im Netz hinterlassen werden:

- Informationen, die die Verkettung von Ereignissen ermöglichen.
- Informationen, die eine Identifizierung oder Adressierung des Nutzers ermöglichen.
- Informationen, die direkt zu Aussagen über Eigenschaften des Nutzers führen – die präzisen Auskünfte über die Browsersoftware gehören in diese Kategorie.

1.1 Verkettung von Aktivitäten: Cookies und Co.

Schlüsselelement für die Erstellung eines Benutzerprofils ist die Verkettung von Webabrufen durch Cookies. Ein naiver Ansatz zur Vermeidung einer derartigen Verkettung könnte nun darin bestehen, im Webbrowser Cookies vollständig abzuschalten. Dieser Ansatz ist jedoch nicht in jedem Fall geeignet.

Cookies sind ganz allgemein ein probates Mittel, um ansonsten unzusammenhängende Webabrufe zu einer „Sitzung“ zusammenzufassen oder den Nutzer wieder zu erkennen. Da kann es z. B. darum gehen, auf einer E-Commerce-Site einen Warenkorb mitzuführen, oder der Nutzer möchte beim Besuch einer Site einen auf ihn zugeschnittenen Auszug aus dem Gesamtangebot präsentiert bekommen. Die Nutzung von Cookies für die Verkettung von Abrufen durch Marktforscher und Werbeunternehmen ist also nur eine von vielen Anwendungen.

Auf der anderen Seite verhindert ein Abschalten von Cookies auch nicht jede Verkettung von Abfragen: So könnten cookie-ähnliche Informationen in Webformularen oder ganz einfach als Teil einer URL übermittelt werden – dies funktioniert jedenfalls dann, wenn der Nutzer Links zwischen kooperierenden Angeboten folgt. Tatsächlich wird diese Technik auch von interaktiven Webangeboten eingesetzt, um einen etwaigen Cookie-Mangel des Nutzers zu überbrücken und ihm trotzdem eine möglichst vollständige Funktionalität zu präsentieren. Diese begrenzte Verkettbarkeit ist zumeist im Interesse des Nutzers und auch unter dem Gesichtspunkt des Datenschutzes nicht bedenklich, da der Nutzer die Verkettbarkeit durch den Beginn einer neuen Sitzung weitgehend aufheben kann.

Gewünscht ist letztlich eine feinkörnige Kontrolle darüber, wer welche Aktivitäten verketten kann. Der Ansatz, bei jedem angebotenen Cookie den Nutzer zu fragen, ob er denn die Information ablegen wolle, stellt sich in der Praxis schnell als vollkommen untauglich heraus: Nach einiger Zeit gibt selbst der geduldigste Nutzer auf.

Sinnvoller ist vielmehr ein regelbasierter Ansatz: Der Nutzer muss leicht angeben können, für welche Websites er Cookies zulassen möchte und für welche nicht. Seine Antworten sollten mindestens für eine Browsersitzung, besser jedoch auf Dauer gespeichert werden.

Recht vernünftige Ansätze hierzu finden sich in dem sonst reichlich archaischen Webbrowser „Lynx“, der dem Nutzer die Entscheidung überlässt, ob er Cookies für eine bestimmte Domain annehmen oder ablehnen will und ob diese Entscheidung für eine Sitzung oder dauerhaft sein soll.

Browserunabhängig ist die Verwendung von Junkbuster (www.junkbusters.com). Das Programm, das auf dem Rechner des Nutzers läuft, wird im Browser als Proxy eingetragen. Es kann regelbasiert Cookies eliminieren, und es unterstützt den Nutzer auch dabei, weitere verkettende Informationen wie etwa den Referer oder auch Angaben über den Nutzer und seine Software, die in HTTP-Abfragen übermittelt werden, unter Kontrolle zu halten. Eine weitere Eigenschaft des Junkbuster ist auch, Anfragen nach vom Nutzer bestimmbaren URLs oder URL-Mustern zu blockieren – dies wird genutzt, um einige der bekannteren Werbeserver vollständig zu meiden und so ein werbefreies Web präsentiert zu bekommen.

Hilfreich sein können auch Dienste wie der Anonymizer (www.anonymizer.com). Hier wird auch die IP-Adresse des Nutzers gegenüber dem Diensteanbieter verdeckt: Alle Anfragen werden über einen zentralen Proxy bei anonymizer.com geleitet, der wiederum gegenüber den Anbietern als Abrufer auftritt. Natürlich ist die Nutzung eines solchen Dienstes Vertrauenssache: Der Betreiber des Proxies bekommt Informationen über das Verhalten des Nutzers im Netz frei Haus geliefert. Dieser muss darauf vertrauen können, dass eine Erhebung und Auswertung dieser Daten für den Anbieter geschäftsschädigend genug wäre, dass dieser sie unterlässt.

1.2 Der Nutzer als multiple Persönlichkeit: einfache Pseudonyme

Nutzer können Cookies und andere verkettende Informationen nicht nur vermeiden, sondern gezielt die Tatsache ausnutzen, dass all diese Verkettungen letztlich aufgrund von Informationen erfolgen, die in einer überschaubaren Zahl von Konfigurations- und Zustandsdateien abgelegt sind: Es liegt beim Nutzer, sich selbst multiple Online-Persönlichkeiten zuzulegen, die in ihren Nutzerprofilen ein ganz unterschiedliches Eigenleben entwickeln und nach Möglichkeit nicht mit der realen Existenz des Nutzers verknüpfbar sind. Eine derartige pseudonyme Nutzung macht es letztlich sogar möglich, von gezielter Werbung zu profitieren, sofern man dies denn will, ohne dass dazu die eigene Privatsphäre aufgegeben werden müsste.

Besonders lohnenswert ist die Benutzung von Pseudonymen bei der Information, die einer „Netzidentität“ am nächsten kommt: der E-Mail-Adresse des Nutzers. Wer sich mit seiner E-Mail-Adresse etwa für einen Newsletter einträgt oder sich unter seiner E-Mail-Adresse bei einem Anbieter registrieren lässt, stellt eine Verbindung her zwischen der „Surf-Persönlichkeit“, die gerade zum Einsatz kommt, seiner E-Mail-Adresse und den Interessen, auf die sich die Registrierung oder das Abonnement bezieht. Es kann wünschenswert sein, auch hier rollenbezogene Pseudonyme zu benutzen, um den Zusammenhang zumindest nicht trivial aufdeckbar zu machen. Ist das Ziel tatsächlich nur, einen Angreifer abzuwehren, der wie die Werbeindustrie an massenhaft automatisch erhebbaren und verarbeitbaren Informationen interessiert ist, so kann schon eine Adresse bei einem der bekannten kostenlosen Mail-Anbieter genügen.[2]

1.3 Datenquelle Software

Bisher wurde von Informationen gesprochen, die aufgrund einigermaßen wohldokumentierter Eigenschaften der benutzten Software bei Dritten angefallen sind. Erwähnt werden sollte jedoch, dass die Anbieter von Programmen aller Art immer wieder der Versuchung erliegen, Informationen über ihre Kunden zu sammeln.

Eines der prominentesten Beispiele hierzu ist wohl die RealJukebox[3], die nicht nur die Registrierungsinformationen des Nutzers an den Hersteller übermittelte, sondern es diesem auch ermöglichte, ein genaues Profil der Hörgewohnheiten zu erstellen. Dieses Profil konnte über eine eindeutige Kennung den Registrierungsinformationen zugeordnet werden.

Auf derart subversive Aktivitäten, auf Viren, Trojanische Pferde und andere Sicherheitsprobleme am Computer des Nutzers soll an dieser Stelle jedoch nicht näher eingegangen werden.

2 Das Netz als Recherchemittel: Was kann ein Angreifer erfahren?

Bisher wurden im Wesentlichen solche Spuren betrachtet und Möglichkeiten zu ihrer Vermeidung diskutiert, die leicht und effizient im großen Rahmen erhoben und verarbeitet werden können. Außerdem wurden vor allem solche Spuren beleuchtet, die relativ zuverlässig Aussagen über den Nutzer ermöglichen.

Das Bild wandelt sich, wenn verhindert werden soll, dass eine gezielte Suche zur Verkettung von Aktivitäten und zur Identifikation eines Nutzers führen kann, der, wie wir annehmen wollen, das Netz recht aktiv nutzt. Die Spuren, die bei dieser Form der Nutzung hinterlassen werden, sind vielfältig.

Jeder Anbieter eines Netzdienstes hat zunächst die Möglichkeit, neben dem Zeitpunkt und der Art der Nutzung des Dienstes mindestens auch die IP-Adresse des

---

2 Im Übrigen sei zum Thema „Pseudonyme“ auf den Beitrag von Hannes Federrath und Oliver Berthold in diesem Band (189) verwiesen.

3 Richard M. Smith: The RealJukebox Monitoring System. http://www.tiac.net/users/smiths/privacy/realjb.htm (veröffentlicht am 31. Oktober 1999, abgerufen am 24. März 2000).

Nutzers aufzuzeichnen. Hinzu kommt, wenn auf Client-Seite ein Mehrnutzersystem betrieben wird, häufig die Information, welcher Nutzer eine Verbindung aktiviert hat – tatsächlich kann allein dieser Satz von Informationen schon ausreichen, um eine gültige E-Mail-Adresse des Nutzers zu konstruieren.

Derartige Aufzeichnungen sind allgemein üblich, um Angriffe auf die Sicherheit der verwendeten Systeme erkennen und zurückverfolgen zu können. Die aufgezeichneten Daten werden hierzu zumeist automatisch oder halbautomatisch durchgesehen und nach einem gewissen Zeitraum gelöscht.

Nachrichten, die im Usenet oder per Mail verschickt werden, sind mit ausführlichen Informationen über den Absender und auch über den Weg versehen, auf dem sie zum Empfänger gelangen. Diese Informationen können leicht genutzt werden, um etwa einfacher E-Mail-Pseudonyme aufzudecken, wenn unter diesen Adressen Nachrichten nicht nur empfangen, sondern auch verschickt werden – was bei der Nutzung von z. B. Mailinglisten durchaus anzunehmen ist. Im Internet-Relay-Chat ist mindestens die verwendete IP-Adresse jedem anderen Nutzer bekannt; häufig kommen noch andere Informationen hinzu.

Es sollte auf der Hand liegen, dass diese Datenspur einem Angreifer mit den nötigen Möglichkeiten und Vollmachten eine recht wirksame Rückverfolgung von Netzaktivitäten ermöglicht. Da all diese Informationen archivierbar und (auch versehentlich) veröffentlichbar sind, besteht diese Möglichkeit nicht selten auch für Dritte, die die üblichen WWW-Suchmaschinen nutzen können, um auf Spurensuche zu gehen. Als Schlüssel zum Zusammenführen von Spuren können dabei alle Informationen dienen, die im Netz recherchierbar sind. An erster Stelle sind hier natürlich E-Mail-Adressen, Namen und Pseudonyme zu nennen.

Ein Neugieriger könnte sich – und den bekannten Suchmaschinen – etwa folgende Fragen stellen: Welche Usenet-Beiträge wurden unter einem gegebenen Pseudonym veröffentlicht? In welchen öffentlichen und öffentlich recherchierbaren Mailinglisten wurden Beiträge unter diesem Pseudonym veröffentlicht? Hat der Autor etwa aus Versehen für einen Beitrag die falsche Rolle gewählt, sodass eine Verknüpfung mit einem anderen Pseudonym möglich ist?

Die hier genannten Beispiele sind bei weitem nicht erschöpfend; der Fantasie sind kaum Grenzen gesetzt. Man kann schlussfolgern, dass für einen Schutz der digitalen Privatsphäre auch gegen solche Angreifer, die die Spuren eines einzelnen Individuums im Netz verfolgen, technisch fortgeschrittenere Werkzeuge erforderlich sind als nur eine geeignete Konfiguration der üblichen Programme, ein einfacher Mittler oder auch ein simpler Filter, der die verräterischsten Angaben streicht. Die Privatsphäre sollte zudem nach Möglichkeit nicht von dem Vertrauen in die Integrität einer einzigen Stelle abhängen.

3 Unerkennbar in der Masse: starker Selbstschutz

Um Anforderungen an einen starken Selbstschutz formulieren zu können, wird im Folgenden ein Pseudonym sehr weit gefasst und darunter eine Online-Persönlichkeit verstanden – d. h. eine unter Verkettungen abgeschlossene Menge von Aktivitäten im Netz.

Ein starker Selbstschutz muss die folgenden Ziele haben:

- Eine Verkettung über die Grenze eines Pseudonyms hinweg darf nicht möglich sein.
- Eine Aufdeckung der realen Identität hinter einem Pseudonym soll nicht ohne das Zutun des Betroffenen möglich sein.

Die Grundidee der technischen Verwischung von Identitäten ist, dass gewisse Aktivitäten mit möglichst gleicher Wahrscheinlichkeit von einer großen Anzahl möglicher Verdächtiger ausgegangen sein können. Die verschiedenen Verdächtigen und ihre Aktivitäten sollen für den Angreifer möglichst ununterscheidbar sein.

Natürlich ergibt sich sofort die Folgerung, dass die Aufdeckungswahrscheinlichkeit für ein Pseudonym umso geringer ist, je größer die „Anonymitätsmenge" ist, in der der Nutzer sich verbirgt. Typischerweise wird ein ganzer Kreis von Nutzern sich hierzu hinter einem Mittler verbergen, der den Zusammenhang zwischen Nutzer und genutztem Dienst verschleiert.

Es ist für den Nutzer jedoch in der Regel unerwünscht, dass ein einziger Mittler – wie etwa anonymizer.com – tatsächlich oder theoretisch in der Lage ist, ein Pseudonym aufzudecken. Historisch bekannt ist etwa der Niedergang des pseudonymen E-Mail-Dienstes anon.penet.fi, dessen Betreiber von der Scientology-Sekte per Gerichtsbeschluss dazu veranlasst wurde, einzelne Pseudonyme aufzudecken.

Als Lösung bietet es sich an, Netzaktivitäten über eine ganze Reihe von Mittlern abzuwickeln, die technisch den Zusammenhang zwischen ein- und ausgehenden Daten verwischen, indem sie die Reihenfolge von Kommunikationsvorgängen ändern und diese Vorgänge gegebenenfalls auch umverschlüsseln. In diesem Fall wäre dann die gesamte Mittlerkette so stark wie ihr stärkstes Glied, da alle Beteiligten zusammenarbeiten müssten, um ein Pseudonym aufzudecken. Diese Idee wurde von D. Chaum in seinem Artikel[4] erstmals vorgestellt. Mittler, die nach dem genannten Prinzip arbeiten, werden als „Mixe" bezeichnet.

---

[4] Chaum, D., Untraceable Electronic Mail, Return Addresses, and Digital Pseudonyms, Communications of the ACM, v.24, n. 2, Feb 1981, 84-88.

Praktische Umsetzungen dieses Prinzips gab es im Internet zunächst für den E-Mail-Dienst und die Diskussionsforen des Usenets: Eine Nachricht wird mehrfach verschlüsselt und per E-Mail an einen so genannten Remailer geschickt. Dieser Remailer entfernt zunächst die äußerste Verschlüsselungsschicht und findet die Adresse eines weiteren gleichartigen Dienstes sowie eine weitere verschlüsselte Nachricht vor. Er schickt diese Nachricht mit einer gewissen Zeitverzögerung an die angegebene Adresse weiter. Dieser Vorgang wiederholt sich mehrfach, bis die eigentliche Nachricht – auch diese kann und sollte normalerweise verschlüsselt sein – und die Adresse des tatsächlichen Empfängers vorliegen; bei diesem endgültigen Empfänger kann es sich dabei auch um ein Diskussionsforum im Usenet handeln. Auf diesem Wege wird der Zusammenhang zwischen Absender und Empfänger einer Nachricht gründlich verwischt.

Auf ähnliche Weise können Antworten durch eine Mix-Kette geschleust werden; hierzu wird eine Reihe von Adressen von Remailern mit den öffentlichen Schlüsseln dieser Remailer verschlüsselt.

Das Crowds-Projekt von AT&T bezieht sich auf die Anonymisierung von Webzugriffen. Es ist dezentral: Eine Reihe von Nutzern schließt sich zu einer „Crowd“ genannten Anonymitätsmenge zusammen. Anfragen werden über eine Kette von mehreren Stationen geleitet. Irgendein Teilnehmer wird dann schließlich die Anfrage an den Diensteanbieter stellen, der nicht mehr in der Lage ist, etwa aufgrund der IP-Adresse Anfragen zu verknüpfen.

Die kanadische Firma Zero-Knowledge Systems (www.zks.net) bietet mittlerweile einen „Freedom“ genannten Dienst an, der das Mix-Modell auch auf andere interaktive Netzdienste abbildet. Die Mix-Knoten sollen hierbei von verschiedenen Unternehmen, Service-Providern und dergleichen mehr betrieben werden, im Normalfall nicht aber vom Nutzer selbst. Die Kommunikation zwischen den einzelnen Knoten erfolgt stark verschlüsselt. Für den E-Mail-Dienst werden sowohl der pseudonyme Versand von Nachrichten als auch der Empfang unter stark gesicherten pseudonymen Adressen angeboten. Ziel ist es, dem Nutzer eine sichere und nicht aufdeckbare Verwendung multipler Netzpersönlichkeiten zu ermöglichen, ohne dabei unakzeptable Kompromisse beim Komfort machen zu müssen.

Schließlich soll noch erwähnt werden, dass der Landesbeauftragte für den Datenschutz Schleswig-Holstein und die Technische Universität Dresden gemeinsam an verbesserten Mix-Konzepten und -Implementierungen arbeiten, die eine anonyme und unbeobachtete Nutzung des Internets ermöglichen sollen.[5]

---

[5] Oliver Berthold, Hannes Federrath, Marit Köhntopp: Project „Anonymity and Unobservability in the Internet“. Workshop on Freedom and Privacy by Design/CFP 2000.

All diese technischen Maßnahmen können jedoch nur die internetspezifischen Datenschutzrisiken vermindern oder ausräumen. Die zweckungebundene Verwendung von Daten, die der Nutzer freiwillig herausgegeben hat, ist dagegen ein Problem, das letztlich wohl nur durch gesetzgeberische Maßnahmen gelöst werden kann. Denn keine Spuren verwischende Technik und keine kryptographisch gesicherte pseudonyme Netznutzung ist gegen die Zusammenführung von Lieferadressen, Kontonummern und ähnlichen Informationen gefeit, wenn diese Informationen erst einmal herausgegeben sind.

Threat Modeling and Risk Assessment[1]

Bruce Schneier[2]

Threat modeling is the first step in any security solution. It's a way to start making sense of the vulnerability landscape. What are the real threats against the system? If you don't know that, how do you know what kind of countermeasures to employ?

Threat modeling is hard to do, and a skill that only comes with experience. It involves thinking about a system and imagining the vast vulnerability landscape. Just how can you attack this system? I find that true hackers are masterful at this kind of thing, which is probably why they're drawn to computers in the first place. Hackers enjoy thinking about systems and their limitations: how they fail, when they fail, what happens when they fail. They delight in making systems do things they weren't intended to. It's the same whether the hacker is modifying the engine in his car to work how he wants it to and not how the manufacturer wants it to, or whether he is poking at an Internet firewall to see if he can „own" the computer it is running on.

I find that the best security analysts are people who go through life finding the limitations of systems; they can't help it. They can't walk into a polling place without thinking about the security measures and figuring out ways that they can vote twice. They can't use a telephone calling card without thinking about the possible anti-fraud mechanisms and how to get around them. These people don't necessarily act on these thoughts – just because they found the blind spot in the store's video surveillance system doesn't mean they start shoplifting – but they can't help looking.

Threat modeling is a lot like this, and the only way to learn it is to do it. So let's start by stealing some pancakes.

Our goal is to eat, without paying, at the local restaurant. And we've got a lot of options. We can eat and run. We can pay with a fake credit card, a fake check, or counterfeit cash. We can convince another patron to leave the restaurant without eating and eat his food. We can impersonate a cook, a waiter, a manager, or the restaurant owner (who might be someone that few workers have ever met). We could snatch a plate off someone's table before he eats it, or from under the heat

[1] Published in: Schneier, Bruce, Secrets and Lies: Digital Security in a Networked World, John Wiley & Sons.

[2] Counterpane Internet Security, Inc. (http://www.counterpane.com) provides a comprehensive range of Managed Security Monitoring services that enable e-business to be conducted safely.

lamps before the waiters can get to it. We can wait at the dumpster for the busboy to throw away the leftovers. We can pull the fire alarm and sneak in after everyone evacuates. We can even try to convince the manager that we're some kind of celebrity who deserves a free breakfast, or maybe we can find a gullible patron and convince him to pay for our food. We could mug someone, nowhere near the restaurant, and buy the pancakes. We can forge a coupon for free pancakes, and there's the time-honored tradition of pulling a gun and saying „give me all your pancakes".

There are probably even more possibilities, but you get the idea. Looking at this list, most of the attacks have nothing to do with the point where money changes hands. This is interesting, because it means that securing the payment system does not prevent illicit pancake stealing.

It's similar in the digital world. If this were a web-based digital pancake store, most of the attacks would have nothing to do with the electronic payment scheme. There are many other areas of vulnerability. The most fruitful attacks are rarely the palpable ones.

1 Fair Elections

Let's move on to bigger and better things. Let's rig an election. It's a local election – mayor of a town. Cheating in elections is almost as old as elections themselves. How hard could it be?

Assume a dozen different voting precincts, each with its own polling place. Each polling place has three election judges who monitor the process. Voters get paper ballots from these judges, blacken a circle corresponding to the candidate of their choice, and then drop the ballot into a large box. At the end of the day, all the ballots are fed into an automatic vote-counting machine. The judges at each of the 12 polling places phone their results into a central office. Then the results are summed together, and the winner gets to declare victory over the sound of a noisy band while dodging confetti.

The system has many attack points. We can attack the voters, the election judges, the ballot boxes, the vote-counting machines, the phone calls, or the central office. Let's examine each in turn.

Bribing voters is a time-honored way of rigging an election. This isn't just something that happened in the dim history of the developed world, or in Third World Countries. In Dodge County, Georgia (population 17 000), 21 people were indicted for a variety of illegal voting practices, vote buying included; the election was in 1996. In most jurisdictions (including Georgia) it's illegal to pay cash for votes, so politicians are usually forced to resort to other bribes: tax breaks, public works projects, friendly legislation, and White House sleepovers. We can do this, but it's expensive.

And we can't rely on it. The whole point of having private voting booths is so that people can't reliably buy and sell votes. We can pay a voter $100 to vote for a particular candidate, but when he goes into the polling place he can mark his ballot however he pleases. (Tax breaks work better in this regard, especially for incumbents; the voter thinks that by voting a certain way he can get more of them.) There's an old Chicago story about a politician who bought votes. He had his henchmen smear black gunk on the mechanical voting pulls associated with a vote for him, and was then able to confirm if the bribed voter delivered the goods.

This avenue of fraud is returning due to the prevalence of mail-in ballots. Somewhere between a third and a half of all ballots cast in Silicon Valley elections are mail in. In Oregon today every election (except presidential) is mail-in only. Arizona experimented with an Internet voting scheme for the 2000 Democratic Primary. The risk is there – someone could walk into a poor section of town and buy a pile of blank ballots for $10 each (Arizona used PINs, equally fungible) – but the locals feel that it is worth it.

The Singapore ruling party subverts the privacy of ballots by having small election districts, maybe a single apartment block. They can't identify voters individually, but they are very public about denying government money to districts that voted for the opposition. Think of it as group bribery.

Anyway, let's assume that bribery is beyond our financial means, and even more worrisome, that someone will call the newspaper and expose our scheme. How about intimidation? A trick of Mexico's Institutional Revolutionary Party was to ensure that voting booths in remote places, supposedly impervious to prying eyes, were placed under a tree – with a hired thug hiding in the branches making sure voters voted „properly“.

We can try fooling the election judges? We could hire a bunch of actors to pretend to be eligible voters. We could make it so that selected people vote more than once. These are good attacks, but there are defenses. In the U.S. the election judges keep a list of eligible voters; they check identification and keep records. In the first multiracial South African elections (1994), voters had their hands stamped with indelible ink to prevent them from voting twice. In Latvia's first post-USSR election (1990), people's identity papers were checked and then stamped. During Indonesia's 1999 elections, voters dipped their fingers in ink to prevent double voting. (The ink was supposed to last for the three-day election period, but some people noticed that some of the ink was washable.)

We could attack the election judges themselves. With the cooperation of the judges, we can do what we want. We can slip ineligible voters onto the list – in the early 1900s, dead Chicagoans voted in many elections – or simply invent eligible voters. During the 1960 Presidential election, the Chicago Democratic machine, led by Mayor Richard Daley (the scary one), is widely believed to have initiated enough voter fraud to tip the Illinois vote to Kennedy and cost Nixon the election. (When the Republicans demanded a recount in the state, the Democrats demanded a similar recount in a few other states and then both sides capitulated.) This kind of thing is still going on: In the 1996 Louisiana Senate election, the Democratic political organization was accused of buying votes, getting people to vote multiple times, and even tampering with voting machines.

Aside from widespread corruption of election judges, attacks get harder. We could try to bribe judges to look the other way, but three of them are at each polling place. We can probably bribe one random judge, but it is really hard to also bribe the two specific judges at the same precinct with him. Election judges are more expensive than voters, and more likely to alert the media.

How about the ballot boxes? We can fill them with already-completed ballots, the original ballot stuffing idea. We'll have to make sure we don't overdo it; the last thing we want is for a precinct to register a 130 % voter turnout. And we have to make sure nobody notices; some third-world elections use transparent ballot boxes to foil this attack.

Attacking the vote-counting machine is easier. It's a computerized device, so chances are no one will notice if a malicious vote-counting program inflates one candidate's votes. We could try to get a Trojan horse into the machine while the software is being written (assuming software is involved, and it is not simply a mechanical counting machine). Or maybe we have to intercept the machine when it is delivered and slip the bogus code in. Maybe we could convince the election judges to install our software „upgrade". There are a lot of avenues for attack here.

Maybe we can misprint the paper ballots so that the machines sometimes just don't register a vote for the opposition; move the box a fraction of an inch to the side and no one would notice. Or we can somehow force the machines to jam, forcing the judges to count manually. Then one bribed election judge could possibly slip a fake result past the other two. In the 1988 Mexican presidential election, the computers „failed" when the challenger was ahead. When they were working again, the incumbent had won ... and the ballot papers were swiftly burned. I don't want to cast aspersions on the Mexican electoral system, but it all sounded fishy.

The central tabulating office is the hardest place to attack, because it's so public. Maybe we could get away with misreporting precincts, but one of the judges is likely to notice. The phone calls between the precincts and he office ... possibly. So, how did we do? It looks as though our best avenue of attack is to convince the vast majority of election judges to do our bidding. They can add or delete votes, swap ballot boxes in transit, and do lots of other nasty things. We might be able to rig the vote-counting machines, and getting fake voters past the judges and fake ballots into the boxes might work. The moral is that this is hard. Unless the people running the election are in the back pocket of one of the candidates – which is sometimes true in third-world elections, but rarer in the U.S. – it's just not going to happen.

The point of this thought experiment was to show the many avenues of attack against a system, and how few of them involve the computerized portion of the process. We can attack the tabulation software, and we can mount a denial-of-service attack by making the automatic system fail and forcing the election judges to fall back on an older, more insecure, procedure for accomplishing the same task. In the end, elections are about trust. If the election judges are trustworthy and competent, the election will be fair. If the election judges are not trustworthy, there are so many ways to rig the election that it isn't even worth worrying about which one is most likely.

Move this election onto the Internet (or onto the cellular phone network), and the risks increase significantly. All the old attacks remain, and there are all the new attacks against the voting computers, the network, and the voters' computers. Even worse, modern elections have no graceful way to fail. The 2000 Democratic Primary in Arizona allowed Internet voting. If there was a problem, or even suspicion of a problem, what could Arizona do? Reboot the election and try again the following week?

2 Secure Telephones

This one should be easy. An organization – government, corporation, human rights advocacy group – needs to make phone calls that can't be overheard. The solution is an encrypted telephone, of course. But what are the threats?

The adversary could be a corporate competitor or a government, someone with both the resources and access to carry out highly sophisticated attacks. To solve this problem, the organization will build or buy encrypted phones.

How can we attack this system? We might be able to break the encryption, but let's assume that we can't.

We could modify the phones so that they don't work properly. There are lots of options: We can force the encryption algorithm to be weak, we can mess with the key generation system, we can make the phones radiate the unencrypted phone call, or we can add a subliminal channel to make the phones leak the keys onto the voice circuit (this is known as „Clipper“ when it is done openly). All of these attacks could be put into place during product design and development, while the phones are being shipped to the organization, or during maintenance. It could be done by sneaking into the manufacturing facility at night, bribing someone who works there, or simply designing the surreptitious feature in from the start.

This might seem a bit farfetched, but if we have the resources of a national intelligence organization, they're perfectly reasonable methods of attack. Crypto AG, a Swiss company, sells encryption hardware to a lot of third-world governments. In 1994, one of their senior executives was arrested by the Iranian government for selling bad cryptographic hardware. When he was released from jail a few years later, he went public with the news that his company had been modifying their equipment for years at the request of the U.S. intelligence community. In the 1950s, Xerox modified photocopiers sold to the Russians so that they also had a little camera inside; copier repairmen would periodically remove and replace the film.

The Soviets weren't any less wiley; they modified all sorts of office equipment, including IBM Selectric typewriters, in the American embassy in Moscow to broadcast data. British encryption companies are rumored to add exploitable features into products they sell to foreign governments. Even if they didn't hear the rumor, you'd think that the Argentine government would think twice before using British-supplied encryption devices during the Falklands War.

There are a lot of things we can do that don't directly involve the secure telephone: installing bugs inside the secure phones (or the rooms where the phones are), bribing the people making and receiving the calls, etc. But the organization can't reasonably expect the phones to be able to deal with that.

One of the best attacks is to simply force the phones not to work. This is easier if the attacker owns the phone system: for example, the phones are being used by a human rights organization in a questionable Third World Country, or by a multinational corporation calling a field office in an industrial country known for economic espionage. The attack is to eavesdrop on the phone line, and when the secure telephones try to work, force enough errors that they fail. What will happen, more likely than not, is that the two parties will just stop trying to use the secure phone and say what they were going to say over the unprotected phone line.

3 Secure E-Mail

Secure e-mail is a little more interesting. The cryptography does two things: provides a digital signature for authenticity, and a encryption for privacy. (The envelope is a curious security device. The Babylonians first thought of protecting clay tablets by enclosing them in clay „envelopes“ baked hard around their contents. The Chinese were the first to use paper envelopes – often with wax seals to make them tamper-evident – and they eventually hit Europe. Louis XIV of France popularized them.)

In any case, there are lots of ways to attack this system. There's the cryptography: do the algorithms and protocols work like the designers think they do? There's the implementation: Are there any software bugs that can be exploited? There are all the same back doors that work against the secure telephones: Can we modify the program in design, development, or on the user's desktop? What about the passwords that users use to read their encrypted mail or to sign their outgoing mail? E-mail programs use certificates to validate public keys; there are potential vulnerabilities in the trust model of certificate systems. And don't forget about all the other vulnerabilities that have nothing to do with the e-mail system: monitor the computer and read the e-mail either before it is sent or after it is received, get a copy of a printout, attack whatever key escrow mechanism the government (or corporation) was dumb enough to enforce.

Encrypting e-mail is riskier than encrypting phone calls. For phones, the information is at risk only for the duration of the call. For e-mail, which may be stored at both ends for considerable lengths of time, the information is at risk also while at rest. Moreover, the adversary can subvert the operating system of the underlying computers to attack the information, while phone calls are made on dedicated hardware, which is much harder to attack. The adversary can introduce the attack at a distance, with little physical risk, and can possibly obtain all of the target's information, not just a single message. Finally, the attack can be automated to rapidly exploit a wide range of targets or to just bide its time waiting.

4 Stored-Value Smart Cards

Next, a more complicated example: an electronic payment system based on smart cards that store a balance on them. (These are often called *stored-value cards.*) There are several of these being trialed: Mondex's (and MasterCard's) system, VisaCash (tested during the 1996 Summer Olympics in Atlanta), Banksys's Proton. The analysis here is general, and doesn't necessarily reflect the details of any of these systems. We'll call our hypothetical system Plasticash.

The basic idea behind Plasticash is that people are issued smart cards to use for cash transactions. Terminals litter the commercial landscape: in banks, in stores, attached to computers attached to the World Wide Web. When a customer wants to buy something from a merchant (or, more generally, transfer money to someone else), they both put their Plasticash cards into a reader/writer and transfer the money. (Merchants will probably have special cards that always remain in the readers.) People can also take cards to banks or ATM machines to either load them up with more Plasticash, or deposit Plasticash into their bank accounts. Note that the two cards don't have to be right next to each other; they can be separated by phone lines or modem.

In general, stored-value cards have the advantage that they don't have to be online – in contact with some central server somewhere – in order to work. (For debit cards to work, the ATM has to connect to a bank computer in real time.) They have the disadvantage that loss or destruction of the card means losing the money.

Plasticash, like any electronic payment system, will have all sorts of security features: cryptography, computer security, tamper-resistance, audit, and whatever. It could provide varying degrees of integrity, privacy, anonymity, etc. We're not going to get detailed. Let's just look at possible attacks against the most general formulation of the system.

There are three different parties involved in the Plasticash system: the customer, the merchant, and the bank. And there are three protocols:

- Bank/customer. The customer loads Plasticash onto his card.
- Customer/merchant. The customer transfers Plasticash from his card to the merchant's card.
- Bank/merchant. The merchant deposits Plasticash from his card into his bank account.

Possible attacks are: monetary theft, framing, privacy violations, vandalism and terrorism, or publicity. Plasticash might also have to worry about ancillary crimes: An attacker may wish to use the system to carry out some other crime, such as money laundering. Ancillary crimes are hard to define clearly, since they can change at each border crossing, and even at each election. It's also not clear to what extent different countries' laws and customs may be in conflict. For example, in an international arena, U.S. financial reporting requirements may run afoul of Swiss banking secrecy laws.

When we talk about attacks by the bank, we are not necessarily postulating a malefic banking empire. These attacks can be mounted by rogue employees of venerable banks. In general, we are more concerned with attacks by customers and merchants (rogue employees of merchants), on the theory that banks can afford better security mechanisms and measures, and have greater potential losses to reputation if they attack their own systems. Still, it's prudent to be careful.

The first type of attack is theft. There are several ways to mount an attack to steal money from Plasticash. These attacks can be mounted by customers or merchants:

- Modify the card so that is has more value than it should. This can be done in several ways; the most obvious is to find the data register inside the card that records the value of the card and change it.
- Alter records to reflect either a larger or smaller payment amount.
- Learn to create or emulate new cards. This attack is creating a fake Plasticash card that can act like a real card. The fake card doesn't have to look like a real card; an attacker can use it only for purchases over the Internet, or he can transfer money from his fake card to a real card and then spend with the real card.
- Learn how to clone cards. The attacker would need to steal a legitimate card, make a clone, and then return it. (This attack succeeded against Canadian bank cards; several arrests were made in 1999. A rogue merchant could clone a card in seconds, while a customer used the card to make a legitimate purchase.)

These are customer attacks:

- Repudiate a set of valid card transactions. This is the old „buy an expensive something with your card, and then report the card stolen and deny the transaction“. There's a new variant – using stupidity as an excuse – for example: „Visa forced me to lose all my money gambling online; it's not my fault.“ This attack should be dealt with at an administrative and legal level. Whether you're dealing with checks, credit cards, traveler's checks, or whatever, some people will decide they wish they hadn't spent all that money and try to avoid paying the charges.
- Report another user's card stolen and arrange to intercept his replacement card. Again, this attack is bigger than the Plasticash system.

And attacks that can only be mounted by merchants:

- Accept a transaction and refuse to deliver the goods. This is outside the scope of what the card can resist, but administrative and legal procedures need to exist to handle it.

- Get access to some stolen customer cards, and alter data. Or generate a bunch of apparently-valid checks to deposit. This is an obvious attack. The attacker will probably try to deposit the money and then quickly withdraw it all.
- Replay valid transactions. A merchant could somehow charge a customer twice for the same transaction.

Finally, these attacks can be mounted by banks:

- Refuse to load value into a Plasticash card that a customer has paid for. This can be resisted only by administrative procedures and logging. The customer will have evidence enough to prove to a neutral third party what has happened if the protocol is designed competently.
- When someone tries to deposit money from his Plasticash card into his account, pocket the cash and never credit his account. Again, this can be defended against only through administrative procedures.

All of these attacks can be mounted by pairs (or the trio) as well. I can't think of any different sort of attack that a merchant and customer can mount, but depending on the security characteristics of the system, the pair could be successful where either one acting alone might not be. Additionally, think about attacks by people pretending to service the terminal? Or repair the phone lines?

The second type of attack is framing. First, customer or merchant attacks:

- A customer can claim that a merchant has an invalid Plasticash card (or terminal). A merchant can claim the same thing about a customer card. This has to be resolved by administrative means.

Then, bank attacks:

- Forge customer cards (or merchant cards, for that matter) and frame customer. Presumably, if the bank can issue Plasticash cards it could also forge them. Wouldn't a customer hate to see his itemized Plasticash record include a prostitute visit.

The third type of attack is a privacy violation. Privacy violations happen whenever some user's personal information is given without his consent to some third party. Depending on the jurisdiction, a privacy violation may be legal. Since the developers of Plasticash want to their product to propagate world-wide, it makes sense to list the attacks and then later ignore them if they are legal (and harmless).

Unless the system is specifically designed to prevent this, the bank is in a position to collect unlimited information about customer spending. („I know what you bought last summer.“) It is possible to avoid some of this (but only some) by having users buy precharged stored-value cards in fixed denominations, like some prepaid telephone cards.

The merchant can't directly get the customer's name and such data, but it can collect and share information about this card's ID with other merchants, and try to link this back to the user's identity.

And we also have to worry about eavesdroppers: people not involved in the protocol at all listening in on transactions and collecting information.

The fourth kind of attacks we have to worry about are vandalism and terrorism. These attacks are prevalently aimed at the system as a whole, though they could be aimed at users, merchants, or banks. The general idea behind all such attacks, though, is that they are intended to prevent the system from working properly. Denial-of-service attacks can be so much fun. Watch.

First, denial-of-service attacks on a merchant:

- Interfere with communications with bank or customers.
- Report the merchant's card as stolen or compromised.
- Physically damage or destroy the merchant's card.
- Tamper with the power to the terminal, or the phone connection to the terminal.

Denial-of-service attacks on a customer:

- Interfere with communications with bank or merchants.
- Report the customer's card as stolen or compromised.
- Physically damage or destroy the customer's card.

Denial-of-service attacks on a bank:

- Interfere with communications with customers or merchants.
- Physically damage or destroy the bank's secure hardware.

And system-wide denial-of-service attacks:

- Somehow force the system to upgrade itself, before anyone knows how to deal with it. (You can think of this attack as Y2K.)
- Deny service to many or all banks.
- Interfere with communications with customers or merchants.
- Destroy top-level certifying public key in PK-based systems.

We can also use criminal attacks to destabilize the system:

- Start mass-producing counterfeit cards.
- Use massive, widespread fraud to bring down system.

Finally, let's talk about using the system to commit a crime. In the context of this system, crime means violating the laws by using the system. For now, we'll only consider money-laundering laws, since other laws are too plentiful and variable to discuss here. (Note that most crimes involve a transfer of money somewhere along the line. Nothing a stored value card can do will get rid of the drug trade, illegal gambling, prostitution, etc.)

Some people get cards under false names, or even under their own names if they can be convinced to do so. (There are no doubt many people in the world who will go open a bank account that they know will be used for money laundering, and hand over control to someone else, if they are offered a few thousand dollars, or in some cases, a few days' or weeks' worth of alcohol or drugs.) If these cards are charged up once and used as compact currency, then there isn't an obvious way to stop this.

Note that some ethical and legal issues here are not obviously fixable. Providing financial data to the U.S. or U.K. governments about their citizens raise some potential problems, but this data will probably not be abused too often. Providing the same kind of data to many other governments, such as China, Turkey, Mexico, or Syria, seems like a rather different matter. The latter could cause political and legal problems for the companies that provide that data, and is also likely to lead to much higher levels of fraud in those countries.

5 Risk Assessment

It's not enough to simply list a bunch of threats, you need to know how much to worry about each of them. This is where risk assessment comes in. The basic idea is to take all the threats, estimate the expected loss per incident and the expected number of incidents per year, and then calculate the *annual loss expectancy* (ALE).

For example, if the risk is a network intrusion by hackers looking for something to do, the expected loss per incident might be $10,000 (cost of hiring someone to figure out what happened, restore things to their normal state, etc.) and the number of incidents per year might be three per day, or 1 000. This means that the ALE is $10,000,000. (You can see where this is heading. If the ALE is $10M, then buying, installing, and maintaining a firewall for $25,000 a year is a bargain. Buying a $40M super whiz-bang whatever is a waste of money. This analysis implies that both the firewall and the super whiz-bang whatever actually counter the threat.)

Some risks have a very low probability of incidence. If the risk is a network intrusion by an industrial competitor out to steal the new design plans, the expected loss per incident might be $10,000,000 but the number of incidents per year might be 0,001: There's a 0,1 % chance of this happening per year. This means that the ALE is $10,000, and a countermeasure costing $25,000 isn't such a bargain anymore.

The insurance industry does this kind of thing all the time; it's how they calculate premiums. They figure out the ALE for a given risk, tack on some extra for their operational costs plus some profit, and use the result as the cost of an insurance premium against that risk.

Of course there's going to be a lot of guesswork in any of these; the particular risks we're talking about are just too new and too poorly understood to be better quantized. For one thing, it might take a really sharp eye to spot the potential for a cascade failure: a small error that could eventually result in the loss of millions of dollars.

For computer-related risk analysis, a bunch of commercial tools provide templates and methodologies for doing risk analysis. They tend to look at large risks, like industrial espionage, rather than small risks: Someone recovering the private key used to secure your e-mail.

Risk analysis is important because it gives perspective to this whole exercise. Large gaping security holes are okay if the probability of attack is zero. (Tokyo is still vulnerable to attacks by giant fire-breathing lizards, for example.) Tiny holes need to be closed if they're the target of ten million attacks a day.

6 The Point of Threat Modeling

When designing a security system, it is vital to do this kind of threat modeling and risk assessment. Too many system designers think of security design as a cookbook thing: mix in particular countermeasures – encryption and firewalls are good examples – and magically you're secure.

This never happens. Yogi Berra said: „You've got to be careful if you don't know where you're going 'cause you might not get there." Often security systems don't protect against the threats that matter. Encrypting e-mail may protect the contents from eavesdropping, but does nothing to hide the fact that two people are communicating. In some threat models, that traffic-analysis data is more important than the contents of the message. In other threat models, the fact that someone is using encryption is something to keep secret.

Good engineering proceeds *seriatim* from requirement to solution, not from cool technology to product. In security engineering, this means that you first need to define the threat model, then create a security policy, and only then choose security technologies that suit. The threats are what determines the policy, and the policy is what determines the design. In detail:

1. Understand the real threats to the system and assess the risk of these threats. It's easiest to understand this if you can draw on real-world experience with actual attacks against similar systems.
2. Describe the security policy required to defend against the threats. This will be a series of statements like: „only authorized banks are allowed to modify the balance on Plasticash cards", or „all Plasticash transactions must be auditable".
3. Design the countermeasures that enforce the policy described above. These countermeasures will be a mixture of protection, detection, and reaction mechanisms.

Of course, this „waterfall" model is ideal, and the real world doesn't often cooperate. More likely your engineering path is going to look more like a spiral, where you iterate the above three steps multiple times, each time getting closer and closer to real security. This happens most often with new system and with new technologies, where the real threats remain abstruse until you field the system and see who attacks what. This is why all good systems have contingency plans and disaster recovery plans.

7 Getting the Threat Wrong

Looking at the goals and methodologies of attackers seems obvious, but many otherwise smart organizations have been blindsided for failing to do just this. The NSA has spent many good years defending the U.S. military communications systems against a well-funded organization with a single goal: „eavesdrop on U.S. communications systems of military importance". They were good at this, but completely missed the hacker threat. Hackers aren't interested in eavesdropping. They aren't particularly well funded. They aren't even organized. They don't want to collect military intelligence; they want to poke at systems for fun and see how they fall over. They want to brag to their friends and maybe even get their names in the newspaper. An AT&T Bell Labs researcher found a flaw in the NSA's Clipper Chip implementation and caused all sorts of bad publicity for the NSA. Why? The frisson at catching the NSA in a mistake.

If you do enough threat modeling, and you start noticing all kinds of instances where people get the threat profoundly wrong:

- The cellphone companies spent a lot of money designing their systems to detect fraud, but they misunderstood the threat. They thought the criminals would steal cellphone service to avoid paying the charges. Actually, what the criminals wanted was anonymity; they didn't want cellphone calls traced back to them. Cellphone identities are stolen off the air, used a few times, and then thrown away. The anti-fraud system wasn't designed to catch this kind of fraud.
- Hackers often trade hacking tools on websites and bulletin boards. Some of those hacking tools are themselves infected with Back Orifice, giving the tool writer access to the hacker's computer. Aristotle called this kind of thing „poetic justice".
- Some years ago, the coin slots in many Japanese pachinko machines were replaced with magnetic card readers. Many anti-counterfeiting measures were included in the system, but the designers made the mistaken assumption that the pachinko parlor owners were the good guys. In fact, some of them are involved in organized crime. And the trust model was designed badly: The pachinko parlors were reimbursed whether or not the cards were real, so they had no incentive to police for forgeries. (The designers also thought that a $100 limit per card would cap their losses.) The attack was subtle – it involved reconditioning real cards, a bunch of pachinko machines that „disappeared" after the Kobe earthquake, and multiple pachinko parlors – but the total amount of fraud was about $600 million. Rumor is that the money was funneled into North Korea.
- Manufacturers of slot machines have long anticipated attacks by players manipulating physical devices. Cheating attempts have included holes drilled into the machine so as to manipulate the reel mechanisms, and devices used to interfere with the sensors that track the number of coins that have been paid out. Years ago, one video poker machine manufacturer was surprised by a completely unanticipated attack: static electricity. Some payers discovered, probably by accident, that after building up a large static charge from the plush casino carpets they could shock the machine, causing it to empty its hopper of all stored coins.
- In late 1999 the encryption used to encrypt DVD disks was broken. Even though the disks were encrypted, the decryption key had to be in the players. There's no way around it. This worked fine as long as the players were tamper-resistant hardware, but as soon as someone built a software player the decryption keys were in software. Someone simply reverse-engineered the software and recovered the key, allowing them to freely copy and distribute DVD-data over the Internet. And the DVD industry was surprised?

- In 1980, the host of the Pennsylvania lottery drawing, an official with the Pennsylvania lottery, and some assorted stagehands rigged the ping pong balls used in the drawing and won a $1,2 million jackpot. No one expected that complex a collusion. These days, KPMG audits the drawings much more carefully. (A similar flaw – this time a random error – occurred in the Arizona lottery. In 1998, someone noticed that no winning number in its Pick 3 game had ever included a single numeral 9. It turned out that the pseudorandom number generator algorithm had an elementary programming error. Ping pong balls are safer than computers, it seems.)
- Most European countries enforce trucking regulations with something called a tachograph: a device attached to the truck's speedometer that logs the vehicle's speed, distance, etc. These devices would record this data on a waxed paper tape that driver had to sign and date, and keep with him for a period of time. These were hard to forge, and attacks tended to exploit procedural weaknesses instead of technological weaknesses. Recently the E.U. funded the Tachosmart project, designed to build an all-digital replacement. Any such system will open itself to all the attacks described here (even worse, it is likely to be based on smart cards), and will be much less secure.

These attacks are interesting not because of flaws in the countermeasures, but because of flaws in the threat model. In all of these cases there were countermeasures in place; they just didn't solve the correct problem. Instead, they solved some problem near the correct problem. And in some cases, the solutions created worse problems than they solved.

VI. Perspektiven

Das Internet als Ort lebendiger Demokratie?

Bettina Sokol

Das Internet – ein Medium für den schnellen Austausch von neuen wissenschaftlichen Erkenntnissen. Das Internet – eine Quelle schier unerschöpflichen Wissens. Das Internet – zu Persönlichkeitsprofilen zusammensetzbare Spuren. Das Internet – neuer Motor für einen Wandel im Wirtschaftsleben. Das Internet – ein Forum demokratischer Teilhabe an politischen Willensbildungs- und Entscheidungsprozessen. Das Internet – Instrument zur Durchsetzung von Menschenrechten. Das Internet – Revolutionierung des Verhältnisses von Öffentlichkeit und Privatheit. Das Internet – Unterhaltungsmedium und Gesellschaftsspiel. Das Internet – Ort krimineller Aktivitäten vom Identitätsdiebstahl bis zu Angriffen auf elektronisch gestützte Versorgungssysteme. Das Internet – *trash* pur. Das Internet – ein Spiegel gesellschaftlicher Verhältnisse.

Die Liste der mit dem Internet verbundenen Hoffnungen und Befürchtungen ließe sich noch beliebig verlängern. Welche der genannten Funktionen des Internets letztlich seine Hauptanwendungsfelder ausmachen werden, ist nicht prognostizierbar. Vieles spricht allerdings dafür, dass elektronischer Handel und elektronische Unterhaltung sich durchsetzen dürften. Weshalb sollten Konsum und die Kommerzialisierung aller Lebensbereiche, die wir offline vorfinden, ausgerechnet vor dem Internet Halt machen? Gleichwohl stehen auch mögliche demokratische Potenziale des Internets[1] in der Diskussion, auf die hier einmal ein Blick geworfen werden soll.

1 Strukturelle Vereinfachung der Meinungsäußerung

Wer sich zu politischen Fragen äußern möchte, braucht im Netzzeitalter nicht mehr den Aufwand zu treiben, ein Flugblatt zu schreiben, zu layouten, zu drucken und zu verteilen oder sich um den Abdruck eines Leserbriefes in einer Zeitung zu bemühen. Die – neudeutsch ausgedrückt – *One-to-Many-Communication* ist strukturell dadurch wesentlich erleichtert, dass es Chatrooms, moderierte und unmoderierte Foren zu allen möglichen Themen im Internet gibt. Um eine Vielzahl von Personen erreichen

[1] Die mit Abstimmungen und Wahlen auf elektronischem Wege verbundenen Probleme werden hier nicht thematisiert, um Überschneidungen mit dem Beitrag von Otten, Wählen wie im Schlaraffenland?, in diesem Band (236) zu vermeiden.

zu können, bedarf es nur des geringfügigen Aufwandes, die eigene Botschaft in die Tastatur zu formulieren. Wie viel Aufmerksamkeit diese Botschaft dann allerdings tatsächlich erlangt, ist eine andere Frage. Doch dazu später. Denn schon unter inhaltlichen Aspekten tritt beim Besuch solcher Foren schnell Enttäuschung auf. Es geht überwiegend um Banalitäten[2], manchmal gar in Form höchst unerfreulicher bilateral ausgefochtener Kleinkriege. „Maschendrahtzaun“ lässt grüßen.

Politische Öffentlichkeit im traditionellen Sinne des Politischen findet eher derjenige, der sich auf die Homepages von Initiativen, Organisationen und anderen mehr oder weniger institutionalisierten Zusammenschlüssen begibt, die sich schon in der Offline-Welt vor ihrem Netzauftritt zusammengefunden haben. Hier geht es darum, das Internet als ein zusätzliches, bisherige Aktionsformen ergänzendes Informations- und Mobilisierungsmedium für bereits vereinbarte politische Ziele zu nutzen, wie etwa für das Engagement für Menschenrechte.

Mit dem Netzauftritt können Informationen sowohl kostengünstig weltweit verbreitet als auch mit hohem Aktualitätsgrad der Weltöffentlichkeit bekannt gegeben werden. Hinzu kommt, dass es theoretisch Mobilisierungsmöglichkeiten von quantitativ neuem Ausmaß gibt: So kann beispielsweise eine vorformulierte Protestmail an eine Regierung, die eine Menschenrechtsverletzung begangen hat, schon binnen kürzester Zeit elektronisch bereitgestellt und auf der ganzen Welt verfügbar werden mit dem Aufruf, sich an der Protestaktion zu beteiligen. Auch für Unterschriftenlisten gilt, dass sie sich auf diese Weise theoretisch schneller und leichter füllen lassen als am – ohnehin kaum noch zu findenden – samstäglichen Infostand auf der Straße.[3]

Allerdings entfällt bei elektronischen Informations- und Aktionsbeteiligungsangeboten das Element der persönlichen Diskussion von Angesicht zu Angesicht, mit der Menschen von der Unterstützung des jeweiligen Anliegens gegebenenfalls überzeugt werden könnten. Der diskursive Austausch von Informationen und Meinungen besitzt durch die zusätzlichen interaktiven Signale von Mimik und Gestik bei persönlicher Anwesenheit normalerweise einen ganz anderen Qualitäts- und Verbindlichkeitsgrad als bei einer Kommunikation über die Tastatur. Wer die Seite einer Menschenrechtsorganisation gezielt aufruft, tut dies vermutlich nur, weil ihm oder ihr zumindest schon einige Grundinformationen über diese Organisation bekannt sind. Da die bekannten Positionen des Engagements für die Einhaltung der Men-

[2] Diese Aussage stützt sich nicht auf eine umfassende empirische Untersuchung, sondern basiert lediglich auf einer zufälligen Auswahl einiger Foren. Es ist also durchaus möglich, dass auch Foren existieren, die ganz anders zu beurteilen sind.

[3] Konkrete Beispiele virtueller Kampagnen finden sich bei Rötzer, Florian, Lebenswelt Cyberspace, in: ders., Megamaschine Wissen, Vision: Überleben im Netz, Frankfurt (Main)/New York 1999, 7, 39 ff., der die Arbeit von Menschenrechtsorganisationen ohne das Internet heute nicht mehr für denkbar hält.

schenrechte von der betreffenden Person grundsätzlich geteilt werden, besteht bereits die Absicht, sich über neue Entwicklungen oder Ereignisse informieren zu lassen und sich eventuell an Protestaktionen beteiligen zu wollen. Wer dagegen rein zufällig oder aus Neugier auf der betreffenden Seite landet, wird sich an Aktionen wohl nur dann beteiligen, wenn nicht nur die angebotenen Informationen selbst keinen Zweifel an ihrer Seriosität aufkommen lassen, sondern auch überzeugende Argumente für die Sinnhaftigkeit einer Teilnahme an der Protestaktion genannt werden. Selbst wenn die Möglichkeit zum unmittelbaren Dialog vorgesehen ist, bleibt sie gegenüber einem persönlichen Gespräch regelmäßig defizitär.

2 Gegenseitige Ergänzung von Online- und Offline-Aktivitäten

An vorhandene Überzeugungen, Grundeinstellungen oder auch nur punktuell gegebene, den Beteiligten aber bewusste gemeinsame Interessenlagen knüpften auch die – insoweit durchaus als spezifische Gruppierung zu bezeichnenden – Studierenden bei der Organisation des studentischen Streiks im Wintersemester 1997/98 an den deutschen Hochschulen an. Die Netzaktivitäten, die sogar als „Online-Streik" bezeichnet worden sind[4], bestanden u. a. darin, Webseiten zu gestalten, auf denen das aktuelle Streikgeschehen abgebildet wurde und Informationen über lokale Offline-Aktionen geliefert wurden. Die bundesweite Offline-Vernetzung, die unter den Studierenden zwar schon lange mehr oder weniger umfassend und ausgeprägt existierte, erlangte mit dem Medium Internet durchaus eine neue Qualitätsstufe. Generell erleichtern schon allein die gegebene Informationsmenge und die durch das Medium erhöhte Reaktionsschnelligkeit die Koordinierung von Forderungen sowie Aktivitäten und vereinfachen die Mobilisierung. Wichtige herkömmliche Beschlussfassungsformen wie Vollversammlungen oder Urabstimmungen über eine Streikbeteiligung können nachgerade Schübe an Motivationsförderung erhalten, wenn die wachsende Zahl der sich am Streik beteiligten Personen und Institutionen im Netz unmittelbar erfahrbar ist.

Im Falle der Studierenden ermöglichte ein Chatroom ergänzend den Informations- und Meinungsaustausch in der Diskussion. Diskussionen in Chatrooms unterscheiden sich – wie schon erwähnt – sicherlich nicht nur im Hinblick auf fehlenden Sicht- und Hörkontakt von den Diskussionen, die von Angesicht zu Angesicht unter gegenseitiger Wahrnehmung der diskutierenden Personen stattfinden. Zu Zeiten des studentischen Streiks war der Verbreitungsgrad der Internet-Nutzung an den Hochschulen und damit unter den Studierenden zwar schon hoch, insgesamt in Deutsch-

[4] So von Bieber, Christoph/Hebecker, Eike, Internet und soziale Bewegungen. Der Studentenstreik als Fallbeispiel, in: Gellner, Winand/von Korff, Fritz (Hrsg.), Demokratie und Internet, Baden-Baden 1998, 171.

land jedoch noch sehr niedrig. Da sie faktisch noch fast eine geschlossene Nutzungsgruppe waren, konnten die Studierenden im Wintersemester 1997/98 möglicherweise noch mit einem gegenüber heute geringeren Risiko im Hinblick auf Richtigkeit, Wahrhaftigkeit und Vertrauenswürdigkeit ihrer Informationen und Äußerungen miteinander kommunizieren. Für E-Mails etwa ist heutzutage der Einsatz von Verschlüsselungsprogrammen und einer digitalen Signatur zu empfehlen, um insoweit annähernd Sicherheit erlangen zu können.

Die Studierenden haben ihre Netzaktivitäten – von den Organisations- und Koordinierungsleistungen bis zu den auch an die nicht studentische Öffentlichkeit gerichteten spektakulären Netzaktionen – geschickt mit traditionellen Offline-Aktionsformen wie beispielsweise Demonstrationen auf der Straße zu kombinieren gewusst. Dabei dürfte sich die im Netz und die außerhalb des Netzes in der herkömmlichen Öffentlichkeit jeweils gewonnene Aufmerksamkeit gegenseitig positiv verstärkt haben. Für ohnehin bereits gut organisierte Gruppen und Bewegungen kann das Internet damit ein die sonstigen Aktionen ergänzendes Medium von besonderer Bedeutung darstellen.[5]

3 Liegt die Zukunft demokratischer Bewegungen im Netz?

Allein auf virtuellen Protest setzen neue Formen außerparlamentarischer Opposition. Der elektronische zivile Ungehorsam umfasst etwa das Verändern offizieller Regierungsseiten durch Hinzufügen bestimmter Botschaften, so beispielsweise gegen Atomenergie oder Gentechnologie. Aber auch Sitzblockaden wurden – dem Medium angepasst – in das Netz zu übertragen versucht. Im Rahmen der Auseinandersetzungen mit den Zapatistas war Anfang 1998 z. B. die mexikanische Regierung Ziel solcher virtueller Sitzblockaden.[6] Der Zusammenbruch der Homepage der mexikanischen Regierung sollte dadurch erreicht werden, dass sie unter Einsatz einer speziellen Software von vielen Menschen gleichzeitig immer wieder aufgerufen werden sollte.

Die genannten Beispiele sollen hier nicht bewertet werden. Virtueller Protest ist ebenso wie Offline-Protestformen zunächst einmal eine Artikulationsweise, die beliebige Inhalte zum Gegenstand haben kann – demokratische und undemokratische. Die Demonstration auf der Straße wie im Netz kann für die Menschenrechte, aber auch für rassistische Inhalte stattfinden. Der insoweit gegebene instrumentelle Cha-

---

[5] S. dazu z. B. auch Gellner, Winand, Das Ende der Öffentlichkeit?, in: Gellner/von Korff (Fn. 4), 11, 18 f.; Marshall, Stefan, Netzöffentlichkeit – eine demokratische Alternative?, in: Gellner/von Korff (Fn. 4), 43, 54.

[6] Vgl. Wray, Stefan, Das virtuelle Sit-in: Ziviler Ungehorsam im World Wide Web, in: Rötzer (Fn. 3), 241, 244.

rakter der Technik[7] weist in Bezug auf das Netz allerdings einige Besonderheiten auf. Die oben bereits dargestellten Erleichterungen durch die horizontale Netzkommunikation, die insbesondere von Unmittelbarkeit, Schnelligkeit und der theoretischen Möglichkeit einer Beteiligung der ganzen Welt gekennzeichnet sind, sind jedoch durchaus auch kritisch zu hinterfragen.

So ist beispielsweise die Kommunikation weltweit zwar möglich, doch nur mit denjenigen, die das Privileg des Netzzugangs überhaupt besitzen. Es sei sanft daran erinnert, dass „... die Hälfte der Menschheit noch nicht einmal einen Telefonhörer in der Hand gehalten hat"[8]. Aber auch in entwickelten Industrie- und entstehenden Informationsgesellschaften ist der Zugang zu den entscheidenden Ressourcen schichten- und geschlechtsspezifisch ungleich verteilt: „Der typische Online-Nutzer ist jung, wohlgebildet, berufstätig und männlich."[9] Der Frauenanteil in der Nutzungsgemeinde Deutschlands beträgt lediglich 23 %. In diesem Zusammenhang scheint der Begriff von der „Informations-Elite"[10] nicht verfehlt. Tatsächlich kann also keineswegs die Rede davon sein, dass sich alle Menschen weltweit mittels des Netzes engagieren könnten. Insoweit kann eher von einem demokratischen Defizit gesprochen werden.

Aber auch die Netzstrukturen selbst sind nicht demokratisch. Softwareanbieter, Internet-Provider und nicht zuletzt die Suchmaschinenbetreiber haben hier das Steuer weitgehend in der Hand. Angesichts der Überfülle von Informationen, in der zwar nicht unbedingt das Netz, aber seine Nutzerinnen und Nutzer schier zu ertrinken drohen, können beispielsweise Homepages, die nicht von Suchmaschinen erfasst sind, kaum die im Netz so wichtige Aufmerksamkeit erlangen. Auf wen kein Link verweist, wer nicht wahrgenommen wird, erhält keine Rückmeldung und ist gleichsam inexistent. „Aktivbürger und marginalisierte politische Akteure, die sich die Kosten- und Verbreitungsvorteile des Netzes nischenpolitisch für Spezialöffentlichkeiten zu Nutze machen können, stehen nicht im Zentrum der Linkstruktur."[11] Dominanz durch Verteilungs- und Verbreitungsmacht ist altbekannt und auch im Internet zu finden.

---

[7] Vgl. Weiß, Ulrich, Das Politische im Internet. Eine politikphilosophische Reflexion, in: Gellner/von Korff (Fn. 4), 27, 33 f.

[8] Mbkei, Thabo, zit. nach Zwingenberger, Meike, Gemeinschaftsformen in der globalen Informationsgesellschaft, in: Gellner/von Korff (Fn. 4), 227, 238.

[9] Gesellschaft Chancengleichheit e. V., „Potsdamer Erklärung", gekürzte Dokumentation, Frankfurter Rundschau vom 25.1.2000, 12.

[10] Leib, Volker, Wissenschaftsnetze und Bürgernetze. Vom selbstgesteuerten Internet zur elektronischen Demokratie?, in: Gellner/von Korff (Fn. 4), 81, 92.

[11] Rilling, Rainer, Marktvermittelt oder selbstorganisiert? Zu den Strukturen von Ungleichheit im Netz, in: Leggewie, Claus/Maar, Christa (Hrsg.), Internet und Politik. Von der Zuschauer- zur Beteiligungsdemokratie?, Köln 1998, 366, 370.

Es kommt hinzu, dass die Netzkommunikation selbst, ihre Inhalte wie ihre Art und Weise nicht selbstverständlich demokratischen Meinungs- und Willensbildungsprozessen förderlich sind. Im Netz ist die Richtigkeit von Informationen nicht überprüfbar. Sie ist Vertrauenssache oder – empfehlenswerter – Misstrauenssache. Denn: „In der digitalen Bitsuppe ist nicht mehr auszumachen, welche der Informationsquellen vertrauenswürdig ist.“[12] Zur Gefahr der Verfälschung oder zumindest zur Ungewissheit über Wahrhaftigkeit und Herkunft könnte sich zudem ein neuer, nicht zwingend allein der Technik geschuldeter, von Rücksichtnahme „entfesselter“ Kommunikationsstil gesellen, dem der Respekt vor der Integrität der Kommunikationsbeteiligten als Voraussetzung der Kommunikation fehlt.[13]

Grundsätzliche Skepsis gegenüber der Eignung des Mediums Internet zur Förderung demokratischer Prozesse entsteht auch beim Nachdenken darüber, ob digitales und politisches Denken überhaupt kompatibel sind. „Digitales Denken vollzieht sich binär, es privilegiert die einfache Wahl zwischen an und aus, A und B, ja und nein. Es ‚liebt‘ die Gegensätze und Dualismen. Politisches Denken dagegen ist komplex und nuanciert, es vollzieht sich eher dialektisch als in digitaler Opposition. Es zielt darauf ab, den dezisionistischen Spielchen zu entkommen, die Computermodellen von Entscheidungsprozessen zu eigen sind.“[14] Ein Drittes zu wählen, Alternativen zu prüfen, Kompromisse zu schließen oder eine Frage einfach unwichtig zu finden ist dem digitalen Denken fremd, für das politische Denken jedoch unverzichtbar.

Die zu beobachtende Tendenz zur verstärkten massenmedialen Nutzung des Internets ist zudem von ökonomischen Kräften getragen, die auf die Zunahme kommerzieller Anwendungen drängen. E-Commerce wird das Netz in absehbarer Zeit dominieren, die Unterhaltungsindustrie sich ihren Platz erobern und die Demokratie schon durch das Schwinden der informationellen Selbstbestimmung[15] geschwächt. Allzu große Hoffnungen auf das Internet als Ort lebendiger Demokratie wären also verfehlt. Zumindest wird sich weder im Netz noch durch das Netz Demokratie von selbst herstellen. Auch das, was an demokratischen Potenzialen im Netz vorhanden ist, gilt es aktiv zu entwickeln. Chancen, die genutzt werden sollten, bestehen immerhin für gut organisierte Gruppen, denen es gelingt, die reale mit der virtuellen Welt zu verbinden und ihre demokratischen Anliegen in gegenseitiger Ergänzung und Verstärkung beider Welten zu vertreten.

---

[12] Hoeren, Thomas, Internet und Jurisprudenz – zwei Welten begegnen sich, NJW 2000, 188, 189.

[13] Zu dieser These vgl. Simitis, Spiros, Das Netzwerk der Netzwerke: Ein Markt jenseits aller Kontrollen?, in: Leggewie/Maar (Fn. 11), 183, 187.

[14] Barber, Benjamin R., Wie demokratisch ist das Internet? Technologie als Spiegel kommerzieller Interessen, in: Leggewie/Maar (Fn. 11), 120, 121.

[15] Vgl. dazu die Beiträge im Kapitel II („Die verlorene Privatsphäre“) in diesem Band, 9.

Wählen wie im Schlaraffenland? Erfahrungen der Forschungsgruppe Internet-Wahlen mit dem Internet als Wahlmedium

Prof. Dr. Dieter Otten[1]

Wir wählen wie in der Agrargesellschaft, sagen die Niederländer mit ihrer weit zurückreichenden demokratischen Erfahrung: Wir benutzen Papier und Bleistift, werfen unsere Stimmbriefe in Bottiche, die wir Urnen nennen, und zählen am Ende des Wahltages die Stimmzettel aus, als hätten weder Konrad Zuse noch John von Neumann je einen elektronischen Kalkulator gebaut. Wir glauben tatsächlich, der Verfassungssouverän konstituiere sich im Wohnbezirk als politisches Subjekt, so als lebten und arbeiteten wir noch in der Gemeinschaft des Dorfes. Deshalb verlangen unsere Wahlgesetze, dass wir im Wahllokal erscheinen. Briefwahl oder Vertreterwahl, die in vielen europäischen Ländern gar nicht erlaubt sind, sollen nur die Ausnahmen für den Fall darstellen, dass jemand wirklich krank oder beruflich verhindert ist. Und immer noch wählen wir Vertretereliten („Parlamente"), die an unserer statt entscheiden sollen, so als wären wir alle ungebildete „Dorftrottel", die nichts von der Politik verstehen.

Offenbar fällt es vielen wie im Märchen von des Kaisers neuen Kleidern erst jetzt so richtig auf, nachdem das Internet zur allumfassenden politischen Chiffre für Modernisierung geworden ist. Plötzlich geht alles: Wählen über das Internet, mehr direkte Demokratie, virtuelle Rathäuser, in denen der Bürger seine Behördengänge online machen kann, und vieles mehr. Zwar besteht kein zwingender Zusammenhang zwischen der Nutzung des Internets für Wahlen und direkter Demokratie, eine Wechselwirkung aber offenbar doch: Kommt das Wahlsystem unter Modernisierungsdruck, wird auch das Demokratiesystem, also das, wozu wir wählen, entzaubert. Also stellt das Internet beides infrage.

So spannend die Frage nach der verfassungsmäßigen Modernisierung unserer Demokratien auch ist, die Diskussion über die Frage nach der Nutzung des Internets für Wahlen hat die Wahlmodernisierungsdebatte wohl mehr in Gang gebracht als alle staatsrechtlichen Kollegs zur direkten Demokratie zuvor. Und das hat einen simplen Grund: Die Frage, ob man über offene Netze wählen kann und soll, hat eine ganz und gar pragmatische Komponente: geht es oder geht es nicht?

---

[1] Prof. Dr. Dieter Otten ist Professor für Soziologie und Leiter der Forschungsgruppe Internet-Wahlen an der Universität Osnabrück, die mit der „Strategischen Initiative der Bundesrepublik Deutschland: Wählen im Internet" am 2.2.2000 weltweit die ersten rechtskräftigen Wahlen im Internet durchgeführt hat.

Ist es mit den bestehenden Prinzipien der Wahlgesetzgebung zu vereinbaren oder nicht? Lässt sich die Internet-Wahl durch eine einfache Novellierung der Gesetzesgrundlagen realisieren oder nicht? Die Antwort auf solche Frage beeinflusst auch massiv die Debatte um mehr direkte Demokratie in der Informationsgesellschaft.

Auf die pragmatischen Fragen nach der Internet-Wahl möchte ich im Folgenden auf der Basis unserer Erfahrungen mit dem von uns entwickelten Internet-Wahlsystem „i-vote" (Hard- und Software) sowie aufgrund der mit dem System durchgeführten Wahlen (Studierendenparlament Osnabrück, Personalratswahlen beim Landesamt für Datenverarbeitung und Statistik, Brandenburg) eingehen. Auf die Frage nach der direkten Demokratie würde ich natürlich auch gern antworten, aber das ist ein weites Feld und würde den Rahmen dieses Beitrags sprengen. Doch wenn mich nicht alles trügt, dann behandeln wir solche Grundsatzfragen mit jedem pragmatischen Beitrag zur Internet-Wahl aufgrund der bestehenden Wechselwirkungen sowieso!

1 Modernisierung von Wahlen

Die Abwicklung von Wahlen ist nicht nur antiquiert, sondern auch aufwändig und teuer – bei Betriebs- oder Personalräten, Sozialwahlen oder Urabstimmungen nicht minder wie bei politischen Wahlen und Referenden. Vielleicht noch belastender als die Kosten ist der Aufwand für die Durchführung von Wahlen, und der größte Druck lastet zumindest bei politischen Wahlen auf ohnehin schon überlasteten Kommunen und Gebietskörperschaften, die Wahlen organisieren, Wahlvorstände stellen und die Auszählung der Wahlergebnisse verantworten müssen. Kein Wunder also, dass das kommunale Interesse an der Modernisierung bei Stadtkämmerern und Wahlamtsleitern am größten ist. Man sagt zwar, Geld dürfe keine Rolle bei der Wahrnehmung demokratischer Rechte spielen, aber gegen Kostensenkung und Verfahrensvereinfachung bei Wahlen ist selbstverständlich nichts einzuwenden.

Der Modernisierungsbedarf von Wahlen betrifft aber keineswegs nur die Verwaltung von Kommunen und Gebietskörperschaften. Der Wunsch nach Veränderung kommt vermehrt auch von den Wahlbürgerinnen und Wahlbürgern selbst – und es hat den Anschein, dass es dieser Druck ist, der die Modernisierung des Wählens überhaupt erst ins Rollen bringen könnte: Nicht nur in den metropolitanen Regionen – aber in diesen besonders deutlich – wächst der Wunsch nach mehr Mobilität bei Wahlen! Immer mehr Wahlbürgerinnen und Wahlbürger möchten ihre Mobilität nicht durch den Wahl(sonn)tag einschränken lassen. Für diesen Wandel im Wählerverhalten gibt es einen schlagkräftigen Indikator, nämlich die rasante Zunahme der Briefwahl. In München haben bei der Wahl zum Deutschen Bundestag 1998 um die 27 % von der Briefwahl Gebrauch gemacht, in Hamburg waren es knapp 25 %, und in anderen Großstädten lagen die Zahlen ähnlich. Nichts spricht dafür, dass dieser

Trend in Zukunft rückläufig sein wird. Im Gegenteil, man wird annehmen müssen, dass sich der Trend verstärkt. Wenn jeder Dritte bald nicht mehr in das Wahllokal gehen will, wird sich auch der Gesetzgeber nicht mehr der Modernisierung des Wählens verschließen können.

Mit dem Siegeszug des Internets haben wir erstmals seit Jahrhunderten ein realistisches Instrument in der Hand, Wahlen auch tatsächlich modernisieren zu können und dabei beiden Polen des Modernisierungsinteresses gerecht zu werden. Wahlen lassen sich dadurch nicht nur erheblich rationalisieren, verbilligen und beschleunigen. Sie werden auch bürgerfreundlicher, kommen dem Wunsch nach mehr Mobilität nach und erhöhen die Wahlfreiheit der Wahlbürgerinnen und Wahlbürger!

2 Sicherheit elektronischer Wahlen

Elektronische Wahlen erfüllen nicht nur diese Kriterien, sie sind vor allen Dingen in vielen Punkten auch sicherer als die herkömmliche Wahl. Diese Behauptung klingt manchem angesichts der Attacken von Viren auf Millionen weltweiter Computer oder auf die Server großer Internet-Anbieter reichlich verwegen. Ist das Netz nicht prinzipiell unsicher? Sind die Gefährdung der Privatsphäre und die Manipulation von Interaktionen in elektronischen Kommunikationssystemen nicht reale Bedrohungen? Das sind alles berechtigte Fragen. Aber niemand hat gesagt, dass Wählen über offene Netze trivial sei. Die Durchführung von elektronischen Wahlen setzt in der Tat eine Reihe von verschärften Anforderungen an Sicherheit und Kontrolle der Stimmabgabe voraus, die alle erfüllt sein müssen, bevor man die Wählerinnen und Wähler an die elektronische Urne lassen kann. Ergreifen wir jedoch die richtigen Maßnahmen, dann lässt sich ein sehr viel höheres Maß an Sicherheit erreichen als bei der bisher angewendeten Art des Wählens, von der wir unhinterfragt glauben, sie sei sicher.

Die Sicherheit der Stimmabgabe in konventionellen Wahlkabinen ist aber in Wahrheit niedrig. Die Wahllisten zu manipulieren ist leicht, die Identität der Wähler wird oft ungenügend geprüft. Die Urnen sind meist nur mit Papierstreifen oder einem anderen leicht brechbaren Material versiegelt und stehen in der Regel ungesichert im Wahllokal. Die Auszählung geschieht auf sehr unbefriedigende Weise, die Fehlerhäufigkeit ist hoch, die Manipulierbarkeit des Stimmergebnisses auch. Bei der Briefwahl ist der Sicherheitsstandard noch niedriger. Der Postweg ist eine offene Sicherheitsflanke, und die Lagerung der Briefe erfüllt in keiner Kommune auch nur niedrigste Hochsicherheitsanforderungen. Und trotzdem unterstellen wir von Wahl zu Wahl mit schöner Regelmäßigkeit, dass eine nennenswerte Wahlfälschung unterbleibt.

Dafür werden in der Regel zwei Argumente ins Feld geführt. Erstens: Der Wahlausschuss oder das Bürgerkomitee werde aus Vertretern aller Parteien gebildet, sodass ein ausreichender Schutz vor Manipulation des Wahlergebnisses gegeben sei (Proporzargument). Zweitens: Stimmlokal und Urne seien durch Gesetzesbestimmungen hinreichend geschützt, die Bürger hielten sich an die Bestimmungen des Gesetzes und hätten Vertrauen in die Korrektheit der Wahl (Loyalitätsargument).

Aber niemand kann im Ernst glauben machen, solche Maßnahmen würden ausreichen, wenn jemand den Willen hätte, Wahlen zu manipulieren. Unter solchen Bedingungen wäre eine Manipulation der Urnenwahl, insbesondere der Briefwahl auch in Deutschland oder einem anderen EU-Staat, ein Kinderspiel – wie Erfahrungen mit Wahlfälschungen in anderen Ländern zeigen.

Ein elektronisches Wahlverfahren hätte es also relativ leicht, sicherer zu sein als Urnen- und Briefwahl, wäre da nicht der Verdacht, dass die Nutzung des Computers dazu führen könnte, dass findige Hacker, sagen wir im Auftrag ausländischer Mächte, mit einem Schlag und in Sekundenschnelle Millionen von Wahlhandlungen manipulieren oder zumindest blockieren könnten.

Diese Bedrohung geht heute wohl kaum von der Entschlüsselungsthematik aus. Natürlich ist Kryptisierung immer ein Wettkampf zwischen Verschlüsseler und Entschlüsseler, aber unter Mathematikern ist inzwischen unbestritten, dass Kryptifizierung auf der Basis asymmetrischer, große Primzahlen verwendender Schlüssel heute weitgehend sicher ist, wenn die richtige Strategie der Verschlüsselung in Zeit und Raum angewendet wird.[2]

Geht man die verbleibenden Szenarien der Fälschung und Manipulation von Wahlen durch, dann kann man drei Gruppen von Bedrohungen erkennen:

- Angriffe auf die Urne, um die abgegebenen Stimmen zu manipulieren oder die Identität der Wähler aufzudecken (bringt den größten Effekt),
- Angriffe auf die Computer von Millionen von Wählerinnen und Wähler, um deren Votum bei der Stimmabgabe vom Wähler unbemerkt mittels Viren oder Trojanischer Pferde zu manipulieren,
- Angriffe auf das Wahlserversystem durch Sabotage des Zugangs, um die Abgabe einer ausgewogenen Anzahl von Stimmen zu verhindern.

[2] Vgl. hierzu Singh, Simon, Fermat's Last Theorem. The Story of a Riddle that Confounded the World's Greatest Minds for 358 Years, London 1997.

2.1 Sicherung im virtuellen Wahllokal

In den älteren Betrachtungen, etwa bei Fujioka, Okamoto und Oha[3], spielte die Frage, wohin die Stimme in einem elektronischen System geht, noch eine zentrale Rolle und war die Grundlage für die Formulierung expliziter Wahlprotokolle. Inzwischen hat man den Eindruck, dass die meisten Internet-Wahlverfahren, verleitet durch die mannigfachen Möglichkeiten, irgendwo auf Websites von Zeitschriften oder anderen Betreibern unter dem Stichwort „vote" etwas anzuklicken und dann gleich das Ergebnis zu sehen zu bekommen, darauf keinen besonderen Wert mehr legen und sich ausschließlich auf Kryptisierung und Identitätskontrolle der Wählerinnen und Wähler konzentrieren. Doch darin liegt ein schweres Missverständnis der Sicherheit von Wahlen.

2.1.1 Sicherung der Urne

Die Urne ist sozusagen das Herzstück der Wahlsicherheit. Ist ihre Sicherheit nicht gegeben, sind alle anderen Maßnahmen vergeblich ergriffen. Die Lagerung der Stimmzettel spielt deshalb bei der Sicherheitsbetrachtung eine zentrale, wenn nicht gar die entscheidende Rolle. Wenn es überhaupt Sinn macht, eine Wahl zu fälschen, dann nicht, indem man einzelne Stimmzettel, sondern gleich die ganze Urne fälscht! Die Urne ist der sensibelste Teil des Sicherheitssystems und muss daher besonders geschützt werden. Spätestens seit dem Hollywoodstreifen „Mission: Impossible" weiß die Öffentlichkeit, dass Hacker wegen des hohen Sicherheitsstandards der elektronischen Schutzwälle („Firewallprogramme") einen physischen Angriff auf das System bevorzugen, um sich mit alten Tricks Zugang zu verschaffen (Einstieg durch das Lüftungssystem) und mit intelligenten Maßnahmen in den Besitz des Zugangscodes zu gelangen (Abscannen der Tastatur). Noch einfacher wäre es, eine der beteiligten Seiten im Wahlamt oder sonst wo zu bestechen, die Stimmen im Computer vor Ausgabe des Ergebnisses zu manipulieren.

Es müssen bei einer elektronischen Wahl also Vorkehrungen getroffen werden, um die Urne vor dieser Art Angriffe zu schützen, indem technische Maßnahmen ergriffen und Kontrollprinzipien aufgebaut werden, die diese verhindern. Welche das im Einzelnen sind, werde ich im Folgenden anhand unserer Erfahrungen mit dem „i-vote"-System näher erläutern. An dieser Stelle werden die Prinzipien erwähnt, nach denen eine solche Sicherung zu erfolgen hat:

- Die Urne muss in einem System gesichert werden, das *Hochsicherheitsansprüchen* genügt, und zwar sowohl elektronisch (Firewall) als auch physisch (Tresor, Sicherheitszone).

[3] S. das Protokoll für ein „practical secret voting scheme for large scale elections" von Fujioka, Okamoto und Oha in: Advances in Cryptology – AUSCRYPT '92, Berlin 1993.

- Die Urne muss unter *öffentlicher Kontrolle* aufgestellt werden. Sie gehört unter die Obhut einer unabhängigen Instanz, am besten wie im herkömmlichen Wahllokal unter die Kontrolle eines Bürgerkomitees.
- Die Urne darf nur *verschlüsselte Stimmen* entgegennehmen, so wie es im Wahllokal mit der Kuvertierung des Stimmscheins geschieht.
- Die Urne darf nur *nicht zurückverfolgbare Stimmzettel* entgegennehmen, die mindestens dem Standard von Chaum's Blindingtechnologie entsprechen.
- Urnen müssen *„redundant" aufgestellt* werden. Erst der Einsatz von vielen Urnenrechnern bietet Gewähr, die Manipulationsgefahr sinnvoll einzudämmen.
- Urnenrechner sollten nicht unbedingt auf der Stimmlokalebene im Einsatz sein (wie die Urnen der Wahllokale), wohl aber auf der Wahlkreisebene, weil wegen der Kandidaturen ohnehin für jeden Wahlkreis eine logische Urne vorgehalten werden müsste.

2.1.2 Sicherung der Prinzipien „Personenechtheit", „Einmalwahl" und „Wahlgeheimnis"

Im bisherigen Wahlsystem werden diese Prinzipien auf bemerkenswert einfache und funktionale Weise gelöst:

- Pro Wahlkreis gibt es mindestens ein Wahllokal, in dem die *Stimmzettel* mit den dort kandidierenden Personen und Listen vorgehalten werden.
- In jedem Wahllokal gibt es eine *Wählerliste*, die das Einwohnermeldeamt oder die amtliche Registrierungsstelle erzeugt hat.
- In jedem Wahllokal findet eine Identitätsprüfung der Wählerinnen und Wähler anhand von Wahlliste und Dokumenten statt, die von einer anderen amtlich autorisierten Stelle *zertifiziert* worden sind.
- In jedem Wahllokal umfasst die Prüfung der Identität zwei Kontrollebenen, die Angaben zur Person sowie zur Personenechtheit (Passfoto als primitive „biometrische Einheit").
- In jedem Wahllokal gibt es einen unabhängigen *Wahlvorstand*, der die Wählerliste führt, die Identität der Wählerinnen und Wähler validiert, die Wahlunterlagen ausgibt, die Wählerinnen und Wähler danach auf der Liste blockiert und am Ende des Wahlzeitraums die Auszählung vornimmt.
- In jedem Wahllokal gibt es eine *Urne* (gr.: *„psephora"*), die vom Wahlvorstand strikt getrennt gesichert werden muss, damit er sie nicht manipulieren kann, und die durch öffentliche Kontrolle vor anderen Angriffen geschützt wird.

- In jedem Wahllokal gibt es zudem eine *Stimmkabine*, die aber nicht wesentlich für das System ist, weil der Wähler seine Stimme nicht in der Kabine abgeben muss, sofern eine unbeeinflusste Stimmabgabe auch anders möglich ist (er könnte den Stimmzettel auch auf der Toilette ausfüllen).

Unsere Studien haben gezeigt, dass sich dieses Prinzip nicht substanziell verbessern lässt. Lediglich zwei Tatsachen bleiben zu bemängeln (und ließen sich besser lösen):

1. Die Wählerinnen und Wähler haben keine Kontrolle über die Auszählung ihrer Stimmen: Sie können zwar kontrollieren, ob ihre Stimme in die Urne geht, aber was danach mit ihr geschieht, insbesondere ob sie auch gezählt wird, bleibt im Dunkeln.
2. Die einmal abgegebene Stimme kann nicht revidiert werden, weil die Urne auf keinen Fall mehr geöffnet werden kann und Briefumschläge der Stimmzettel meist auch nicht markiert werden, um eine Rückverfolgung auszuschließen.

Bis auf diese Ausnahmen kann man es auch in einem elektronischen System nicht besser machen und baut es am besten nach, indem man virtuelle Wahllokale schafft, in denen der elektronische Wähler während der Wahlperiode erscheint, sich überprüfen lässt und sicher und anonym per Mausklick wählen kann.

3 Erfahrungen mit den ersten rechtskräftigen Internet-Wahlen

Die Forschungsgruppe Internet-Wahlen der Universität Osnabrück (UOS) hat für die Wahlen zum Studierendenparlament der UOS sowie für die Personalratswahlen im Landesamt für Statistik und Datenverarbeitung des Landes Brandenburg ein komplettes Internet-Wahlsystem nach dieser Prämisse entwickelt[4] und unter dem Namen „i-vote" eingesetzt und erprobt.

Es bildete die Gewaltenteilung des Wahlvorgangs in Gestalt von drei Serversystemen ab, von denen

- der erste Server, der „Zertifikator", beim Trustcenter steht und die Rolle der Passbehörde übernimmt,
- der zweite Server, der „Validator", die Aufgaben des Wahlvorstandes wahrnimmt, die Wahlliste führt, Identität und Wahlberechtigung prüft und die Stimmen auszählt,

[4] Vgl. Forschungsgruppe Internet-Wahlen, Erster Zwischenbericht anlässlich der Sozialwahlen 1999, Osnabrück 1999, sowie Zweiter Zwischenbericht anlässlich der Wahlen zum Studierendenparlament am 2.2.2000, Osnabrück 2000, beide unter www.internetwahlen.de veröffentlicht.

- der dritte Server, der „Psephor“, die Rolle der Urne bzw. des Urnenservers übernimmt, der die einzelnen Stimmen auf die Wahlkreisurnen verteilt und sicher verwahrt.

Die Internet-Wahl konnte nur rechtskräftig realisiert werden, weil wir uns für eine Infrastruktur entschieden haben, die dem Signaturgesetz entspricht und aus folgenden Komponenten bestand:

- einem PC mit CD-ROM-Laufwerk, Internet-Anschluss und SmartCard-Lesegerät,
- einer auf Gesetzesbasis erstellten, kartenbasierten digitalen Signatur,
- einer besonderen Software zum Wählen, Verschlüsseln und Anonymisieren der Wahl unter Verwendung asymmetrischer 1024-RSA-Vercodungsschlüssel sowie David Chaums System des „Blinding“.

Dahinter steckt erhebliche Forschungs- und Entwicklungsarbeit, denn zunächst musste mit dem Trustcenter „TC Trustcenter“ die komplette Infrastruktur für eine digitale Signatur nach der gesetzlichen Sicherheitsstufe drei aufgebaut werden – inklusive der Vergabe der PINs, der Lesegeräte und der CD-ROMs mit der Wahlsoftware. Parallel dazu wurde die eigentliche Wahlmaschine, der „Main Client“, in Kooperation mit dem Paderborner Systemhaus OMP entwickelt, auf CD-ROM gebracht und an die Wählerinnen und Wähler verteilt. Diese mussten bei der Stupawahl nur die CD-ROM mit der Software einlegen, bei der Wahl zum Personalrat des LDS waren Software und Hardware in einem geschlossenen Usernetz von den Mitarbeitern der Dienststelle schon aufgebaut und eingerichtet, sodass die Wählerinnen und Wähler ihre Wahlsoftware lediglich starten mussten. In jedem Fall aber verlangte der Wahlakt, dass sich die Wählerinnen und Wähler mit der Kryptokarte auswiesen. Erfolgte dies, erhielten sie ihre Wahlunterlagen und konnten ihre Stimme durch Anklicken eines Wahlknopfes bei einer Liste bzw. einem Kandidaten abgeben. Sie konnten aber auch einen leeren Stimmzettel abgeben oder ihre Stimme durch Kommentare ungültig machen. Die Wahlsoftware, der „Main Client“, übernahm vor und nach der Stimmabgabe die gesamte Kommunikation mit Wahlamt und Trustcenter, verschlüsselte die Stimmabgabe mit den vom Kryptounternehmen der Deutschen Bank, SECUDE GmbH[5], zur Verfügung gestellten Kryptokomponenten und nahm die Anonymisierung der Wahlstimmen anhand des von David Chaum schon 1982 beschriebenen „Blinding“ vor[6].

---

5 S. www.secude.de.

6 S. auch Chaum, David, Unretraceability of Online Payments, in: Proceedings of Crypto ’82, Plenum Press, New York 1983.

Zuvor hatte die Forschungsgruppe die geforderte informationelle Gewaltenteilung mit einem kleinen Hochverfügbarkeits- und Hochsicherheitszentrum unter der Aufsicht der Forschungsgruppe, bestehend aus einem Validator-Server und einem Psephor-Server, aufgebaut. Der Validator verfügt über Software, die Wahllisten aus einer Primärdatei erzeugt, die Wahlberechtigung mit einer digitalen Signatur prüft, Doppelwahl verhindert, die Blinding vornimmt, die abgegebenen Stimmen auszählt und eine Technik der wählerseitigen Wahlüberprüfung vorhält (der Wähler erhält bei erfolgreicher Stimmabgabe eine Zufallszahl, mit der er später kontrollieren kann, ob seine Stimme gezählt wurde). Der Psephor ist programmiert, nur geblindete Stimmen entgegenzunehmen, die Validität der Stimmen zu prüfen, die Stimmbriefe in die zuständigen (Wahlkreis)urnen zu legen, die Lagerung anonym zu sichern und die Urnen am Ende der Wahl verschlüsselt an den Validator zu senden.

Am 2.2.2000 wurden mit diesem System die ersten rechtskräftigen Wahlen im Internet durchgeführt. Diese Wahl ist deshalb ein historisches Datum, weil zum ersten Mal in der Geschichte der Wahlen ein verfassungsmäßiges Parlament über ein offenes Netz gewählt wurde. Dieses erfolgreich durchgeführte Wahlexperiment hat gezeigt, dass

- sich der Wahlvorgang lückenlos elektronisch nachbilden lässt,
- elektronische Wahlen im Internet auch mit einem der Bedeutung von verfassungsmäßigen Wahlen entsprechenden Sicherheitsanspruch durchführbar sind,
- die Geheimhaltung der Stimmabgabe durch bestehende Kryptisierungsverfahren gewährleistet ist,
- die Anonymität der Wähler mit standardisierter Software garantiert ist,
- der Schutz der Wählerdaten sowie der Wahlurne durch eine digitale Gewaltenteilung gewährleistet werden kann,
- eine rechtskonforme Abwicklung von Wahlen über offene Netze machbar ist, sofern die entsprechenden Infrastrukturen für die Durchführung elektronischer Wahlen zur Verfügung stehen.

Auch die Wählerinnen und Wähler könnten in Zukunft jederzeit und von jedem Ort bequem vom PC oder einem anderen Gerät aus wählen, wenn sie die entsprechenden technischen Vorkehrungen treffen und über eine sichere Wahlsoftware verfügen. Das ist natürlich nur möglich, wenn die Institutionen, die die Wahl ausrichten müssen, entsprechende Systeme verteilen oder Schnittstellen dafür definieren und die entsprechende Infrastruktur dafür aufgebaut haben oder auf eine solche Infrastruktur zurückgreifen können.

Ein Problem der Online-Wählerinnen und -Wähler haben wir jedoch noch nicht gelöst, halten es aber prinzipiell für lösbar: Die offene Flanke zwischen PC-Tastatur und Rechner, das Einfallstor für Virenangriffe zur Manipulation und/oder Sabotage der Stimmabgabe, ist ohne einen größeren Sicherheitsaufwand nicht zu schließen. Wir sehen die Lösung z. B. in einem eigenen, zur Wahl auf CD-ROM verteilten Sicherheitsbetriebssystem auf Linuxbasis, dem wir den Projektnamen „Vote-X" gegeben haben und das nach Einlegen der CD das vorhandene Betriebssystem herunterfährt und sich selbst startet, um einen sicheren und verlässlichen Wahlvorgang zu garantieren. Ohne solche Sicherheitsbetriebssysteme ist eine Internet-Wahl immerhin in geschlossenen Systemen möglich, wenn nur von vorbereiteten und gesicherten Terminals gewählt wird. Sie sollte aber in offenen Systemen nicht ohne solche Instrumente durchgeführt werden.

4 Ein einheitliches elektronisches Wahlsystem

Die Erfahrung mit der Wahl über unser Online-Verfahren hat uns gelehrt, dass eine reine Internet-Wahl aus technischen Gründen nicht realisierbar ist. Es gibt unendlich viele Möglichkeiten, warum ein PC oder ein anderes Stimmgerät nicht funktionieren kann. Ganz gleich, wie die Wahlen angelegt werden, die Wählerinnen und Wähler werden immer eine stationäre Möglichkeit der Stimmabgabe benötigen. Das wirft die Frage nach der Kontrolle von Doppelstimmabgaben auf. Man könnte sie damit beantworten, indem man die Internet-Wahl wie die Briefwahl nur auf Antrag zulässt und einen Tag vor der Urnenwahl beendet. Doch diese Lösung würde dem Potenzial der Internet-Wahl nicht gerecht. Ihr Charme liegt ja gerade darin, dass man bis zum Schluss der Wahlperiode entscheiden kann, ob man online wählen will oder in die Stimmkabine geht. Das wäre aber nur möglich, wenn Stimmlokal und Online-Wahl im Netz auf dieselbe Wählerliste zurückgreifen und einen Wahlbetrug durch Markierung der Wähler technisch ausschließen können. In jedem Fall müssten die Stimmlokale zur Führung einer solchen Wählerliste also online sein.

Warum dann nicht gleich auch die Stimmabgabe in den Stimmlokalen elektronisch mit exakt dem gleichen System abwickeln, mit dem auch online gewählt werden kann? Die technischen Voraussetzungen dafür existieren seit Jahren: Es gibt in verschiedenen europäischen Ländern zertifizierte Wahlcomputersysteme wie das System von NEDAP[7], die auch bei Wahlen zugelassen sind und die Wahl innerhalb der bisherigen Anordnung des Stimmlokals offline mittels Touchpanel (für den Stimmzettel) und Speicherung der Daten auf ein EPROM abwickeln.[8] Stimmkabine

[7] Vgl. www.nedap.nl.

[8] Befürchtungen, ein solches Wahlsystem würde insbesondere ältere Menschen abschrecken, haben sich nicht bewahrheitet. Die Stadt Köln, die seit Jahren 600 elektronische Stimmkabinen im Einsatz hat, belegt durch ihre Erfahrungen, dass diese Abstimmungsform gerade bei älteren Wählerinnen und

und Online-Wahl müssen „nur" zu einem einheitlichen System zusammengeführt werden. Die Forschungsgruppe Internet-Wahlen und NEDAP stehen in enger Kooperation, um ein System zu realisieren, das Folgendes vorsieht:

- Die Wahllokale werden mit elektronischen Stimmkabinen ausgestattet,
- die Wahllokale werden online geschaltet (egal ob per POTS oder GSM),
- in den elektronischen Stimmkabinen wie auf den Online-Geräten läuft ein einheitliches Wahlbetriebssystem („Vote-X") und derselbe „Main Client" („i-vote"),
- der Ausweis der Identität geschieht vor dem Remotegerät wie in der Wahlkabine durch eine digitale Signatur auf SmartCard oder vergleichbaren Technologien (Verschlüsselung, Anonymisierung und Blinding der Stimmen),
- die Prüfung der Wahlberechtigung erfolgt im Validator-Server des Wahlkreises,
- die bisherige Wahlanordnung mit Wahlhelfern kann entfallen,
- die Lagerung der Stimmen geschieht in derselben Wahlkreisurne des Psephors,
- nach der Wahl gibt es keinen Unterschied zwischen Online-Wahl oder Stimmlokal: Übersendung der Urnen an den Validator und Ergebnisbekanntgabe wenige Minuten nach Ende der Wahlzeit erfolgen in einem System,
- die bisherige Form der Wahlauszählung durch die Wahlhelfer kann entfallen.

Jede elektronische Wahl wird damit zu einer Präsenzwahl, gleichgültig ob die Wählerinnen und Wähler nun physisch im Stimmlokal erscheinen oder sich virtuell im Wahllokal anmelden. Sofern der Vorgang der Anmeldung, Identitätsprüfung und Stimmzettelabgabe der gleiche ist, haben wir es mit einem holistischen System zu tun. Das heißt allerdings: Jede elektronische Wahl muss auf der Basis einer gesetzlich definierten digitalen Signatur erfolgen, die die Identität auf zweierlei Weise sichert: durch eine auf einem Träger geführte digitale Unterschrift und eine PIN oder ein biometrisches Erkennungsverfahren.

Wenn elektronische Wahlen mit den oben beschriebenen Komponenten online wie in der Stimmkabine sicher über das Netz abgewickelt werden könnten (woran kein Zweifel besteht), dann haben wir auch ein verfassungsrechtliches Problem auf moderne Weise gelöst, nämlich das Briefwahlproblem zu früh getroffener und nicht wieder revidierbarer Entscheidung.

Wir glauben, dass mit solch einem einheitlichen Wahlsystem der Durchbruch für die elektronische Wahl, also auch für die Internet-Wahl, zu schaffen wäre. Mit einer stufenweisen Realisierung der elektronischen Wahl würden die Organisatoren allein

Wählern besonders beliebt ist, weil sie sie besser führt und eine höhere Fehlertoleranz hat. Vgl. hierzu: Wahlamt der Stadt Köln, www.netcologne.de.

in Deutschland ein Potenzial von 60 Millionen Wählern erreichen. Bei solchen Zahlen wird der Modernisierungseffekt elektronischer Wahlen schlagartig deutlich – er wird geradezu unabweislich. Es lohnt sich bei solchen Zahlen auch die Investition der Kommunen in elektronische Stimmkabinen, die sich nach den Erfahrungen der Stadt Köln schon in weniger als drei Jahren rechnen. Für die Trustcenter ergäbe sich mit diesen Zahlen auch der lange herbeigesehnte „Business Case", wie es in Neudeutsch heißt, also eine wirtschaftliche Perspektive für den Einsatz der digitalen Signatur, weil es ein plausibler Anwendungsfall für ihre massenhafte Nutzung ist.

Die Regierungen Europas sollten bedenken: In einer solchen Form staatliche Hilfestellung für die IT-Industrie zu geben, auf einem Gebiet, wo die Europäer mit Meldegesetz und Signaturgesetzen und inzwischen aufgebautem Know-how ohnehin schon einen immensen Vorsprung vor den USA hätten, stünde jeder auf Modernisierung bedachten Regierung gut an. Die Parlamente müssten nur die elektronischen Wahlen regeln, sie wahlrechtlich zulassen und die Bedingungen definieren, wie eine Wahlabwicklung auf elektronischer Basis auszusehen hätte bzw. wie dies mit den Prinzipien der demokratischen Kontrolle von Wahlen vereinbart werden kann.

Sicher, die Wählerinnen und Wähler benötigen funktionierende, kostengünstige und leicht zugängliche digitale Signaturen auf entsprechenden Trägermedien sowie dazugehörige Lesevorrichtungen und entsprechende Software. Doch das sind alles Dinge, die beim Stand der Technik leicht zu verbreiten wären. Die Anwendung digitaler Signaturen wird mit wachsender Komplexität der Netzkommunikation für den Endverbraucher immer plausibler, und die Hardwareindustrie scheint sich auf die Standardausrüstung von Geräten mit eingebauter Lesetechnologie für Smart Devices einzustellen, die auch die biometrische Erfassung von Personen beinhaltet. Der Gesetzgeber könnte angesichts dessen nach finnischem Vorbild die chipgestützte Signatur in Personalausweis oder Reisepass integrieren, ohne dass er dabei den Pfad der Deregulierung, den er mit dem Signaturgesetz eingeschlagen hat, verlassen müsste. Was der Verbreitung der Signaturtechnologie zurzeit fehlt, ist ein entsprechender Wille oder die entsprechende Systemrationalität. Wahlen könnten dafür natürlich eine echte Katalysatorenrolle spielen. Sie signalisieren das Höchstmaß für eine einleuchtende massenhafte Verwendung der digitalen Signatur und könnten damit einen Dammbruch auslösen.

Aber hätten die Bürger bei so viel Business Case auch etwas davon? Zweifellos ja. Es geht nicht nur um die bessere Durchführung von Wahlen und schnellere Ergebnisse – die bei Licht besehen auch etwas für den Bürger bringen, denn die Kommunen könnten die Rationalisierungsgewinne bürgerfreundlich verwenden. Es geht auch um mehr Wahlfreiheit und Mobilität bei der Wahl. Man muss dafür nicht erst die E-Mails lesen, die wir von Deutschen im Ausland bekommen, um das zu begreifen. Es geht auch um mehr Komfort bei Wahlen, eine bessere Übersicht, eine altengerechtere Anlage der Wahlunterlagen, die besseren Chancen von Behinderten. Allein die Möglichkeiten, die sich aus der elektronischen Wahl für blinde Wählerinnen und Wähler ergeben, sprechen Bände. Und für manche geht es auch um bessere Fernsehunterhaltung am Wahltag. Das immer gleiche, fast antiquiert anmutende Schauspiel der Wahlberichterstattung hätte mit einem elektronischen Wahlsystem zweifellos ein Ende – mehr Raum also für Sportberichterstattung und Spielfilme. Gleichzeitig könnte sich die Wahlberichterstattung stärker auf die politischen und soziologischen Inhalte der Wahlentscheidung konzentrieren, denn mit der elektronischen Wahl lassen sich auch ganz andere, natürlich freiwillig und anonym durchführbare Wähleruntersuchungen in Echtzeit machen, die den Ergebnissen der heute üblichen Nachwahlbefragung weit überlegen sind.

5 Also mehr Demokratie durch das Netz?

Elektronische Wahlsysteme sind für sich genommen schon eine Zunahme an Demokratie – allerdings auf eine andere Weise wie eingangs betrachtet. Für eine emphatische Betrachtung des Themas geben sie weniger her. Sie steigern vermutlich nicht einmal nennenswert die Wahlbeteiligung, denn die Wahlenthaltung liegt wohl kaum am mangelnden Zugang und die Nichtwählerinnen und Nichtwähler werden sich – bis auf Ausnahmen – kaum durch ein neues Medium zur Urne bringen lassen. Und sicher sind sie kein Beitrag zu mehr Mitbestimmung der Wählerinnen und Wähler.

Dennoch besteht die eingangs erwähnte Wechselwirkung zwischen direkter Demokratie und elektronischer Wahl fort. Mit der Praktizierung von elektronischen Wahlen hat sich die Debatte darum sogar verschärft, z. B. deshalb, weil mit der elektronischen Wahlmöglichkeit jenes Argument gegen Volksabstimmungen wegfällt, ständige Abstimmungen seien wahltechnisch nicht zu bewältigen. Das ließe sich mit Internet und elektronischer Stimmkabine als Wahlform nicht durchhalten. Sicher mobilisiert die elektronische Wahl auch die Informationsmöglichkeiten über das Internet und damit auch die politische Debatte. Aber die politische Weichenstellung für eine Änderung oder Ergänzung der repräsentativen Demokratie fällt nicht im elektronischen Kommunikationssystem. Doch die Meinungsbildung darüber dürfte durch das Internet wiederum mächtig angeschoben werden. Die Debatten, die allerorten im Internet darüber geführt werden, belegen diese Einschätzung.[9]

Wie man sieht: Wechselwirkungen überall. Nichts ergibt sich zwingend. Es muss darum gerungen werden. Die Chancen stehen gut.

---

[9] Vgl. z. B. die im Mai 2000 geführte Debatte in dem Internet-Forum der ZEIT, www.zeit.de. S. auch den Beitrag von Sokol, 230, in diesem Buch.

Vielleicht sollte ich zum Schluss noch erwähnen, wie die Wahlexperimente ausgegangen sind:

- 10 % der Wähler haben bei der Stupawahl über das Netz gewählt, und 52 % der Wähler des LDS haben sich für die Netzwahl angemeldet.
- Die Beteiligung der Frauen (51 % der Studierenden) bei der Stupawahl im Internet lag bei unbefriedigenden 12 %.
- Im freien Feldversuch der Stupawahl gab es jede Menge Probleme mit der Infrastruktur: Jeder Dritte hat es nicht geschafft, ein Lesegerät zu installieren.
- Die Wähler des LDS hatten bei der Personalratswahl keine technischen Probleme, weil das System vorinstalliert war (!).
- Die Vergabe der Signaturen hat hingegen überall Probleme bereitet, weil jedes Mal eine Mini-Infrastruktur aufgebaut werden musste – und das ist schwierig, nervig und kompliziert.
- Deshalb sollte sowohl bei politischen wie bei Inhouse-Wahlen die Infrastruktur vorhanden sein.
- Die gute Nachricht zum Schluss: Trotz vieler Schwierigkeiten, die bei einem Experiment unweigerlich auftreten, hat sich das Gesamtsystem erstaunlich gut bewährt. Es gab keine Manipulation, keinen erfolgreichen Hackingversuch, keine Fälschung. Alles lief stabil, und die Kooperation der Module hat gut funktioniert.

Ein Ergebnis, das Mut zum Weitermachen gibt. 2004 anlässlich der Europawahl in ausgewählten Bezirken elektronisch zu wählen scheint uns angesichts der positiven Resonanz aus dem politischen Raum heute nicht mehr völlig utopisch zu sein. Wir werden zwar nie wie im Schlaraffenland wählen können, aber wesentlich besser als heute zweifellos!

Verwaltung online – bürgerfreundlich und datenschutzgerecht zugleich

Prof. Dr. Herbert Kubicek

Mittlerweile sind alle größeren und auch viele kleinere Städte mit einem Informationsangebot im World Wide Web des Internets vertreten. War dies vor zwei Jahren noch ein Indiz für Fortschrittlichkeit, so ist die bloße Präsenz im Internet inzwischen kein Pluspunkt mehr. Die Bürgerinnen und Bürger erwarten Umfragen zufolge elektronische Dienstleistungsangebote online. Diese sind bisher jedoch noch sehr spärlich. Vor allem werden die spezifischen Möglichkeiten des WWW, insbesondere Hyperlinks, noch zu wenig genutzt. Die oft versprochene Kundenorientierung der Verwaltung kann z. B. durch eine an Lebenslagen der Bürgerinnen und Bürger orientierte Bündelung von Dienstleistungen unterschiedlicher Behörden und anderer Stellen in Form des so genannten One-Stop-Government im WWW durchaus realisiert werden. Diese Integration unterschiedlicher Verwaltungsleistungen steht allerdings zunächst im Widerspruch zu dem Zweckbindungsgebot des Datenschutzes und der daraus resultierenden „informationellen Gewaltenteilung". Am Beispiel eines groß angelegten Projektes der Freien Hansestadt Bremen wird gezeigt, dass dieser Zielkonflikt durch Einsatz moderner asymmetrischer Verschlüsselungsverfahren und digitaler Signaturen gelöst werden kann, Verwaltung online also bürgerfreundlich und datenschutzgerecht zugleich sein kann.

1 Verwaltungsleistungen online – Wunsch und Wirklichkeit

Die Erwartungen, Versprechungen und Bemühungen, mit neuen Medien auch die Verwaltung bürgerfreundlicher zu machen, sind nicht neu. Es gab sie zu Beginn der Einführung von Großcomputern ebenso wie in Verbindung mit Bildschirmtext und Kabelfernsehen, dann mit ISDN und nun aktuell in Verbindung mit Multimedia und dem Internet. Zumeist sind die Anwendungen erheblich hinter den Erwartungen zurückgeblieben. Dafür waren technische, finanzielle, rechtliche sowie soziokulturelle Faktoren jeweils mehr oder weniger verantwortlich.[1] Technisch verfügen wir mit dem Internet sowie mit grafischen Benutzungsoberflächen und Multimediasystemen heute über alle notwendigen technischen Voraussetzungen, um diese Erwartungen weitgehend zu erfüllen.[2] Und Umfragen zeigen auch, dass ein großer

[1] Vgl. ausführlicher Hans Brinckmann und Stefan Kuhlmann, Computerbürokratie. Ergebnisse von 30 Jahren öffentlicher Verwaltung mit Informationstechnik, Opladen 1990.

[2] Vgl. Herbert Kubicek, Ulrich Schmid, Ulrike Tisborn und Heiderose Wagner, Multimedia-Anwendungen im öffentlichen Bereich, Bericht 1/97, Universität Bremen, Fachbereich Mathematik und Informa-

Anteil von Befragten den Wunsch äußert, Behördenkontakte online zu erledigen. In Abbildung 1 sind die Ergebnisse einer Umfrage des Hamburger BAT-Freizeit-Forschungsinstituts und des Eurobarometers, einer Umfrage in allen 15 EU-Mitgliedsländern, wiedergegeben. Dabei zeigt sich das durchaus nicht selbstverständliche Ergebnis, dass die Behördenkontakte überall auf Platz eins der Online-Wunschliste gesetzt wurden. Bemerkenswert ist auch, dass gleichzeitig der Wunsch nach Online-Diskussionen mit Politikern sehr viel schwächer ausgeprägt ist.[3]

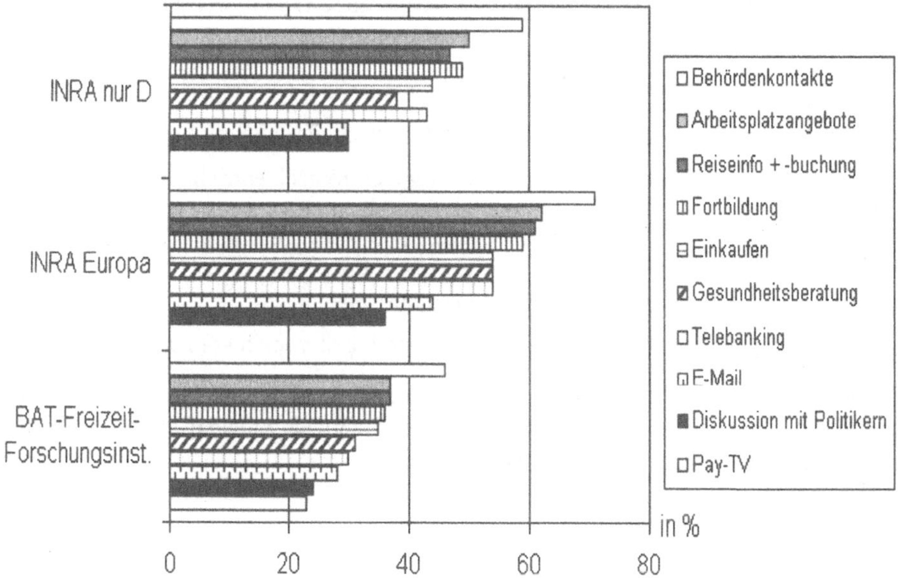

BAT-Freizeit-Forschungsinstitut, 3 000 Personen ab 14 J., März/April 1998,
INRA Eurobarometer, 16 246 Personen älter als 15 J. in 15 Ländern, Okt./Nov. 1996

Abbildung 1: Was die Nutzer online erledigen wollen

tik, Bremen 1997, sowie Hans Brinckmann und Martin Wind, Teleadministration. Online-Dienste im öffentlichen Sektor der Zukunft, Berlin 1999.

3 Auf diesen auch als E-Democracy bezeichneten Bereich der Kommunikation zwischen Verwaltung und Bürgerinnen und Bürgern kann hier aus Platzgründen nicht näher eingegangen werden. Vgl. dazu z. B. Herbert Kubicek und Martin Hagen, Gesellschaftliche Partizipation per Internet? Zur Anschlussbedürftigkeit interaktiver Medien, in: Thomas Breisig (Hrsg.): Mitbestimmung – Gesellschaftlicher Auftrag und ökonomische Ressource, Festschrift für Hartmut Wächter, München und Mering 1999, 374-406.

Die Angebote der meisten Kommunen erfüllen diese Erwartungen bisher jedoch nicht. Inzwischen kann man sich von vielen Verwaltungen einzelne Formulare auf seinen Computer zu Hause oder am Arbeitsplatz herunterladen, ausdrucken, ausfüllen und dann entweder mit der Post schicken oder selbst zu dem zuständigen Amt bringen. Teilweise kann man die Formulare auch am Bildschirm ausfüllen und dann ausdrucken, abschicken oder vorbeibringen. In ganz wenigen Fällen können Formulare bisher online ausgefüllt und elektronisch abgeschickt werden. Wo dies möglich ist, werden sie dann oft in der Verwaltung ausgedruckt und in den normalen Geschäftsgang gegeben.[4]

Damit ein Verwaltungsvorgang komplett online abgewickelt werden kann, müsste man

- ein Formular elektronisch abrufen,
- es auf einem Computer ausfüllen und elektronisch abschicken,
- eine damit verbundene Gebühr gleichzeitig elektronisch entrichten,
- eine Bestätigung erhalten und gegebenenfalls fehlende Angaben elektronisch nachliefern,
- sich über den Bearbeitungsstand unterrichten und
- schließlich das Ergebnis elektronisch zugestellt bekommen können.

Dafür sind sowohl auf der Seite der Bürger und Bürgerinnen als auch auf der Seite der Verwaltung eine Reihe technischer Voraussetzungen zu schaffen, die nicht trivial und vor allem nicht kostenlos sind.

2 Auf dem Weg zu sicheren Online-Transaktionen

Neben Kostengründen wird das geringe Angebot an kompletten Online-Transaktionen vor allem auf Probleme der Datensicherheit und des Datenschutzes zurückgeführt. Die Verwaltungen haben Angst, dass Unbefugte in ihre Datenverarbeitungssysteme eindringen, wenn sie diese für den Zugriff aus dem Internet öffnen. Zusammen mit den Bürgern befürchten sie, dass vertrauliche Daten eingesehen oder verfälscht werden können. Und es muss bei vielen Verwaltungsvorgängen die Iden-

[4] Vgl. zum Stand der Online-Aktivitäten deutscher Kommunen Herbert Kubicek und Martin Hagen, Internet und Multimedia in der öffentlichen Verwaltung, Gutachten für die Friedrich Ebert Stiftung, Bonn 1999, sowie die umfassende empirische Bestandsaufnahme im Rahmen des Projekts InterAct der Universität Bremen, Kubicek, H. u. a., Interaktive Rathäuser in Deutschland. Eine Evaluation kommunaler Verwaltungsangebote im WWW, Bericht Nr. 5/98, Universität Bremen, Fachbereich Mathematik und Informatik (http://www.informatik.uni-bremen.de/grp/interact).

tität des Antragstellers eindeutig festgestellt werden. Die persönliche Unterschrift spielt daher bei vielen Verwaltungsvorgängen eine Schlüsselrolle.

Im Mai 1997 hat der Deutsche Bundestag das Signaturgesetz erlassen und damit den rechtlichen Rahmen für die Ausgabe und Zertifizierung digitaler Signaturen geschaffen.[5] Technisch handelt es sich bei digitalen Signaturen um einen Verschlüsselungsvorgang. Ein Nutzer erwirbt bei einer Zertifizierungsstelle, auch Trustcenter genannt, nach Vorlage seines Personalausweises ein elektronisches Schlüsselpaar, das aus einem privaten und einem öffentlichen Schlüssel besteht. Der private Schlüssel ist auf einer Chipkarte, der Signaturkarte, gespeichert, der öffentliche Schlüssel über das Internet aus einem öffentlichen Verzeichnis (Directory) abrufbar. Wenn man eine Nachricht vor unbefugter Einsichtnahme schützen will, verschlüsselt man sie mit dem öffentlichen Schlüssel des Empfängers. Dann kann sie nur dieser Empfänger mit seinem geheimen privaten Schlüssel entschlüsseln. Wenn man eine Nachricht signieren will, d. h. sie ausdrücklich der eigenen Person zuordnen will, dann verschlüsselt man einen kleinen Teil davon mit dem eigenen geheimen persönlichen Schlüssel. Jeder, der diese Nachricht erhält, kann dann mithilfe des öffentlichen Schlüssels des Absenders diese Signatur zuordnen. Wenn ein Empfänger daran zweifelt, dass dieser öffentliche Schlüssel tatsächlich zu dem Absender gehört, kann er sich dies von der Zertifizierungsstelle, die die Signatur erzeugt hat, bestätigen lassen.

Das klingt kompliziert und ist auch kompliziert. Daher ist keineswegs sicher, dass durch die Schaffung eines rechtlichen Rahmens für die Erzeugung und Verwaltung digitaler Signaturen nun die Sicherheitsbedenken ausgeräumt werden und in Kürze Millionen von Menschen mit Signaturkarten ausgestattet alle möglichen Transaktionen online abwickeln. Vor allem ist diese so genannte Public-Key-Infrastruktur teuer. Da an die Trustcenter nach dem Signaturgesetz und den daran anschließenden Verordnungen und Maßnahmenkatalogen hohe technische Anforderungen gestellt werden, sind deren Einrichtung und Betrieb sehr aufwändig. Es geht nicht nur um hohe Investitionen, sondern jede Komponente und jeder Wechsel einer Komponente muss gegen Entgelt zertifiziert werden. Signaturchipkarten kosten noch ein Mehrfaches der im Zahlungsverkehr üblichen Karten. Die Verwaltungen, die diese Verfahren einsetzen, müssen ihre DV-Systeme entsprechend erweitern. Bürgerinnen und Bürger müssen die Karten und Kartenleser erwerben. Dies werden sie nur dann tun, wenn ihnen die Online-Verwaltung deutliche Vorteile gegenüber den bisherigen Formen der Abwicklung von Verwaltungsvorgängen bietet. Das erfordert noch einmal zusätzliche Verbesserungen und Erweiterungen der DV-Verfahren sowie der Organisation auf der Seite der Verwaltung.

---

[5] Vgl. ausführlicher Günter Müller und Andreas Pfitzmann (Hrsg.), Mehrseitige Sicherheit in der Kommunikationstechnik, Bonn 1997.

Dies entspricht der typischen Situation, in der mehrere Akteure aufeinander angewiesen sind und jeder mit eigenen Aktionen auf Vorleistungen der anderen wartet, weil erst dann die Wahrscheinlichkeit der Rentabilität der eigenen Investitionen steigt. In solchen Fällen helfen oft nur Anreize von außen. Dementsprechend hat 1998 das damalige Bundesforschungsministerium einen Städtewettbewerb ausgeschrieben, in dem Kommunen Konzepte vorschlagen konnten, wie sie Verwaltungsvorgänge unter Verwendung digitaler Signaturen online anbieten und einer breiten Nutzung zuführen wollen. Von 136 eingereichten Konzepten wurden zehn für eine Konkretisierung ausgewählt, wovon schließlich drei als Preisträger nominiert und mit einem erheblichen Förderbetrag ausgestattet wurden. Diese drei Siegerstädte sind Bremen, Esslingen und Nürnberg.[6]

Alle drei Konzepte beinhalten drei prinzipiell ähnliche Komponenten oder Säulen, auf denen ein umfassendes und dauerhaftes Online-Angebot aufbauen muss (vgl. Abbildung 2).

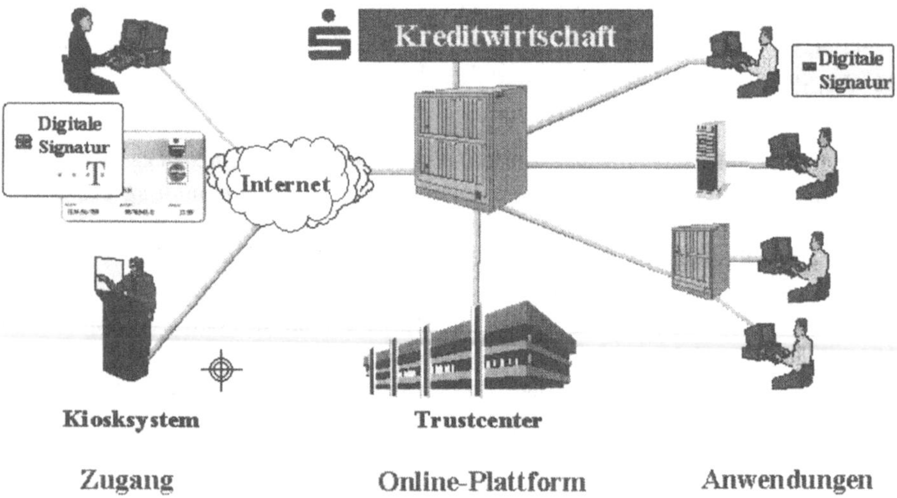

Abbildung 2: Drei Säulen für ein Online-Angebot

Im Mittelpunkt steht eine Online-Plattform, technisch ein Verbund aus mehreren Servern, die folgende Leistungen bereitstellen:

[6] Vgl. zu diesem Multimedia-Städtewettbewerb Media@Komm die Internet-Site http://www.dlr.de/it/mm/media@komm.

- Orientierungsinformationen (Stadtinformationssystem/Dienstleistungs- bzw. Behördenwegweiser/lokale Suchmaschine),
- Formularserver zum Herunterladen der jeweils relevanten Formulare,
- Security-Server mit den Querschnittsfunktionen digitale Signatur und sichere Übertragung,
- Payment-Server für das Bezahlen mit Geld- oder Kreditkarte und
- Hotline und Helpdesks.

Über diese Plattform sollen die Bürgerinnen und Bürger zu für sie attraktiven Online-Angeboten verschiedener Verwaltungsstellen gelangen. Dazu müssen Schnittstellen zu den bestehenden und eventuell neu entwickelten DV-Verfahren der Verwaltungen geschaffen werden.

Um diese Angebote nutzen zu können, müssen die Bürgerinnen und Bürger selbst über die erforderlichen technischen Zugangsmedien verfügen. Neben einem Computer mit Internet-Anschluss sind dazu noch eine Signaturkarte und ein Kartenleser erforderlich. Wenn sich die Verwaltung nicht auf den noch kleinen Teil der Bevölkerung mit eigenem Internet-Zugang beschränken will, muss sie zusätzlich öffentliche Zugangsmöglichkeiten schaffen.

Das Bremer Konzept geht davon aus, dass eine breite Nutzung digitaler Signaturen nur dann erreicht werden kann, wenn die Kosten durch die gemeinsame Nutzung von Ressourcen minimiert werden und der damit erreichbare Nutzen maximiert wird.

(1) Kostensenkung durch Integration und gemeinsame Nutzung von Ressourcen

Manche Städte arbeiten an der Entwicklung einer eigenen Bürgerkarte und planen die Einrichtung eines eigenen Trustcenters. Die dafür erforderlichen Investitionen und laufenden Kosten werden sich jedoch auch mittel- und langfristig nicht amortisieren. Daher wird im Bremer Projekt eine Integration der Plattform und Zugangsmedien für Verwaltungsdienstleistungen mit anderen Systemen verfolgt:

- Die erforderlichen Komponenten wie Trustcenter, Payment-Server oder Chipkarten sind in ihrer Funktionalität und im Hinblick auf andere Anforderungen nicht auf die öffentliche Verwaltung und/oder bestimmte Regionen beschränkt. Im Gegenteil gibt es hier deutliche Kostendegressionseffekte durch gemeinsame Nutzung solcher Infrastruktureinrichtungen. Daher wurde in Bezug auf die Trustcenter-Funktion eine Kooperation mit dem Bereich TeleSec der Deutschen Telekom AG vereinbart. Die Plattform muss jedoch alle nach dem Signaturgesetz zertifizierten Trustcenter und deren Zertifikate berücksichtigen können und insofern technisch offen sein.

- Eine eigene Signaturkarte neben einer Karte mit Zahlfunktion erhöht nicht nur die Kosten für Herstellung und Distribution, sondern ist in der Anwendung auch umständlicher. Daher sieht das Bremer Konzept eine Integration von Signaturfunktion und Bezahlfunktion auf der Basis der Geldkarte in einem Chip vor. Als Partner wurde dazu die Sparkasse in Bremen gewonnen. Auch hier gilt jedoch die Anforderung der technischen Offenheit gegenüber allen Karten der deutschen Kreditwirtschaft. Die im Jahr 2002 ausgegebenen ec-Karten werden dann eine Signaturfunktion in ihrem Chip haben, sodass mit einer großen Verbreitung zu rechnen ist. Die Kommunen können sich darauf konzentrieren, attraktive Angebote zu entwickeln, damit diese im Umlauf befindlichen Karten auch genutzt werden.
- Um Formulare elektronisch an mehrere Stellen zu versenden, müssen bestimmte Datenaustauschformate vereinbart werden. Die Standardisierung von bestimmten Nachrichtentypen nach der EDIFACT-Norm kommt in der öffentlichen Verwaltung nicht voran. Das Bremer Konzept sieht die Übernahme des neuen und einfacheren HBCI-Standards (Home Banking Computer Interface) der Kreditwirtschaft vor, der eine passende Syntax sowie Protokolle für die Verschlüsselung und Signatur von Formularen bereitstellt. Der zu entwickelnde Standard wird OSCI (Online Services Computer Interface) genannt. Die Beschreibung der einzelnen Formulare erfolgt dabei in XML. Die für das Projekt gegründete Entwicklungs- und Betriebsgesellschaft Bremen Online Services (BOS) will sich als OSCI-Leitstelle für den gesamten kommunalen Bereich etablieren und hat entsprechende Kooperationsbeziehungen hergestellt.

(2) Nutzensteigerung durch Integration

Wenn einzelne Verwaltungsvorgänge online angeboten werden, ist der Nutzen der Erledigung per Computer und Internet oft nicht deutlich größer als der einer Abwicklung per Telefon, Post oder Telefax. Einen spürbaren zusätzlichen Nutzen würde man erzielen, wenn, wie in einem Konzept aus den USA formuliert, alle in einer bestimmten Lebenslage (*life event*) anfallenden Anträge, Anfragen usw. über eine Schnittstelle erledigt werden könnten. Die Amerikaner nennen dies One-Stop-Government. Dieser Ansatz geht insofern weit über die deutschen Bürgerämter und auch den Bereich des E-Government hinaus, als neben kommunalen Verwaltungsdienstleistungen auch die von Landes- und Bundesbehörden, freien Trägern und privatwirtschaftlichen Dienstleistern integriert werden sollen.[7] Auswahlkriterium ist allein die Lebens- und Problemlage der Bürgerinnen und Bürger und nicht mehr die Organisation und Zuständigkeitsverteilung der Verwaltung. Die Hypertextfunktio-

[7] Vgl. dazu ausführlicher Herbert Kubicek und Martin Hagen, Von der Web-Seite zum „One-Stop-Government", in: Verwaltung & Management, Juli/August 1998, 208-213.

nalität und das problemlose Wechseln von einem Rechner zu einem anderen im Internet machen eine solche konsequente Nutzer- bzw. Kundenorientierung technisch möglich. Das Bremer Konzept steht daher unter dem Motto „Kundenorientierung durch Integration elektronischer Verwaltungsdienstleistungen für Bürger und Wirtschaft aus einer Hand". Vorbild war ein Projekt der US Postal Services mit der Bezeichnung WINGS (Web Integrated Government Services).[8]

3 Bürgerfreundlichkeit durch One-Stop-Government

Am Beispiel der im Projekt WINGS und im Bremer Projekt in den Vordergrund gestellten Lebenslage Umzug (*moving*) soll diese Idee verdeutlicht werden, die inzwischen als Vision für eine moderne Verwaltung breit diskutiert wird und zunehmend Unterstützung findet:

Wenn jemand umzieht, muss er oder sie nicht nur sich selbst, sondern je nach Besitzstand auch das Auto, das Telefon, den Hund und das Fernsehgerät ummelden, einen Nachsendeantrag bei der Post stellen und die Adressenänderung einer Reihe von weiteren Stellen mitteilen. Diese zu versendenden Nachrichten sind in hohem Maße redundant, weil sie stets die alte und die neue Adresse beinhalten. Eine deutliche Zeitersparnis und ein echter Zusatznutzen können erreicht werden, wenn die Betroffenen aus einem elektronischen Menü die Vorgänge auswählen können, die in ihrer konkreten Situation zutreffen, das erste Formular aufrufen und ausfüllen, dann das zweite Formular aufrufen, dort nur noch die zusätzlichen Felder ausfüllen müssen, weil identische Felder bereits übertragen wurden, dasselbe mit dem dritten Formular machen usw. Dann wird eine Chipkarte mit der digitalen Signatur in den Kartenleser gesteckt, und mit einem Mausklick werden alle Formulare verschlüsselt, signiert und über einen Router, der einen Zeitstempel hinzufügt, individuell an die jeweils zuständige Stelle geschickt.

Da die empfangenden Dienstleister mit unterschiedlichen Datenbanken und Dateiformaten arbeiten, muss eine entsprechende Standardisierung und/oder Konvertierung geleistet werden. Nach dem oben erwähnten OSCI-Standard werden die Nachrichten in XML erzeugt und dann im Eingangsbereich der einzelnen Dienstleister nach der Entschlüsselung in das jeweilige lokale Format umgewandelt. Konkret geschieht dies im Bremer Projekt durch den Twister der Firma Brokat auf der Plattform und damit korrespondierende so genannte Accessoren bei den einzelnen Dienstleistern.

---

[8] McCuiston, Velma (1998), One Stop Government in the U.S., in: Witte, Eberhard (Hrsg.), Multimedia in Städten und Regionen, Heidelberg, Hüthig, 91-95.

Das One-Stop-Government-Prinzip bzw. die Bündelung von Dienstleistungen kann über den Fall des Umzugs hinaus auf eine ganze Reihe ähnlicher Lebens- oder Problemlagen ausgedehnt werden:

- Geburt eines Kindes,
- Beginn der Ausbildung/Einschulung eines Kindes,
- Aufnahme einer Berufstätigkeit,
- Heirat,
- Wechsel des Arbeitgebers,
- Arbeitslosigkeit,
- Bezug einer Rente,
- Tod eines Familienangehörigen.

Im Rahmen einer international vergleichenden Studie zum Stand der Einführung von One-Stop-Government in einer Reihe von Ländern wurde festgestellt, dass neben der inhaltlichen Integration unterschiedlicher Dienstleistungen auch eine Integration unterschiedlicher Kommunikationskanäle und Zugangsmedien zu beobachten ist. Die Dienstleistungsangebote können in Anspruch genommen werden

- in Form einer physischen Integration in einem gemeinsamen Bürgerbüro oder einer ähnlichen Einrichtung,
- online in Form der geschilderten Integration im World Wide Web,
- telefonisch in Form der Integration in einem gemeinsamen Call Center.

Zwar setzen einzelne Verwaltungen in den untersuchten Ländern noch unterschiedliche Schwerpunkte. Häufig werden jedoch schon zwei, selten noch alle drei Wege angeboten, und in vielen Fällen werden noch jeweils separate Hintergrundsysteme genutzt. Es erscheint jedoch sehr wahrscheinlich, dass mittel- und langfristig nur ein gemeinsames Hintergrundsystem mit den entsprechenden DV-Verfahren gepflegt wird, auf das über alle drei genannten Wege zugegriffen werden kann, wobei die Bürgerinnen und Bürger auch zwischen diesen Zugangsmedien wechseln können.[9]

In der konkreten Planung im Rahmen des Bremer Projektes wurde außerdem deutlich, dass die Nutzungssituation komplexer wird als zunächst angenommen. Die verschiedenen im Beispiel Umzug genannten Mitteilungen werden nämlich in der Praxis nicht alle an einem Tag erstellt und versandt. Manche Dinge, wie z. B. die

[9] Vgl. ausführlicher zu dem derzeitigen Stand und den erkennbaren Trends die Berichte aus 11 Ländern und eine vergleichende Analyse in: Martin Hagen und Herbert Kubicek (Hrsg.), One-Stop-Government in Europe, Bremen 2000, Universität Bremen, besonders 1-38.

Ummeldung des Telefons, veranlasst man schon einige Tage vor dem Umzug, während andere Dinge, wie die Adressänderung bei der Kfz-Zulassungsstelle, erst einige Tage nach dem Umzug erledigt werden. Daher müssen bestimmte Daten zwischengespeichert werden, um beim jeweils nächsten Schritt darauf zurückgreifen zu können. Wird dadurch die Online-Plattform doch zur virtuellen Gesamtbehörde und damit auch zum „Großen Bruder"?

4 Informationelle Gewaltenteilung durch doppelte Verschlüsselung

Ein grundlegender Unterschied zwischen E-Commerce und E-Government besteht in den sehr verschiedenen Anforderungen an die Integration bzw. Abschottung einzelner Teilleistungen. Bei E-Commerce-Anwendungen geht der Kunde virtuell mit einem Einkaufskorb durch die verschiedenen Abteilungen eines Online-Shops und fügt ein Produkt zu dem anderen. In den ersten Entwürfen wollten die Softwareentwickler auch die One-Stop-Government-Anwendungen nach diesem Modell des Einkaufskorbs realisieren. Doch im Bereich der öffentlichen Verwaltung ist ausdrücklich verboten, was im Handel besonders geschätzt wird. Würde man im Handel für jeden einzelnen Artikel eine eigene Rechnung erhalten, die separat zu bezahlen wäre, würde dies weder bei den Händlern noch den Kunden auf Verständnis stoßen. In der Regel enthält die integrierte Rechnung allerdings auch keine personenbezogenen Daten. Und man kann als Kunde auch das Warenhaus wechseln. Dies geht bei vielen Verwaltungskontakten zumeist nicht. Und die Daten über die Verwaltungsdienstleistungen sind in aller Regel personenbezogen. Daher gilt im deutschen Datenschutzrecht für den öffentlichen Bereich ein strenges Zweckbindungsgebot, das auch entsprechend technisch umgesetzt werden muss. Personenbezogene Daten dürfen nur für einen konkreten Zweck erhoben und dann auch nur für diesen Zweck verwendet werden. Wenn sie aufgrund einer gesetzlichen Erlaubnis für mehrere Zwecke verarbeitet werden dürfen, müssen diese verschiedenen Verfahren wirksam voneinander abgeschottet werden. Dies war der Kern des Volkszählungsurteils, wo ursprünglich die erhobenen Daten sowohl für statistische Zwecke als auch für Planungszwecke verwendet werden sollten. Nach dem Urteil wurden dann sogar unterschiedliche physische Rechnersysteme für die Verarbeitung der getrennt erhobenen Daten eingesetzt.

Nach dem heutigen Stand der Technik und der Rechtsinterpretation muss die Abschottung nicht mehr durch unterschiedliche Hardwaresysteme gewährleistet werden, sondern kann auch softwaretechnisch erfolgen. Die erwähnten asymmetrischen Verschlüsselungsverfahren bilden den Schlüssel zu wirksamen und praxisgerechten Lösungen (vgl. Abbildung 3).

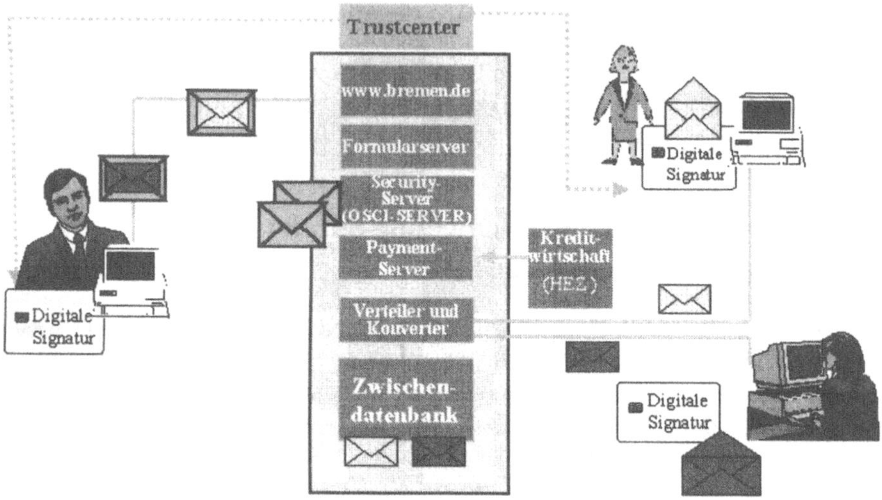

Abbildung 3: Informationelle Gewaltenteilung durch doppelte Verschlüsselung

Wie oben kurz dargestellt, erfolgt die Verschlüsselung einer Nachricht nach diesen Verfahren mithilfe des öffentlichen Schlüssels des Empfängers. Nur er kann diese Nachricht dann mit seinem geheimen Schlüssel entschlüsseln. Im Falle der verschiedenen Meldungen in der Lebenssituation Umzug bedeutet dies, dass der Bürger die Ummeldung mit dem öffentlichen Schlüssel der Meldestelle, den Postnachsendeantrag mit dem öffentlichen Schlüssel der Deutschen Post AG und die Abmeldung von Gas, Wasser und Strom mit dem öffentlichen Schlüssel der Stadtwerke chiffriert. Auch wenn diese Mitteilungen alle über dieselbe Plattform laufen und dort zwischengespeichert werden, können sie dort von niemandem entschlüsselt werden. Sie sind softwaretechnisch voneinander abgeschottet, selbst wenn sie auf demselben Rechner in demselben Verzeichnis liegen.

Der Rechner der Plattform muss allerdings wissen, wohin er eine Nachricht weiterleiten soll. Und er sollte vielleicht einen Zeitstempel hinzufügen, damit später ein entsprechender Beweis geführt werden kann. Um dies zu ermöglichen, wird den elektronischen Formularen mit den personenbezogenen Daten noch ein elektronischer Laufzettel hinzugefügt. Jedes Formular selbst wird, wie geschildert, mit dem öffentlichen Schlüssel des jeweiligen Dienstleisters chiffriert, die Laufzettel hingegen alle mit dem öffentlichen Schlüssel der Bremen Online Services Plattform. Bildlich gesprochen wird zunächst das Formular wie der Wahlschein bei der Briefwahl in einen Umschlag gesteckt, der dann in einem zweiten Umschlag versendet wird. So bleiben die Nachrichten auch auf dem Weg vom Bürger zur Plattform für

Dritte nicht einsehbar und manipulierbar. Und die Plattform kann nur den äußeren Umschlag mit ihrem geheimen Schlüssel öffnen sowie den Laufzettel lesen und ergänzen, während ihr der Formularinhalt verschlossen bleibt.[10]

Die einzelnen Formulare werden also Ende-zu-Ende verschlüsselt. Die identischen Angaben wie alte und neue Adresse werden dementsprechend auf dem Client-Rechner von einem Formular ins nächste übertragen. Die Online-Formulare werden nach dem derzeitigen Stand als Java-Applets realisiert, die auf den Rechner des Bürgers heruntergeladen werden und dort registrieren, welche Formulare aus einem Bündel bereits ausgefüllt worden sind, und in diesen nach identischen Feldern suchen, wenn ein weiteres Formular aufgerufen wird, um diese dann zu importieren.[11] Jedes Formular wird dann vor dem Abschicken einzeln signiert und verschlüsselt.

5 Umsetzungserfordernisse und weiter gehende Anforderungen

Damit diese Lösung auch korrekt umgesetzt werden kann, müssen auf der Seite der Verwaltung die Schlüssel entsprechend verteilt und zugeordnet werden. Es wäre mit dem Zweckbindungsgebot nicht vereinbar, wenn für die Freie Hansestadt Bremen nur ein Schlüssel angeboten würde. Auch einzelne Ämter, wie z. B. das Stadtamt, sind als Bezugseinheit noch zu groß. In einem entsprechenden Key-Management-Konzept müssen vielmehr die Schlüssel auf die Dienststellen ähnlich differenziert und kleinräumig verteilt werden wie die Zugangsberechtigungen auf Datenbestände. Dies macht es dann allerdings für die Bürgerinnen und Bürger nicht immer einfach herauszufinden, mit welchem öffentlichen Schlüssel sie ein Online-Formular verschlüsseln sollen. Die Entwicklung eines solchen Key-Management-Systems, das differenziert nach innen und einfach und überschaubar nach außen ist, stellt im Moment durchaus noch eine Herausforderung dar, für die jedoch sicherlich bald adäquate Lösungen gefunden werden.

Ein etwas größeres Problem entsteht dann, wenn die Bürgerinnen und Bürger ihre Formulare nicht alle auf ihrem eigenen Rechner zu Hause ausfüllen und von dort abschicken. Insbesondere wegen der geringen Internet-Verbreitung sieht das Bremer Konzept vor, dass z. B. auch in Bürger- und Ortsämtern oder in den Räumen anderer Verwaltungsstellen, Sparkassenfilialen und Bibliotheken Rechner mit Internet-Zugang bereitgestellt werden und Personal um Erläuterungen oder Hilfe gebeten werden kann. Zurzeit ist noch nicht klar, wie in diesen Fällen die Verknüpfung zwischen den einzelnen Formularen erfolgen soll. Letztlich kommt wohl nur eine

---

[10] Die Idee des Laufzettels unterscheidet OSCI von dem ursprünglich als Vorbild dienenden HBCI.

[11] Eine Demoversion dieses Prinzips, in die allerdings noch nicht die neuesten Überlegungen zur technischen Umsetzung eingeflossen sind, kann im Internet unter www.bremen.de/media-komm/demo betrachtet werden.

Speicherung in einem durch die eigene Signatur geschützten Bereich auf der Plattform oder einem anderen vertrauenswürdigen Server in Frage. Gerade im Falle des Umzugs werden die verschiedenen Mitteilungen in der Praxis wohl nicht nur zu unterschiedlichen Zeitpunkten, sondern vielleicht auch von unterschiedlichen Orten aus erstellt und verschickt. Und im Zuge zunehmender Mobilität wird die Anforderung des Zugriffs von verschiedenen Orten und Rechnern aus vermutlich noch häufiger gestellt werden. Auch hierfür werden Lösungsvorschläge erarbeitet und erprobt werden, die Bürgerfreundlichkeit und Datenschutz zugleich gewährleisten. Im Moment liegen sie allerdings noch nicht vor.

Es ist die Praxis von Modellversuchen und Pilotprojekten, schrittweise einzelne Probleme zu lösen, um dann durch diese Lösungen oder im Verlauf entstehende zusätzliche Anforderungen auf neue Probleme zu stoßen und diese dann einer Lösung zuzuführen, die wiederum neue Probleme erzeugt.

Die Hoffnung, dass es dabei einen Fortschritt gibt und Bürgerfreundlichkeit und Datenschutz dauerhaft im Gleichgewicht gehalten werden können, gründet sich im Falle des Bremer Projektes u. a. auf den Umstand, dass hierbei die Beteiligung des Landesbeauftragten für den Datenschutz insofern besonders gefördert wird, als ihm aus Projektmitteln eine halbe Stelle zur Verfügung gestellt wird, damit er den zusätzlichen Beratungs- und Prüfungsaufwand auch unter den üblichen Bedingungen knapper Ressourcen einigermaßen bewältigen kann. Über die konkrete Umsetzung und die dabei gewonnenen Erkenntnisse werden Bremen Online Services und auch eine zentrale Begleitforschung regelmäßig berichten.[12]

[12] URL Begleitforschung.

Datenschutz als Wettbewerbsvorteil – eine Fortsetzung früherer Überlegungen mit neuem Vorzeichen[1]

Prof. Dr. Thomas Hoeren

„Datenschutz als Wettbewerbsvorteil“ – dies scheint auf den ersten Blick ein Paradoxon zu sein. Datenschutz wird regelmäßig als verfassungsrechtlich relevantes Schutzgut bestimmt. Stellt man überhaupt einmal auf die wirtschaftliche Betrachtung ab, erscheint Datenschutz nie als Wettbewerbsvorteil, sondern eher als Hemmschuh für einen freien Informationsmarkt. Bei dieser Sicht handelt es sich jedoch nur um eine unreflektierte, diffuse Vorstellung. Denn eine ökonomische Analyse des Datenschutzrechts steht bis heute aus. Auch im Folgenden kann eine solche Analyse nicht geliefert werden. Vielmehr soll in zwangsweise fragmentarischer Form der Nutzen einer solchen Analyse für die Bewertung des Datenschutzrechts verdeutlicht werden.

1 Mikroökonomische Analyse aus der Sicht der Unternehmen

Damit Datenschutz ökonomisch begründet werden kann, ist eine Integration der Staatstheorie in die Betriebswirtschaftslehre erforderlich, wie dies u. a. in der „Neuen Institutionenökonomie“[2] erfolgt ist. Staatliche Gesetzgebung erscheint hiernach als Wirtschaftsgut, das der Befriedigung wirtschaftlicher Bedürfnisse dient.[3] Eine ökonomische Theorie des Datenschutzes muss beim Gewinninteresse des einzelnen Unternehmens ansetzen. Ein Unternehmen wird Datenschutzmaßnahmen nur einfüh-

---

[1] Der Text basiert auf Vorarbeiten, die der Verfasser zum ungarischen Datenschutzrecht erstellt hat (s. Hoeren, Thomas, Datenschutz als Wettbewerbsvorteil. Das ungarische Datenschutzgesetz unter der ökonomischen Lupe, DuD 1996, 542), sowie auf einem Vortrag des Verfassers beim Hamburger Datenschutzkolloquium 1999. Auf allgemeine Fußnoten wurde verzichtet; nicht näher spezifizierte Vorschriften sind solche des BDSG.

[2] Der Begriff der „New Institutional Economics“ umfasst die Theorie der Property Rights, die ökonomische Theorie des Rechts, die Transaktionskostenökonomie und andere Ansätze.
Vgl. hierzu Richter, Rudolf, Institutionen ökonomisch analysiert, Tübingen 1994, 7 ff.; Schäfer, Hans-Bernd/Ott, Claus, Lehrbuch der ökonomischen Analyse des Zivilrechts, Berlin 1986, 67 ff.; Liepmann, Peter, Bankverhalten und Bankregulierung, Berlin 1998, 91 ff.; Schörner, Peter, Gesetzliches Insiderhandelsverbot, Wiesbaden 1991, 100 ff.; Seifert, Ekkehard, Privilegierung und Regulierung im Bankwesen, Baden-Baden, 1. Aufl. 1984, 36 ff.; Leipold, Helmut, Ordnungspolitische Implikationen der Transaktionskostenökonomie, Ordo 36 (1985), 31 ff.; Posner, R. A., Theories of Economic Regulation, The Bell Journal of Economics and Management Science 5 (1974), 341 f.

[3] Vgl. zu den im Folgenden zugrunde liegenden Prämissen Becker, Gary S., Der ökonomische Ansatz zur Erklärung menschlichen Verhaltens, Tübingen, 2. Aufl. 1993, 1 ff.; Posner, Richard A., Economic Analysis of Law, Boston, 2. Aufl. 1977, 12 ff. und 19 ff.

ren und unterstützen, wenn dies in seinem eigenen Gewinninteresse ist.[4] Der Begriff des erwarteten Gewinns ist definiert als der erwartete Umsatz abzüglich der Kosten.[5] Folglich geht das Interesse eines Unternehmens dahin, den eigenen Umsatz zu maximieren und dabei die Kosten gering zu halten.[6] Zu prüfen ist daher, welchen Einfluss staatliche Regulierung auf dem Gebiet des Datenschutzes auf die Kosten (1.1) und den Umsatz (1.2) eines Unternehmens haben.

1.1 Regulierungsbedingt zu erwartende Kosten

Das Interesse eines Unternehmens an Datenschutz hört auf, sobald die Grenzkosten der datenschutzrechtlichen Regulierung die Grenzkosten einer Nichtbefolgung übersteigen.[7] Hinsichtlich der Kosten ist vor allem auf die so genannten Transaktionskosten abzustellen. Hierunter versteht man alle „Ressourcenaufwendungen für die Koordinierung wirtschaftlicher Handlungen".[8] Zu solchen Aufwendungen zählen insbesondere die Kosten für Schaffung, Kontrolle und Durchsetzung einer Verhaltensordnung.[9] Im Einzelnen geht es folglich im Weiteren um die Bestimmung dreier verschiedener Kostenarten, die Definierungs-, Überwachungs- und Durchsetzungskosten.

1.1.1 Definierungskosten

Die Definierungskosten umfassen die Kosten für die Schaffung einzelner Normen. Im Fall staatlicher Rechtssetzung fallen hierunter vor allem die zur Finanzierung des Staatshaushaltes erhobenen Steuern und die Aufwendungen für verbandspolitische Arbeit, die von Verbandsmitgliedern über die Verbandsbeiträge mittelbar finanziert werden. Die Definierungskosten sind im Datenschutz relativ hoch. Dies hängt mit der unklaren Verbandssituation in diesem Bereich zusammen. Gerade im Vorfeld

---

4 In der Forschung wird dies als so genannte REM-Hypothese, d. h. als Hypothese des rationalen egoistischen Menschen, bezeichnet; vgl. Schäfer/Ott (Fn. 2), 46 ff.; Tietzel, M., Die Rationalitätsannahme in den Wirtschaftswissenschaften, in: Jahrbuch für Sozialwissenschaften 1981, 115 ff. Diese Hypothese wird im Folgenden nur als empirische Prämisse, nicht aber als normatives Postulat verwendet; ob ein Unternehmen rational-egoistisch und profitorientiert arbeiten *soll*, ist nicht Gegenstand dieser Untersuchung.

5 Vgl. Schäfer/Ott (Fn. 2), 63.

6 Vgl. zu den verschiedenen Nutzen- und Kostentheorien Schäfer/Ott (Fn. 2), 53 ff. und 61 ff.

7 Zu dieser Konstellation finden sich einige betriebswirtschaftliche Kostenrechnungen; s. etwa Terhart, Klaus, Die Befolgung von Umweltschutzmaßnahmen als betriebswirtschaftliches Entscheidungsproblem, Berlin 1986, 131 ff., für die Befolgung von Umweltschutzauflagen.

8 Leipold (Fn. 2), 33; ähnlich auch Dahlmann, Carl J., The Problem of Externality, Journal of Law and Economics 22 (1979), 141 ff.; Bössmann, Eva, Volkswirtschaftliche Probleme der Transaktionskosten, ZgesStW 138 (1982), 664 ff.

9 Vgl. die Definition bei Ridder-Aap, Christa-Maria, Die moderne Aktiengesellschaft, Frankfurt 1980, 44. Ähnlich auch North, Douglas C., Institutionen, institutioneller Wandel und Wirtschaftsleistung, Tübingen 1992, 33; ders., ZgesStW 140 (1984), 1, 7 f.

der Diskussion um die Europäische Datenschutzrichtlinie erwies sich Datenschutz als Querschnittsmaterie, die alle Bereiche der Wirtschaft erfasst. Daher haben die verschiedensten Verbände, vom BDI über den Bundesverband deutscher Banken bis hin zu den Markenverbänden, Stellungnahmen zur Richtlinie verfasst. Eine deutsche oder gar europäische Zentralorganisation für den Bereich Datenschutz fehlt. Stattdessen sind die wenigen Datenschutzverbände wie die Gesellschaft für Datenschutz und Datenverarbeitung (GDD), die Deutsche Vereinigung für Datenschutz (DVD), die Bundesvereinigung der Datenschutzbeauftragten (BvD) untereinander heillos zerstritten. Hinzu treten weitere Verbände wie die Deutsche Gesellschaft für Recht und Informatik (DGRI), der Hamburger Arbeitskreis für Datenschutz oder die Gesellschaft für Informatik. Im Ganzen werden durch dieses Verbandskonglomerat die Definierungskosten immens erhöht.

Die Definierungskosten einer staatlichen Regulierung haben sich auch durch die derzeitige Regulierungswut erhöht, die zur Verabschiedung divergierender und sich zum Teil widersprechender Regelwerke geführt hat. Dies lässt sich am Beispiel des elektronischen Handels leicht explizieren. Zwar gilt auch hier das BDSG, insbesondere §§ 27 ff. Diese Regeln sind jedoch de facto durch die EG-Datenschutzrichtlinie unterlaufen, die meines Erachtens wegen der abgelaufenen Umsetzungsfrist bereits jetzt unmittelbar gilt.[10] Hinzu kommt, dass früher bestehende Spezialregelungen in § 14a des Fernmeldeanlagengesetzes inzwischen durch das TKG[11] und die TDSV[12] abgelöst worden sind. Beide Regelungskomplexe sind jedoch unvollständig. Das TKG umfasst nach dem Anwendungsbereich neben den Aktivitäten der klassischen TK-Anbieter zwar auch die Tätigkeit der Online-Anbieter.[13] Abseits einer vagen Ermächtigungsgrundlage für eine noch fehlende Datenschutzverordnung in § 89 Abs. 1 enthält das Gesetz aber keine materiell-rechtlichen Bestimmungen für die Zulässigkeit der Datenverarbeitung. Anders gestaltet sich die TDSV, die die Verwendung personenbezogener Daten detailliert regelt, allerdings nicht für Online-Dienste gilt.

Deshalb enthält das zum 1. August 1997 in Kraft getretene IuKDG in Art. 2 das Teledienstedatenschutzgesetz (TDDSG).[14] Dieses Gesetz soll den Schutz personenbezogener Daten bei Telediensten regeln. Zu diesen Diensten zählen insbesondere

---

[10] S. hierzu auch Ehmann, Horst, Prinzipien des deutschen Datenschutzrechts – unter Berücksichtigung der Datenschutzrichtlinie der EG vom 24.10.1995, RDV 1999, 12 ff.; Jacob, Joachim, Perspektiven des neuen Datenschutzrechts. Zur Zukunft des Bundesdatenschutzgesetzes, DuD 2000, 5 ff.

[11] Telekommunikationsgesetz, BGBl. 1996 I, 1120.

[12] Verordnung für den Datenschutz für Unternehmen, die Telekommunikationsdienstleistungen erbringen. Telekommunikations-Datenschutzverordnung (TDSV), BGBl. 1996 I vom 18. Juli 1996.

[13] S. Moritz/Winkler, NJW-CoR 1997, 43, 44.

[14] Vgl. hierzu u. a. Roßnagel, Alexander, Datenschutz in globalen Netzen. Das TDDSG – ein wichtiger erster Schritt, DuD 1999, 253 ff.

solche der Individualkommunikation (Telebanking, E-Mail und Datendienste). Parallel dazu haben die Länder in den Mediendienste-Staatsvertrag (MDStV) Bestimmungen zum Datenschutz bei Mediendiensten aufgenommen. Die enorme und hochkomplexe Lobbyistenarbeit, die eine solch diffus angelegte (Über-)Regulierungspolitik mit sich bringt, zieht enorme Definierungskosten nach sich. Es kann daher nicht verwundern, dass in dieser Situation zahlreiche Wirtschaftsakteure nach Selbstregulierung rufen und nach globalen, privat gesetzten Datenschutzregeln – etwa im Rahmen des Global Business Dialogue – suchen.

1.1.2 Überwachungskosten

Die Überwachungskosten umfassen die Aufwendungen für die Kontrolle der Einhaltung von Normen. Im Falle staatlicher Aufsicht werden diese Aufwendungen vom einzelnen Unternehmen mittelbar über Steuern finanziert. Bei einer Selbstkontrolle fallen unmittelbar Aufwendungen für die Einrichtung einer unternehmensinternen Kontrollstelle an.

In Deutschland hat man den einzigartigen Weg beschritten, die Überwachungskosten weitmöglichst auf die Unternehmen abzuwälzen. Der Staat zieht sich nach dem BDSG aus der Überwachung zurück und überlässt das Terrain den betrieblichen Datenschutzbeauftragten[15], die von den Unternehmen selbst zu bestellen und zu bezahlen sind (§ 36 Abs. 1 und 3). Allerdings wird die Erfüllung dieser Verpflichtung selber kaum sanktioniert. Der durch § 44 Abs. 1 Nr. 5 geahndete Verstoß gegen die Pflicht zur Bestellung von Datenschutzbeauftragten wurde bislang kaum bestraft. Hinzu kam, dass die Unternehmen die von den Datenschutzbeauftragten verursachten Überwachungskosten so gering wie möglich hielten. Allenfalls größere IT-Unternehmen leisteten sich einen eigenen vollberuflichen Datenschutzbeauftragten. Andere beauftragten bereits mit anderen Aufgaben betraute Mitarbeiter mit dieser Aufgabe. Der Datenschutzbeauftragte bekam häufig auch kaum eine Ausstattung, Schulung oder einen Mitarbeiter. Auf diese Art und Weise hielt man die Überwachungskosten klein und minimierte gleichzeitig die Durchsetzungskosten, da es eben keine Durchsetzung gab.

Diese Situation wird sich durch die EG-Datenschutzrichtlinie ändern.[16] Die Umsetzung dieser Richtlinie wird für die Unternehmen Kostenerleichterungen hinsichtlich der Überwachungskosten mit sich bringen. Denn nunmehr ist der Staat für die Über-

---

[15] Hinzu kommen allerdings noch die Betriebsräte, die ebenfalls als Kontrollorgane anzusehen sind; zum Verhältnis beider Instanzen s. BAG, CR 1998, 328 mit Anm. Ehmann. S. allgemein zum betrieblichen Datenschutzbeauftragten Rudolf, Inge, Aufgaben und Stellung des betrieblichen Datenschutzbeauftragten, NZA 1996, 296 ff.

[16] So auch Rudolf, Walter, Datenschutzkontrolle in Deutschland und die Europäische Datenschutzrichtlinie, in: Festschrift Stern 1997, 1347 ff.

wachung des Datenschutzes zuständig und trägt damit primär auch die Kosten dieser Überwachung (Art. 28 Abs. 1). Daneben besteht zwar noch der betriebliche Datenschutzbeauftragte (Art. 17 Abs. 2), dessen Aufgaben jedoch in der Richtlinie deutlich herabgestuft sind. Er hat das Datenregister zu führen, das er nach dem BDSG vom Unternehmen zu bekommen hat. Weitere Befugnisse sind nicht vorgesehen; vielmehr wird pauschal auf die „unabhängige Überwachung" abgestellt. Hinweise zum Qualifikationsgrad des Datenschutzbeauftragten fehlen ebenso wie Ausführungen zu dessen Ausstattung. Daher dürften die betrieblichen Datenschutzbeauftragten kostengünstiger operieren; im Übrigen trägt eben der Staat die Kostenlast.

Kostenerhöhend wirkt sich allerdings das Problem der Regelungsdichte im Datenschutzrecht, etwa im Bereich der neuen Medien, aus.[17] Wie oben geschildert, existieren hier der MDStV, das TDDSG, das TKG und die TDSV nebeneinander. Diese Regelungen sind aber nur partiell deckungsgleich. So fehlen z. B. im TDDSG Bestimmungen zum Datenschutzaudit, wie sie im MDStV enthalten sind (§ 17).[18] Insofern muss jeder Anbieter im Internet überlegen, ob sein Dienst eher als Telekommunikations-, Tele- oder Mediendienst zu qualifizieren ist. Eine Homepage kann unter Umständen alle drei Dienstfunktionen integrieren, sodass drei verschiedene Regelungssysteme gleichzeitig zur Anwendung kommen. Dies verursacht immense Überwachungskosten, deren Ausmaß gerade für kleinere und mittlere Unternehmen kaum noch zu tragen ist. Auch hier kann es nicht verwundern, dass die Unternehmen auf „derogierendes Gewohnheitsrecht" setzen und sich einfach aus Kostengründen über die neuen Datenschutzgesetze hinwegsetzen. So werden bereits jetzt in der Praxis die Anforderungen des TDDSG zu elektronischen Einwilligungen nicht beachtet; das Gleiche dürfte für die viel gepriesenen Bestimmungen zum Gebot der Datenvermeidung und der Zweckbindung gelten.

1.1.3 Durchsetzungskosten

Die wichtigste Kostenart stellen die Durchsetzungskosten dar.[19] Hierzu zählen vor allem die Kosten, die infolge eines Normverstoßes entstehen. Die Palette solcher Aufwendungen reicht von Schadensersatznormen, Gewinnabschöpfung, Kosten durch Anordnung der Nichtigkeit eines Vertrages bis hin zu Vertragsstrafen. Zu berücksichtigen sind dabei vor allem die Sanktionswahrscheinlichkeit und die Sank-

[17] S. dazu auch Globig, Klaus/Eiermann, Helmut, Datenschutz bei Internet-Angeboten, DuD 1998, 514 ff.; Moos, Fleming, Datenschutzkontrolle bei Tele- und Mediendiensten, DuD 1998, 162 ff.

[18] Vgl. Königshofen, Thomas, Prinzipien und Leitbilder für ein Datenschutzaudit bei Multimediadiensten, DuD 1999, 266 ff.; Roßnagel, Alexander, Datenschutzaudit, DuD 1997, 505 ff.

[19] In der spärlichen Literatur zu diesem Thema wird durchweg allein auf die Durchsetzungskosten abgestellt; vgl. Terhart (Fn. 7), 122 ff.

tionshöhe in Relation zu den infolge der innerbetrieblichen Umsetzung der Regelungen entstehenden „Time and Trouble"-Kosten.[20]

Die Durchsetzungskosten im Datenschutzrecht sind gering.[21] Den Datenschutzbeauftragten stehen besondere Sanktionsmöglichkeiten nicht zu (s. § 37 Abs. 1 Nr. 1). Insbesondere kann er die speichernde Stelle nicht dazu zwingen, die Verarbeitung einzustellen. Das Gleiche gilt für die Aufsichtsbehörden, die vor der paradoxen Situation stehen, zwar die DV-Anlage stilllegen zu können, aber ansonsten keine Zwangsmittel hinsichtlich einer unrichtigen oder rechtswidrigen Verarbeitung zur Verfügung zu haben (§ 38 Abs. 5). Den Verantwortlichen trifft insoweit nur ein geringes Kostenrisiko, wenn er unzulässige Verarbeitungen vornimmt. Damit verbleibt es dem Betroffenen, über die Geltendmachung von Schadensersatzansprüchen Regelverletzungen zu sanktionieren (§ 8 i.V.m. §§ 823 ff. BGB). Allerdings kommt in der Praxis ein solcher Anspruch nur wegen Persönlichkeitsrechtsverletzungen in Betracht.[22] Diese liegen allenfalls dann vor, wenn Daten unrichtig gespeichert oder übermittelt werden. Im Übrigen sieht das Gesetz zwar Löschungs- und Berichtigungsansprüche im Falle unzulässiger Speicherungen vor (§ 20); der Betroffene dürfte aber mangels allgemeiner Informationspflicht in den seltensten Fällen vom Umfang der Speicherung Kenntnis haben. Daher ist der Betroffene in der Praxis das schwächste Glied für die Sanktionierung von Gesetzesverstößen. Die Sanktionswahrscheinlichkeit ist daher äußerst gering.

Die Durchsetzungskosten würden sich erhöhen, wenn Wettbewerber die Einhaltung datenschutzrechtlicher Bestimmungen mit kontrollieren könnten. In Deutschland ist eine solche Möglichkeit infolge der Entscheidungen in Sachen „D-Info 2.0" eröffnet. Zuerst hat das Landgericht Mannheim[23], später dann der BGH[24] einen Verstoß gegen das BDSG als Rechtfertigung für einen Unterlassungsanspruch nach § 1 UWG angesehen. Hiernach ist jede einzelne Regelung des Datenschutzrechts auf ihren wettbewerbsrechtlichen Gehalt hin zu überprüfen. Dabei wäre auch der Wertbezug jeder einzelnen Norm zu prüfen, der sich insbesondere auch aus der Tatsache des Grundrechtsbezuges ableiten lässt.[25] Zumindest bei besonderen, außerhalb der Tatbestände des BDSG liegenden Umstände, die den Verstoß gegen das BDSG aus

---

[20] Vgl. hierzu Dales, CJE 8 (1975), 488.

[21] So allgemein auch Weichert, Thilo, Das Datenschutzstrafrecht – ein zahnloser Tiger?, NStZ 1999, 490 ff.

[22] S. hierzu auch Geis, Ivo, Haftungsrisiken im Datenschutzrecht für Unternehmen, CR 1993, 269 ff.; Klippel, Diethelm, Deliktsrechtliche Probleme des Datenschutzes, BB 1983, 407 ff.; Wind, Irene, Haftung bei der Verarbeitung personenbezogener Daten, RDV 1991, 16 ff.

[23] LG Mannheim, Urteil vom 29. März 1996 – 7 O 43/96 (unveröff.).

[24] BGH, Urteil vom 6. Mai 1999, MMR 1999, 470 – Teleinfo-CD mit Anm. Wiebe (474) und Gaster (543).

[25] S. hierzu auch Freiherr von Gamm, Otto, Datenschutz und Wettbewerbsrecht, GRUR 1996, 574 ff.; Hoeren, Thomas/Lütkemeier, Sven, Unlauterer Wettbewerb durch Datenschutzverstöße, in: Sokol, Bettina (Hrsg.), Neue Instrumente für den Datenschutz, Düsseldorf 1999, 107 ff.

wettbewerbsrechtlicher Sicht anstößig erscheinen lassen, kann dann auch ein Wettbewerbsverstoß vorliegen. Insbesondere wenn sich der Verletzer durch seinen Gesetzesverstoß einen sachlichen nicht gerechtfertigten Wettbewerbsvorsprung vor seinen gesetzestreuen Mitbewerbern verschafft, kommt eine Ahndung über § 1 UWG in Betracht. Dies dürfte bei der Verletzung von Vorschriften unproblematisch zu bejahen sein, bei denen es um die geschäftsmäßige Verarbeitung von Daten – etwa im Bereich des Adresshandels oder des Data Mining – geht. Schwierigkeiten bestehen noch hinsichtlich der Einordnung von Vorschriften, die lediglich die unternehmensinterne Datenverarbeitung betreffen. Hier müsste der durch den Normverstoß bewirkte Kostenvorteil unmittelbar in vertriebsbezogene Maßnahmen gesteckt worden sein, damit man von einem lauterkeitsrelevanten Wettbewerbsvorteil sprechen kann.[26] Hinzu kommt, dass nach § 13 Abs. 2 UWG nur eine wesentliche Marktbeeinträchtigung zu einer Abmahnung durch nicht unmittelbar betroffene Dritte, insbesondere Abmahnvereine, berechtigt. Wann aber ein Datenschutzverstoß als wesentliche Marktbeeinträchtigung anzusehen ist, ist noch unklar.

Die Kostenstruktur wird sich mit der Umsetzung der Datenschutzrichtlinie ändern. Künftig stehen den Aufsichtsbehörden nunmehr weit reichende Eingriffsbefugnisse zu (Art. 28 Abs. 3, 2. Spiegelstrich), etwa zu

- einer Sperrung, Löschung oder Vernichtung von Daten,
- einem Verbot der Verarbeitung oder
- einer Verwarnung des Verantwortlichen (etwa im Rahmen eines Bußgeldverfahrens).

Im Übrigen haben sie die Befugnis, die Justizbehörden bei Feststellung von Datenschutzverstößen einzuschalten. Hier bleibt allerdings unklar, ob die Aufsichtsbehörden damit Strafverfolgungsmaßnahmen unabhängig davon einleiten können, ob es sich um ein Antragsdelikt handelt (vgl. § 43 Abs. 4).[27]

Erhöhte Durchsetzungskosten dürfte auch das neu eingeführte Widerspruchsrecht mit sich bringen. Aus dem französischen Recht wurde ein umfassendes Recht des Betroffenen auf Widerspruch gegen die Verarbeitung seiner Daten entnommen und europäisch verbindlich gemacht (Art. 14 lit. a). Dies gilt auch, wenn Daten rechtmäßig verarbeitet werden. Allerdings muss der Betroffene darlegen, dass er überwiegende und schutzwürdige Gründe geltend machen kann. Im Übrigen bedarf die Regelung noch der Zustimmung des Einzelstaates; die Frage ist, ob in Deutschland

---

[26] S. dazu BGH, GRUR 1993, 980 – Tariflohnunterschreitung.

[27] S. hierzu auch Arlt, Ute/Piendl, Robert, Zukünftige Organisation und Rechtsstellung der Datenschutzkontrolle in Deutschland, CR 1998, 713 ff.

ein solch diffuses und unkonkretes Widerspruchsrecht von den Gesetzgebungsgremien akzepiert wird.

Insgesamt wird sich zeigen, ob die Anhebung der Sanktionshöhe und -wahrscheinlichkeit zu einer stärkeren Beachtung des Datenschutzes aus der Sicht der Unternehmen führen wird. Frappierend sind allerdings die allgemeinen betriebswirtschaftlichen Forschungsergebnisse zur Befolgung von staatlich sanktionierten Regeln. Hiernach stellt der Regelverstoß bis zur Sanktionierung die kostenoptimale Handlungsweise eines Unternehmens dar.[28] Insbesondere bei der Verhängung von Geldstrafen gilt der Auflagenverstoß als stets optimal.[29] Diese Berechnungen gehen allerdings einseitig von den Durchsetzungskosten staatlicher Regelungen aus. Auf die – weiter zu klärende – Frage der damit verbundenen Umsatzerhöhungen geht die bisherige Forschung nicht ein.[30]

1.2 Einfluss der Regulierung auf den Umsatz

Die ökonomische Analyse des Datenschutzrechts wäre unvollständig, würde sie nur die komparativen Kostenvor- und nachteile der verschiedenen Regulierungsformen berücksichtigen. Der Gewinn eines Unternehmens ist jedoch auch vom Umsatz bestimmt. Seitens der Wirtschaft wird der Marketingeffekt des Datenschutzes noch nicht hinreichend in den Blick genommen. Wie bereits einleitend bemerkt, wird Datenschutz weitgehend immer nur als Stör- und Kostenfaktor begriffen. Die Umsatz steigernde Wirkung insbesondere bei Unternehmen, die sensible Daten verarbeiten,[31] wird demgegenüber vernachlässigt. Hier besteht echter Nachholbedarf.

So dürfte der Datenschutz einen nachweisbaren Einfluss auf den Umsatz von so genannten Vertrauensgütern haben.[32] Es handelt sich hierbei um Güter, deren Qualität nicht vom Kunden abschließend beurteilt werden kann.[33] Was zu diesen Gütern

[28] Vgl. Terhart (Fn. 7), 161.

[29] Terhart (Fn. 7), 158.

[30] S. Terhart (Fn. 7), 45. Auf S. 40 geht Terhart kurz auf die „Komplementarität zwischen Gewinn- und Umweltschutzziel" ein, erklärt diesen Fall jedoch für die Ausnahme (41).

[31] In der Tat hat die Sphärentheorie hier ökonomische Relevanz. Je geringer die Sensibilität der Daten, desto geringer dürften die Erwartungen des Kunden an das Datenschutzniveau des Unternehmens sein. Folglich hat Datenschutz als Marketinginstrument beim klassischen Adresshandel eine untergeordnete wirtschaftliche Bedeutung.

[32] S. hierzu allgemein Schäfer/Ott (Fn. 2), 305 ff.; Akerlof, George, The Market for „Lemons": Quality, Uncertainty and the Market Mechanism, Quarterly Journal of Economics 84 (1970), 488 ff.; van den Bergh, Roger/Faure, Michael, Self-regulation of the professions in Belgium, IRLE 1991, 165, 171 f.; Enderle, Georges, Artikel Selbstregulierung, in: ders. (Hrsg.), Lexikon der Wirtschaftsethik, Freiburg 1993, Sp. 945, 947 f.

[33] Zur Differenzierung von Inspektions-, Erfahrungs- und Vertrauensgütern s. Nelson, Philipp, Information and Consumer Behavior, Journal of Political Economy 78 (1970), 311 ff.

zählt, dürfte soziokulturell bedingt unterschiedlich sein; in Frankreich denkt man darüber anders als in Deutschland. Vertrauensgüter finden sich insbesondere bei Banken und Versicherungen, wenn man z. B. an die Kapitallebensversicherung oder den Bereich der Bankeinlagen denkt. In beiden Beispielsfällen muss der Kunde darauf vertrauen können, dass seine medizinischen Daten bzw. die Informationen zu seinen Vermögensverhältnissen im Rahmen gesetzlicher und vertraglicher Vorgaben vertraulich behandelt werden. Würde er dieses Vertrauen verlieren, würde sich dies unmittelbar auf den Umsatz auswirken. Der Kunde würde z. B. seine Konten auflösen und nach geeigneteren Kreditinstituten, etwa in der Schweiz oder Luxemburg, Ausschau halten. In solchen Fällen können unternehmensinterne Datenschutzmaßnahmen dazu führen, das Vertrauen der Kunden und damit auch den Umsatz des Unternehmens zu stärken.

Nicht nachweisbar war bislang jedoch ein positiver Einfluss des Datenschutzes auf den Vertrieb von Produktionsgütern. Hier spielt anscheinend Datenschutz keinen Einfluss auf den Umsatz. Allenfalls über Sanktionshöhe und Sanktionswahrscheinlichkeit lässt sich in diesem Sektor die Einhaltung von Datenschutznormen sichern. Eine Ausnahme gilt allerdings für den Bereich des elektronischen Handels. Hier kennt man einander nicht mehr persönlich; man kommuniziert in der Anonymität des Mail-Verkehrs. Fraglich ist, wie in einer solchen digitalen Umgebung Trust, Vertrauen in die Solidität des Geschäftspartners, entstehen soll.[34]

Ein großer Anteil an der Herstellung von Vertrauen kommt dem Datenschutz zu. Wenn der Kunde weiß, dass die übermittelten Kreditkartendaten vertrauensvoll verwendet und in einer sicheren Umgebung gespeichert werden, wird sich seine Bereitschaft zum elektronischen Handel erhöhen. Datenschutz wird gerade im Internet zu einem Wert für sich. Gerade in einer Situation, in der Flames, Cookies[35] und unkontrolliertes Data Mining[36] die Netzgemeinde verunsichern, bekommt ein Unternehmen mit besonderem Datenschutzniveau einen Bonus. Gütesiegel werden daher zum Modethema der Internet-Szene; wer auf sich hält, verweist auf eine eigene Datenschutzpolicy. In dem Wust verschiedenster Policies wird es aber darauf ankommen, dass Trusted Third Parties das Datenschutzniveau zertifizieren. Hier ist daher der Ansatzpunkt für ein Datenschutzaudit, wie es § 17 des Mediendienste-Staatsvertrags vorsieht. Die Entscheidung dafür, im TDG auf die Einführung eines solchen Auditsystems zu verzichten, ist nicht nachvollziehbar. Zum einen verunsichert diese Differenzierung die Unternehmen, die selbst aus eigener Kraft nicht bestimmen können, ob sie nun Medien- oder Teledienste sind (s. oben). Zum ande-

[34] Vgl. hierzu die weiteren Überlegungen in: NJW 1998, 2849 ff.
[35] Vgl. Bizer, Johann, Cookies – datenschutzrechtlich, DuD 1998, 277 ff.
[36] S. dazu Büllesbach, Alfred, Datenschutz bei Data Warehouse und Data Mining, CR 2000, 11 ff.; Möller, Frank, Data Warehouse als Warnsignal an die Datenschutzbeauftragten, DuD 1998, 555 ff.

ren wird damit eine grundsätzlich begrüßenswerte Idee ohne nähere Begründung auf ein Teilsegment des elektronischen Handels beschränkt. Hier ist eine Reform des TDG vonnöten. Bis dahin ist die Industrie darauf angewiesen, selbst aktiv zu werden.[37] In der Tat zeigen sich auch erste Initiativen in Richtung Selbstregulierung. Zu erwähnen ist hier Trusted Shops, eine Initiative vom Gerling-Konzern, in deren Rahmen auch die Datenschutzprofile der angeschlossenen Unternehmen veri- und zertifiziert werden.

1.3 Datenschutz und Wettbewerbsvorteil – ein erstes Resümee

Im Ergebnis fällt es schwer, die Beziehung zwischen unternehmerischem Gewinn und Regulierung zu quantifizieren. Nach den bisherigen Ausführungen wird ein Unternehmen von sich aus Datenschutzmaßnahmen ergreifen, wenn die ex ante erwarteten Kosten unter den Kosten staatlicher Normsetzung liegen und dieser Kostenvorteil nicht durch Umsatzeinbußen infolge des Fehlens staatlicher Regelungen kompensiert wird. Unternehmen werden auf der Kostenseite zu berücksichtigen haben, dass mit der EG-Datenschutzrichtlinie die Durchsetzungskosten steigen werden; kaum einschätzbar sind ferner die Risiken einer Verfolgung über § 1 UWG. Auf der Umsatzseite ist der besondere Nutzen des Datenschutzes beim Vertrieb von Vertrauensgütern und im elektronischen Handel zu beachten. Es wird im Ergebnis von der Industrie immer noch unterschätzt, dass die Nichtbeachtung von Datenschutzbestimmungen ein erhöhtes Verfolgungsrisiko nach sich zieht und umgekehrt die Einhaltung der Vorgaben vertrauensbildend auf den Handel einwirken kann.

Allerdings wird ein Unternehmen kein Interesse an der Einführung von Datenschutzstrukturen haben, wenn die damit ex ante verbundenen Kosten höher als die Kosten staatlicher Aufsicht sind oder der Verzicht auf staatliche Regelungen mit zu hohen Umsatzeinbußen verbunden ist.

2 Datenschutz und Wettbewerbsvorteil – die Sicht der Staaten

Die Transaktionskostenanalyse ist in ihrer Wurzel ausschließlich an dem Verhalten eines einzelnen Unternehmens orientiert.[38] Sie geht von der Prämisse aus, dass der seitens des Unternehmens ex ante erwartete Gewinn mit dem tatsächlich ex post zu erwartenden Gewinn übereinstimmt. Damit setzt die Analyse voraus, dass das ein-

[37] So auch Schrader, Hans-Hermann, Prüfung und Zertifizierung datenschutzfreundlicher Produkte, DuD 1999, 670 f.

[38] So auch Möschel, Wernhard, Privatisierung, Deregulierung und Wettbewerbsordnung, JZ 1988, 885, 893.

zelne Unternehmen die Umwelt, insbesondere das Verhalten anderer Unternehmen, vollständig kontrollieren kann.[39]

Diese Prämisse ist bereits für die Analyse des Verhaltens von Unternehmen fragwürdig. Sie gilt vor allem aber nicht für die Betrachtung von Staaten, die miteinander um die Setzung internationaler Datenschutzstandards ringen.[40] Stellt sich Datenschutz auch auf internationaler Ebene als Wettbewerbsvorteil dar? Wieso sollten sich eigentlich Staaten für ein international vereinheitlichtes Datenschutzniveau entscheiden, das ihrer nationalen Industrie zusätzliche Beschränkungen auferlegt? Oder – wie Axelrod, der Altmeister der Spieltheorie, fragt: „Unter welchen Bedingungen entsteht Kooperation in einer Welt von Egoisten ohne zentralen Herrschaftsstab?“[41]

2.1 Datenschutz als Spiel

Zu diesem Problemkreis liegen empirische Ergebnisse aus der spieltheoretischen Forschung[42] vor, die das Verhalten von Unternehmen und Staaten als strategische Spiele betrachten und die taktisch günstigsten Spielstrategien[43] mathematisch errechnen will. Dazu wird im Sinne der obigen Überlegungen eine Kosten-Nutzen-Analyse für die verschiedenen strategischen Alternativen erstellt, und auf dieser Grundlage werden Vor- und Nachteile einzelner Varianten ermittelt.[44]

Der Datenschutz weist hier gerade im internationalen Kontext ein besonderes Problem auf. Gesetzt ein Staat A würde für alle Unternehmen schärfere Datenschutzbestimmungen einführen. Aufgrund der oben beschriebenen Kosten-Nutzen-Erwägungen könnte es für die Unternehmen nunmehr sinnvoll sein, ihre Datenverarbeitung im Staat A aufzugeben und durch ein Rechenzentrum im Land B durchführen zu lassen. Staat A mag jetzt den Staat B um Anhebung des Datenschutzes auf ein gemeinsames Niveau bitten. Staat B wird dies ablehnen, weil er durch das nied-

---

[39] Krouse, Clement G., Theory of Industrial Economics, Cambridge 1990, 290.

[40] Höffe, Otfried, Kategorische Rechtsprinzipien, Frankfurt/M., 1. Aufl. 1995, 301.

[41] Axelrod, Robert, The Evolution of Cooperation, New York 1984, 4.

[42] Die Literatur zu diesem Themenkreis ist nicht mehr überschaubar. Im Folgenden wurde im Wesentlichen herangezogen: Axelrod (Fn. 41), insbesondere 4 ff.; Krebs, David M., Game Theory and Economic Modelling, Oxford 1990, 9 ff.; Krouse (Fn. 39), 290 ff.; North (Fn. 9), 13 ff.; Taylor, Michael, The possibility of cooperation, Cambridge 1987, 34 ff. Im Folgenden werden die mathematischen Grundlagen der Spieltheorie nicht referiert, um den Rahmen der Untersuchung nicht zu sprengen.

[43] Zum Begriff der Strategie vgl. Krebs (Fn. 42), 21 ff.

[44] Vgl. Garvin, David A., Can Industry Self-Regulation Work?, California Management Review 25 (1983), Heft 4, 37 ff.; Gupta, A. K./Lad, L. J., Industry Self-Regulation: An economic, organisational and political analysis, Academy of Management Review 8 (1983), 416 ff.; Marwell, G./Ames, R. E., Experiments on the provision of public goods I: resources, interest, group size, and the free-rider problem, American Journal of Sociology 84 (1979), 1335 ff. mit weit. Nachw. S. zur Anwendung zur Spieltheorie in der Rechtsinformatik grundlegend Philipps, Lothar, Artificial Morality and Artificial Law, Artificial Intelligence and Law 2 (1993), 51 ff.

rigere Datenschutzniveau eine Reihe volkswirtschaftlicher Vorteile genießt. Würde aber nun auch der Staat A sein Datenschutzniveau aufgeben, würde das Vertrauen der Kunden in die Seriosität der Unternehmen verloren gehen. Es drohen heftige Umsatzeinbußen bis hin zum Konkurs, der auch die Verarbeitung der Daten im Staat B infrage zieht.

Es handelt sich demnach um eine Situation, in denen Nichtkooperation für den einzelnen Spieler am gewinnträchtigsten, doch für alle Spieler am ungünstigsten ist:[45]

> *„Such dilemmas are defined by two simple properties: (a) each individual receives a higher payoff for a socially defecting choice (...) than for a socially cooperative choice, no matter what the other individuals in society do, but (b) all individuals are better off if all cooperate than if all defect.“*[46]

Kurzzeitig hat jeder Staat durch Nichtkooperation einen Vorteil zulasten anderer (kooperierender) Staaten. Wenn allerdings alle Staaten nicht kooperieren, fällt das System des Datenschutzes zulasten der einzelnen Unternehmen zusammen. Je nach Höhe der anfallenden Transaktionskosten kann diese schwierige Situation in ein Dilemma münden, das von der Forschung als so genanntes „Gefangenendilemma“[47] aufgefasst wird. Dieses Dilemma setzt eine bestimmte Situation mit zwei Spielern voraus, wobei jeder Spieler mit dem anderen kooperieren oder eine solche Kooperation verweigern kann.[48] Kooperieren beide, erhalten sie eine hohe Belohnung. Lehnen beide die Kooperation ab, werden sie beide bestraft. Will der eine kooperieren und der andere lehnt dies ab, erhält der Kooperationsunwillige nichts; der andere bekommt eine noch höhere Belohnung als bei beiderseitiger Kooperation.

2.2 Spielstrategien

Derzeit werden verschiedene Strategien zur Bewältigung dieses Dilemmas diskutiert. Diese reichen von der Taktik des Free Riding (2.2.1) über das so genannte „Tit for Tat“ (2.2.2) bis hin zu komplexen Strategien für das n-Personen-Gefangenendilemma (2.2.3).

---

[45] Axelrod (Fn. 41), 8. Ähnlich Finkelstein, Claire, Financial Distress as a Noncooperative Game: A Proposal for Overcoming Obstacles to Private Workouts, Yale LJ 102 (1993), 2205, 2209.

[46] Dawes, Robyn M., Social Dilemmas, Annual Review of Psychology 31 (1980), 169.

[47] Der Name stammt von einer Anekdote, in der zwei Straftäter nach einem gemeinsam begangenen Verbrechen vom Staatsanwalt getrennt vernommen werden. Dieser verspricht jedem der beiden Täter, dass er im Falle eines Geständnisses freigelassen werde und sein nicht geständiger Kompagnon die Höchststrafe erhalte. Sofern beide gestehen, sollen beide eine milde Strafe bekommen; gesteht keiner, kann (aus Mangel an Beweisen) nur eine Mindeststrafe verhängt werden. Vgl. Krebs (Fn. 42), 36 ff.; Dawes (Fn. 46), 169, 182.

[48] Hinsichtlich der Definition des Gefangenendilemmas s. Axelrod (Fn. 41), 7 und 186.

2.2.1 Free Rider

Olson vertritt die Ansicht, dass das Gefangenendilemma letztendlich nicht lösbar sei. Stattdessen sei es die rationalste Strategie, als Trittbrettfahrer das Vertrauen anderer zu missbrauchen: *„Rational, self-interested individuals will not act to achieve their common or group interests.“*[49] Nach dieser Ansicht muss die Einführung internationaler Kontrollsysteme an den so genannten Free Ridern, d. h. den Außenseitern, die sich nicht an dem System beteiligen, per se scheitern.[50]

Diese Free-Rider-Situation prägte lange Zeit die Situation innerhalb Europas. Jeder Staat schuf sein eigenes Datenschutzrecht ohne Rücksicht auf andere.[51] So besaßen bis 1995 nur sieben EG-Mitgliedstaaten Rechtsvorschriften zum Datenschutz (Deutschland, Dänemark, Frankreich, Irland, Luxemburg, die Niederlande und Großbritannien). Alle anderen Staaten kannten keine speziellen Datenschutzgesetze. Insofern war innerhalb Europas ein starkes Nord-Süd-Gefälle entstanden: Im Süden Europas (und zusätzlich in Belgien) war jegliche Verarbeitung von personenbezogenen Daten (noch) fast ohne jede rechtliche Beschränkung möglich, während im Norden Europas detaillierte Kontrollmechanismen geschaffen wurden. Damit entsteht aber die Gefahr, dass sich besondere „Datenoasen“ herausbilden: Unternehmen könnten gefahrlos ihre Daten in Italien oder Spanien verarbeiten lassen, um dem rigiden Datenschutz deutscher oder englischer Provenienz zu entgehen. Die Herabsenkung des Datenschutzniveaus führte folglich zu einem volkswirtschaftlichen Wachstum, einem Ertrag, der sich für die einzelnen Staaten bezahlt machte.

Die düstere Free-Rider-Prognose geht allerdings davon aus, dass das „Spiel“ nur einmal durchgeführt wird. Tatsächlich erscheint es bei einmalig auftretenden Situationen nicht rational, Kooperationen einzugehen. Stattdessen kann Kooperation rational nur bei Wiederholung des „Spiels“ begründbar sein, bei dem sich ein Spieler auf die Strategien der anderen Mitspieler einstellen kann. Daher ist es fraglich, ob der Aufbau von Datenoasen auch langfristig für die nationale Wirtschaft vorteilhaft ist.

2.2.2 Tit for Tat

Mit iterativen „Spielen“ hat sich Robert Axelrod beschäftigt. Axelrod ist der Nachweis gelungen, dass es in einem Zweipersonenspiel nur eine Strategie gibt, die am

---

[49] Olson, Mancur, The Logic of Collective Action, Cambridge 1962, 2; ähnlich auch Hardin, Behavorial Science 46 (1984), 154-181.

[50] So auch das Ergebnis von Hardin, Russell, The tragedy of the commons, Science 162 (1968), 1243, 1247; Orbell, J. M./Rutherford, B., Can Leviathan make the life of man less solitary, poor, nasty, brutish, and short?, British Journal of Political Science 3 (1973), 383 ff.

[51] S. hierzu Spiros Simitis/Ulrich Dammann u. a., Kommentar zum Bundesdatenschutzgesetz, Loseblatt, Baden-Baden, 4. Aufl. 1992, § 1 Rdn. 155.

effektivsten funktioniert: „Tit for Tat“ (Wie du mir, so ich dir).[52] Diese Taktik beinhaltet, „im ersten Zug zu kooperieren und dann zu tun, was der andere Spieler im vorangegangenen Zug gemacht hat“[53]. In der Zwischenzeit ist diese Strategie durch andere Forscher noch erweitert und verfeinert worden. So wird teilweise ein „generous tit for tat“[54] vorgeschlagen, bei dem ein Spieler auf jede Kooperation mit Kooperation und auf Nichtkooperation in regelmäßigen Abständen ebenfalls mit Kooperation reagiert. Neuerdings wird auch eine Strategie mit der Bezeichnung „Pavlov“ oder „Win-stay/Lose-shift“ diskutiert[55], bei der ein Spieler nur kooperiert, wenn beide Spieler sich im vorherigen Zug für die gleiche Strategie entschieden haben.

Allen Strategien ist gemeinsam, dass sie kooperationsfreundlich sind. Kooperation kann demnach durchaus die strategisch effektivste Strategie auch von datenschutzreglementierenden Staaten sein. Auch alle Spieltheoretiker sind sich darin einig, dass langfristig eine Strategie der Kooperationsverweigerung ökonomisch nachteilig und damit irrational ist.

Allerdings setzen die Strategien voraus, dass die Spiele wiederholt werden und die Spieler nicht nur aus Kooperationsunwilligen bestehen[56]: „Eine Welt ‚Böswilliger‘ kann einer Invasion durch jeden widerstehen, der irgendeine andere Strategie verwendet, vorausgesetzt, die Fremden kommen einzeln an. (...) Wenn die Neulinge jedoch in kleinen Gruppen ankommen, haben sie durchaus eine Chance, Kooperation in Gang zu setzen.“[57]

Axelrod zieht hieraus die weitere Konsequenz, dass Kooperation durch Vermittlung von Gruppen die erfolgreichste Spielstrategie ist: „Also kann wechselseitige Kooperation in einer Welt von Egoisten ohne zentrale Kontrollinstanz entstehen, wenn sie mit einer Gruppierung von Individuen beginnt, die sich auf Gegenseitigkeit verlassen.“[58]

Nach Axelrod ist demnach Kooperation durchaus in einer Welt von Egoisten begründbar. Allerdings sind dabei langfristige Beziehungen und das Vorhandensein einer kooperativ eingestellten Gruppe eine notwendige und hinreichende Bedingung.

---

[52] Vgl. Axelrod (Fn. 41), 26 ff. S. hierzu auch die Darstellung von Höffe (Fn. 40), 285 ff.

[53] Axelrod (Fn. 41), 12.

[54] Nowak, Martin/Sigmund, Karl, New strategies, Nature 1992, Heft 355, 250 ff.

[55] Vgl. Milinski, Manfred, Cooperation wins and stays, Nature 1993, Heft 364, 12 ff.; Nowak, Martin/Sigmund, Karl, A strategy of win-stay, lose-shift that outperforms tit for tat in the Prisoner's game, Nature 1993, Heft 364, 56 ff.

[56] S. hierzu Hardin, Russell, Collective Action, Baltimore 1982, 145 ff. Vgl. zur kollektiven Stabilität der IMMER D-Spieler das fünfte Theorem bei Axelrod (Fn. 41), 56 ff.

[57] Axelrod (Fn. 41), 57.

[58] Axelrod (Fn. 41), 62.

Was ergibt sich hieraus für die Harmonisierung des Datenschutzrechts? Tit for Tat – dies ist aus meiner Sicht das Modell für den innereuropäischen Datenschutz. Hier haben sich die Staaten erstmals auf eine Kooperation, auf ein einheitliches Datenschutzniveau geeinigt. Durch die engen Bindungen der europäischen Staaten untereinander würde die Bildung von Datenoasen auch für den jeweiligen „Oasen"-Staat empfindliche Nachteile mit sich bringen. Die anderen Staaten sähen sich gezwungen, den Datenexport in den datenschutzfreien Staat zu reglementieren. Dadurch wäre die erhoffte Abwanderung von Unternehmen oder Auslagerung von Unternehmensfunktionen ins Ausland ineffizient geworden. Nur bei langfristiger Kooperation lässt sich diese Entwicklung von Datenschutzfestungen umgehen.

Daher sieht die Datenschutzrichtlinie die freie Zirkulierung von Daten innerhalb der Europäischen Union bei gleichzeitiger Harmonisierung des Datenschutzniveaus vor. Nach Art. 1 Abs. 2 dürfen die Mitgliedstaaten den freien Verkehr personenbezogener Daten untereinander nicht aus Gründen des Datenschutzes beschränken. Man entnimmt aus dieser Regelung, dass der Datenschutzstandard innerhalb der EU mit Umsetzung der Richtlinie einheitlich sein wird und soll. Innerhalb dieses europäischen Datenraums soll dann jede nationale Beschränkung des Datenverkehrs unzulässig sein. Beschränkungen dürfen nur noch auf die EG-Richtlinie, nicht aber auf nationale Sonderregeln gestützt sein.[59] Ob dieses Ideal wirklich erreicht wird, ist aber nach der Neukonzeption des Richtlinientextes äußerst fraglich. Der Text der Richtlinie enthält zahlreiche nationale Vorbehalte[60]; insoweit werden die Mitgliedstaaten weiterhin eigene Wege gehen können. Die Kooperation steht auf wackeligen Füßen; es bleibt abzuwarten, wie die Richtlinie in den verschiedenen Mitgliedstaaten umgesetzt werden wird.

2.2.3 n-Personen-Gefangenendilemma

Die Überlegungen Axelrods gelten zunächst einmal nur für das Verhalten zweier Personen zueinander. Situationen, in denen mehr als zwei Personen agieren, bedürfen daher einer erweiterten Modellierung. Hierbei wird in der spieltheoretischen Forschung mit dem n-Personen-Gefangenendilemma argumentiert. Die Ergebnisse in diesem Bereich sind derzeit noch uneinheitlich und widersprüchlich.[61] Allerdings schälen sich allmählich bestimmte Kriterien für eine Anwendung des Tit-for-Tat-Prinzips in sozialen Dilemmata ab. Hiernach ist bei Entscheidungen, an der mehr als

---

[59] Vgl. hierzu ausführlich Ehmann, „Vertragslösungen" auf der Basis der EG-Datenschutzrichtlinie, CR 1991, 234 ff.

[60] Art. 8 IV, V; 13, 18 II, III, IV, V u. a.

[61] Vgl. Hardin (Fn. 56), 153 f. und 188 ff.; Taylor (Fn. 42), 82 ff.; Dawes (Fn. 46), 169, 182 ff.; Hamburger, Henry, N-person Prisoner's Dilemma, Journal of Mathematical Sociology 3 (1973), 27 ff.; Schelling, Journal of Conflict Resolution 17 (1973), 381 ff.

zwei Personen beteiligt sind, neben der Langfristigkeit der Beziehungen[62] die Überschaubarkeit der Gruppe[63] und das darin vorhandene Kommunikationsgefüge über die Berechenbarkeit des Verhaltens[64] wichtig.

Innerhalb der Europäischen Union ist ein solches Kommunikationsgefüge in der Zwischenzeit vorhanden. Daher war es nur konsequent, dass die Richtlinie den europäischen Datenraum datenschutzrechtlich freigegeben hat (s. oben). Abzuwarten bleibt, wie die neuen der EU assoziierten Staaten das komplexe Kooperationsgefüge beeinflussen.

Die europäischen Mitgliedstaaten hatten aber große Probleme damit, die Freiheit des innereuropäischen Datenverkehrs auf andere Staaten auszuweiten. Stattdessen hat man sich beim Export von Daten in Drittstaaten, d. h. in Staaten, die nicht der EU angehören, für eine prinzipielle Kooperationsverweigerung entschieden. Ein Datentransfer in einen Drittstaat ist nach dem Wortlaut von Art. 25 Abs. 1 grundsätzlich unzulässig. Ausnahmsweise ist er im Einzelfall erlaubt, wenn der Drittstaat ein angemessenes Schutzniveau sicherstellen kann. Ein dauerhaftes Kooperationsangebot besteht nur, sofern der andere Staat nach Feststellung der Kommission seine eigene dauerhafte Kooperationswilligkeit durch Nachweis eines angemessenen Datenschutzniveaus gewährleistet (Art. 25 Abs. 6). Wann ein solches Schutzniveau vorliegt, bleibt aber – trotz zahlreicher Deutungsversuche – unklar.

Offen ist z. B., ob das EG-Recht oder das nationale Datenschutzrecht als Maßstab dienen soll. Beides wird auch nach der Umsetzung der Richtlinie nicht identisch sein, da der Richtlinientext weit reichende nationale Vorbehalte enthält. Nach Erwägungsgrund 60 sind Übermittlungen in Drittstaaten „auf jeden Fall nur unter voller Einhaltung der Rechtsvorschriften" zulässig, die die Mitgliedstaaten gemäß dieser Richtlinie, insbesondere gemäß Art. 8, erlassen haben. Dies bedeutet, dass für die Beurteilung der Angemessenheit das infolge der Datenschutzrichtlinie geschaffene nationale Recht zählt. Damit konterkariert sich die Richtlinie aber selbst. Es könnte künftig der Fall auftreten, dass Italien die Datenübermittlung in die USA zulässt, während Deutschland diese aufgrund anderer Umsetzung der Datenschutzrichtlinie verbietet. Unternehmen mit Sitz in Deutschland werden dann überlegen müssen, ihr Rechenzentrum nach Italien zu verlagern. Damit ist das in Art. 1 Abs. 2 verankerte europäische Kooperationsmodell durch Art. 25 ad absurdum geführt. An dieser

---

62 Zu weit geht North, der aus dem Erfordernis der Iterativität den Zwang ableitet, dass „das Spiel endlos fortdauert". Vgl. Fn. 9, 68.

63 Vgl. auch Olson, Mancur, Die Logik des kollektiven Handelns, Tübingen 1968, 35: „Kurz, je größer eine Gruppe ist, umso weniger wird sie ihre gemeinsamen Interessen fördern." Ähnlich (trotz Kritik an den olsonschen Prämissen) Taylor (Fn. 42), 8 ff., insbesondere 12 f.

64 So auch Schofield, Norman, Anarchy, Altruism and Cooperation: A Review, Social Choice and Welfare 2 (1985), 212 f.

Schwierigkeit ändert auch das Feststellungsverfahren nach Art. 25 Abs. 4 und 6 nichts. Zwar kann die Kommission hiernach die Angemessenheit des Datenschutzniveaus für alle Mitgliedstaaten feststellen; sie ist dabei jedoch an die Richtlinie selbst gebunden, die für die Angemessenheit offensichtlich auf den Vergleich mit innerstaatlichen Schutzvorschriften abstellt.

Im Übrigen kann das Recht des ausländischen Staates nicht nur an der Messlatte seiner Gesetze gemessen werden; vielmehr ist die Umsetzung dieser gesetzlichen Regelungen in der Praxis erforderlich. Neben dem geschriebenen Recht sind Rechtsprechung und die Tätigkeit der Aufsichtsorgane zu beachten; dabei sind auch zeitliche Veränderungen zu berücksichtigen. All dies lässt eine Prüfung der Angemessenheit fast aussichtslos erscheinen.

Schließlich ist nicht klar, wer die Angemessenheit feststellt. Dass die Europäische Kommission autoritativ Feststellungen zum Datenschutzrecht in allen Staaten der Welt trifft, klingt utopisch. Wenn aber nicht die Europäische Kommission die Angemessenheit prüft, bleibt die Entscheidung dem einzelnen Mitgliedstaat oder gar dem privaten DV-Anwender überlassen. Angesichts der damit verbundenen unterschiedlichen Prüfungsergebnisse bleibt die Idee einer Vereinheitlichung des internationalen Datentransfers auf der Strecke.

Erwartungen an die Datenschutzbeauftragten im Internet

Dr. John J. Borking

1 Einführung

Die heutige Entwicklung der Wirtschaft und der Informations- und Kommunikationstechnologie (IKT) hat eine große gesellschaftliche Veränderung in Gang gesetzt. Datenschutzbeauftragte werden alles daransetzen müssen, um von der virtuellen Welt nicht isoliert zu werden, einer Welt, die sich durch ihr starkes Wachstum zu einem nicht mehr wegzudenkenden Teil der gesellschaftlichen Realität entwickelt. Der Titel des Beitrags impliziert zu Recht, dass Erwartungen des Bürgers gegenüber dem Datenschutzbeauftragten beim Phänomen Internet eine Rolle spielen. Andererseits bedeutet dies, dass der Datenschutzbeauftragte kundengerecht denken muss, soll dieses für den Schutz der Privatsphäre so wichtige Institut der Gesellschaft einen Mehrwert bieten. Leitlinie für das Handeln des Datenschutzbeauftragten ist der Schutz des Bürgers vor Missbrauch und zweckwidrigem Gebrauch von IKT-Anwendungen. Der Datenschutzbeauftragte wird sich also am einzelnen Bürger orientieren müssen, der in zunehmendem Maße von der Datenautobahn Gebrauch machen wird. Die Informations- und Kommunikationstechnologie macht es möglich, den digitalen Datenschutzbeauftragten oder *E-Privacy Commissioner* ins Leben zu rufen, wodurch eine bisher für nicht möglich gehaltene Bürgernähe realisiert werden kann. Bevor ich auf die Erwartungen des Bürgers näher eingehe, werde ich eine kurze Kontextanalyse unter Berücksichtigung der Chancen und Gefahren machen, die einen Hinweis auf die Kontinuität und Effektivität des Datenschutzbeauftragten gibt.

2 Konnektivität

Nachdem das Millenniumproblem, verursacht durch Computerprogramme, die zweistellige Jahreszahlen nicht richtig interpretieren konnten, nunmehr gelöst ist, wird das große Angebot an IKT- und Internet-Anwendungen erst richtig deutlich.[1] Die neue digitale Weltwirtschaft, wie sie sich jetzt entwickelt, verschafft uns den unbeschränkten Zugang zu Informationen und Wissen, überbrückt Entfernungen, macht Akteure, Handlungen und deren Folgen standortunabhängig und komprimiert die Zeit. Darüber hinaus verschwinden die Grenzen zwischen den Volkswirtschaften. Multinationale Unternehmen stehen unabhängig von ihrem Standort in direkter Ver-

[1] C. Flisi, The dream of the ubiquitous internet, International Herald Tribune, 2. Februar 2000, 18. Vgl. auch M. Lewis, The New New Thing, New York 1999.

bindung zu ihren Geschäftspartnern, Lieferanten und Kunden. Der Telekommunikationsmarkt wird heute weltweit in raschem Tempo liberalisiert, wodurch (staatliche) Monopole im Fernmeldewesen verschwinden; scharfer Wettbewerb und wichtige Innovationen führen zu starken Preissenkungen. Diese, hervorgerufen u. a. durch die exponentiell zunehmende Übertragungskapazität der Glasfaserkabel und der daraus resultierenden Senkung der Übertragungskosten, führen zu einer erhöhten Nachfrage der Bürger/Konsumenten – nicht nur im Fernsprechverkehr, sondern vor allem auch im Bereich der Daten-, Bild- und Tonübertragung.

Mit dem stürmischen Wachstum des Internets hat die Zahl seiner Nutzer rasch zugenommen (in den letzten Jahren weltweit um 25 % im Jahresdurchschnitt). Gleichzeitig verlagert sich der Schwerpunkt des Wachstums von den USA nach Europa, Südostasien und Lateinamerika. Marktforschungsinstituten zufolge wird es 2003 in Europa mehr Internet-Nutzer als in den USA geben. Gegen 2005 werden es mindestens 600 Millionen sein. Wie das Marktforschungsinstitut Forrester mitteilte, werden im Jahr 2004 neunzig Prozent aller Mobiltelefone mit einem Internet-Browser mit WAP (*wirelesss application protocol*) ausgestattet sein und jeder dritte Europäer wird übers Handy Zugang zum Internet haben.[2]

In den letzten Jahren hat sich immer wieder gezeigt, dass mit jeder Zunahme der Übertragungsgeschwindigkeit und der Bandbreite fast unmittelbar auch die Nachfrage vor allem im privaten Bereich zunimmt. Man denke an Filme, Videospiele und innovative Anwendungen wie die Online-Kommunikation mit Kühlschränken, Mikrowellenherden, Einbruchssicherungssystemen usw. Die kritische Grenze der Internet-Nutzung wird in Europa vermutlich gegen 2003 erreicht werden. Das Mobiltelefon wird dann das leitungsgebundene Telefon verdrängen, und es werden dann mehr Daten als Sprache ins Netz gehen. Es kommt zu einer Verschmelzung von mobiler Telefonie und Internet, möglicherweise mit dem Mobiltelefon in der Rolle eines intelligenten *personal digital assistent.*

Ein stürmisches Wachstum des E-Commerce zwischen Herstellern und Verbrauchern wird die Folge sein.[3] Im Mittelpunkt dieser Entwicklungen wird der Bürger als Kunde, Käufer und Konsument stehen. Das gesamte Arsenal von Marketinginstrumenten ist darauf ausgerichtet, den Konsumenten völlig transparent zu machen und den Kunden an den Verkäufer gleich welcher Waren und Dienstleistungen zu binden. Seine Vorlieben, sein Verhalten und seine Ortsveränderungen können von Minute zu Minute verfolgt werden. Wenn er in der Nähe eines Kinos auftaucht, in

---

2 This Year's Hit: The Net, Unplugged. CeBIT Show Highlights Convergence of Mobile and Online Technology, International Herald Tribune, 22. Februar 2000, 10.

3 Vgl. Referat C. Sirois, Thriving in the Digital Economy, Vancouver, 9. November 1999.

dem noch Plätze frei sind, wird er über sein Handy und eine Internet-Verbindung ein verlangtes oder unverlangtes Angebot für Kinokarten erhalten.

3 Gefährdung der Privatsphäre

Die Möglichkeiten, von Organisationen und Privatpersonen zu erschwinglichen Preisen Verhaltensprofile von Bürgern und entsprechende Analysen anzufertigen, haben sich durch die IKT als nahezu unbegrenzt erwiesen. Immer mehr Informationssysteme sind unabhängig vom jeweiligen Betriebssystem in der Lage, über das Internet oder andere Netze Verbindungen zu Datenbanken zu legen und automatisch und unbehindert (personenbezogene) Daten auszutauschen. Die Verwendung moderner Analyse- und Marketinginstrumente wie Data Warehousing und Data Mining für die Analyse des Verhaltens von Internet-Nutzern nimmt rasch zu.[4] *Privacy Enhancing Technologies* (PET)[5] können die negativen Folgen des Data Warehousing und Data Mining begrenzen. Mithilfe dieser fortschrittlichen Analysemethoden werden – oft ohne dass sich die Internet-Nutzer dessen bewusst sind – immer bessere Psychogramme (Persönlichkeitsprofile, die bis ins Unbewusste vorstoßen können) von Konsumenten und Bürgern angefertigt. Eine Folge davon ist, dass das Konzept des einen Schalters für alle Dienstleistungen und individuelles Marketing sowohl beim Staat als auch in der Wirtschaft rasch an Einfluss und Bedeutung gewinnt.

Eine zurzeit laufende Untersuchung des niederländischen Datenschutzbeauftragten (Registratiekamer) bei einer Reihe von Webanbietern lässt erkennen, dass es dort immer technische Möglichkeiten gibt, sich in den Fernmeldeverkehr einzuschalten und die entsprechenden Daten aufzuzeichnen. Mithilfe der verfügbaren Kommunikationsmittel können die Verkehrsdaten in Verbindung mit den dort bekannten personenbezogenen Daten unbemerkt weitergegeben und für (Markt-)Analysen verarbeitet werden. Es ist zurzeit technisch noch nicht möglich, die Verkehrsdaten so anzubieten, dass damit keine Analysen angefertigt werden können. Eine rechtliche und technische Untersuchung des leitungsgebundenen und mobilen Telefonnetzes läuft bei der Registratiekamer.

Die Kontextanalyse macht deutlich, dass die Informations- und Kommunikationstechnologie es zum ersten Mal in der Geschichte ermöglicht, Daten in großem Umfang zum Zweck der elektronischen Kontrolle detailgenau zu koppeln, und das zu erschwinglichen Preisen. Da diese Erkenntnis nunmehr bei Politikern, Behörden und in der Wirtschaft Fuß gefasst hat, werden zunehmend Daten (Sprache, Ton,

---

4 S. J. Borking, M. Artz, L. van Almelo, Gouden Bergen van Gegevens, Den Haag 1998. Vgl. auch die Beiträge von Wiese, 9, Schulzki-Haddouti, 20, und Roessler, 205, in diesem Buch.

5 Vgl. R. Hes, J. Borking, Privacy Enhancing Technologies: A Path to Anonymity, Revised Edition, Den Haag 1998.

Bild, Text) miteinander gekoppelt und damit Einzelpersonen solchen Kontrollen unterworfen. Obwohl es dabei um eine Begrenzung der Schäden (durch Betrug usw.) bei Behörden und Unternehmen geht, gerät die elektronische Kontrolle immer mehr zum Selbstzweck. Das Angebot an Elektronik bestimmt die Nachfrage; der Hang zu elektronischer Kontrolle nimmt unverhältnismäßig stark zu. Der Druck auf die beschränkten öffentlichen Haushalte und der Wille zur Risikokontrolle verstärken diesen Effekt. Polizeibehörden, Sozialhilfestellen, Banken und Versicherungen stehen hier in vorderster Reihe. Sie gestalten ihre Informationssysteme auf eine Art und Weise, die eine Koppelung und Analyse von Daten mittels Data Warehousing, Data Mining und Screening ermöglicht. Die durch die Informations- und Kommunikationstechnologie erreichte Kostensenkung ermöglicht eine intensivere und intelligentere Kontrolle aus der Ferne.

Dem steht gegenüber, dass es für den Internet-Nutzer unmöglich ist, herauszufinden, welche Informationen über ihn wo gespeichert sind und ob er nicht heimlich beobachtet wird, indem man auf seiner Festplatte Cookies oder andere elektronische Spione ablegt oder interaktive Mittel (*tools*) wie Reel.com's *Mood Matcher* oder *Planet Rx's* für psychographische Daten einsetzt. Im *Forrester Brief* vom 1. September 1999 wird unumwunden zugegeben, dass in den USA *„most privacy policies"* *„a joke"* sind. DoubleClick und BeFree sammeln ohne deren Wissen mit allerlei schlauen Tricks Informationen über Internet-Nutzer.[6]

4 Mondialisierung

Parallel zu den oben beschriebenen Entwicklungen kann als Folge der Mondialisierung von einer zunehmenden Machtfülle großer weltweit tätiger Internet-Betriebe gesprochen werden, die den Schutz der Privatsphäre nicht immer ernst genug nehmen oder ihn aus kommerziellen bzw. betriebswirtschaftlichen Gründen hintanstellen. Hinzu kommt die Maßstabvergrößerung durch Übernahmen, Fusionen und internationale Kooperation. Die Übernahme von Time Warner durch AOL ist hierfür ein Beispiel. Mithilfe des Internets kann die Kunden- und Unternehmensverwaltung sehr leicht von Europa nach Asien oder in andere Gebiete verlagert werden, in denen es keine Rechtsvorschriften zum Schutz der Privatsphäre gibt oder eine entsprechende Kontrolle fehlt.

Kein Wunder, dass Internet-Nutzer einer IBM-Untersuchung zufolge, die auf der Weltkonferenz der Datenschutzbeauftragten in Hongkong 1999 bekannt gemacht wurde, zunehmend um ihre Privatsphäre besorgt sind (88 %). Aber gerade das Vertrauen der Nutzer ist für das Wachstum des E-Commerce von entscheidender Bedeu-

[6] Vgl. P. R. Hagen, Privacy Wake-Up Call, Cambridge MA.

tung. Dieses Vertrauen hängt zu einem erheblichen Teil vom Erfolg der Datenschutzbeauftragten bei der Schaffung eines Problembewusstseins bei den Behörden, der Wirtschaft und den Bürgern, der rechtzeitigen Entwicklung und Aufrechterhaltung angemessener Normen zum Schutz der Privatsphäre im Internet, der Förderung des Einsatzes von *Privacy Enhancing Technologies* innerhalb von Informationssystemen und davon ab, ob es ihnen gelingt, den Bürger in die Lage zu versetzen, sich zu jeder Zeit gegen die Verletzung seiner Privatsphäre zu wappnen.

5 Entterritorialisierung (Staat ohne Staatsgebiet)

Es bleibt nicht dabei, dass die Grenzen zwischen den einzelnen Volkswirtschaften verschwinden, auch die Souveränität der Nationalstaaten wird durch die Deregulierung, Privatisierung, Liberalisierung[7] und vor allem durch die Internationalisierung der finanziellen Netzwerke ausgehöhlt. Landesgrenzen verlieren so ihre Bedeutung. Die Entstehung des *Global Village* mit CNN als erstem rund um die Uhr weltweit tätigen Fernsehsender macht den Unterschied zwischen in- und ausländischen Nachrichten irrelevant.[8] Was früher als Inlandsnachricht galt, wie etwa der Kampf zwischen den einzelnen Bevölkerungsgruppen im ehemaligen Jugoslawien oder in Indonesien, wird heute als Bedrohung des Weltfriedens aufgefasst. Die EU, die NATO, die UNO, multinationale Konzerne und die internationalen Finanzmärkte sorgen dafür, dass die Behörden und Parlamente der Länder immer weniger zu sagen haben und immer weniger demokratische Kontrolle auf ihrem Territorium ausüben können.[9] Das Internet macht deutlich, dass die im 19. Jahrhundert entwickelten an Ort, Zeit und Gebiet gebundenen Rechtsgrundsätze schwer aufrechtzuerhalten sind. Für das Internet und andere internationale Computernetzwerke ist das Staatsgebiet irrelevant. Akteure sind nicht mehr ortsgebunden[10] und häufig auch nicht mehr zu identifizieren. Dem Recht, insbesondere dem Strafrecht, kann nicht überall und gewiss nicht rasch genug Geltung verschafft werden. Steuererhebung innerhalb des E-Commerce erfordert den Einsatz noch nicht entwickelter *intelligent software agents*, die als Zollbeamte auf der Datenautobahn eingesetzt werden müssten. Der Grundsatz: „Was *offline* gilt, muss auch *online* gelten“ ist schwer zu verwirklichen.

Die virtuelle Welt (Internet, Chipkarte, WAP usw.) hat Folgen für bestehende staatliche Strukturen und Dienstleistungen. Es vollzieht sich eine Entwicklung von der klassischen zentralisierten und territorialisierten zu einer horizontalen und entterrito-

---

[7] J. Borking, Ende der Privatheit?, in: H. Bäumler, Der neue Datenschutz, Neuwied 1998, 288.

[8] Vgl. S. Hoffman, World Disorders, Troubled Peace in Post-Cold War Era, Boston 1998, und J. M. Guehènno, La fin de la démocratie, Brüssel 1994.

[9] W. Derksen, Hoe de nationale staat blijft, tegen de ICT-verdrukking in, in: Rijksdienst 21, Alphen aan den Rijn 1999, 16.

[10] W. Derksen, op. cit., 17. Vgl. auch den Beitrag von Dix, 93, in diesem Buch.

rialisierten Staatsform hin. Für manche Staaten kann das problematischer sein als für andere. Das hängt davon ab, inwiefern von einer politischen Polarisierung und einer zentralisierten Verwaltung[11] die Rede ist.

Durch das im Laufe der Achtzigerjahre entstandene Phänomen des in den Hintergrund tretenden Staates und der damit einhergehenden Privatisierung staatlicher Aufgabenbereiche in Verbindung mit einer (weltweiten) Liberalisierung ist auf verschiedenen Gebieten ein normatives Vakuum entstanden, das sich auch auf das Internet erstreckt. Daraus entsteht das Bedürfnis nach einer unparteiischen Schlichtungsstelle, die Konflikte rasch beilegen kann. Den Daten verarbeitenden Internet-Organisationen ist an komplizierten und zeitraubenden Gerichtsverfahren wenig gelegen. Die EU hat das Problem erkannt und setzt sich u. a. in ihrer Richtlinie 97/7/EG für eine außergerichtliche Online-Schlichtung ein.[12]

In einer Welt, die sich nicht mehr nur physisch manifestiert, haben Regierungen es mit Bürgern zu tun, die Mitglied verschiedener virtueller Gemeinschaften sind, jede mit ihren eigenen Regeln.[13] Diese Regeln werden zunehmend ohne staatliches Zutun in den betreffenden Gemeinschaften von Einzelpersonen oder Gruppen formuliert. Übrigens bringt die Selbstregulierung hohe Transaktionskosten für die Akteure mit sich, insbesondere wenn sie alle Spielregeln für den Umgang selbst erfinden, vereinbaren und anwenden müssen. Gerade der Staat oder in diesem Zusammenhang der Datenschutzbeauftragte kann durch den Erlass von Regelungen die Transaktionskosten erheblich senken.[14]

Dass virtuelle Gemeinschaften sich selbst ihre Regeln geben, will noch nicht heißen, dass sie demokratisch organisiert sind oder die Grundrechte respektieren. Es ist möglich, dass die bestehenden Grundrechte ausgehöhlt werden oder für den Schutz der Bürger im Internet unzureichend sind. Auf internationaler Ebene gibt es hier keine einheitlichen Normen. Hierdurch können demokratische Strukturen in Mitleidenschaft gezogen werden. Insbesondere die Wahrung des Grundrechts auf Schutz der Privatsphäre (im Internet gibt es Anbieter wie CEO von Sun Microsystems, die sich auf den Standpunkt stellen: *„privacy is out“*)[15] erweist sich im Rahmen des *E-Commerce* ohne den Einsatz organisatorischer (*privacy seals*) oder technischer

---

[11] Vgl. A. Sampson, The Changing Anatomy of Britain: the handbook for the 80's, London 1983, 186-203; O. Petersson & D. Söderlind, Förvaltningspolitik, Stockholm 1992, 161 ff.

[12] Vgl. Art. 17; vgl. auch Amended Proposal for a European Parliament and Council Directive on Certain Legal Aspects of Electronic Commerce in the Internal Market, Brüssel COM (2000), 127 def., 10.3.2000.

[13] Vgl. P. Frissen, De Lege Staat, Tilburg 1999.

[14] In 't Veld/Teisman, Interactief Bestuur: een ander zicht op besluitvorming, Den Haag 1997, 12.

[15] Vgl. The End of Privacy, in: The Economist, Mai 1999; vgl. auch M. Kirby, Privacy Protection in Cyberspace – Should We just Give Up?, in: I-Ways Digest of Electronic Commerce Policy and Regulation, Third Quarter 1999, 19.

Schutzmaßnahmen (PET) – vorsichtig ausgedrückt – als schwierig. Diese für eine Demokratie fatale Unsicherheit muss beseitigt werden.

Hinzu kommt, dass die Verbreitung der Informations- und Kommunikationstechnologie, des Internets und die Mondialisierung (Globalisierung) dafür sorgen, dass eine zunehmende Diskrepanz zwischen der gesellschaftlichen, wirtschaftlichen und technischen Lebensdauer von IKT-Produkten und -Dienstleistungen einerseits (durchschnittlich zwischen 9 und 12 Monaten, im Internet zwischen 3,2 und 7 Monaten) und gesetzgeberischen Produkten andererseits (ein neues Gesetz dauert im Durchschnitt 10 Jahre bis zum In-Kraft-Treten) entsteht. Der Gesetzgeber (trotz der technisch neutralen Formulierungen) und die Richter (die meist Experten hinzuziehen müssen) hinken zunehmend hinter den Entwicklungen her.

Die sich immer stärker manifestierende virtuelle Welt lässt uns nur die eine Wahl, nämlich dass Organisationen, die ins Leben gerufen wurden, um als unabhängige Institutionen die Privatsphäre der Bürger zu schützen, auch tatsächlich in dieser virtuellen Welt anwesend sind. Das bedeutet also: Anpassung (*privacy law redesign*) an die Entwicklungen innerhalb der virtuellen Welt und gleichzeitig eine verstärkte (internationale) Zusammenarbeit mit den Kollegen in der realen Welt. Geschieht dies nicht, wird sich der Schutz der Privatsphäre langfristig als Illusion erweisen und die Kontrollfunktion verkümmern.

6 Kontrollorgane zum Schutz der Privatsphäre

Aber wie steht es mit den Datenschutzbeauftragten selbst? Sie genießen bei den EU-Bürgern großes Vertrauen, weil sie bislang als Kontrollorgane Empfehlungen zur Verwendung von personenbezogenen Daten in Staat und Wirtschaft erteilt und mittels *privacy audits* oder anderen Formen der Kontrolle über die Einhaltung der Rechtsvorschriften gewacht haben. Die heutige Organisation hat aufgrund ihrer Struktur und Organisationsform jedoch keine adäquate Antwort auf die neuen Herausforderungen des Internets. Dies ist keineswegs auf mangelndes Interesse zurückzuführen. Im Gegenteil! Als Ursachen seien hier genannt:

- Die zu starke Einbettung in die Beamtenkultur, was zu Risiko meidendem und introvertiertem Verhalten führt, wodurch es am *understanding of the business* fehlt.[16] Dies hat wiederum zur Folge, dass man durch die zunehmende Privatisierung, die zunehmenden Fusionen und die zunehmende Globalisierung nicht mehr weiß, wie die öffentlichen und privaten Organisationen, die die Datenschutzbeauftragten kontrollieren sollen, ihre Tätigkeiten ausüben. Was den E-Commerce

[16] Vgl. H. Bäumler, Das virtuelle Datenschutzbüro, http://www.rewi.hu-berlin.de/DSB/SH/projekte/virdsb/index.htm.

angeht, ist man oft bloß zu vagen Äußerungen gegenüber dem Internet-Nutzer und dem Anbieter imstande.

- Die unzureichende materielle und personelle Ausstattung bzw. fehlende fachliche Qualifikationen. Es mangelt an relevanten IKT-Kenntnissen, und noch weniger weiß man über die Vorgänge in der virtuellen Welt Bescheid.[17] Innerhalb der Organisation fehlt die Infrastruktur (E-Mail, Internet-Anschlüsse am Arbeitsplatz, interaktive Webseiten) für modernes kommunikatives Handeln. Internet-Nutzer sehen sich dadurch keinem sachkundigen und damit glaubwürdigem Gesprächspartner gegenüber.[18]
- Die zu starke lokale Orientierung, bedingt durch nationale Zuständigkeitsgrenzen, während neue Internet-Probleme und Verletzungen der Privatsphäre grenzüberschreitend auftreten können.
- Abwesenheit als interaktive, unabhängige Gesprächspartner und Konfliktlöser für die Bürger im Internet.
- Die in der Praxis aufgeworfenen Fragen werden nicht überzeugend beantwortet. Das Tempo, in dem heute etwa Antworten zu Internet-Fragen gegeben werden, ist für die tägliche Praxis viel zu langsam. Die Informationsbeschaffung und die Interaktion mit Internet-Nutzern sind noch sehr starr. Was findet man im Allgemeinen auf der Website des Datenschutzbeauftragten vor? Häufig wird man nur weiterverwiesen, ein telefonischer oder schriftlicher Kontakt muss folgen.

7 Erwartungshaltung der Internet-Nutzer

Aus der Kontextanalyse und der Stärke/Schwäche-Analyse kristallisiert sich eine Reihe von Erwartungen seitens des Internet-Nutzers deutlich heraus.

Durch die Mondialisierung und die Tatsache, dass man mit der Internet-Technologie rechtliches Neuland betritt, bedarf der Internet-Nutzer und Anbieter (ISP und *Content*) rascher Antworten auf aktuelle Fragen. Außerdem wird häufig dort nach technischen Lösungen gefragt, wo der folgende Slogan gilt: „Datenvermeidung, wo immer dies möglich ist, ist der wirksamste Datenschutz.“ PET kann dann den Bürger in die Lage versetzen, sich selbst zu schützen.

Internet-Nutzer sehen lieber präventives Handeln (d. h. ein Handeln, das der Verletzung der Privatsphäre durch die sehr starke Zunahme der Anwendung der IKT in der Gesellschaft im Vorfeld begegnet) anstatt einer trägen, bloß reaktiven Behandlung von Beschwerden. Der telefonische Bereitschaftsdienst bei der niederländischen

[17] A.a.O.
[18] A.a.O.

Registratiekamer erledigt jedes Jahr rasch und unbürokratisch Tausende von Anfragen. Internet-Nutzer zählen in der Regel jedoch nicht zu den Anrufern. Für sie müsste auf einer Website eine mit dem telefonischen Bereitschaftsdienst vergleichbare *Chat*-Möglichkeit geschaffen werden.

Internet-Nutzer rechnen nicht damit, dass es territoriale Kompetenzbeschränkungen bei der Lösung von Problemen im Zusammenhang mit dem Schutz der Privatsphäre im Internet gibt. Man erwartet eine enge Zusammenarbeit und Koordinierung mit unseren Kollegen im In- und Ausland. Dabei geht es nicht nur um die Frage der Gesprächsbereitschaft, sondern um die tatsächliche Abstimmung des Vorgehens, vor allem dann, wenn bei Nachforschungen und Kontrollen Landesgrenzen überschritten werden müssen. Im Rahmen der aufgrund der EG-Richtlinie 95/46/EG eingesetzten Artikel-29-Arbeitsgruppe und an anderer Stelle entwickeln sich in Europa bereits Kooperationsformen, die jedoch noch die praktische, einsatzfähige und auf die virtuelle Welt ausgerichtete Komponente vermissen lassen. Für große Teile außerhalb Europas hat man jedoch noch keine adäquate Antwort gefunden.[19]

Zur Verwirklichung der Aufgaben und Zielsetzungen des niederländischen Datenschutzbeauftragten (Registratiekamer) wurde ein viergleisiges Konzept entworfen. Die Aktivitäten auf diesen vier Gleisen sind aufeinander abgestimmt. Kern des Konzepts ist, dass alle vier Gleise für eine zweckgerechte Aufgabenerfüllung erforderlich sind. Bei den vier Gleisen handelt es sich um: Bewusstsein, Normen, Technologie und Kontrolle. Dieses Konzept kann möglicherweise mit einigen Akzentverlagerungen mühelos auf die virtuelle Welt übertragen werden.

Die Aktivierung und Ausrichtung des Bewusstseins von Internet-Nutzern und Vertretern Daten verarbeitender Organisationen im Hinblick auf den Schutz der Privatsphäre ist eine unleugbare Aufgabe der Datenschutzbeauftragten – auch im Internet. Das bedeutet allerdings, dass sie innerhalb der virtuellen Welt, also z. B. in virtuellen Plauderräumen oder bei anderen interaktiven Veranstaltungen, sichtbar sein müssen. Die Verantwortlichen in Staat und Wirtschaft müssen über die Notwendigkeit und den Nutzen des Schutzes der Privatsphäre innerhalb des E-Government und

[19] Innerhalb der Artikel-29-Arbeitsgruppe wurde eine Internet Task Force gegründet. Vgl. WP 16 – Processing of data on the Internet; WP 17 – Invisible and automatic processing; WP 24 – Preservation of traffic data by ISPs; WP 28 – Some legal aspects of E-Commerce und WP 29 – Revision of EU telecom frame work (updating Directive 97/66); außerdem wird der Einsatz einer internationalen Arbeitsgruppe vorbereitet, die sich grenzüberschreitend mit der Behandlung von Beschwerden befassen soll. Schließlich besteht im Rahmen von EUROPOL eine enge Zusammenarbeit zwischen Datenschützern und Polizei. Außerhalb Europas ist mit der Annahme der Federal Bill C-6 (Personal Information and Electronic Documents Act) die Situation in Kanada nahezu identisch mit der innerhalb der EU. Im Rahmen der von Datenschutzbeauftragten aus der EU und verschiedenen anderen Ländern eingesetzten Internationalen Arbeitsgruppe für Datenschutz in der Telekommunikation mit Sitz in Berlin findet in zunehmendem Maße eine weltweite Zusammenarbeit statt.

des E-Commerce und die durch das Fehlen eines solchen Schutzes drohenden Gefahren aufgeklärt werden. Außerdem muss der Datenschutzbeauftragte die Entscheidungsträger in Organisationen auf ganz anderen Wegen ansprechen, um ihnen deutlich zu machen, dass es den Zielen ihrer Organisationen dient, wenn sie die Privatheit der Daten von Kunden und Bürgern respektieren. Die soziale Akzeptanz des E-Government oder E-Commerce steht und fällt schließlich mit dem Vertrauen der Internet-Nutzer, dass mit ihren personenbezogenen Daten gut umgegangen wird. Dieses Vertrauen könnte erheblich zunehmen, wenn der Datenschutzbeauftragte *privacy seals* (Zertifikate) mit einer beschränkten Gültigkeitsdauer abgeben könnte. Andere Dienstleistungen in der virtuellen Welt könnten die Beseitigung des normativen Vakuums, die technische Beratung bei der Gestaltung von Informationssystemen oder Schutzmaßnahmen für den Internet-Nutzer (z. B. *cookies catcher*, Bereitstellung eines zeitlich begrenzten Identitätsschutzes, Pseudoidentitäten) und elektronische Überwachung sein.

8 Die strategische Wahl

Wenn wir in der Lage sind, die Erwartungen der Internet-Nutzer zu erfüllen, dann kann die Bedrohung der Privatsphäre in neue Möglichkeiten umgemünzt werden.

Wir müssen in der sich wandelnden Welt der schnellen, grenzüberschreitenden Interaktion und zusammenschmelzender virtueller Gemeinschaften unserer neuen Rolle im *E-Government* und *E-Commerce* Gestalt verleihen. Worauf es ankommt, ist, dass wir mehr als *iudex viator* oder als Führer in dieser neuen Welt agieren. Man sollte sich mehr auf Problem lösendes Denken einstellen und nicht auf einer statisch-reaktiven und krampfhaften Verteidigungshaltung beharren. Dieser Führer könnte Selbsthilfeprozesse initiieren, die er dann mit seinem Engagement und Sachverstand in die gewünschte privatsphärenfreundliche Richtung steuern könnte. Es geht hier um *law in action*, das mit dem kodifizierten historisch-dogmatischen System des *law in the books* nicht identisch ist, also um offenes kasuistisches Problemdenken anstelle eines geschlossenen deduktiven Systemdenkens, das ausschließlich an Rechtmäßigkeitsfragen interessiert ist.[20]

Ein Paradigmawechsel für die Transformation des öffentlichen Sektors ist unentbehrlich. Die Kinder (bis 15 Jahre) von heute bilden die Netzgeneration. Ihre Gewohnheit, rasch zu handeln und nach Alternativen zu suchen, wenn etwas nicht gelingt, schafft das Bedürfnis nach ebenso raschem Handeln in der physischen Welt. Wer will noch lange auf Auskünfte oder Dienstleistungen staatlicher Stellen warten, wenn er sich im Internet mit einem Mausklick alles beschaffen kann? Die neue

[20] Vgl. J. ter Heide, Iudex Viator, Ars Aequi, Januar 1967, XVI, 1.

Netzgeneration erwartet also, dass staatliche Stellen ebenso rasch handeln, wie sie es vom Internet gewohnt sind.

Der Datenschutzbeauftragte wird sich also anders organisieren müssen. Die Frage ist, wie. Von außen auferlegte Regeln werden immer weniger Wirkung zeigen. Daher liegt die Gründung eines Datenschutzbüros in der virtuellen Welt nahe (obwohl bisher noch niemand darauf gekommen ist) und wäre gleichzeitig zukunftsweisend. Über Hyperlinks könnten alle Kollegen im In- und Ausland erreicht werden.[21] Dadurch würde das Wissen über die virtuelle Welt beim Datenschutzbeauftragten zunehmen. Er würde dann auch von den Internet-Nutzern (*netizen*) als „einer der ihren" anerkannt werden. Gleichzeitig wird man den Rahmen dafür schaffen müssen, dass man auf dem Wege der Zusammenarbeit rasch international gegen Gesetzesbrecher auftreten kann.

Abgesehen von der aktiven Teilnahme mit praktischen, konkreten Empfehlungen und anderen Dienstleistungen (z. B. das Angebot sicherer Umgebungen für personenbezogene Daten)[22] wird man dank der Erfahrungen in der virtuellen Welt mit Sachverstand eine rasche, effektive und gezielte Rückkoppelung zur physischen Welt der Gesetzgeber, Richter, Behörden und Unternehmen vornehmen können. Die Kontrolle der Einhaltung von Rechtsvorschriften (*privacy audits*) in der tastbaren Welt bei Internet-Content- und Service-Providern kann dank der Erfahrungen in der virtuellen Welt rascher optimiert werden.

Bereits heute kann man sehen, wie die ersten Erfahrungen mit dem Internet zu brauchbaren Empfehlungen der aufgrund der EG-Richtlinie zum Schutz personenbezogener Daten eingesetzten Artikel-29-Arbeitsgruppe führen. Mit den rechtlich normativen Ankern aus der tastbaren Welt, die uns zur Verfügung stehen, werden wir uns in der virtuellen Wirklichkeit bewegen und unserer Rolle darin Gestalt verleihen müssen.[23] Vermutlich werden wir dann binnen absehbarer Zeit in der Lage sein, mithilfe von *software agents* zum Schutz der Privatsphäre dem Internet-Nutzer die helfende Hand zu reichen und die nötigen Überwachungen durchzuführen. Wenn wir an der virtuellen Welt nicht teilhaben, dann haben wir nichts anderes zu erwarten, als dass das Grundrecht auf Schutz der Privatsphäre ausgehöhlt wird und uns selbst das Schicksal der Dinosaurier ereilt, die sich einer veränderten Welt nicht anpassen konnten.

---

[21] Vgl. M. Köhntopp, Das virtuelle Datenschutzbüro, in diesem Buch, 291.

[22] Vgl. J. Borking, B. M. A. van Eck, P. Siepel, Intelligent Software Agents and Privacy, Den Haag 1998, 40.

[23] Vgl. P. Frissen, De Netwerk staat, seminar Overheid & ICT: Sturen of meebewegen, Zeist, 16. Dezember 1999.

Das virtuelle Datenschutzbüro

Marit Köhntopp[1]

1 Einleitung

The Net is bringing social changes so profound their only parallel is probably the discovery of fire.[2]

Seit Anfang der 90er-Jahre[3] verkünden kritische Techniker und Gesellschaftstheoretiker die Netzrevolution.[4] Sie behaupten, dass die massenhafte Nutzung des Internets zur drastischen Beschleunigung der Kommunikation führe, die einen radikalen gesellschaftlichen Wandel weltweit auslösen werde. Wie auch immer dieser Wandel im Einzelnen beurteilt wird, spüren mittlerweile auch Nochnichtnetizens den Veränderungsdruck, der von der modernen Kommunikationstechnik auf den Alltag ausgeübt wird. Auch für die Datenschutzbeauftragten und den Datenschutz an sich verändert sich damit einiges. Das Projekt „Virtuelles Datenschutzbüro", initiiert vom Landesbeauftragten für den Datenschutz Schleswig-Holstein, ist eine Möglichkeit, um auf die Entwicklung zu reagieren und sie mitzugestalten.

2 Die Internet-Kultur

There is power in this Internet to create conversations, and open source is the heart of it.[5]

Technisch gesehen ist das Internet ein Verbund von Rechnern, die „dieselbe Sprache sprechen", d. h. für den Datenaustausch dasselbe Kommunikationsprotokoll ver-

1 Ich danke allen Mitgliedern des Projektteams „Virtuelles Datenschutzbüro" mit ihrer zusammengezählt mehrere Jahrzehnte langen Internet-Erfahrung für ihre engagierte und begeister(nd,t)e Arbeit sowie für die kritische Durchsicht dieses Textes. Außerdem bedanke ich mich bei den zahlreichen nationalen und internationalen Projektpartnern und bei den Förderern, zurzeit der Initiative Informationsgesellschaft Schleswig-Holstein und der Technologiestiftung Schleswig-Holstein, für ihr Vertrauen in unsere Arbeit.

2 Louis Rosetto, Why Wired?, in Wired 1.1, San Francisco, CA: Wired USA, 1993, 10.

3 Jim Warren, Introduction, in: The First Conference on Computers, Freedom and Privacy, IEEE Computer Society Press, 1991; http://www.cpsr.org/conferences/cfp91/intro.html.

4 Martin Rost (Hrsg.), Die Netz-Revolution – Auf dem Weg in die Weltgesellschaft, Vorwort, Eichborn, Frankfurt/Main 1996, 7-8.

5 Tim O'Reilly, Open Source: The Model for Collaboration in the Age of the Internet, 6.4.2000, Vortrag auf der zehnten Conference on Computers, Freedom & Privacy (CFP 2000), 4.-7. April 2000 in Toronto, zit. in Doug Brown: O'Reilly Champions Net's Open-Source Spirit, Inter@ctive Week, 7.4.2000; http://www.zdnet.com/intweek/stories/news/0,4164,2523509,00.html.

wenden. Interessant ist dies deswegen, weil der finanzielle, technische und organisatorische Aufwand, um sich anzuschließen und an diesem Netz teilzuhaben, an vielen Orten der Welt gering ist und dadurch viele mitmachen.

```
Und wir haben weiter unsere kleinen Kabel ver-
legt. Ueberall.
Und damit haben wir euch inzwischen die Welt
gestohlen ...
Als ihr jung wart, da seid ihr offen aufgestan-
den und habt gegen eure Eltern kaempfen
muessen. Ihr habt ihnen die Welt abgerungen, in
einem offenen und fairen Kampf, damals, als wir
geboren wurden. Und dann habt ihr so weiter-
gemacht wie sie. Wir sind anders. Wir haben sie
euch gestohlen, Stueck fuer Stueck.
Arbeit, Freizeit, Geld, Telefon, Post, Kneipe,
... Ohne dass ihr es gemerkt habt. Und wir
haben sie umgebaut, klamm und heimlich.
Inzwischen sind einige von euch aufgewacht und
haben gemerkt, dass diese Welt nicht mehr die
ist, fuer die sie die Regeln gemacht haben.
Jetzt muessen sie schnell neue Regeln machen,
fuer eine neue Welt, die sie nicht verstehen.[6]
```

Im Unterschied zu Funk, Fernsehen und Printmedien, bei denen im Vergleich zu der Masse an Rezipienten relativ wenige Personen die Inhalte zur Verfügung stellen, kann jeder im Internet sowohl Inhalte abrufen als auch welche bereitstellen. Die „Veröffentlichungspipeline“ wird extrem verkürzt.[7]

Dies begünstigt einen Diskurs zwischen Interessierten an einem Thema, z. B. über News oder Mailinglists, oft international mit Beteiligten von überall auf der Welt. Im Internet sind Materialien von hoher Qualität zu finden, z. B. als Frequently Asked Questions (FAQ, Antworten auf häufig gestellte Fragen zu einem Thema), wissenschaftliche Ausarbeitungen oder nützliche Software zum Einsatz auf dem heimischen Rechner. Viele dieser Anbieter hätten sich nie die Mühe gemacht, ihr

[6] Kristian Köhntopp: Generation @; News-Posting in de.soc.netzwesen am 24.7.1996; http://www.koehntopp.de/kris/inkomploehntopp/01324.html.

[7] Marit Köhntopp, Stacheldraht im Internet, in: Stefan Bollmann, Christiane Heibach (Hrsg.), Kursbuch Internet, Bollmann Verlag, Mannheim 1996, 119-135.

Material einem Verlag anzubieten, oder würden auch keinen Vertrag unterzeichnen, der die Verbreitungsrechte in irgendeiner Form limitiert.

Jeder Nutzer muss sich allerdings selbst ein Bild davon machen, inwieweit er die Dokumente für korrekt, authentisch und aktuell hält – er kann nicht einer Redaktion oder einem Verlag trauen. Ähnliches gilt für Softwaretools, bei denen nicht ausgeschlossen ist, dass sie Trojanische Pferde mit Schadensfunktionen enthalten.

Ähnlich wie im Wissenschaftsbereich hat sich hier ein Mechanismus etabliert, bei dem jeder, der nicht mit dem veröffentlichten Material einverstanden ist, seine Gegenmeinung publizieren kann und sich auf diese Weise am Diskurs beteiligt. Dies ist ebenso möglich bei Programmen, deren Quelltext offen gelegt ist (Open Source[8]): Jeder Interessierte kann Fehlerpatches, Optimierungen oder Erweiterungen beisteuern. Auch für Sicherheitsbewertungen ist die Transparenz des Quelltextes enorm hilfreich. Im Bereich der Kryptographie wird die Offenlegung des Quelltextes und der Designkriterien für Algorithmen schon seit Jahrzehnten als notwendig für Sicherheit angesehen. Erst wenn die Algorithmen der ständigen kritischen Durchsicht verschiedener unabhängiger Experten und von ihnen ausgearbeiteten Angriffsmethoden standhalten, bildet sich Vertrauen in ihren Einsatz.

Die Offenheit und Transparenz sowie die Möglichkeit zur Diskussion sind ebenfalls typisch für die Methode, wie Standards im Internet entstehen. So werden als Ziele des Internet-Standardisierungsprozesses die folgenden genannt:

- technische Exzellenz,
- vorheriges Implementieren und Testen,
- klare, knappe und leicht verständliche Dokumentation,
- Offenheit und Fairness sowie
- Aktualität.[9]

Seit 1969[10] gibt es die RFC-Dokumente (RFC steht bezeichnenderweise für „Request for Comment"), von denen einige zum Internet-Standard werden, andere dagegen im Stadium „Informational" oder „Experimental" bleiben. Auch die so genannten Internet-Drafts sind zur Kommentierung gedacht. Eine Einschränkung ist allerdings zu nennen: Wer in der US-amerikanisch geprägten Internet-Standard-Welt wahrgenommen werden will, muss seine Ansichten auf Englisch einbringen.

---

[8] http://www.opensource.org/

[9] RFC 2026: The Internet Standards Process – Revision 3, S. Bradner, Oktober 1996; http://www.ietf.org/rfc/rfc2026.txt.

[10] RFC 0001: Host Software, S. Crocker, 7.4.1969; ftp://ftp.apnic.net/ietf/rfc/ALL/rfc0001.txt.

Open-Source-Softwareentwicklung nach der Methode „Release early and often" gelingt selbst für einige große Projekte, z. B. das Betriebssystem Linux, das inzwischen Microsoft Windows Konkurrenz macht, die Webserver-Software Apache, die auf mehr als 60 % aller Webserver läuft, oder das zurzeit größte Open-Source-Projekt KDE (The K Desktop Environment), eine grafische Bedienoberfläche für Unix-Workstations einschließlich Office-Paket und Entwicklungsumgebung).

Eric S. Raymond beschreibt im Folgenden sein Erstaunen darüber, dass selbst bei komplexer Softwareentwicklung nicht zentralistisch, von Beginn an durchgeplant mit wenigen ausgesuchten Leuten wie ehedem beim Kathedralenbau vorgegangen werden muss, sondern der „Basarstil" der Netzcommunity funktionieren kann – sogar besser und schneller:

> *„... I also believed there was a certain critical complexity above which a more centralized, a priori approach was required. I believed that the most important software ... needed to be built like cathedrals, carefully crafted by individual wizards or small bands of mages working in splendid isolation, with no beta to be released before its time.*
>
> *Linus Torvalds's style of development – release early and often, delegate everything you can, be open to the point of promiscuity – came as a surprise. No quiet, reverent cathedral-building here – rather, the Linux community seemed to resemble a great babbling bazaar of differing agendas and approaches ... out of which a coherent and stable system could seemingly emerge only by a succession of miracles.*
>
> *The fact that this bazaar style seemed to work, and work well, came as a distinct shock. As I learned my way around, I worked hard not just at individual projects, but also at trying to understand why the Linux world not only didn't fly apart in confusion but seemed to go from strength to strength at a speed barely imaginable to cathedral-builders."*[11]

[11] Eric S. Raymond, The Cathedral and the Bazaar, Version 1.45, August 1999; http://www.tuxedo.org/~esr/writings/cathedral-bazaar/cathedral-bazaar.html.

3 Datenschutz – eine Bestandsaufnahme

– Bonsai [japan. „Zwergbäume"], das, -,

alte japan. Kunst, aus Samen oder aus Pfropfreisern, Stecklingen, Ablegern von normalen Bäumen Zwergformen von etwa 15-80 cm Höhe aufzuziehen. Die Bäume werden einer besonderen Behandlung (Beschneiden und Einengen der Wurzeln, Auskneifen des Austriebs, Anzucht in kleinen Töpfen mit fester Erde, geringe Düngung) unterzogen. Sie können mehrere hundert Jahre alt werden.

– Bonsai, der, -(s)/-s, japan. Zwergbaum[12]

Die Raymond-Analogie von Kathedralen und Basaren ist nicht unmittelbar auf den Datenschutzbereich übertragbar. Bei „Kathedralen" fallen einem zwar vielleicht die umfangreichen nationalen oder EU-weiten Gesetzeswerke zum Datenschutz ein, doch in der täglichen Arbeit mit dem Datenschutz – ob bei Datenverarbeitern oder Datenschutzbeauftragten – erscheint ein Basarstil nicht besonders erstrebenswert. Dies liegt großenteils daran, dass der Schutz der *eigenen* personenbezogenen Daten und dessen Kontrolle viel mit Vertrauen zu tun hat, das nicht inflationär vergeben wird. Eine offene Verhandlung um technische oder juristische Datenschutzstandards für ein generelles Systemdesign (quasi „Open Privacy") ist zwar möglich und sinnvoll, doch in jedem Einzelfall ist die zugesicherte Vertraulichkeit für den Betroffenen eminent. Die Datenschutzbeauftragten, die sich, prädestiniert durch ihre gesetzlich festgeschriebene Unabhängigkeit und Kompetenz in technischen und juristischen Fragen, für die Betroffenen einsetzen, füllen diese besondere Vertrauensstellung aus.

Dass Datenschutz national und international ein Thema ist, zeigt sich beispielsweise an folgenden Punkten:

- Es gibt einen regen Meinungsaustausch in Foren wie de.soc.datenschutz oder öffentlichen Mailinglists wie debate@fitug.de des FITUG e. V. (Förderverein Informationstechnik und Gesellschaft)[13]. Ebenso gibt es regelmäßig Meldungen zu Datenschutzthemen in frequentierten Online-News-Systemen wie dem Heise-Newsticker[14] oder über Verteiler wie q/depesche[15].

---

[12] Brockhaus 1987.

[13] http://www.fitug.de/

[14] http://www.heise.de/newsticker/

[15] http://www.quintessenz.at/

- Der Ausspruch des Sun-Chefs Scott McNealy *„You have zero privacy anyway. Get over it!"*[16] sorgt für heftige Diskussionen[17].
- Auf Konferenzen wie der Conference on Computers, Freedom & Privacy im April 2000 in Toronto diskutieren die großenteils nordamerikanischen Teilnehmer tagelang von frühmorgens bis spätabends engagiert über Aspekte von Freiheit und Datenschutz.
- Datenschutz wird zum Thema in Hollywood-Kinofilmen, z. B. in „Das Netz" (1995), „Eraser" (1996), „Staatsfeind Nr. 1" (1998) oder „Die Matrix" (1999).
- Verschiedene nationale und internationale Umfragen, teilweise ausgerichtet auf Themen wie „E-Commerce"[18], aber auch speziell zum Datenschutz, belegen den Bedarf bei den Nutzern.

Die bekannteste deutsche Datenschutzumfrage von Horst W. Opaschowski[19] dokumentiert allerdings nicht nur das Datenschutzinteresse, sondern auch die Tatsache, dass die Befragten zu einem Großteil die Institution der Datenschutzbeauftragten überhaupt nicht kennen. Dazu schreibt der Landesbeauftragte für den Datenschutz und für das Recht auf Akteneinsicht Brandenburg in seinem Tätigkeitsbericht 1998:

> „[Dies] verdeutlicht, welcher Aufgabe sich die Datenschutzbeauftragten in Bund und Ländern trotz einer in einzelnen Ländern (z. B. Hessen) 30-jährigen Datenschutztradition vorrangig stellen müssen: Beratungs- und Hilfsangebote sollten den Bürgern mit neuen Formen der Öffentlichkeitsarbeit nahe gebracht werden."[20]

Datenschutz hat lange eine Art Bonsai-Dasein geführt: hübsch anzusehen, fein ziseliert, von den Gärtnern auf perfekt getrimmt, aufwändig in der Pflege, vielleicht sogar künstlich im Wachstum beschränkt. Man muss schon dicht herangehen, um die Bonsai-Bäumchen überhaupt zu entdecken. Natürlich haben sie ihre Berechtigung – die Welt braucht aber mehr Vielfalt in ihren Ökosystemen. Von der Wiese bis zum Urwald gehört alles dazu.

---

[16] Scott McNealy, 25.1.1999, zit. in Wired, 26.1.1999; http://www.wired.com/news/politics/0,1283,17538,00.html.

[17] Slashdot-Diskussion: http://slashdot.org/articles/99/01/29/0047249.shtml.

[18] Beispielsweise beschrieben von Stefan Krempl, Datenschutz und die neue Unübersichtlichkeit, Telepolis, 20.8.1999; http://www.heise.de/tp/deutsch/inhalt/te/5213/1.html.

[19] Horst W. Opaschowski, Der gläserne Konsument?, BAT-Freizeit-Forschungsinstitut Hamburg; Hamburg 1998.

[20] Der Landesbeauftragte für den Datenschutz und für das Recht auf Akteneinsicht Brandenburg, Tätigkeitsbericht 1998, Berichtszeitraum: vom 1. April 1998 bis 31. Dezember 1998, Drs. 2/6130, Einleitung; http://www.brandenburg.de/land/lfdbbg/tb/tb7/tb700.htm.

4 Der Ausweg: die Metamorphose

The question before you is not preservation of the status quo –
all hope of that is now lost.
... Demand privacy, while the question is still relevant.[21]

Kein Grund für Katzenjammer bei den Datenschutzbeauftragten – Datenschutz ist vermutlich zurzeit wichtiger denn je, beispielsweise um die Nutzer davor zu bewahren, auf der Datenautobahn unter die Räder zu kommen. Vertrauenswürdige Experten werden gerade in Bezug auf neue technische Systeme benötigt, mit denen sich die Nutzer konfrontiert sehen.[22] Dabei geht es aber nicht nur um die Bewertung der Verfahren, sondern ebenso wichtig ist die Mitgestaltung in einem möglichst frühen Stadium, um von vornherein möglichst datenschutzfreundliche Technologien zu erhalten und nicht nachträglich nachbessern zu müssen.[23] Datenschutz also integriert als Standard-Feature (wenn auch konfigurierbar für die jeweiligen Bedürfnisse der Nutzer), statt als mühsames Add-on draufgepfropft.

Die Bedrohungen für den Datenschutz bestehen großenteils in „denial-of-privacy attacks", die automatisiert ablaufen. Dazu gehören z. B. das Sammeln oder sogar künstliche Erzeugen von Datenspuren[24] bei der Internet-Nutzung wie durch versteckt übertragene Identifizierungsnummern (GUID, Globally Unique IDentifier), eine flächendeckende Überwachung bei Echelon[25] oder einigen Videoüberwachungssystemen, vielleicht auch noch mit biometrischer[26] Erkennung unterstützt, und schließlich ein Data Mining[27] zum Auswerten der Daten. Warum mühsam in Handarbeit nach personenbezogenen Daten suchen, wenn sich dies im großen Stil viel einfacher industrialisiert durchführen lässt?

---

[21] Dan Geer, Privacy in the Real World, Smart Card Forum Symposium „Enabling Privacy in a Virtual World", Washington, D. C., 20.5.1999; http://www.attrition.org/~wrlwnd/crypto/nsa/privacy-dg.htm.

[22] Hans-Joachim Braczyk, Jochen Barthel, Gerhard Fuchs, Kornelia Konrad, Trust and Socio-Technical Systems, in: Günter Müller, Kai Rannenberg (Hrsg.), Multilateral Security in Communications – Technology, Infrastructure, Economy, Addison-Wesley-Longman, München 1999, 425-438; Jürgen Espey, Georg Rudinger, Hartmut Neuf, Excessive Demands on Users of Technology, ebd., 439-449.

[23] Marit Köhntopp, Ingo Ruhmann, Trust through Participation of Trusted Parties in Technology Design, in: Günter Müller, Kai Rannenberg (Hrsg.), Fn. 22, 499-514.

[24] Marit Köhntopp, Kristian Köhntopp, Datenspuren im Internet, CR 16/4 (2000), 248-257; s. auch Markus Wiese, Unfreiwillige Spuren im Netz, sowie Thomas Roessler, Vermeidung von Spuren im Netz, beide in diesem Band, 9 und 205.

[25] STOA-Report des Europäischen Parlaments: Development of Surveillance Technology and Risk of Abuse of Economic Information (an appraisal of technologies for political control), Arbeitspapier des Scientific and Technological Options Assessment Pane, Luxemburg, April 1999; http://www.gn.apc.org/duncan/stoa.htm.

[26] S. z. B. DuD 23/3 (1999) zum Schwerpunkt Biometrie.

[27] Information and Privacy Commissioner Ontario, Data Mining: Staking a Claim on Your Privacy, Januar 1998; http://www.ipc.on.ca/web_site.eng/matters/sum_pap/papers/datamine.htm; s. auch DuD 10/1998 zum Schwerpunkt Data-Warehouse.

In dieser Zeit des Umbruchs ändern sich die Spielregeln, aber keiner ist dem hilflos ausgeliefert.[28] Stattdessen muss reaktiv, mehr noch: *proaktiv* vorgegangen werden. Auf die Bedrohungen muss der neue Datenschutz konsequenterweise durch eine Industrialisierung[29] seiner eigenen Arbeitsweisen und Konzepte[30] antworten; exquisite Einzelfallhandarbeit reicht nicht aus. Das Internet und der technische Fortschritt liefern gleich die Lösung mit. Es sind genug motivierte und kompetente Menschen da, nicht nur die Mitarbeiterinnen und Mitarbeiter in Datenschutzdienststellen und Bürgerrechtsorganisationen, sondern auch Netizens aus der Internet-Community. Ebenso stehen geeignete Werkzeuge zur Verfügung oder können in passabler Zeit geschaffen werden.

Wichtig ist allerdings, sich auf die für viele noch ungewohnte Internet-Kultur einzulassen und den selbstverständlichen Umgang zu üben. Damit vermeidet man, der Entwicklung hinterherzuhecheln und gewinnt stattdessen genug Souveränität, um sie sogar mitgestalten zu können. So wie E-Commerce das Internet entdeckt hat, kann dies auch E-Privacy tun. Datenschutzbeauftragte würden zu E-Privacy-Commissioners[31].

Da das Internet kein reines Konsumentennetz ist, sondern viele Dienste bidirektional oder sogar polydirektional sind, wird es mehr Rückmeldungen der „normalen" Leute geben, als man es per herkömmlicher Post oder per Telefon gewohnt ist. Mehr Präsenz im Internet provoziert auch mehr Reaktionen aus dem Internet. Das One-way-Denken funktioniert nicht. Daher müssen mit dem zunehmenden Traffic auch die Werkzeuge bereitgestellt werden, um die Anfragen ohne ein Mehr an Personal in den Dienststellen angemessen, d. h. in „Internet-Zeit", beantworten zu können. Dies läuft zusammen mit einer verstärkten Service-Orientierung des neuen Datenschutzes[32]. Geschwindigkeit spielt im Internet eine große Rolle – sowohl bei Diensten wie dem World Wide Web und dem Aufbau der Seiten auf dem Nutzerrechner, wo Verzögerungen nicht mehrere Sekunden übersteigen dürfen, als auch bei der Beantwortung von allgemeinen oder individuellen Fragen per E-Mail.

---

[28] Alexander Roßnagel, Globale Datennetze: Ohnmacht des Staates – Selbstschutz der Bürger, ZRP 1997, Heft 1, 26-30.

[29] Martin Rost, Anmerkungen zu einer Soziologie des Internet, in: Lorenz Gräf, Markus Krajewski (Hrsg.), Soziologie des Internet – Handeln im elektronischen Web-Werk, Campus, Frankfurt am Main 1997, 14-38; http://www.netzservice.de/Home/maro/mr_sdi.html.

[30] Hierzu gehört beispielsweise die Übertragung des Konzeptes des Personenbezugs auf ein technikgestütztes Identitätsmanagement für alle Menschen, s. auch http://www.koehntopp.de/marit/publikationen/idmanage/.

[31] John Borking, Erwartungen an die Datenschutzbeauftragten im Internet, in diesem Band, 280.

[32] Helmut Bäumler, Der neue Datenschutz, in: Helmut Bäumler (Hrsg.), Der neue Datenschutz – Datenschutz in der Informationsgesellschaft von morgen, Luchterhand, Neuwied 1998, 1-10.

Die wichtigste Maßnahme ist das arbeitsteilige Vorgehen gemäß den Zuständigkeiten und den thematischen Spezialisierungen der institutionalisierten Datenschutzinstanzen.[33] Es ist keine zentrale Institution denkbar und auch nicht internetlike oder wünschenswert, die alle Internet-Datenschutzanfragen aus der ganzen Welt beantwortet. Auf der anderen Seite ist ebenso wenig vorstellbar, dass sich die durch die einzelnen Dienststellen behandelten Anfragen oder Themen nicht überschneiden. Wo unterschiedliche Ansichten bestehen und wo Diskussionsbedarf herrscht, sollte dies zum Ausdruck kommen. Einen „Zwangskonsens“ gibt es nicht, sondern eine Förderung der Diskussion der verschiedenen Fachleute zu einem Thema.

Die Antwortgeschwindigkeit, die von den meisten Internet-Nutzern erwartet wird, lässt sich nicht halten, wenn eine detaillierte Prüfung des Sachverhalts im Einzelfall erforderlich wird. Allerdings muss zumindest die Geschwindigkeit der ersten Reaktion, z. B. der Eingangsbestätigung, hoch sein, und in vielen Fällen kann in kurzer Zeit „quick & not so dirty“ oder sogar sehr akkurat geantwortet werden. Dies ist einfach, wenn es sich um häufig gestellte und beantwortete Fragen handelt, bei denen ein Verweis auf das FAQ-Material auf der Homepage ausreicht. Sind ähnliche Fälle bereits behandelt worden, kann eine Datenbank mit dem strukturierten Datenschutzwissen der eigenen oder gegebenenfalls auch einer anderen Dienststelle Anhaltspunkte liefern. Professionelle Knowledge-Management-Systeme, wie sie inzwischen in der Wirtschaft zum Einsatz kommen, bieten darüber hinaus Workflow- und Call-Center-Unterstützung.

Schließlich basiert die Internet-Kommunikation gerade nicht auf einem einseitigen Service von wenigen, sondern die dort etablierte Kultur besteht aus Geben und Nehmen. Sehr viele Nutzer können dabei helfen, Datenschutzfragen von anderen zu beantworten, und wollen dies auch tun, weil sie selbst – vielleicht aus eigener Erfahrung oder aus Interesse – Experten auf dem Gebiet sind.

5 Butter bei die Fische – wie geht's?

Der Wechsel allein ist das Beständige.[34]

Mit diesen Grundüberlegungen begann Anfang 1999 beim Landesbeauftragten für den Datenschutz Schleswig-Holstein die Idee für das virtuelle Datenschutzbüro zu reifen. Immer stärker konkretisiert durch die Mitarbeiterinnen und Mitarbeiter, die real mit der Umsetzung beschäftigt waren, hat sich das Projekt „Virtuelles Datenschutzbüro“ herausgebildet. Der gewählte Begriff kombiniert die gewohnte „alte

[33] Peter Schaar, Die Möglichkeiten der Datenschutzaufsichtsbehörden, in diesem Band, 69.
[34] Arthur Schopenhauer, aber in ähnlicher Form auch schon Heraklit u. a.

Bürowelt“ mit der neuen Internet-Welt und soll damit gleichermaßen Internet-Erfahrene und -Unerfahrene ansprechen.

5.1 Das Projekt „Virtuelles Datenschutzbüro“

Das Ziel des virtuellen Datenschutzbüros besteht darin, den Datenschutz mit neuen Mitteln zu reetablieren, indem es die sich derzeit entwickelnden Kommunikationstechniken und -kulturen aufnimmt und für den neuen Datenschutz nutzbar macht. Es soll den Teilnehmern im Internet als Anlaufstelle in allen Fragen des Datenschutzes und allen, einschließlich der Datenschutzdienststellen, als Plattform für vielfältige Aktivitäten dienen.

Projektpartner können alle institutionalisierten Datenschutzinstanzen werden, Kooperationspartner alle interessierten Organisationen oder Einzelpersonen, die mit den Zielen übereinstimmen. In der Internet-Welt ist von Anfang an eine internationale Ausrichtung notwendig. Zu diesem Zweck werden internationale Datenschutzbeauftragte eingeladen, an dem Projekt teilzunehmen, und alle Projektpartner werden aufgefordert, ihre nicht englischen Materialien von übergreifender Bedeutung zusätzlich in einer englischen Übersetzung bereitzustellen oder zumindest mit einem englischen Abstract zu versehen.

Die gemeinschaftlich genutzte Infrastruktur und die darauf basierenden Dienste werden in der Anfangsphase im Unabhängigen Landeszentrum für Datenschutz Schleswig-Holstein realisiert. Dieser Teil des Projektes wird derzeit gefördert von der Initiative Informationsgesellschaft Schleswig-Holstein und der Technologiestiftung Schleswig-Holstein; weitere Interessierte sind angefragt. Während in den ersten Jahren eine Förderung für den Aufbau der gemeinschaftlich genutzten Infrastruktur und Dienste erforderlich ist, soll dies nach einer Zeit von drei Jahren nicht mehr nötig sein: Dann soll das virtuelle Datenschutzbüro samt der technischen Betreuung in den normalen Arbeitsablauf der Dienststellen übergehen, und etwaige Kosten müssen sich beispielsweise dadurch refinanzieren, dass Dienstleistungen für Firmen in Rechnung gestellt werden.

5.2 Der Weg und das Ziel

Die Mittel und Wege, um dem Datenschutz in der globalisierten Informationsgesellschaft eine neue Qualität zu verleihen, werden im Projekt gleich selbst erprobt:

- *Transparenz:*

  So wie sich das Aufgabengebiet von immer mehr Datenschutzdienststellen neben ihrer Grundaufgabe der Kontrolle des Datenschutzes um die Sicherung des freien Zugangs zu Informationen erweitert hat, spielt Transparenz im virtuellen Datenschutzbüro eine große Rolle. Das Datenschutzbüro fußt auf offenen Diskussionen zwischen interdisziplinären Experten aus Datenschutzdienststellen und Fachleuten der Internet-Community wie Wissenschaftlern, Praktikern oder anderen Interessierten. Im technischen Bereich, z. B. beim Einsatz von Software, ist Open Source die Grundphilosophie.

- *Beteiligungsmöglichkeiten:*

  Jeder ist eingeladen, beim virtuellen Datenschutzbüro mitzumachen. Basisidee ist ein ständiger „Call for Ideas" und „Request for Comments". Dies umfasst bereits die Entstehungsphase des virtuellen Datenschutzbüros, bei der ebenfalls viel Gestaltungsraum besteht. Neben einer Diskussionsplattform soll es im virtuellen Datenschutzbüro auch eine Projektbörse geben, die der Kontaktvermittlung zwischen Leuten, die neue Konzepte oder Projektideen haben, und Experten, Wissenschaftlern oder Studierenden auf der Suche nach Themen für ihre wissenschaftlichen Arbeiten dient.

- *Hohe Anforderungen an Datenschutz und Datensicherheit:*

  Das hohe Datenschutzniveau muss im gesamten Projekt gewährleistet sein, um den Anspruch der Vertrauenswürdigkeit zu erfüllen. Dabei geht es auch darum, zum einen bestehendes Recht in die Praxis umzusetzen[35], und zum anderen durch die Entwicklung und Implementierung von Konzepten für mehr Datenschutz und Datensicherheit neue Impulse zu geben.

- *Privacy Enhancing Technologies im Einsatz:*

  Die heutige Standardtechnik erfüllt die Anforderungen an ein hohes Maß an Datenschutz in der Regel noch nicht. Neue Konzepte müssen also entwickelt und implementiert werden. Teilweise kann dies im Projekt geschehen, teilweise wird das virtuelle Datenschutzbüro als Testumgebung für Fremdentwicklungen dienen können, um den Datenschutzstandard und die Praxistauglichkeit zu evaluieren[36]. Auf diese Weise wird der Stand der Technik, an dem sich die Datenschutzgesetze orientieren, fortgeschrieben.

- *Erfahrung:*

  Bei der Umsetzung der Datenschutzkonzepte in die Praxis mit dem Ansatz „Learning by doing", z. B. durch den Aufbau und Betrieb eigener Server im Inter-

[35] Wie die Multimediagesetze, s. auch Lukas Gundermann, Das Teledienstedatenschutzgesetz – ein virtuelles Gesetz?, in diesem Band, 58.

[36] Beispielsweise für datenschutzkonforme Realisierungen des Platform for Privacy Preferences Project (P3P, http://www.w3.org/P3P/), das zurzeit vom World Wide Web Consortium (W3C) standardisiert wird; s. auch Lorrie Faith Cranor, Privacy Tools, sowie Rüdiger Grimm, Nils Löhndorf, Alexander Roßnagel, E-Commerce meets E-Privacy, beide in diesem Band, 107 und 133.

net, gewinnen die Beteiligten sowohl technische Kompetenz als auch ein Gefühl für das technisch Machbare und den im Einzelfall erforderlichen Aufwand. Dies ist hilfreich für die Kontroll- und Beratungsfunktion der Datenschutzinstanzen, insbesondere bei Abwägungsfragen in Bezug auf die Verhältnismäßigkeit von zu treffenden Datenschutz- und Datensicherheitsmaßnahmen. Damit kann auch eine angemessene Balance zwischen den teilweise widerstrebenden Anforderungen von technischer Funktionalität, Datensicherheit und Datenschutz gefunden werden.[37] Gerade im Hinblick auf die Unabhängigkeit der Datenschutzbeauftragten ist das eigene Sammeln von Erfahrungen wertvoll.

- *Feedback:*

  Im Rahmen des virtuellen Datenschutzbüros gewonnene Erkenntnisse, insbesondere zur technischen Implementierung von Datenschutz, werden rückgekoppelt an Hersteller, Betreiber, Nutzer, Gesetzgeber und Standardisierungsgremien.

Auf diese Weise erfüllt das virtuelle Datenschutzbüro die Funktion einer Plattform. In späteren Erweiterungen ist der Aufbau einer korrespondierenden Privacy-Mall mit kooperierenden Wirtschaftsunternehmen, Verbraucherorganisationen, Wissenschaftlern o. Ä. denkbar.

5.3 Die Module

Grundlage für das virtuelle Datenschutzbüro ist das Know-how der beteiligten Partner, insbesondere der Mitarbeiterinnen und Mitarbeiter der einzelnen Datenschutzinstitutionen. Um dieses Datenschutzwissen allen Partnern technikgestützt nutzbar machen zu können, muss es strukturiert und um weitere Informationen zur Einordnung ergänzt werden. Dann kann es in einer Datenbank mit einer entsprechenden Abfragelogik und einem Zugriffsrechtesystem zur Verfügung gestellt werden. Die Realisierung dieses Knowledge-Management-Systems ist eine komplexe Aufgabe, an der parallel zum Aufbau der technischen Infrastrukturkomponenten im Verlauf des Projektes gearbeitet wird.

Da über das und mit dem Internet gearbeitet wird, müssen die Partner dort angeschlossen sein. Am komfortabelsten ist die Anbindung bis direkt an den Arbeitsplatz der Mitarbeiterinnen und Mitarbeiter. Selbstverständlich ist ein Höchstmaß an Datenschutz und Datensicherheit zu gewährleisten. Konzepte dafür werden im Projekt erarbeitet und allen zur Verfügung gestellt.

Auf dieser beschriebenen Basis werden im virtuellen Datenschutzbüro zunächst vier Module realisiert:

---

[37] Marit Köhntopp, Datenschutz durch Technik?!, FIFF-Kommunikation 2/97.

- *Modul „Forum für die Projektpartner":*

  Für eine Kommunikation unter den Projektpartnern werden Foren eingerichtet. Dafür bieten sich themenbezogene Mailinglists an. Für eine verschlüsselte Kommunikation sollen Tools wie PGP verwendet, aber auch spezielle Virtual Private Networks unter den Projektpartnern eingerichtet werden. Hierfür werden – unter Berücksichtigung der lokalen Gegebenheiten der Projektpartner – gemeinsame Standards definiert und zentrale Komponenten zur Verfügung gestellt. Groupware-Systeme können die Zusammenarbeit unterstützen.

- *Modul „Datenschutz-Internet-Portal":*

  Über das Internet-Portal sollen Datenschutzinformationen für Internet-Nutzer bereitgestellt werden. Dazu gehören beispielsweise FAQs zu vielen Datenschutzfragen, detailliertere Fachinformationen und eine Online-Datenschutzzeitung. Ebenso können dort Tools für den Selbstdatenschutz angeboten werden. Diese Datenschutzanlaufstelle soll verschiedene Zielgruppen ansprechen, z. B. Bürgerinnen und Bürger mit unterschiedlichem Vorwissen, Pressevertreter und professionelle Datenverarbeiter. Von Bedeutung sind eine gute Recherchierbarkeit des Materials, ein hoher Grad an Interaktivität und eine internationale Ausrichtung. Die Vertrauenswürdigkeit des Angebotes muss sich auch in der Präsentation widerspiegeln, z. B. durch größtmögliche Transparenz über das auf dem Webserver realisierte Datenschutzniveau.

- *Modul „Datenschutz-Bürgerbüro":*

  Das Bürgerbüro ermöglicht es den Nutzern, per (verschlüsselter) E-Mail persönliche Anfragen an die Datenschutzinstitutionen zu stellen. Optimal wäre eine schnelle, kompetente Antwort der zuständigen Stellen. Ein Teil der Anfragen kann durch Verweise auf die FAQs im Internet-Portal beantwortet werden, für andere Fragen können die Informationen aus der Wissensdatenbank bei der Beantwortung helfen. Je mehr das Bürgerbüro von den Nutzern angenommen wird, desto mehr Technikunterstützung in Form von Workflow-Systemen und Personal Assistants ist für die Bearbeitung der E-Mails erforderlich. Die Anfragen könnten in einer späteren Phase mithilfe eines Call-Center-Systems an die zuständigen Mitarbeiterinnen und Mitarbeiter der beteiligten Datenschutzinstitutionen weitergeleitet werden.

- *Modul „Expertenforum":*

  Gerade im Internet gibt es mittlerweile viele einzelne Datenschutzexperten, deren Know-how im virtuellen Datenschutzbüro einbezogen werden soll. Bei der Realisierung dieses Expertenforums geht es weniger um den Aufbau der technischen Komponenten als vielmehr um Methoden, das Wissen dieser Fachleute einbinden zu können. Neben Diskussionsforen sollten auch Möglichkeiten für die Zusammenarbeit auf anderem Wege geschaffen werden, z. B. durch themenbezogene Veranstaltungen oder über eine Projektbörse. Das virtuelle Datenschutzbüro dient hier als Kristallisationspunkt für Datenschutzexperten und -interessierte.

6 Zusammenfassung

The best way to predict the future is to invent it.[38]

Die Rolle der Datenschutzbeauftragten ändert sich. Dies betrifft viele verschiedene Aspekte, z. B. eine noch deutlichere Service-Orientierung oder eine verstärkte Ausrichtung auf Technikgestaltung, um die „Power of written Code" im Sinne des Datenschutzes zu nutzen. Für die vielfältigen Aktionsmöglichkeiten will das virtuelle Datenschutzbüro eine offene und vertrauenswürdige Plattform im Internet bieten. Dabei ist jeder eingeladen, hieran mitzuwirken.

Kontakt:
Projekt „Virtuelles Datenschutzbüro"
Unabhängiges Landeszentrum für Datenschutz Schleswig-Holstein
Düsternbrooker Weg 82, D-24105 Kiel, Deutschland
Tel: +49 (0)431/988-1214, Fax: +49 (0)431/988-1223,
E-Mail: info@privacyservice.org
Informationen zum Projekt unter http://www.privacyservice.org

[38] Alan Kay, Palo Alto Research Center, 1971; http://www.smalltalk.org/alankay.html.

VII. Szenarien

Die ungewisse Zukunft des Datenschutzes – Vorbemerkungen zu einer Prognose

Prof. Dr. Dr. h. c. Spiros Simitis

1 Fragwürdigkeit der Prognosen

An Prognosen hat es im Datenschutz nie gemangelt. Im Gegenteil, die Datenschutzdebatten sind von ihren frühesten Tagen an von Vorhersagen begleitet, beflügelt und gesteuert worden. Jahr für Jahr tauchten neue Prognosen auf, wurden unverändert selbstgewiss und apodiktisch verkündet und alsbald gegen andere, ebenso kategorisch postulierte Vorhersagen ausgetauscht. Wer will, beispielsweise, noch etwas von jener für unvermeidlich erklärten, an den Aufbau immer größerer Datenbanken unweigerlich gekoppelten Zentralisierung der Verarbeitung wissen? Wer erinnert sich zudem an die erbitterten Debatten über die genauso für unabwendbar ausgegebenen, ja zur Grundbedingung einer effizienten und bürgerfreundlichen Verwaltung deklarierten lückenlosen Nummerierung der Bürgerinnen und Bürger, die selbstverständlich auch die Verarbeitung revolutionieren und rationalisieren sollte? Und selbst wenn das zum Symbol einer computerdominierten Informationsgesellschaft avancierte „papierlose Büro“ immer noch herumgeistert, wagt wohl niemand mehr, schon die leiseste Anspielung auf die Notwendigkeit, manuelle Verarbeitungen nicht zu übergehen, als anachronistisches Relikt antiquierter Vorstellungen über den Umgang mit personenbezogenen Daten abzuqualifizieren.

Gewiss, jedes dieser Beispiele reicht in die Anfangszeit des Datenschutzes zurück. Doch sind sie deshalb nicht typisch für eine ohnehin mit Ungewissheiten belastete, mittlerweile jedoch überwundene Frühphase der Automatisierung. Die Computer mögen sich mittlerweile durchgesetzt haben und ihre Verwendung auch und gerade bei der Verarbeitung personenbezogener Daten mag nicht mehr wegzudenken sein. Nur: Die Normalität der Verwendung von Computern garantiert noch lange nicht die Verlässlichkeit der Prognosen. Im Gegenteil, sie sind genauso brüchig und volatil wie früher.

Wer daran zweifelt, braucht sich nur die vielen Äußerungen anzusehen, in denen die Chipkarten zum genauso einmaligen wie nicht mehr zu überbietenden Verarbeitungsmedium erklärt wurden und folglich die regelmäßig wiederkehrenden Szenarien über die Zukunft des Datenschutzes ebenfalls voll und ganz beherrschten.

Lange haben sich jedoch auch diese Prognosen nicht gehalten, genau genommen weitaus kürzer als alle vorherigen. Diesmal war es das „Netzwerk der Netzwerke", das zur Revision der scheinbar so fundierten Vorhersagen zwang. Und wie immer sind die Prognosen mit jenem Ton der Gewissheit versehen, der Endgültigkeit gleichermaßen suggeriert wie reklamiert. Doch schon zeichnen sich die Bruchstellen ab. Wohlgemerkt, Internet illustriert und verkörpert nach wie vor den radikalen Wandel der Verarbeitungsmodalitäten. Allein schon die immer breitere Palette der Verwendungsmöglichkeiten lässt aber erkennen, wie fragil alle Aussagen über Umfang und Intensität der Verwendung personenbezogener Daten sind.

Eine konsequent ausgefeilte Nanotechnologie ebnet zudem den Weg für einen weiteren qualitativen Sprung der Speicherungs- und Übermittlungsbedingungen. Die viele Jahre für schlicht utopisch gehaltene Vorstellung einer Konzentration aller Kommunikationsmittel auf ein einziges, universales Medium rückt überdies immer näher, wie sich am fortlaufend verbesserten Leistungsangebot bei Personalcomputern und erst recht an den ständig neuen Variationen der Mobiltelefone zeigt. Mindestens ebenso signifikant ist schließlich der Wandel der *Personal Digital Assistants* vom elektronischen Taschenkalender zu einem gezielt multifunktional ausgebauten, mit einer Vielzahl von Informationssystemen ausgestatteten Gerät, darunter dem elektronischen Kompass „Global Positioning System". Mit seiner Hilfe lassen sich Ziele genauso gut lokalisieren wie diejenigen, die sie ansteuern. Je detaillierter sich aber das Benutzerprofil gestaltet, desto leichter fällt das Angebot, Orientierungshilfen auszubauen. Mittlerweile reicht es vom ursprünglichen, aber zunehmend präziseren Straßenpiloten bis hin zum „Bar-Trek", der über Umgebung und Klientel ebenso Auskunft gibt wie über Öffnungszeiten, Inneneinrichtung und Spezialitäten.

2 Technologiewandel

Die Unzuverlässigkeit der Prognosen hat vor allem einen Grund: die immer schnellere Ablösung der einzelnen Technologieentwicklungsetappen. Man braucht nur die Siebziger- den Achtzigerjahren gegenüberzustellen, um zu merken, wie sehr sich der Ablösungsrhythmus akzeleriert hat. Die relativ lange Zeit, in der alle Vorhersagen um die Großcomputer kreisten, kontrastiert mit der raschen, fast schockartigen Aufeinanderfolge von Personalcomputern, Chipkarten und Internet. Der Akzelerationsgrad untergräbt aber den Geltungsanspruch der Datenschutzregelungen genauso wie alle Prognosen über ihre Zukunft.

Datenschutzvorschriften sind der juristische Reflex auf eine am Computer orientierte und von seinen Möglichkeiten bestimmte Verarbeitungstechnologie. Sie motiviert und legitimiert die rechtlichen Anforderungen an die Verarbeitung personenbezogener Daten und ist zugleich Orientierungspunkt und Ziel der rechtlichen Reaktionen.

In dem Maße, in dem sich das Substrat der Datenschutzregeln ändert, werden deshalb ihre Geltungschancen ebenfalls tangiert. Eine zunehmend schnellere Entwicklung der Informations- und Kommunikationstechnologie mag daher ihre Wirkung potenzieren, entwertet aber umso mehr den Datenschutz. Nicht anders ist es um die Prognosen bestellt. Sie beruhen auf Projektionen einer Technologie, die sich mit Rücksicht auf die Geschwindigkeit ihrer Entwicklung nahezu jeder – selbst kurzfristigen – Projektion entzieht.

Wirklich verlässlich ist, so gesehen, nur eine Voraussage: Mit der Beschleunigung der Technologieentwicklung wird sich die Abhängigkeit des Datenschutzes von der Verarbeitungstechnologie noch weiter verstärken. Die Folge: Die Grenzen eines rein normativen Regelungskonzepts werden erst recht zutage treten. Seine Brüchigkeit ist ohnehin schon lange offenkundig. So ist etwa der Weg von der gleichsam klassischen, in den Datenschutzgesetzen sorgsam definierten Übermittlung über den Direktzugriff bis hin zur inzwischen fest etablierten Vernetzung von den immer verzweifelteren interpretatorischen Anstrengungen gesäumt, nachzuweisen, dass die alten Regeln, „richtig" gelesen, auch die neuen Kommunikationsmodalitäten domestizieren könnten. Spätestens jedoch seit das Internet sowohl die räumlichen als auch die zeitlichen Verarbeitungsschranken endgültig beseitigt und den Verarbeitungsprozess globalisiert hat, helfen alle Interpretationskünste nicht weiter. Das Versagen der traditionell normativen Regelungen lässt sich nicht mehr kaschieren.

Daran ändern auch die Versuche nichts, sich auf Generalklauseln zurückzuziehen. Sie sind sicherlich porös genug, um den Schein eines unverändert autarken normativen Konzepts aufrechtzuerhalten. Ihre scheinbar grenzenlose Anpassungsfähigkeit an die unterschiedlichsten Verarbeitungskonstellationen ist jedoch keineswegs nur manifestes Zeichen der Hilflosigkeit gegenüber einer sich konstant wandelnden Verarbeitungstechnologie. Die Generalklauseln verlagern in Wirklichkeit Reaktion und Entscheidung faktisch ganz auf die verarbeitenden Stellen. Ihnen bleibt es zunächst jedenfalls überlassen, alle Modalitäten des Verarbeitungsprozesses zu beurteilen. Sie können also gerade den weiten Interpretationsspielraum der Generalklauseln nutzen, um Mittel und Ablauf der Verarbeitung aus ihrer Sicht zu legitimieren. Die Betroffenen werden dafür mehr denn je mit dem Anwendungsrisiko jener Vorschriften belastet, die sie eigentlich vor den Verarbeitungskonsequenzen schützen sollen. Möglich bleiben allenfalls nachträgliche Korrekturen. Auch bei ihnen verflüchtigen sich jedoch dank der verschwommenen Wortwahl der Generalklauseln die Reflexions- und Entscheidungsmaßstäbe. Kurzum, der Kult der Generalklauseln verschüttet die Probleme in einem Augenblick, in dem es wichtiger denn je zuvor erscheint, sie aufzudecken und offen anzugehen.

3 Auf dem Weg zu einem technizistischen Verständnis des Datenschutzes

Kaum verwunderlich, wenn deshalb nahezu jede Diskussion über die Zukunft des Datenschutzes um die Forderung nach einer „datenschutzfreundlichen Technologie" kreist. Der Grundgedanke ist ebenso einfach wie einleuchtend. Der Datenschutz soll seine schwindenden Geltungschancen mit den Mitteln jener Technologie zurückgewinnen, die seine Vorschriften um ihre Wirkung bringt. Aus dem Regelungsobjekt wird so ein Regelungsinstrument. Die Technologie schafft mit anderen Worten nicht mehr nur die Voraussetzungen für eine immer breitere und intensivere Verarbeitung der personenbezogenen Daten, sondern genauso für eine wirksame Begrenzung und Kontrolle ihrer Verwendung. Dass es sich dabei um eine durchaus realistische Annahme handelt, zeigen die sich häufenden Beispiele. Ständig weiter verfeinerte Kryptographiemethoden, konsequent verbesserte Anonymisierer, Mix-Mailer, Algorithmen und Sonderprogramme zur Neutralisierung oder Einschränkung der Verarbeitungsreichweite von Cookies sind allesamt Bausteine einer Technologie, die durchaus dazu verhilft, den Zugriff auf die eigenen Daten abzuwehren und das Recht zu restituieren, selbst darüber zu bestimmen, wie mit ihnen umgegangen werden soll. Kurzum, der verdrängte Datenschutz findet in der Tat über die Technologie zu seiner Regelungsfunktion zurück.

Die Kehrseite lässt sich allerdings genauso wenig übersehen. Die insistierende, oft penetrante Art, in der die Technologie immer deutlicher in den Vordergrund gerückt, ja die Zukunft des Datenschutzes mit einer Hinwendung zur Technologie verknüpft wird, begünstigt und fördert ein technizistisches Verständnis des Datenschutzes. Die Parallelen zu den allerersten Debatten über das Bundesdatenschutzgesetz sind, selbst wenn es merkwürdig klingt, auffällig. Eine gesetzliche Regelung, so wurde seinerzeit immer wieder gesagt, sei völlig überflüssig. Vielmehr komme es einzig und allein darauf an, ein Höchstmaß an Datensicherheit zu garantieren, die aber in Wirklichkeit nur mit technischen Mitteln erreicht werden könne. Wer jedoch zurückblickt, stellt auch fest: Datenschutz ist in bewusstem Kontrast zur Datensicherheit entwickelt und durchgesetzt worden.

Damals wie heute gilt deshalb: Technische Vorgaben sind akzessorische Vorkehrungen, haben also keine originär regulative, sondern lediglich eine rein instrumentelle Funktion. Eine zielstrebige Verwertung der Technologie bietet, mit anderen Worten, zwar eine durchaus reale Chance, den Verarbeitungsverlauf besser denn je, ja in einer wachsenden Zahl von Fällen überhaupt zu steuern, gibt aber keine Antwort auf die Frage, ob genetische Daten verarbeitet, Spuren im Internet registriert, Kundendaten kommerziell verwertet oder biometrische Identifizierungsmethoden eingesetzt werden dürfen. Der Datenschutz war daher von Anfang an eine primär normative Aufgabe und wird es auch bleiben. Die Implementationsmöglichkeiten des Datenschutzes mögen sich deshalb in der Tat an der Fähigkeit entscheiden, die Verarbeitungstechnologie in das Regelungsinstrumentarium zu integrieren; seine Chance, gerade vor dem Hintergrund einer radikal modifizierten und sich weiter verändernden Informations- und Kommunikationstechnologie fortzubestehen, bestimmt sich jedoch nach den normativen Vorgaben. In ihnen spiegelt sich die Bedeutung, die eine Gesellschaft der parallel zur Entwicklung der Technologie steigenden Verletzlichkeit der Einzelnen sowie der Verflüchtigung ihres Rechts beimisst, selbst darüber zu befinden, wie mit ihren Daten umgegangen wird, und damit auch die Bereitschaft, der Verarbeitung Grenzen zu setzen.

4 Einseitige Orientierung an der IK-Technologie

Die Fixierung auf die Informations- und Kommunikationstechnologie verengt den Blick für den Datenschutz noch in einer weiteren, nicht minder folgenreichen Hinsicht. Welche normativen Anforderungen erforderlich sind, wird primär an ihr gemessen, und dementsprechend fällt auch die Formulierung aus. Langsam, aber sicher haben sich so Reflexions- und Argumentationsansatz verschoben. Typisch dafür ist schon die Akzentverlagerung auf das „Telekommunikationsgeheimnis". Verarbeitungsrestriktionen werden nicht mehr wie bisher aus den Datenschutzgrundsätzen, vor allem also aus der informationellen Selbstbestimmung abgeleitet, sondern möglichst als zwingende Folgen eines spezifischen auf die Telekommunikation zugeschnittenen und deshalb auf sie beschränkten Geheimnisses ausgegeben.

Mag sein, dass dabei zuweilen strategische Überlegungen eine Rolle spielen. Konkret: Der andere Ansatzpunkt soll die Erfolgschancen der geforderten Verarbeitungsregeln verbessern. Statt daher beim verfassungsrechtlich unsicheren Umfeld der informationellen Selbstbestimmung zu verharren, wird der sichere Hafen der traditionell garantierten Kommunikationsgeheimnisse angesteuert und ihre Sequenz um eine weitere, aber durchaus konsequente Variante angereichert.

Gleichviel jedoch, ob strategische oder sonstige Gründe hinter der Restriktion stehen, am Ergebnis ändert sich nichts: Das Verständnis des Datenschutzes wird verfälscht. Schon deshalb, weil für das Telekommunikationsgeheimnis, und zwar in jeder seiner Schattierungen, nichts anderes gilt als für das Steuer- oder das Arztgeheimnis. Ihre Anwendungsfelder mögen sich noch so deutlich unterscheiden, sie sind trotzdem allesamt Bausteine einer von den Grundsätzen des Datenschutzes geleiteten und gestalteten Regelung. Zur Debatte steht also nirgends eine direkte oder indirekte Substitution des Datenschutzes, sondern allenfalls eine Verdrängung allgemeiner, vor allem im BDSG formulierter Regeln. Ganz in diesem Sinn sieht auch das BVerfG seine Entscheidung zum Volkszählungsgesetz 1983 unverändert als Grundlage aller Reflexionen zum Umgang mit personenbezogenen Daten an.

Wie weit die Folgen der Reduktion reichen, zeigt sich an den IuKD-Gesetzen. Sie entdecken uralte Datenschutzgrundsätze neu und erwecken so den Eindruck, als ob es sich um Prinzipien handelte, die ausschließlich für den Telekommunikationsbereich typisch wären und deshalb auch nur dort zum Zuge kämen. Die „Datensparsamkeit" ist das beste Beispiel dafür. Sie ist mittlerweile zum Markenzeichen einer ganz auf die Telekommunikation zugespitzten Modernisierung des Datenschutzes geworden. Kein Wunder, wenn sie daher bis in die Vorarbeiten zur Novellierung des BDSG als unmittelbar auf die Telekommunikation bezogene Forderung zurückkehrt. In Wirklichkeit war die Datensparsamkeit der gemeinsame Ausgangspunkt aller Datenschutzgesetze. Die Verarbeitung personenbezogener Daten sollte eine streng auf die Fälle begrenzte Ausnahme bleiben, in denen notwendige Information nicht anders als über personenbezogene Angaben erlangt werden kann. Die Datenschutzgesetze legitimieren, anders formuliert, nur den alternativlosen Zugriff, und auch diesen nur, soweit die Daten für den konkret angestrebten Zweck tatsächlich erforderlich sind.

Einen Vorteil hat die Restriktion auf die Telekommunikation bei aller Einseitigkeit doch: Sie gibt deutlich zu erkennen, dass die informationelle Selbstbestimmung eben keine Abart des Eigentumsrechts, vielmehr ein Kommunikationsgrundrecht ist. Reflexionen über die Zukunft des Datenschutzes sind, so gesehen, keine Gedanken darüber, wie sich eigentumsähnliche Verfügungsrechte am besten in einen von Grund auf gewandelten Informations- und Kommunikationsverlauf projizieren lassen, sondern über die Chancen, die Kommunikations- und Partizipationsfähigkeit der Einzelnen auch unter den neuen, von der veränderten Technologie geprägten Verarbeitungsbedingungen ihrer Daten aufrechtzuerhalten.

5 Datenschutz als Appendix des elektronischen Handels

Die Fixierung auf die Technologie verleitet zudem leicht dazu, den Datenschutz weitgehend in einen Appendix des elektronischen Handels zu verwandeln. So hält es die Europäische Kommission mittlerweile für selbstverständlich, nahezu jeden ihrer Vorschläge zum Datenschutz unter dem Stichwort „E-Commerce" abzuhandeln. Und auch sonst ist es offensichtlich zur festen Gewohnheit geworden, Vorzüge und Nachteile möglicher Verarbeitungsregelungen an ihren Auswirkungen auf den elektronischen Handel zu messen.

Sicherlich lässt sich manches dafür anführen. Ohne ein Minimum an Vertrauen in Kommunikationsmechanismen sind alle Bemühungen, den elektronischen Handel national wie international zu etablieren, von vornherein zum Scheitern verurteilt. Zu den vertrauensbildenden Maßnahmen zählt jedoch auch und gerade ein Höchstmaß an Datensicherheit. Einmal mehr erweist sich aber damit die Datensicherheit als Dreh- und Angelpunkt einer verkürzten Perspektive des Datenschutzes. Und wiederum schleichen sich ebenso nahe liegende wie kurzsichtige strategische Reflexionen ein. Nichts scheint in der Tat, zumal in einer Zeit, in der Datenschutzforderungen viel von ihrer Attraktivität verloren haben, näher zu liegen als ein Bündnis mit den Promotoren des elektronischen Handels. Das Gelingen ihrer Bemühungen ist, so gesehen, zugleich Erfolgsgarantie des Datenschutzes.

Nur: Was dem elektronischen Handel nutzt, dient nicht ohne weiteres dem Datenschutz. Allein schon der Verlauf der Verhandlungen zwischen der Europäischen Kommission und den Vereinigten Staaten über den grenzüberschreitenden Austausch personenbezogener Daten reicht, um vom Gegenteil zu überzeugen. Unter Datenschutzgesichtspunkten sind verbindliche Verarbeitungsvorgaben und eine strikt zweckgebundene Verwendung der Daten ebenso unverzichtbare Übermittlungsvoraussetzungen wie das Recht der Betroffenen, jederzeit erfahren zu können, was genau mit ihren Daten geschieht, und transparente, von den Verarbeitungsinteressenten klar abgetrennte sowie von ihnen nicht beeinflussbare Kontrollmechanismen. Wo dagegen, wie bei den Vereinigten Staaten, der elektronische Handel das Reflexions- und Handlungsfeld absteckt, erscheinen eine möglichst breit angelegte Sekundärnutzung, Verarbeitungsregeln, die von den verarbeitenden Stellen selbst definiert werden, gezielt beschränkte Auskunftsmöglichkeiten und eine Kontrolle, die wiederum ganz den Verarbeitungsinteressenten überlassen bleibt, als die einzig akzeptablen Übermittlungsbedingungen. Schärfer könnte der Kontrast kaum sein. Mehr noch: Die überdeutlichen Unterschiede signalisieren die Risiken, die jeder Versuch mit sich bringt, den Datenschutz schlicht an den elektronischen Handel anzuhängen.

Solche Bestrebungen vermitteln, ja kultivieren im Übrigen den Eindruck, als könne es auf diese Weise gelingen, die Verarbeitung von jeder staatlichen Kontrolle freizuhalten. Sowohl die Kryptographiedebatte als auch die Diskussionen über die Inhaltskontrolle im Internet haben jedoch gezeigt, dass solche Annahmen genauso illusorisch wie kontraproduktiv sind. Nicht jedes öffentliche Kontrollinteresse ist eben von vornherein illegitim. Das Problem liegt deshalb nicht im Eingriff, sondern in der Notwendigkeit, Anlass und Bedingungen präzise anzugeben und damit beides verlässlich einzuschränken. Ohne eine offene Auseinandersetzung darüber, wann Interventionen wirklich akzeptiert und wann dagegen Nichtwissen hingenommen werden muss, lässt sich dieses Ziel, gerade wenn es um die Zukunft des Datenschutzes geht, aber nicht erreichen.

6 Kommerzialisierung der Daten

So entscheidend die Technologie für die weitere Entwicklung des Datenschutzes ist, so wenig darf darüber schließlich das mindestens ebenso grundlegend veränderte ökonomische Umfeld aus dem Blick geraten. Der Wandel lässt sich vor allem an drei Faktoren festmachen.

1. Mit steigendem Umfang und fortschreitender Differenzierung wächst auch der Eigenwert der Datenbestände. Die Daten lösen sich mehr und mehr aus ihrem ursprünglichen Verarbeitungszusammenhang und fügen sich zu einem Informationskapital zusammen. Die Verwertungsmöglichkeiten reichen von einer weit reichenden Revision der Absatzstrategien bis hin zu einer konsequenten Vermarktung. Der Datenberg wandelt sich so zur Datenmine. Je tiefer die Stollen getrieben werden, desto größer der Nutzen.

Gewiss, mit dem wohl markantesten Grundsatz des Datenschutzes, der Zweckbindung, sind solche Bestrebungen nicht zu vereinbaren. Doch die Mahnungen werden zusehends schwächer und die Fälle einer breit angelegten Verwertung mehren sich. Der Verwertungsprozess setzt in der Regel bei einer gezielten Verarbeitung von Kunden- und Arbeitnehmerdaten für eine unternehmensinterne Werbung ein, die allerdings keineswegs nur den Bereich anspricht, für den die Daten überlassen wurden. Zu den Hinweisen auf die vielfältigen Verwendungsmöglichkeiten der eigenen Kreditkarte gesellen sich alsbald nicht nur die unterschiedlichsten Versicherungs-, sondern auch Reise-, Hotel-, Restaurant- und Einkaufsangebote. Kein Wunder, wenn deshalb die Verarbeitungsgrenzen sehr schnell verwischen und aus der unternehmensinternen eine konzernweite Verwertung wird. Ebenso wenig überraschen die mittlerweile fest etablierten Leasing- und Brokeraktivitäten, mit deren Hilfe sich die Verwertungschancen noch einmal um ein Vielfaches steigern lassen.

Verarbeitungspraxis und Datenschutz entwickeln sich so immer weiter auseinander. Statt der vom Datenschutz verlangten zweckgebundenen Verarbeitung dominiert eine bewusst auf Zweckänderungen ausgerichtete Verwendung. Der Widerspruch lässt sich weder mit einer längst schon überdehnten Interpretation des ursprünglichen Verarbeitungszwecks noch mit formelhaften, in ihren Konsequenzen kaum überschaubaren Einwilligungen auflösen. Erst recht zeigt sich aber, dass Reflexionen über die Zukunft des Datenschutzes nicht einmal Kernprinzipien des Datenschutzes unbesehen übernehmen können. Mit anderen Worten: Genauso wenig wie sich der Technologiewandel ignorieren lässt, kann die Kapitalisierung der Daten übergangen werden. Im einen wie im anderen Fall verändern sich Regelungsprämissen und Wirkungsmöglichkeiten des Datenschutzes, werden also seine Zukunftschancen unmittelbar tangiert.

2. Die Zusammenstellung der Daten und die Ziele ihrer Verarbeitung ändern sich unter dem Eindruck einer zusehends personalisierten Werbung. An die Stelle der auf bestimmte Konsumentengruppen bezogenen Informationen treten damit eindeutig individualisierte Profile. Anonymisierte Daten reichen deshalb nicht mehr aus. Der Akzent liegt vielmehr ganz auf Angaben, die auf den individuellen Kunden zugeschnitten sind und damit ein denkbar exaktes Bild seiner Lebenswelt vermitteln. Die Tendenz dazu wird durch eine fortschreitend markenorientierte Werbestrategie noch einmal besonders verstärkt. Je mehr die Marke zum Angelpunkt der Identifikation mit dem Produkt gerät, desto wichtiger erscheint es, ihr „Image" mit den Eigenschaften der potenziellen Produktabnehmer zu verbinden, bei ihnen also den Eindruck zu erwecken, dass sie sich in der Marke und dem damit verbundenen Produkt wieder finden. Erst recht kommt es daher darauf an, sich nicht mit den üblichen Angaben zu begnügen, sondern möglichst viel über Gewohnheiten, Erfahrungen, Vorstellungen und Wünsche der anvisierten Abnehmer zu erkunden. Weil aber die eigenen Datenbestände in aller Regel dazu nicht ausreichen und auch die über professionelle Datenvermittler erhältlichen Angaben nur bedingt weiterhelfen, werden die Betroffenen zunehmend unmittelbar eingeschaltet. Ihre Mitwirkung hat im Übrigen einen doppelten Vorteil. Sie komplettiert die Information und räumt zudem, dank der in einer immer größeren Anzahl von Fällen gegen ein „angemessenes" Entgelt erteilten Einwilligung, alle mit der Zweckbindung verbundenen Einwände aus.

Die Betroffenen sind, so gesehen, nicht mehr nur passiv am Vermarktungsprozess ihrer Daten beteiligt. Im Gegenteil, sie greifen direkt ein und handeln mit ihren Daten genauso wie die verarbeitenden Stellen. Vordergründig eine Entwicklung, die sich nahtlos in ein Regelungssystem einfügt, das sich mit der Einwilligung zufrieden gibt, solange sie nur bestimmten gesetzlich festgeschriebenen, auf eine ausreichende Information der Betroffenen und ein eindeutiges Einverständnis bedachten Bedingungen genügt. Nur ist damit die Frage nicht beantwortet, ob sich die Kommerzialisierung mit Normen, die auf einem Grundrecht beruhen, das die Kommunikations- und Partizipationsfähigkeit der Betroffenen garantieren soll, verträgt oder in Wirklichkeit den Übergang zu einer Regelung signalisiert, die lediglich Vermarktungsrechte zuordnet und absichert.

3. In so zentralen Wirtschaftsbereichen wie etwa der Versicherungs- und der Kreditwirtschaft wird die Restrukturierung der Unternehmen auch und vor allem durch die Absicht bestimmt, sich einen besseren Zugang zu personenbezogenen Daten zu verschaffen. In dem Maße etwa, in dem die Anzahl älterer Menschen steigt und die private Altersvorsorge an Bedeutung gewinnt, nimmt das Interesse der Versicherungen an Unternehmen zu, die über genau die Daten verfügen, die es erlauben, den sich abzeichnenden neuen Markt zu erschließen. Banken sind, so gesehen, das „natürliche" Akquisitionsobjekt. Ihre Kenntnis der finanziellen Mittel ihrer Kunden

und ihre Einflusschancen auf Vermögensdispositionen sind das optimale Vehikel für eine Vermittlung von Versicherungsverträgen. Je größer deshalb das Kreditinstitut, desto besser die Möglichkeiten, sich von vornherein einen substanziellen Marktanteil zu sichern.

Die Grundlage für eine singuläre Akkumulation überaus sensitiver Daten, angefangen bei detaillierten Vermögensangaben bis hin zu einer nicht minder minuziösen Zusammenstellung von Gesundheitsdaten, bei einem einzigen Unternehmen ist damit gelegt. Formal ist die Unternehmenseinheit sicherlich noch keine Informationseinheit. Die Zweckbindung der einzelnen Daten und die Abschottung der jeweiligen verarbeitenden Stellen verhindern einen konzernweiten Zugriff. Gegenmittel gibt es jedoch hier wie sonst genug, wie allein schon der systematische Rückgriff auf Einwilligungen und eine extensive Auslegung der „berechtigten Interessen" der jeweiligen verarbeitenden Stelle zeigen. Einmal mehr wird aber deutlich, wie brüchig zentrale Regelungsprämissen des Datenschutzes sind und wie schwer es deshalb fällt, Prognosen zu formulieren, ohne sich zuvor zu fragen, ob und in welcher Form diese Prämissen beibehalten werden können.

7 Legitimationskrise des Datenschutzes

Auf dem Spiel steht weit mehr als nur die Revision einzelner noch so zentraler Datenschutzgrundsätze. Der Datenschutz ist, genau genommen, an einem Wendepunkt angelangt. Kein Zweifel, Krisen und Rückfälle hat es schon früher gegeben. Ihre Ursachen lagen jedoch im Regelungssystem selbst. Seine Schwierigkeiten, mit dem Technologiewandel Schritt zu halten, zählen ebenso dazu wie gesetzliche Vorschriften, die dank ihrer überaus unpräzisen Sprache weit mehr eine Expansion der Verarbeitung als ihre gezielte Restriktion begünstigen. Anders jedoch als bisher sind es nicht strukturelle Regelungsdefizite, die den Datenschutz gegenwärtig bedrohen, sondern eine sich zunehmend verschärfende Legitimationskrise. Weder Korrekturen der Gesetzestechnik noch Prozeduralisierungsstrategien helfen deshalb weiter.

Konkret: Der Datenschutz gründet sich auf die Überzeugung, dass der Verlust der Privatheit und damit der informationellen Selbstbestimmung auch die Kommunikations- und Partizipationsfähigkeit des Einzelnen zerstört. Anders gewendet: Beides, Kommunikations- und Partizipationsfähigkeit, kann es nur so lange geben, wie dem Zugriff auf personenbezogene Daten und ihrer Verarbeitung verbindliche Grenzen gesetzt sind. Wo sich aber der Verarbeitungsprozess zur kommerziellen Veranstaltung entwickelt, verändert sich auch die Einstellung zur Privatheit. Ihre Aufrechterhaltung ist nicht mehr verbindliche Vorgabe aller Reflexionen über den Umgang mit personenbezogenen Daten. Ob und wie viel von ihr übrig bleibt, bestimmt die fortschreitende Vermarktung personenbezogener Daten. Data Mining und personalisierte Werbung sind ebenso Marksteine dieser Entwicklung wie die Veräußerung der Daten durch die Betroffenen. Ihre Autonomie wird weitgehend nur noch als Wahrzeichen ihrer Berechtigung gesehen, sich selbst zu vermarkten und so vom Marktwert ihrer Daten zu profitieren.

Genau genommen ist dies nur eines unter vielen Symptomen eines scheinbar unaufhaltsamen Zerfalls der Privatheit. Fernsehprogramme wie „Big Brother“ sind ebenso signifikant dafür wie die unzähligen Talkshows, in denen es zur Selbstverständlichkeit geworden ist, sich vor den Kameras bereitwillig zu „outen“ oder widerspruchslos „outen“ zu lassen, ohne Rücksicht im Übrigen darauf, ob damit finanzielle Vorteile verbunden sind oder nicht.

Mit dem Zerfall der Privatheit tritt genau die vom BVerfG im Volkszählungsurteil prognostizierte Wirkung ein. Der beobachtete, registrierte, vermarktete und ständig von ganz auf ihn abgestimmten Vor- und Ratschlägen begleitete Einzelne verändert sein Verhalten, richtet sich mehr und mehr nach den Erwartungen derjenigen, die seine Daten verwerten. Gleichviel ob es um die eigene Lebensplanung, spezielle Wünsche oder den Auftritt vor den Kameras geht, die vermarkteten und veröffentlichten Individuen geben Stück für Stück ihre Individualität auf, adaptieren und uniformieren sich. Kurzum, die Selbstbestimmungschancen verflüchtigen sich unter dem Anpassungsdruck, Manipulierbarkeit und Fremdbestimmung weiten sich aus. In dem Maße, in dem die Privatheit schwindet, nehmen auch Kommunikations- und Partizipationsfähigkeit ab.

Reflexionen über die Zukunft des Datenschutzes muten unter diesen Umständen reichlich merkwürdig, besser noch antiquiert an. Alles spricht dafür, dass das Schicksal der Privatheit auch seine Zukunft bestimmt. Nur: Das BVerfG hat es, um noch einmal an das Volkszählungsurteil zu erinnern, nicht dabei belassen, den Datenschutz mit der Kommunikations- und Partizipationsfähigkeit des Einzelnen zu verknüpfen. Das Gericht ist vielmehr noch einen Schritt weitergegangen und hat diese Verbindung ausdrücklich als eine der Grundvoraussetzungen einer demokratischen Gesellschaft bezeichnet, eine Feststellung, die von der EG-Datenschutzrichtlinie genauso wie in den Vorarbeiten zu einer Grundrechtscharta der Europäischen Union bekräftigt wurde. Gerade in Anbetracht einer Entwicklung, die mehr denn je Zweifel an der Berechtigung weckt, sich noch weiter mit dem Datenschutz zu beschäftigen, kommt es deshalb ganz besonders darauf an, zu fragen, ob tatsächlich auf die Privatheit und damit auf den Datenschutz verzichtet werden kann oder ob beides, allen Widrigkeiten zum Trotz, garantiert werden muss.

Erst wenn diese Frage beantwortet ist, lassen sich Struktur und Inhalt künftiger Regeln ernsthaft diskutieren, steht aber auch der zentrale Punkt jeder weiteren Reflexion fest: die Auseinandersetzung mit der Vermarktung personenbezogener Daten.

Datenschutz Next Generation

Marit Köhntopp und Prof. Dr. Andreas Pfitzmann

Dass der traditionelle Datenschutz in der Krise ist, liegt auf der Hand. Ob man deshalb in larmoyanten Pessimismus verfallen muss oder gar wie Scott McNealy zynisch verkünden darf: *„You have zero privacy anyway. Get over it!"*, sei dahingestellt. Denkbar ist auch, dass den Menschen aus der Informationstechnik ganz neue Instrumente zum Schutz ihrer Privatsphäre erwachsen.

1 Wie es beispielsweise laufen könnte ...

Jeder Bürger hat in seinem Vertrauensbereich einen *Identitätsmanager*, d. h. ein Stück Software, die auf seinen Rechnern zu Hause, im Dienst oder auch unterwegs z. B. in einem Personal Digital Assistant (PDA) läuft. Der Identitätsmanager wird bei allen Anwendungen zwischengeschaltet, bei denen potenziell personenbezogene Informationen im Spiel sind. Über ein Display erfährt der Nutzer, welche Daten oder welche Zusicherungen gefordert und unter welchen Bedingungen sie verarbeitet werden. Er kann bestimmen, welche Daten er bereit ist, für welche Zwecke herauszugeben, und gegebenenfalls darüber ebenso wie über andere Parameter verhandeln, z. B. über die jeweiligen Sicherheitseinstellungen.

Generell sind die Netze und Anwendungen nach dem *Erforderlichkeitsprinzip* und nach dem Grundsatz der *Datenvermeidung* gestaltet. Insbesondere wird die Nutzung nicht davon abhängig gemacht, personenbezogene Daten zu offenbaren, die nicht erforderlich sind. Die Nutzer können im Netz agieren, ohne ständig Datenspuren zu hinterlassen, und es ist ihnen jederzeit bewusst, wann dies doch der Fall ist. Ein Grundschutz in Geräten, Netzen und Anwendungen wird dadurch gewährleistet, dass überall Sicherheitsmechanismen eingebaut sind. *Open Source* und *Zertifizierungen* tragen zu einer Erhöhung der Transparenz bei. Durch die Definition von offenen Schnittstellen und eine Vielzahl von Anbietern werden sicherheitsrelevante Abhängigkeiten von Monokulturen vermieden.

Die Form der Datenverarbeitung wird dem Betroffenen gegenüber dokumentiert, z. B. allgemein in den Privacy Policies der Datenverarbeiter, aber darüber hinaus für jeden konkreten Fall in den *Einzelnutzungsnachweisen*. Diese Dokumentationen sind für die Nutzer elektronisch auswertbar und vergleichbar. Ebenso können die Datenschutzaufsichtsbehörden prüfen, zu welcher Datenverarbeitungspraxis sich die Betreiber der Anwendungen verpflichten. Stichprobenartig und selbstverständlich auch bei konkreten Verdachtsmomenten wird von den unabhängigen Stellen kontrolliert, ob das real umgesetzte Datenschutzniveau mit dem Bekenntnis übereinstimmt und ausreichend hoch ist. *Gütesiegel* werden für die Einhaltung oder besonders gute Realisierung von Datenschutz vergeben.

Der Identitätsmanager speichert mit, wem der Nutzer welche Daten übergeben hat. Ein Stück weit kann der Nutzer damit die möglichen Profile, die der Datenverarbeiter anlegen kann, nachvollziehen oder vorausahnen, erst recht wenn er Auskunft über die Verarbeitungslogik erhält und in den Identitätsmanager integriert. Auch zu Beweiszwecken mag eine derartige Mitprotokollierung dienen. Datenschutzbeauftragte oder andere Service-Stellen wie das virtuelle Datenschutzbüro bieten Auswertungstools für solche Protokolldaten und ebenfalls für digitale Einzelnutzungsnachweise an, sodass ein Nutzer mit einem Blick feststellen kann, was ihn gerade interessiert.

Der Umgang mit den Datenschutztechniken fällt leicht, da dies zusammen mit allgemeiner Medienkompetenz bereits in der Schule vermittelt wird. Die Nutzer werden aber auch durch komfortable Bedienoberflächen unterstützt. Außerdem stehen ihnen Ansprechstellen zur Verfügung, z. B. das virtuelle Datenschutzbüro, um bei Bedarf Hilfe zu bekommen. Der Identitätsmanager kann Schnittstellen zu allen möglichen Applikationen vorsehen. So muss nicht für jede gesonderte Anwendung eine neue Chipkarte oder ein weiteres Gerät verwendet werden. Die wichtigsten Funktionen lassen sich von einer einheitlichen Oberfläche aus ansteuern. Funktionen zur *Nutzerkontrolle* wie Einwilligung, Widerspruch, Auskunft, das Verlangen nach Löschung oder Berichtigung lassen sich mithilfe des Identitätsmanagers leicht wahrnehmen.

2 Kernstück 1: Der Identitätsmanager

Der Identitätsmanager ist nichts anderes als ein Instrument in der Hand jedes Einzelnen zur Abbildung des Erforderlichkeitsprinzips. Denkt man über die heutigen Verfahren in Verwaltung und Unternehmen unter dem Gesichtspunkt der möglichen Datenvermeidung nach, fällt auf, dass meist die Information über den Namen, die Adresse oder andere Daten nicht wirklich erforderlich ist. Man könnte sehr gut darauf verzichten, wenn bestimmte Eigenschaften zugesichert werden könnten, z. B.

- dass für erbrachte Leistungen tatsächlich bezahlt wird,
- dass bestimmte Vergünstigungen nicht mehrfach in Anspruch genommen werden können,
- dass ein Produkt an eine Adresse geliefert werden kann,

- dass der Kontakt zu einem Betroffenen über längere Zeit gepflegt werden kann oder
- dass im Bedarfsfall die Strafverfolgung nicht leer läuft.

Die Identifikationsdaten sind für diese Zwecke nicht zwangsläufig erforderlich, sondern teilweise ist eine anonyme Nutzung, alternativ fast immer ein pseudonymes Auftreten möglich.

Auch wenn wir im herkömmlichen Leben gewohnt sind, uns durch Angabe von Identifikationsdaten oder in einigen Fällen durch das Zeigen des Personalausweises oder Führerscheins zu identifizieren, heißt dies nicht, dass es in der elektronischen Repräsentation der Anwendungen und auch der Personen selbst ebenso sein muss. Stattdessen könnte ein *Identitätsmanagement* die Nutzer unterstützen, das je nach Anwendungszusammenhang standardmäßig die minimalen, also nur die wirklich erforderlichen personenbezogenen Daten zur Verfügung stellt. Technisch würden dabei Anonymitäts- und Pseudonymitätsverfahren zum Einsatz kommen. Damit tatsächlich der Nutzer die Kontrolle über seine Daten haben kann, müsste ein solcher Identitätsmanager in seinem Vertrauensbereich, vielleicht auf einem Personal Digital Assistant wie einem Handy oder auf seinem (möglichst abgesicherten) PC, ablaufen. Auch wäre ein gewisser Grunddatenschutz z. B. in der Realisierung der Datenvermeidung in Kommunikationsnetzen Voraussetzung, damit Dritte nicht am Schutz durch das Identitätsmanagement vorbei Datenspuren der Nutzer auswerten könnten. Für einen möglichst universellen Einsatz müsste man standardisierte Schnittstellen für alle Anwendungen schaffen, in denen personenbezogene Daten eine Rolle spielen. Die Vertrauenswürdigkeit der Identitätsmanagementfunktion und ihrer Realisierung in Hard- und Software müsste natürlich von unabhängigen Experten auf Herz und Nieren geprüft und durch Gütesiegel o. Ä. bestätigt werden.

Die Idee eines Identitätsmanagements ist nicht neu, sondern steckt quasi schon im Recht auf informationelle Selbstbestimmung drin, übrigens auch in der üblichen Lebensweise: Es ist ganz normal, sich in unterschiedlichen Kontexten unterschiedlich zu verhalten und seinem Gegenüber nur das zu offenbaren, was einem gerade opportun erscheint. Einiges behält man ganz für sich, anderes vertraut man nur Freunden, der Familie oder vielleicht auch Beratungsstellen an. Auf der Arbeit verhält man sich anders als im Sportverein und wieder anders in einer Bank oder bei einem Behördengang. Alle dritten Stellen haben daher auch unterschiedliche Informationen über die eigene Person, die in der Regel nicht verkettet werden. In der heutigen Online-Welt wäre diese Verkettung technisch jedoch sehr viel einfacher möglich. Es wäre ziemlich naiv, darauf zu vertrauen, dass die jeweiligen Stellen dies jetzt und in alle Ewigkeit unterlassen und dass andere nicht an diese Daten herankommen. Die interessierten Datensammler werden immer zahlreicher, und sie setzen mittlerweile auch darauf, dass viele Betroffenen ihnen die Daten freiwillig und selbstbestimmt herausgeben – vermeintlich ganz im Sinne des Datenschutzes, sofern informiert eingewilligt wird.

Die Offline-Situation lässt sich nicht unmittelbar und auch nicht vollständig auf die Online-Welt übertragen, in der im heutigen Normalzustand ständig Datenspuren hinterlassen werden und sich die Daten durch ihr digitales Format viel leichter zusammenführen und auswerten lassen. In der herkömmlichen Welt kann man sich dagegen weitgehend anonym bewegen, wie z. B. beim unverbindlichen Schaufensterbummel, aber die meisten Leute haben keine Bedenken, in persönlichen Gesprächen ihren Kommunikationspartnern eine Visitenkarte zu geben oder sich mit ihrem richtigen Namen vorzustellen. Dies mag schon ganz anders sein, macht man sich bewusst, dass diese Daten auf unabsehbare Zeit gespeichert bleiben und in ganz anderen Zusammenhängen wieder auftauchen können. Von Rechnern kann man zwar viele Megahertz, aber keinen Takt erwarten.

Lösungen für den Online-Datenschutz können wiederum Auswirkungen auf den Offline-Bereich haben, sodass auch die herkömmlichen Verfahren hinterfragt werden sollten. Mit der digitalen Online-Welt ist nämlich verbunden, dass gegenüber dem Offline-Status gleichermaßen die Risiken für das informationelle Selbstbestimmungsrecht als auch die Schutzeffekte durch datenschutzfreundliche Technologien größer sein können. Ähnliches sieht man an den polarisierenden Debatten zu Verschlüsselung, Zensur oder Anonymität im Internet. Zwischen Online- und Offline-Welt bestehen Rückkopplungseffekte, die wir bei einer datenschutzgerechten Gestaltung unserer Zukunft berücksichtigen und nutzen können.

3 Kernstück 2: Der Einzelnutzungsnachweis

Die Kommerzialisierung personenbezogener Daten, d. h. das Angebot von Geld oder geldwerten Leistungen für die Einwilligung zur Übermittlung oder auch nur Erfassung sowie Nutzung personenbezogener Daten, wird in Datenschutzkreisen bisher nahezu einhellig als Trick zum Erlangen der Einwilligung der Betroffenen betrachtet und somit ausschließlich als Bedrohung für den Datenschutz empfunden. Die Zulässigkeit dieses Tricks ist sicherlich normativ debattierbar, und es mag gerechtfertigt, ja notwendig sein, die Kommerzialisierung mancher personenbezogener Daten generell zu verbieten.

Die Kommerzialisierung weniger sensitiver personenbezogener Daten kann aber auch als große Chance für deutlich mehr Transparenz für die Betroffenen genutzt werden: Ähnlich wie es bei der Telekommunikation einen Einzelverbindungsnachweis gibt, der aufzeigt, wofür genau der Kunde bezahlen muss, sollte ein *Einzelnut-*

zungsnachweis dem Betroffenen detailliert *jede* Nutzung seiner personenbezogenen (oder auch nur -beziehbaren) Daten mitteilen.

Wird dies mit einer Gutschrift in Geld (oder geldartigen Bonuspunkten) kombiniert, d. h. ist die Übermittlung, Erfassung und Nutzung personenbezogener Daten kommerziell zu entlohnen, dürfte der Einzelnutzungsnachweis quasi als Kontoauszug ganz besonders das Interesse der Betroffenen finden – durchaus erwünscht aus Datenschutzsicht. Via Internet ist die generelle Übermittlung von Einzelnutzungsnachweisen kostengünstig und komfortabel möglich – sie könnte also per Gesetz als unabdingbarer Vertragsbestandteil jeder Kommerzialisierung personenbezogener Daten vorgeschrieben werden. In vielen Bereichen kann und sollte man sogar so weit gehen, dass *vor* jeder Nutzung die Zustimmung der Betroffenen eingeholt werden muss, selbst wenn keine Zweckänderung vorliegt. Beides ist mit Methoden der Pseudonymisierung leicht kombinierbar.

Statt nur (und dafür möglichst jede) einzelne Verwendung personenbezogener Daten zu diskutieren, Steuerung also auf der Metaebene! Vielleicht schafft ein sich durch Transparenz mittels Einzelnutzungsnachweis selbstregulierendes „kommerzielles" System Fortschritte in und für den Datenschutz, die wir uns heute gar nicht vorstellen können. Dieses System wäre geradezu das permanente Datennutzungsaudit unter aktueller Information aller Betroffenen.

4 Das Konzept für einen Datenschutz Next Generation

Identitätsmanager und Einzelnutzungsnachweis sind nur zwei Beispiele für neue Wege, die zum Schutz der Privatsphäre denkbar sind. Weitere Module einer neuen, technikgestützten Datenschutzkultur müssten hinzukommen. In einer ersten Übersicht erscheint die Integration folgender Module sinnvoll:

1. *Grundschutz für Kommunikationsnetze sowie Hardware- und Softwarekomponenten, insbesondere im Nutzerbereich:*

   Datenschutz und Datensicherheit werden eingebaut, sodass die personenbezogenen Daten der Nutzer vor dem Zugriff Unbefugter geschützt sind. Die Funktionsweise der technischen Systeme ist möglichst transparent, die Bedienoberflächen sind möglichst komfortabel. Statt anfälliger Monokulturen gibt es eine Vielzahl von Anbietern, sodass gar nicht erst unselige Abhängigkeiten von einzelnen Herstellern entstehen.

2. *Identitätsmanager für Nutzer:*

   Die Nutzer erhalten die Möglichkeit, technikgestützt ihre personenbezogenen Daten selbstbestimmt zu verwalten und zu entscheiden, wem sie welche Daten unter welchen Bedingungen übergeben, wann sie anonym und wann sie pseudonym auftreten wollen. Für die Kommunikationspartner muss abschätzbar sein, wie authentisch die Daten sind. Dies kann auch eine Maßnahme gegen einen *Identity-Theft*, das Auftreten unter fremder Identität, darstellen.

3. *Einzelnutzungsnachweis:*

   Es wird in Rechtsnormen oder in Verträgen festgelegt, dass über jede Verwendung von personenbezogenen Daten Rechenschaft – im eigentlichen Sinne des Wortes – gegenüber den Betroffenen abgelegt werden muss.

4. *Datenschutzmedienkompetenz:*

   Ein Teilbereich der Medienkompetenz, die Kinder und Jugendliche bereits in der Schule lernen, beschäftigt sich mit dem Schutz der persönlichen informationellen Grundrechte. Auch die älteren Generationen werden dabei unterstützt, sich fortzubilden und gerade das selbstbestimmte Leben in einer digitalen Welt zu meistern.

5. *Datenschutzansprechstellen:*

   Für jede Art von Datenschutzfragen, allgemeine oder sehr persönliche, sollen kompetente und vertrauenswürdige Ansprechpartner zur Verfügung stehen. Im Bereich des Internets können das virtuelle Datenschutzbüro und hoffentlich viele weitere Stellen diese Funktion übernehmen.

6. *Datenschutzprüfstellen:*

   Die bisherige Kontrollkompetenz der Datenschutzaufsichtsbehörden wird so erweitert, dass immer auch anlassunabhängige und technikorientierte Prüfungen möglich sind.

7. *Datenschutzgütesiegel:*

   Open Source, Evaluation und Zertifizierung, Audits und Gütesiegel erhöhen die Transparenz und Vertrauenswürdigkeit von Systemen, Produkten und Verfahren, sodass Nutzer besser einschätzen können, was mit ihren Daten passiert. Hier könnte sich eine „Stiftung Datenschutztest“ etablieren.

Diese Module lassen sich unmittelbar aus dem Recht auf informationelle Selbstbestimmung (mit Erforderlichkeitsprinzip, Datensparsamkeit, Transparenzgebot, Zweckbindung usw.) ableiten. Sie sind insoweit vielleicht nicht wirklich „neu“, aber sie bieten die Chance, „alte“ Ziele in zeitgemäßer Form zu verfolgen. Allerdings erfordert ihre Umsetzung eine Menge Arbeit, nicht nur bedingt durch ihre technische Realisierung sowie rechtliche und organisatorische Einbettung, sondern auch deswegen, weil sie auf eine Revision der bisherigen Verfahren und juristischen Datenschutznormen hinausläuft. Selbstredend sind auch längst noch nicht alle offenen Fragen geklärt.

Zumindest als Ergänzung zum bisherigen Vorgehen erscheint es durchaus sinnvoll, einige oder am Ende alle diese Ideen in die Praxis umzusetzen. Von selbst wird dies nicht geschehen. Freiheitsrechte müssen nicht nur erkämpft, sondern stets aufs Neue verteidigt werden. Sicher gilt wie sooft im Leben: Gestalten ist produktiver als Verdammen.

Autorenverzeichnis

Dr. Helmut Bäumler
Landesbeauftragter für den Datenschutz; Leiter des Unabhängigen Landeszentrums für Datenschutz Schleswig-Holstein

Oliver Berthold
Technische Universität Dresden, Institut für Systemarchitektur

Michael Bobrowski
Referent für Kommunikation und neue Medien der Arbeitsgemeinschaft der Verbraucherverbände (AgV), Bonn

Dr. John J. Borking
Vizepräsident der Registratiekamer, Niederlande

Dr. Tobias Brönneke
Referent für Verbraucherrecht und Justiziar der Arbeitsgemeinschaft der Verbraucherverbände (AgV), Bonn; Lehrbeauftragter an der Bergischen Universität, Gesamthochschule Wuppertal

Dr. Jason Catlett
Junkbusters Corp., Green Brook, USA

Dr. Lorrie Faith Cranor
AT&T Labs-Research Shannon Laboratory, Florham Park, USA

Dr. Alexander Dix
Landesbeauftragter für den Datenschutz und das Recht auf Akteneinsicht des Landes Brandenburg, Kleinmachnow

Dr. Hannes Federrath
International Computer Science Institute (ICSI), Berkeley, USA

Dr. Rüdiger Grimm
GMD-Forschungszentrum Informationstechnik GmbH, Darmstadt

Lukas Gundermann
Unabhängiges Landeszentrum für Datenschutz Schleswig-Holstein

Prof. Dr. Thomas Hoeren
Direktor des Instituts für Informations-, Telekommunikations- und Medienrecht an der Universität Münster und Richter am Oberlandesgericht Düsseldorf

Dipl.-Inform. Marit Köhntopp
Projektleiterin „Virtuelles Datenschutzbüro", Unabhängiges Landeszentrum für Datenschutz Schleswig-Holstein

Prof. Dr. Herbert Kubicek
Universität Bremen

Nils Löhndorf
Deutsche Genossenschaftsbank AG, Frankfurt am Main

Prof. Dr. Bernd Lutterbeck
Dozent der Aktion Jean Monnet der Europäischen Union Brüssel, Technische Universität Berlin, Institut für Angewandte Informatik

Frank Möller
Unabhängiges Landeszentrum für Datenschutz Schleswig-Holstein

Prof. Dr. Dieter Otten, M.A.
Professor für Soziologie und Leiter der Forschungsgruppe Internet-Wahlen an der Universität Osnabrück

Prof. Dr. Andreas Pfitzmann
Technische Universität Dresden, Institut für Systemarchitektur

Thomas Roessler
Bonn

Florian Rötzer
Publizist und Medientheoretiker; Chefredakteur beim Heise Verlag, München

Prof. Dr. Alexander Roßnagel
Universität Gesamthochschule Kassel

Ingo Ruhmann
Bundesministerium für Bildung und Forschung

Peter Schaar
Stellvertretender Hamburgischer Datenschutzbeauftragter

Michael Schneider
eco Forum e. V. – Verband der deutschen Internet-Wirtschaft, Köln

Bruce Schneier
Counterpane Systems, Mineapolis, USA

Christiane Schulzki-Haddouti
Korrespondentin, Koblenz

Leopold Schuster
Erster Direktor, Leiter des Leitungsbereiches 1 des Bundeskriminalamtes, Wiesbaden

Prof. Dr. Dr. h. c. Spiros Simitis
Johann Wolfgang Goethe-Universität, Forschungsstelle für Datenschutz, Frankfurt

Bettina Sokol
Landesbeauftragte für den Datenschutz Nordrhein-Westfalen, Düsseldorf

Dr. Thilo Weichert
Stellvertretender Landesbeauftragter für den Datenschutz, Unabhängiges Landeszentrum für Datenschutz Schleswig-Holstein

Markus Wiese
Unabhängiges Landeszentrum für Datenschutz Schleswig-Holstein

Stichwortverzeichnis

R

S

T

U

Weitere Titel aus dem Programm

Dietmar Abts

Grundkurs JAVA

Die Einführung in das objektorientierte Programmieren
mit Beispielen und Übungsaufgaben

1999. X, 345 S. mit 30 Abb. Br. DM 39,80 ISBN 3-528-05711-4

Konzeption von Java - Die Sprache Java - Objektorientierte Programmierung - Ein- und Ausgabe - Multithreading - Erzeugung grafischer Benutzungsoberflächen - Entwicklung von Applets - Verschiedene Anwendungsbeispiele

Günther Bauer

Bausteinbasierte Software

Eine Einführung in moderne Konzepte des Software-Engineering

1999. VIII, 192 S. mit 128 Abb. Br. DM 59,80 ISBN 3-528-05722-X

Bausteine - Bausteinsysteme - Ein-Platz-Anwendungen - Mehr-Platz-Anwendungen - Multi-Media- und Intra- sowie Internet-Anwendungen

Anton Hald, Wolf Nevermann

Datenbanksysteme

Eine Einführung in die Entwicklung moderner Datenbank-Anwendungen

2., erw. Aufl. 2000. ca. 250 S. Br. ca. DM 64,00 ISBN 3-528-16136-5

Einführung in Aufbau und Aufgaben von Datenbanksystemen - Theorie und Praxis der Datenmodellierung - Konzeptionelles und logisches Datenbankdesign - physisches Datenbankdesign - Konzeption und Entwicklung von Datenbankapplikationen - verteilte Datenbanken - Client-Server-Architekturen - objektorientierte Datenbanken

vieweg
Abraham-Lincoln-Straße 46
65189 Wiesbaden
Fax 0611.7878-400
www.vieweg.de

Stand 1.4.2000
Änderungen vorbehalten.
Erhältlich im Buchhandel oder im Verlag.

GPSR Compliance

The European Union's (EU) General Product Safety Regulation (GPSR) is a set of rules that requires consumer products to be safe and our obligations to ensure this.

If you have any concerns about our products, you can contact us on ProductSafety@springernature.com

In case Publisher is established outside the EU, the EU authorized representative is:

Springer Nature Customer Service Center GmbH
Europaplatz 3
69115 Heidelberg, Germany

Batch number: 10577919

Printed by Printforce, the Netherlands